图解 SINUMERIK 810D/840D 系统调试与维修技巧

王洪波　编著

電子工業出版社
Publishing House of Electronics Industry
北京 · BEIJING

内 容 简 介

本书围绕广泛应用的SINUMERIK 810D/840D数控系统，采用图解方式，介绍了该系统的接口与连接、操作部件及其接口、611D驱动系统、驱动优化、驱动电机与测量部件、机床轴配置、数据备份与回装、系统监控与报警、机床数据设置与调整、误差补偿、PLC程序结构及数据接口、PLC常用编程指令、SIMATIC管理器、PLC组成及状态诊断，以及机床典型PLC控制等方面的知识，有助于读者学习该数控系统的调试与维修。

本书内容系统全面、图文并茂，具有较强的实用性，可作为从事数控机床调试、维修及操作人员，特别是刚接触SINUMERIK 810D/840D系统的相关人员参考，同时也是一本非常实用的数控技术职业培训教材，可供职业技术培训师生选用。

图书在版编目（CIP）数据

图解SINUMERIK 810D/840D系统调试与维修技巧 / 王洪波编著. —北京：电子工业出版社，2013.1
ISBN 978-7-121-19021-6

Ⅰ. ①图… Ⅱ. ①王… Ⅲ. ①数控机床－调试－图解②数控机床－维修－图解 Ⅳ. ①TG659-64

中国版本图书馆CIP数据核字（2012）第278263号

策划编辑：李　洁
责任编辑：刘真平
印　　刷：北京七彩京通数码快印有限公司
装　　订：北京七彩京通数码快印有限公司
出版发行：电子工业出版社
　　　　　北京市海淀区万寿路173信箱　邮编：100036
开　　本：787×980　1/16　印张：26　字数：582.4千字
印　　次：2023年9月第2次印刷
定　　价：59.00元

凡所购买电子工业出版社图书有缺损问题，请向购买书店调换。若书店售缺，请与本社发行部联系，联系及邮购电话：（010）88254888。

质量投诉请发邮件至zlts@phei.com.cn，盗版侵权举报请发邮件至dbqq@phei.com.cn。

服务热线：（010）88258888。

前　言

《数控机床电气维修技术——SINUMERIK 810D/840D 系统》于 2007 年出版，为数控机床电气维修人员进行系统调试与维修提供了一份参考资料，特别是帮助刚接触该系统的电气维修人员能较快地进入角色。该书得到了大部分读者的认可，同时提出了不少宝贵意见，许多读者及培训机构要求再版。由于 SINUMERIK 810D/840D 系统应用较广，功能强大，只有掌握好系统应用，深入研究其功能，才能做好系统调试维修工作，充分发挥出系统的价值。为较大程度地满足广大调试维修人员的需要，从实用性出发，在《数控机床电气维修技术——SINUMERIK 810D/840D 系统》的基础上进行了较大幅度的改编，删除了与系统调试维修关系不大的章节，增加和细化了部分基础知识。在其内容和形式上也都做了较大改动，特别是采用图解方式进行介绍，使该书易学、易懂、易用，为从事数控系统调试维修的工程技术人员提供参考，特别是能给刚接触 SINUMERIK 810D/840D 数控系统的调试维修人员起到抛砖引玉的作用。

本书全面系统地介绍了 SINUMERIK 810D/840D 系统有关调试维修的知识，以实用性为主要考虑因素，尽量不涉及较为复杂的工作原理。全书共分 15 章，第 1 章介绍了 810D/840D 数控系统的接口与连接；第 2 章介绍了操作部件、连接部件及其接口；第 3 章介绍了 611D 驱动系统的组成、电源模块及驱动模块的应用；第 4 章介绍了电流环、速度环及位置环的参数设置及其优化方法；第 5 章介绍了驱动电机的特点及应用、旋转编码器和光栅尺的原理及应用；第 6 章介绍了机床数据设置与参考点调整方法；第 7 章介绍了机床轴的设置方法；第 8 章介绍了机床数据备份与回装方法；第 9 章介绍了轴及驱动的有关监控信号或状态、常见报警信息及解决方法；第 10 章介绍了反向间隙、螺距误差、温度、垂度、前馈及摩擦补偿等；第 11 章介绍了数控 PLC 程序结构及数据接口；第 12 章介绍了 S7-300 PLC 的常用梯形图编程指令；第 13 章介绍了 SIMATIC 管理器编辑 STEP7 程序方法；第 14 章介绍了 S7-300 PLC 硬件组成及其软硬件诊断方法；第 15 章重点介绍了系统使能、急停控制、硬件限位、刀架控制、主轴控制、冷却控制、液压控制等典型 PLC 程序的设计方法。

本书编者为四川材料与工艺研究所高级工程师，长期从事数控设备的电气维修工作，对数控机床的电气维修积累了一定的经验。本书就是在对多年数控机床电气维修工作进行总结的基础上，参阅了 SINUMERIK 810D/840D 系统的相关资料，经过整理形成的。在编写本书的过程中，主要参考了西门子 SINUMERIK 810D/840D 数控系统的安装、调试、功能、诊断、操作、编程等资料，部分内容还参照了国内数控机床维修的相关书刊，特向原书作者表示谢意；同时，还得到了四川材料与工艺研究所有关人员的帮助和支持，在此表示感谢。

由于 SINUMERIK 810D/840D 数控系统技术针对性较强，加之编者理论水平和工作实践经验有限，书中疏漏及错误之处在所难免，诚恳期待广大读者提出宝贵意见。

编　者

2012 年 7 月

目　　录

第 1 章　SINUMERIK 810D/840D 数控系统

SINUMERIK 810D/840D（简称 810D/840D）系统是目前数控机床应用较多的数控系统之一，也是西门子主要的数控产品，采用全数字化 SIMODRIVE 611D（简称 611D）驱动系统，并与专用机床操作面板和控制面板配套使用，组成数控机床控制系统。本章从应用角度出发，主要介绍 810D/840D 数控系统的特点、接口描述及其外部连接。

1.1　概述

数控机床一般包括 3 大部分：机床系统、控制系统和辅助系统，如图 1-1 所示。机床系统是数控机床的基体，包括床身、主轴箱、进给传动装置、工件固定装置及换刀装置等。控制系统包括数控系统和电气控制电路。辅助系统主要由液压系统、润滑系统及冷却系统等组成。数控系统是数控机床的核心，它决定了数控机床的加工性能和功能。

1．数控机床控制系统

数控机床控制系统由数控系统和外部电气控制电路组成，如图 1-2 所示。数控系统硬件由中央处理单元、系统存储器、可编程控制器、通信接口电路等构成。中央处理单元是数控装置的神经中枢，管理着系统的运行。系统存储器用于存储机床数据、系统软件及零件加工程序。数控系统内部的信息交换是通过通信接口进行的，包括伺服驱动接口、操作部件接口及机床输入/输出接口。伺服驱动接口主要用于控制伺服驱动系统的运动，并对位置或速度反馈信号进行数字化处理。操作部件接口连接机床操作面板、机床控制面板等操作部件，用于系统数据的输入、零件程序的编辑以及机床的各种操作。机床输入/输出接口连接可编程控制器，用于机床的逻辑控制和辅助功能处理，使机床的切削运动与辅助动作协调一致。系统软件由管理软件和控制软件组成，管理软件主要用于控制信号的输入/输出、信息显示和状态诊断。控制软件包括译码、刀具补偿、速度控制、插补运算和位置控制等程序。

- 数控机床
  - 机床系统
    - 床身
    - 主轴变速装置
    - 换刀装置（转塔刀架、链式换刀装置、盘式换刀装置）
    - 进给传动装置（丝杠、导轨、变速器）
    - 工件固定装置（工作台、卡盘、尾座）
  - 控制系统
    - 电气控制（强电控制）
    - 可编程控制器（PLC）
    - 数控装置
      - 系统硬件及接口
      - 管理软件和控制软件
      - 零件加工程序
    - 操作部件
      - 机床操作面板MMC
      - 机床控制面板MCP
    - 伺服系统
      - 旋转轴控制（驱动、电机）
      - 直线轴控制（驱动、电机）
      - 点位控制（驱动、电机）
    - 测量系统
      - 直接测量（绝对编码器、光栅尺）
      - 间接测量（增量编码器、旋转变压器）
      - 测速发电机
  - 辅助系统
    - 液压系统
    - 润滑系统
    - 排屑系统
    - 冷却系统

图 1-1　数控机床的组成

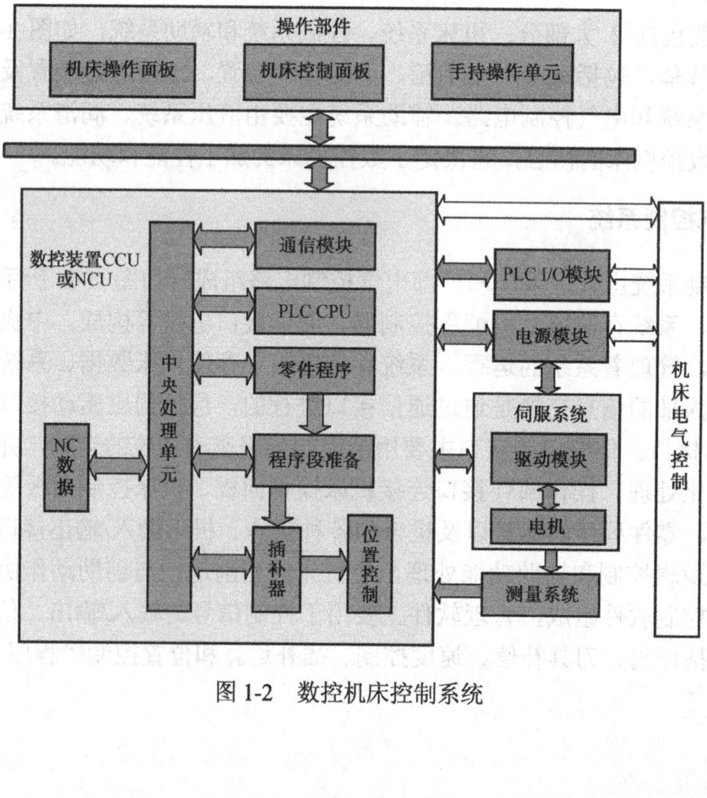

图 1-2　数控机床控制系统

2．数控系统的软件结构

图 1-3 所示是 840D 系统典型软件结构，共有 5 类系统软件和控制软件。

- 西门子提供的数控系统软件、机床制造商的控制软件及用户软件，如操作系统、标准循环及零件加工程序。
- 人机对话操作单元的系统软件和控制软件。
- PLC 系统软件、基本程序块、机床厂设计的 PLC 控制程序。
- 驱动系统软件，包括插补软件、测量软件和设置软件。
- 通信软件，包括系统与操作面板、机床控制面板、PLC 及驱动等之间的通信等。

在图 1-3 中，SRAM（Static Memory）是静态存储器，DRAM（Dynamic Memory）为动态存储器，DPR（Dual-Port Memory）是双口存储器，MPI（Multi-Port Interface）是多点通信接口，NCU（Numerical Control Unit）为数字控制单元，NCK（Numerical Control Kernel）为数字控制核。

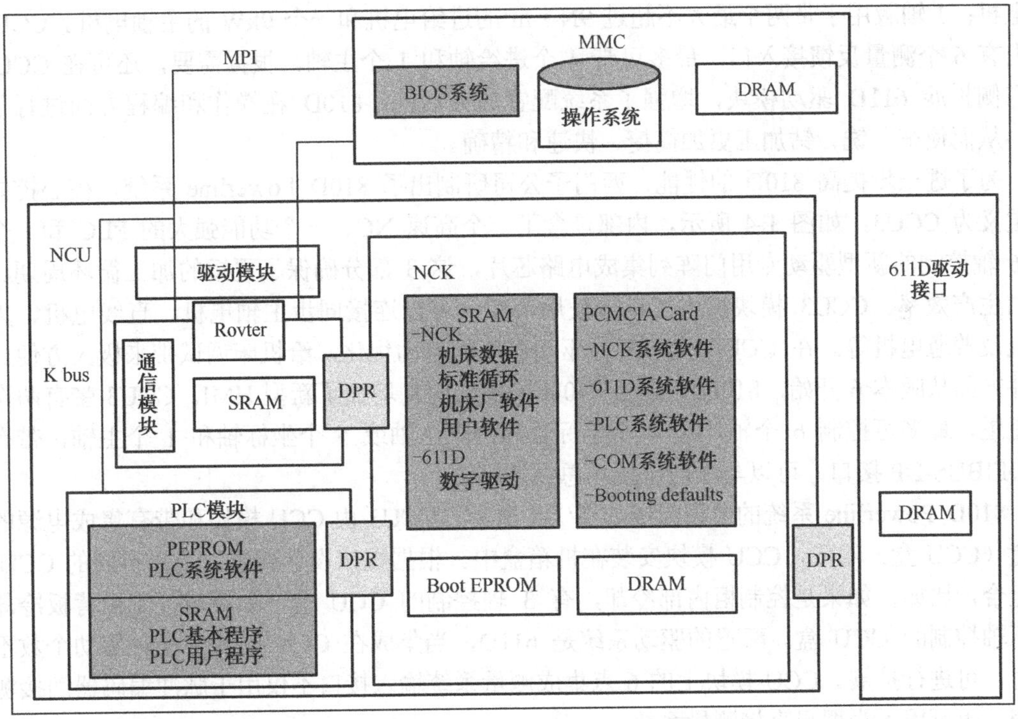

图 1-3　840D 系统典型软件结构图

1.2 810D数控系统

1·2·1 系统特点

810D系统的中央控制单元称为CCU（Compact Control Unit），810D与原810T系统相比，进行了多项技术革新，是一种全数字化数控系统。810D系统第一次将CCU与驱动系统集成在一块板上，省去了驱动接口，体现了数控与驱动的完美统一。CCU单元内部集成了数控核心CPU、SIMATIC PLC的CPU、数字闭环控制和通信模块；带有MPI多点接口、驱动接口、轴扩展接口、I/O设备接口、测量接口及PLC I/O接口等。

早期的810D的CCU有两种规格，即CCU1和CCU2，其中CCU1较为常用，实现5轴数字化闭环控制。CCU模块有两轴版和3轴版，两轴版用于带两个最大不超过11N·m的进给电机；3轴版用于带两个最大不超过9N·m的进给电机和一个9kW的主轴电机。CCU单元上有6个测量反馈接入口，最多可带4个进给轴和1个主轴。根据需要，还可在CCU模块右侧扩展611D驱动模块，增强了系统配置的灵活性。810D在操作和编程方面进行了简化，从而使车、铣、钻加工更加简捷、快速和精确。

为了进一步提高810D的性能，西门子公司研制出了810D Powerline系统，核心控制模块定义为CCU3，如图1-4所示，内部包含了一个高速NC、一个功能强大的PLC和一个用于6轴控制的新型驱动专用门阵列集成电路芯片，这3部分确保了更短的加工循环周期、更高的生产效率。CCU3模块扩大了电机使用范围，可以连接同步主轴电机、直线电机、力矩电机及普通电机等。在CCU3上可进行驱动系统的自动优化，给机床调试带来极大方便。在软件方面从版本6开始，810D完全与840D同步，而且增加了新型HMI。CCU3带有两个加工通道，最多可控制6个轴，即4个坐标轴和两个主轴或5个坐标轴和1个主轴，带有的PROFIBUS-DP接口，可以与西门子现场总线连接。

810D Powerline系统的典型组成如图1-5所示。CCU3由CCU模块和带有集成电源的机箱盒（CCU盒）组成，CCU模块安装在机箱盒中。根据机床设计要求，选择不同的CCU模块组合，比如，如果是控制柜内部冷却，有3轴控制的CCU盒，如果对控制柜背板冷却，有两轴控制的CCU盒。配置的驱动系统是611D，当集成在CCU模块中的轴驱动个数不够用时，可进行扩展。CCU模块上的6点集成测量系统输入接口不仅用于脉冲编码器间接测量系统，也可用于光栅尺直接测量系统。

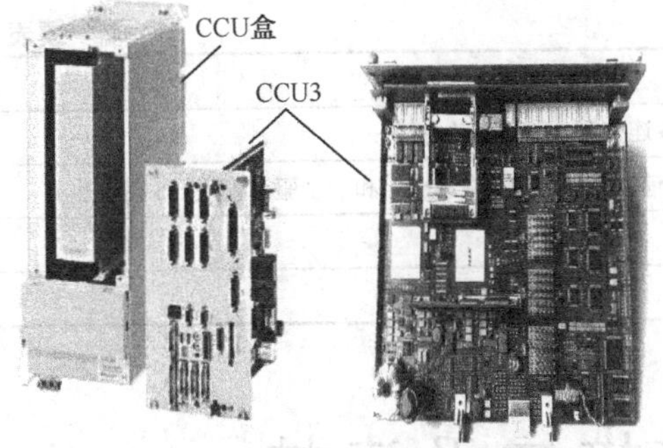

图 1-4　810D CCU3 模块

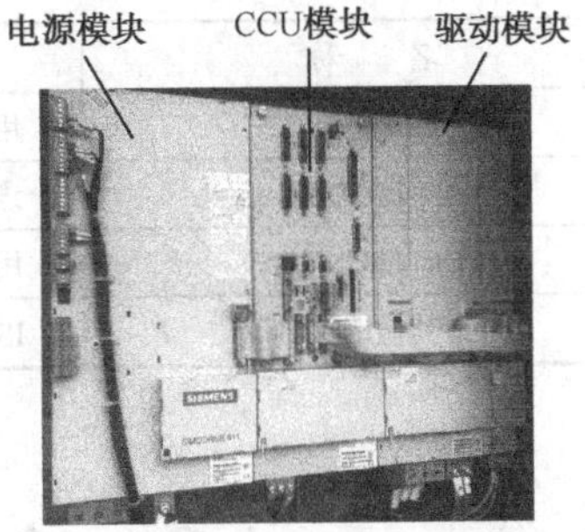

图 1-5　810D Powerline 系统的典型组成

1·2·2　系统配置

810D 系统配置主要包括操作部件、PLC I/O 模块、驱动系统组件及电缆分配器连接部件等。表 1-1 给出了 810D 系统除驱动系统以外的配置。

表 1-1　810D 系统的配置

名　称		说　明
电源模块		为系统和驱动提供电源，非调节型电源模块 UI 功率为 5～28kW，调节型电源模块 I/RF 功率为 16～120kW，可选电源滤波器
CCU 模块盒	3 轴	用于两轴驱动的 2X6A/12A 模块（FDD）或 1 轴驱动的 1X18A/36A 模块（FDD）、主轴驱动的 24A/32A 模块，内部冷却
	两轴	有两个功率范围，即两个进给驱动 2X9A/18A，内部或外部冷却
CCU 模块		包括 810D 的 NCK，PLC CPU，通信模块，标准数字闭环控制，DRAM，SRAM，双通道 6 轴控制，可连接 HPU
机床操作面板	操作面板	用于 810D 操作的显示器和键盘，如 OP031、OP010
	MMC 模块	操作面板控制计算机模块，如带硬盘的 MMC103、PCU50 或不带硬盘的 MMC100.2、PCU20 等
机床控制面板		西门子机床控制面板 MCP 或带用户接口的 MCP
S7-300 I/O 模块		S7-300 系列电源模块 PS、接口模块 IM 及输入/输出模块 SM 等
单 I/O 模块 EFP		带短路保护的 64 路输入/32 路输出模块
手持单元 HHU	MINI 型	带有手轮、急停按钮、轴选择开关等，用于手动简单操作机床
	B-MPI 型	除与 MINI 型有相同的功能外，还有显示器、修调开关、MPI 接口等
手持编程器 HPU		用于编辑零件程序和对系统的简单操作
电缆分配盒		用于连接两个手轮和两个传感器
电缆分线盒		连接手持单元到 MPI 总线，有急停、使能、手轮接口电路

续表

名　称	说　明
NCU 端子块	用于把高速数字/模拟设备连接到 810D 驱动总线
分线板 DSB	连接一个 EFP 模块、一个基本模块（24 路输出）和一个驱动模块（5 路输出）
存储卡（PCMCIA）	用于软件升级
其他选项	ISA 适配器、磁盘驱动器、PC 键盘等

1.3　810D 系统接口及连接

810D CCU 模块接口包括位置或速度测量反馈接口、多点接口 MPI、电缆分配器接口、PLC I/O 设备总线接口、611D 驱动总线和设备总线接口等，除此之外，模块上还有驱动使能、启动停止控制端子，系统启动和复位按钮及开关。在 CCU2 和 CCU3 单元上还带有 PROFIBUS-DP 接口。

1·3·1　CCU 模块接口

810D CCU1 模块上的接口分布如图 1-6 所示。

1．X411～X416：测量系统接口

如图 1-7 所示，6 路测量系统接口，25 芯插座，连接编码器、光栅尺等位置或速度测量元件，用于系统的半闭环或全闭环控制，接口引脚定义见表 1-2。一般情况下，X411～X413 接第一测量系统，信号来自电机上的光电编码器，实现系统的半闭环控制，其中，X412～X413 用于进给轴的位置反馈；X414～X416 常用于扩展轴或其他用途，与 X304～X4306 对应。如果测量系统接口接第二测量系统，信号来自光栅尺，则可实现系统的全闭环控制。

表 1-2　X411～416 接口引脚分配

引　脚	信号代码	类　型	意　义	引　脚	信号代码	类　型	意　义
1	P	电压	编码器电源（+5V 端）	7	$\overline{B}$	输入	编码器脉冲 $\overline{B}$ 相信号
2	M	电压	编码器电源（0V 端）	8	M	电压	逻辑参考地
3	A	输入	编码器脉冲 A 相信号	9	Resered		备用
4	$\overline{A}$	输入	编码器脉冲 $\overline{A}$ 相信号	10	CLK	输出	EnDat 时钟信号
5	M	电压	逻辑参考地	11	Resered		备用
6	B	输入	编码器脉冲 B 相信号	12	$\overline{CLK}$	输出	$\overline{\text{EnDat}}$ 时钟信号

续表

引 脚	信号代码	类 型	意 义	引 脚	信号代码	类 型	意 义
13	+Temp	输入	电机过热触点信号	20	$\overline{C}$	输入	编码器脉冲 $\overline{C}$ 相信号
14	5V sense	电压	+5V 检测电源	21	D	输入	编码器脉冲 D 相信号
15	DAT	双向	EnDat 数据脉冲信号	22	$\overline{D}$	输入	编码器脉冲 $\overline{D}$ 相信号
16	0V sense		检测电源（0V）	23	$\overline{DAT}$	双向	$\overline{EnDat}$ 数据脉冲信号
17	R	输入	编码器脉冲 R 相信号	24	M	电压	逻辑参考地
18	$\overline{R}$	输入	编码器脉冲 $\overline{R}$ 相信号	25	-Temp	输入	电机过热触点信号
19	C	输入	编码器脉冲 C 相信号				

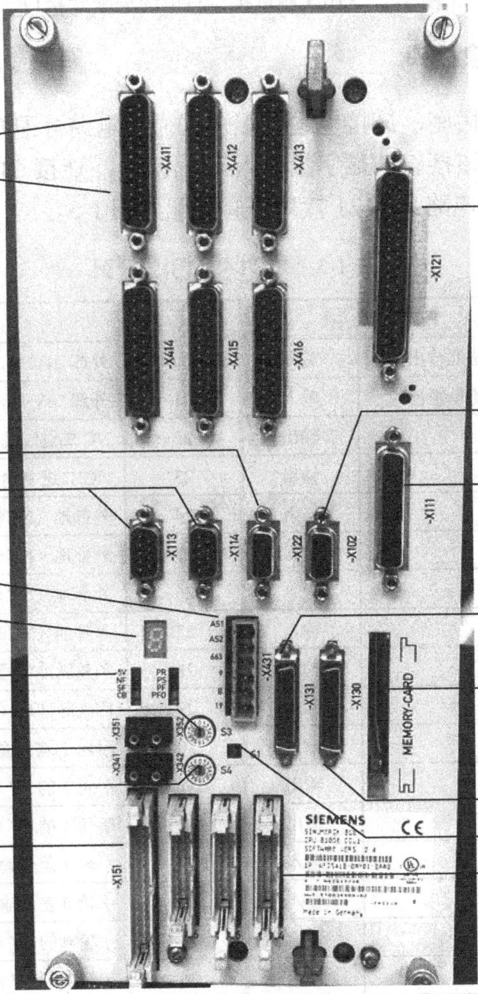

图 1-6 CCU1 模块接口分布

图 1-7　810D 测量接口与电缆分配盒接口

2．X121：电缆分配盒接口

该接口是 37 芯微型插座，连接电缆分配盒，通过电缆分配盒除连接两个电子手轮、两路传感器信号外，还利用该接口的数字量输入/输出接口，连接 B-MPI 手持单元、手持编程器或手持终端的急停/使能电路。X121 接口引脚分配见表 1-3。

表 1-3　X121 接口引脚分配

引脚	名称	类型	引脚	名称	类型
1	外部 24V 地，NC 二进制输出用	输入	20	外部 24V 地，NC 二进制输出用	输入
2	外部 24V 地，NC 二进制输出用	输入	21	外部 24V 地，NC 二进制输出用	输入
3	NC 二进制输出 1	输出	22	NC 二进制输出 3	输出
4	NC 二进制输出 0	输出	23	NC 二进制输出 2	输出
5	NC 二进制输入 3	输入	24	外部地（NC 输入参考地）	输入
6	NC 二进制输入 2	输入	25	外部地（NC 输入参考地）	输入
7	NC 二进制输入 1	输入	26	外部地（NC 输入参考地）	输入
8	NC 二进制输入 0	输入	27	外部地（NC 输入参考地）	输入
9	测量脉冲信号 0	输入	28	测量脉冲信号 1	输入
10	测量脉冲地（参考地）0	输入	29	测量脉冲地（参考地）1	输入
11	手轮 1 差分输入，$\overline{A}$	输入	30	手轮 1 差分输入，A	输入
12	手轮 1 的 5V 电源	输出	31	手轮 1 的 5V 电源地	输出
13	手轮 1 的 5V 电源	输出	32	手轮 1 的 5V 电源地	输出
14	手轮 1 差分输入，$\overline{B}$	输入	33	手轮 1 差分输入，B	输入
15	手轮 0 差分输入，$\overline{A}$	输入	34	手轮 0 差分输入，A	输入
16	手轮 0 的 5V 电源	输出	35	手轮 0 的 5V 电源地	输出
17	手轮 0 的 5V 电源	输出	36	手轮 0 的 5V 电源地	输出
18	手轮 0 差分输入，$\overline{B}$	输入	37	手轮 0 差分输入，B	输入
19	未分配				

3. X102：PROFIBUS-DP 现场总线接口

如图 1-8 所示，X102 在 CCU1 模块上是备用接口，在 CCU2 和 CCU3 模块上定义为 PROFIBUS-DP 接口，使用 9 芯 D 型插头，最大传送距离 200m，传送速率为 9.6Kbps～12Mbps。接口采用电位隔离。表 1-4 给出了 PROFIBUS-DP 接口的引脚定义。

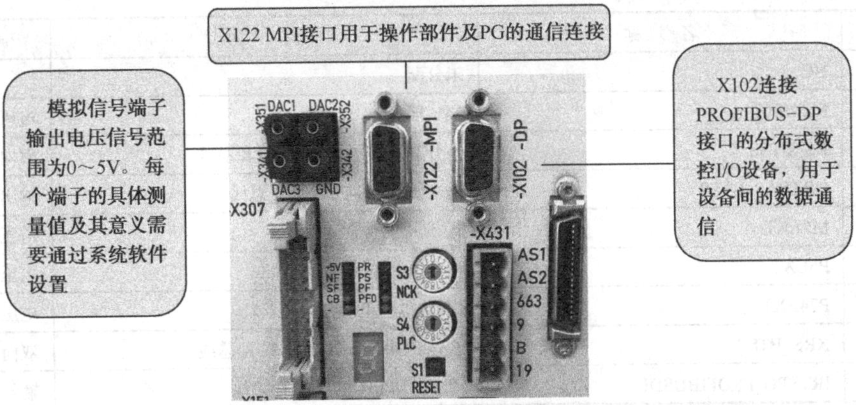

图 1-8　DAC、MPI 及 DP 接口

表 1-4　X102 接口引脚分配

引　脚	名　称	说　明	类　型
1	SHIELD	屏蔽或功能地	
2	M24EXT	24V 辅助电源输出的地	电压输出
3	RS_PROFIBUSDP	差分 RS485 数据-PROFIBUSDP	双向
4	RTSAS_PROFIBUSDP	请求发送 AS-PROFIBUSDP	输出
5	DGND	数据基准电位（地）	电压输出
6	VP	+5V 供电电压正端	电压输出
7	P24EXT	+24V 辅助电源输出正端	电压输出
8	XRS_PROFIBUSDP	差分 RS485 数据-PROFIBUSDP	双向
9	RTSPG_PROFIBUSDP	请求发送 PG-PROFIBUSDP	输入

4. X341、X342、X351、X352：模拟信号端子

3 路模拟信号测量端子如图 1-8 所示，X351 对应第一路模拟信号 DAC1，标准设置为电流设定值信号；X352 对应第二路模拟信号 DAC2，标准设置为速度设定值信号；X341 对应第三路模拟信号 DAC3，标准设置为速度实际值信号；X342 是接地公共端。

5．X122：MPI 接口

如图 1-8 所示，MPI 接口使用 9 芯微型插座，无电位隔离，最大传送距离为 200m，传送速率为 187.5Kbps，内部与 PLC 的 K 总线连接。该接口用于人机对话单元的通信连接，如操作面板、机床控制面板、PLC 编程器等。X122 接口引脚分配见表 1-5。

表 1-5　X122 接口引脚分配

引　脚	名　称	说　明	类　型
1	NC	未分配	
2	M24EXT	24V 地	电压输出
3	RS_BTSS	差分 RS485 数据-PLC 的 K 总线	双向
4	ORTSAS_BTSS	请求发送 AS-PLC 的 K 总线	输出
5	M5EXT	5V 地	电压输出
6	P5EXT	+5V 电源正端	电压输出
7	P24EXT	+24V 电源正端	电压输出
8	XRS_BTSS	差分 RS485 数据-PLC 的 K 总线	双向
9	IRTSPG_PROFIBUSDP	请求发送 PG-PLC 的 K 总线	输入

6．X111：PLC I/O 设备总线接口

该接口又称 P 总线接口，用于 S7-300 系列 PLC 的信号 I/O 接口模块 IM、单 I/O 模块 EFP 或分配板的连接，25 芯 D 型插座，电缆长度最大 10m，该接口没有电位隔离。

7．X113、X114、X131：备用接口

8．X130：驱动总线接口

611D 驱动总线接口，36 芯插头，最大传送距离为 10m，无电位隔离，用于轴的扩展连接。如果 CCU 模块上集成的轴数不能满足要求，需要增加扩展轴驱动模块时，就利用该接口与扩展驱动模块上的驱动总线接口 X141 相连。

9．X151：设备总线接口

611D 设备总线接口，34 芯插座，最大传送距离 10m，用于 NCK 连接 611D 电源模块上的设备总线接口 X351。

10．X304～X306：轴扩展接口

这 3 个接口用于连接轴扩展模块，如连接轴扩展功率模块的 X301、X302，X301 为第 1 轴功率模块接口，X302 为第 2 轴功率模块接口。

11. X431：611D 驱动控制端子

用于驱动模块的启停、脉冲使能及外部标志检测等，各端子的定义见表 1-6。

表 1-6　X431 端子定义

端　　子	功　　能
AS1	启停继电器（相对端子 663），主接触器吸合 AS1 与 AS2 断开，主接触器释放 AS1 与 AS2 接通
AS2	启停继电器（相对端子 663），主接触器吸合 AS1 与 AS2 断开，主接触器释放 AS1 与 AS2 接通
663	为全部 FDD 和 MSD 脉冲使能，端子 663 开/关“启停继电器”，打开时，控制脉冲无使能，驱动扭矩关断
9	使能电压 24V，相对于端子 19
B	外部零标志信号输入（BERO）
19	使能电压 24V 的参考地

1·3·2　CCU 模块控制开关

810D CCU 模块上有两个选择开关 S3 和 S4，还有按钮 S1，如图 1-9 所示。S1 是复位按钮，使系统软硬件复位，然后系统重新引导。S3 是 NCK 启动开关，在不同位置其作用不同，一般在 NCK 数据总清和重新设置时使用。S4 是 PLC 运行方式选择开关，也可实现 PLC 总清，在输入 PLC 用户程序时需要设置开关位置。正常运行时，S3、S4 均应在位置 0。表 1-7 给出了开关在不同位置的作用。

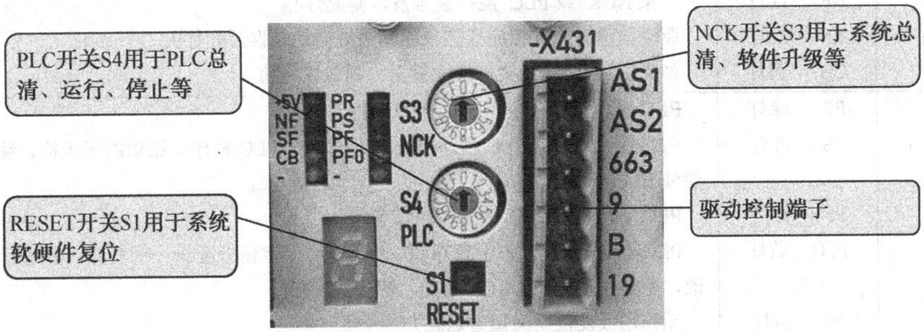

图 1-9　CCU 模块控制开关

表 1-7　CCU 模块上的开关作用

位　　置	类　　型	说　　明
S1	复位按钮	引起硬件复位，控制系统和驱动复位后重新引导启动
S3	NCK 启动开关	位置 0：正常运行，系统自动地完成数据设置 位置 1：NCK 总清，清除 SRAM 中的数据，并把标准机床数据装入 SRAM 中 位置 2：NCK 软件升级，从 PCMCIA 装入新软件 位置 3～7：预留

续表

位　置	类　型	说　明
S4	PLC 模式选择开关	位置 0：PLC 工作运行状态，PR 指示灯亮，PLC 的运行无须口令 位置 1：PLC-运行-P，用于 PLC 程序调试，通过口令改变程序 位置 2：PLC-停止，PS 指示灯亮 位置 3：执行 PLC 模块复位（一般复位功能）

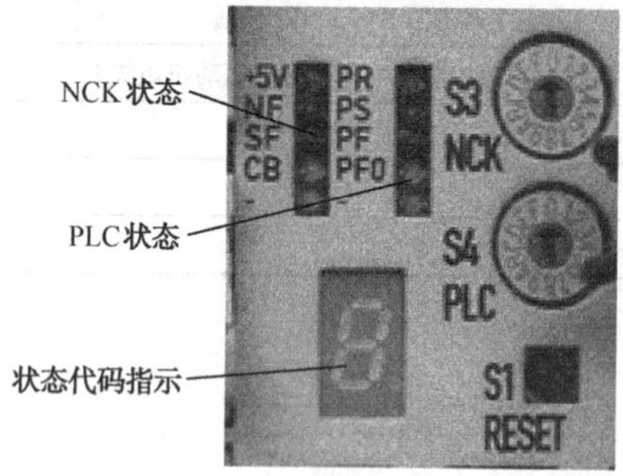

图 1-10　CCU 模块上 LED 指示灯

1·3·3　CCU 模块 LED 显示

CCU 模块上有两组 LED 指示灯和一个 7 段 LED 数码管，如图 1-10 所示，分别显示 NCK 和 PLC 的工作信息。左列 H1 是系统的状态信息显示，右列 H2 是 PLC 的状态信息显示，7 段 LED 数码管 H3 显示 NCK 自检的状态信息。各个 LED 所表示的含义详见表 1-8。

表 1-8　CCU 模块工作状态显示

位　置	LED 显示	说　明
左列 H1（NCK 状态）	+5V　绿灯	电源电压在容差范围内时亮，表明+5V 电源电压正常
	NF　红灯	如果 NCK 或 PLC 监控被触发，则此灯亮
	SF　红灯	驱动故障时此灯相应点亮，驱动系统启动无误后此灯灭
	CB　黄灯	如果正通过 MPI 接口传输数据，则此灯闪动
右列 H2（PLC 状态）	PR　绿灯	PLC-运行状态，正在执行 PLC 程序
	PS　红灯	PLC-停止状态，PLC 程序停止执行，通过 PLC 程序、错误的标识符、输入操作指令都能使 PLC 停止
	PF　红灯	PLC 看门狗，PLC 故障时此灯亮
	PFO　黄灯	PLC-强制状态，使用 FORCE 功能把一个定值分配给一个变量，并进行保护，不许修改，除非使用 UNFORCE 功能，解除保护
	—　黄灯	无作用（复位期间短暂点亮）
H3	7 段数码管	系统软件自诊断输出信号，数控装置完成正常启动后，CCU1 显示“b”，CCU3 显示“6”。在启动过程中依次显示 1—5—6

在启动过程中，系统进行自诊断，并通过 LED 指示灯或 7 段数码管显示诊断结果。正常工作时，系统启动开关 S3 和 PLC 运行开关 S4 均设定在 0 位置。系统启动后，经过大约几十秒钟，7 段数码管显示 6 时，表明 NCK 上电正常。如果此时+5V 和 SF 灯亮，表明数控系统正常，但驱动系统尚未使能。驱动系统启动正常后，SF 灯应灭掉。PLC 运行状态指示灯 PR 亮时，表明 PLC 运行正常。

进行 NCK 总清后，由于没有调用引导文件给伺服驱动系统设置数据，驱动系统处于无效状态，这时 CCU 模块上的 SF 亮。

PLC 状态显示中的 PR 和 PS 不同的组合，表明 PLC 不同的工作状态，表 1-9 给出了它们的组合含义，调试人员从中可以了解 PLC 当前所处的状态。如果更换 CCU 模块后，4 个 LED 同步闪动，需再初始化 NCK，如有必要应对 PLC 进行总清。

表 1-9 PR 与 PS 组合状态意义

项　目	状　态					
LED PR	亮	灭	0.5Hz 闪动	2Hz 闪动	灭	灭
LED PS	灭	亮	亮	亮	亮，3s 后灭、再亮	亮，2Hz 闪动，3s 后灭再亮
含义	运行	停止	故障	重新启动	请求总清	正在总清

1.3.4 810D 系统连接

电源模块与 CCU 模块的连接如图 1-11 所示，仅有设备总线和直流母线的连接。CCU 模块的外部连接如图 1-12 所示，810D 系统接口连接及用途如图 1-13 所示。

图 1-11 电源模块与 CCU 模块的连接

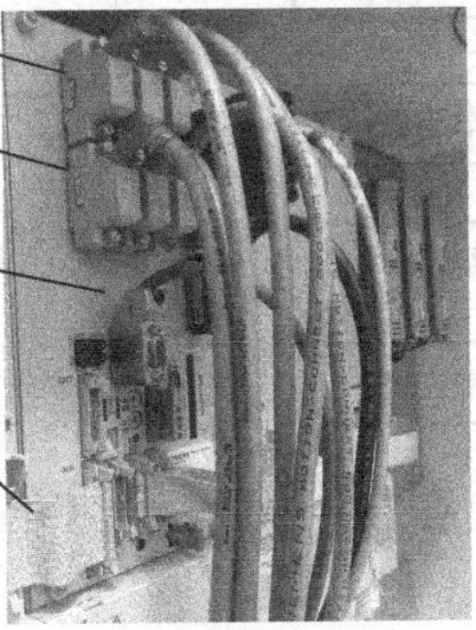

图 1-12 CCU 模块的外部连接

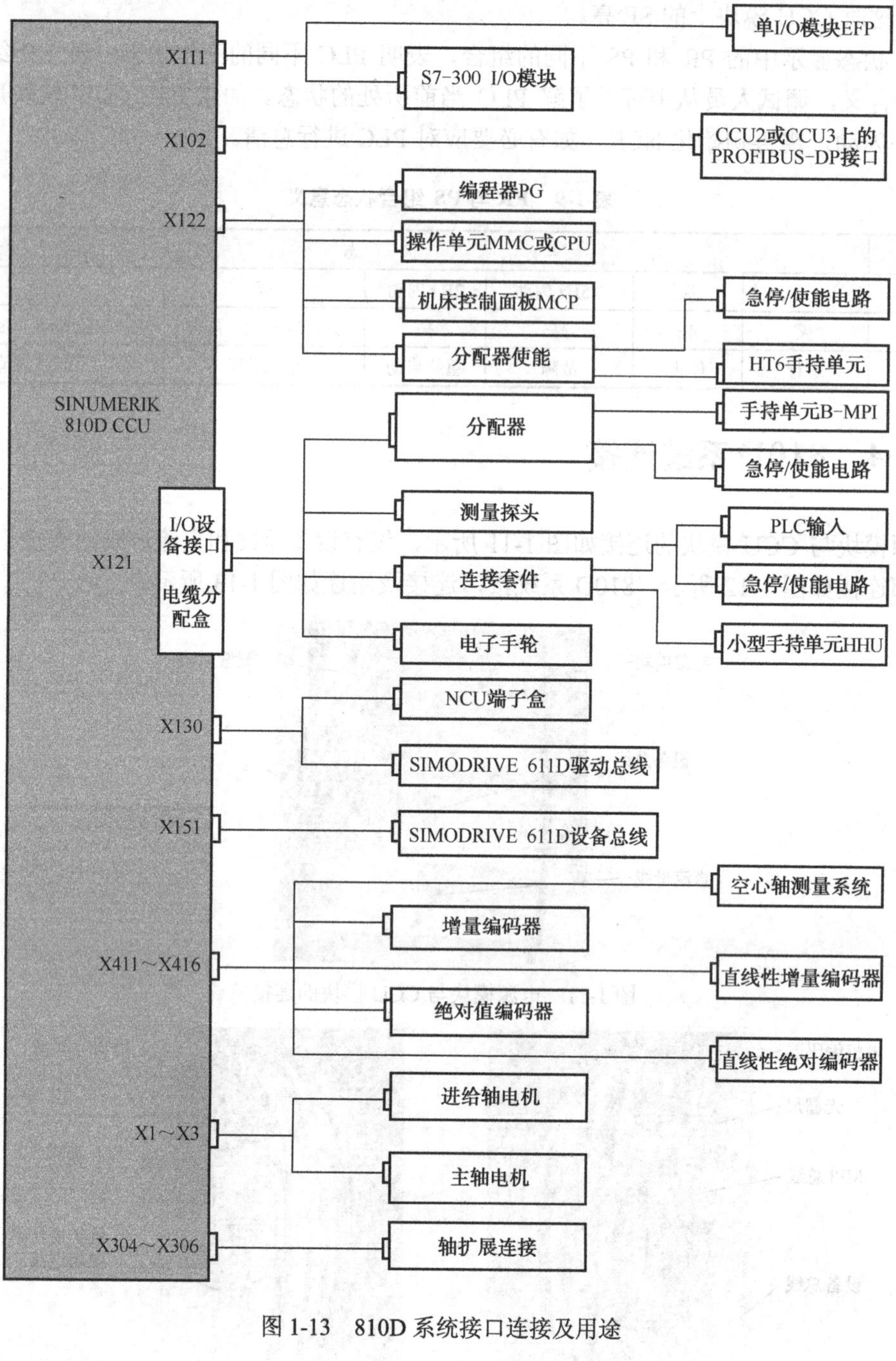

图 1-13　810D 系统接口连接及用途

1.4　840D 数控系统

1.4.1　系统特点

840D 系统的中央控制单元称为 NCU（Numerical Control Unit），典型 840D 系统的组成如图 1-14 所示，控制通道和轴数较 810D 多，可达 10 个通道，31 个进给轴/主轴，每个通道控制 12 个进给轴/主轴。840D 是一种高性能数控系统，一般应用在控制功能要求较高的机床上，至少 3 个联动轴，如数控铣床、加工中心等。根据选用的硬件和功能不同，NCU 单元又分为多种型号，如 NCU571.X、NCU572.X、NCU573.X 等。NCU572.X 采用 AMD K6-233 处理器，频率 233MHz，NC 存储器可达 2.5MB。NCU573.X 采用 Pentium Ⅲ 500MHz 处理器，NC 存储器可达 64MB。840D 系统升级到 840D Powerline，其控制性能也有较大的提升。

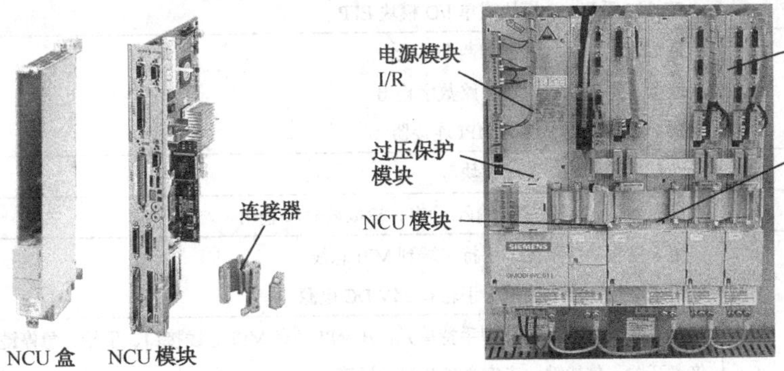

图 1-14　典型 840D 系统的组成

NCU 单元中集成了 840D 数控系统的 NC 模块、PLC 模块、COM 模块、RS422 模块、Link 模块及接口模块等。NC 模块的主要任务是执行 NC 程序、系统维护和外设通信的管理。PLC 模块作为 NCU 的一个子模块，用于机床系统的逻辑控制，PLC 模块中有一个 CPU，采用 PLC 314-2C-DP，它与 S7-300 系列产品兼容，通过 I/O 总线连接 3 路扩展接口，每路连接 8 个 I/O 模块。COM 模块是 NCU 的一个通信模块，支持 NC CPU 与 MMC 及外设的通信。RS422 模块用于进行 NCU 与数字化模块之间的数据交换。Link 模块是 NCU 573.2/3/4 可选择的子模块，通过它可以实现系统间同步，在相关联的 NCU 模块之间进行附加数据交换。接口模块上带有操作面板、编程器、分布式外设及 S7-300 外部模块接口。

840D NCU 单元装在一个专用 NCU 单元盒中。NCU 盒中电子电路具有内外风扇运行监测，后备锂电池电压的检测，电容充电，NCU 复位控制，5V 系统电压及电源准备信号输出等功能。840D 与 810D 不同的是，在 NCU 中没有集成 611D 驱动模块，因此 840D 的 NCU 很薄。它只能与 611D 数字变频驱动模块连接，配置 1FK/1FT/1FN/1FE1/1LA 等进给电机或 1PH 主电机。在与电源模块和驱动模块组合时，电源模块在 NCU 的左侧，所有的驱动模块均排列在 NCU 右侧。驱动模块的安装排列，一般把主轴驱动模块在左，进给轴驱动模块在右，如图 1-14 所示。

1·4·2　系统配置

840D 系统配置与 810D 基本相同，主要由 3 部分组成，即数控单元 NCU、人机界面 MMC 和可编程控制器 PLC。表 1-10 列出了 840D 系统常见的系统配置。

表 1-10　840D 系统配置

部　件	说　明
NUC	包括 840D 的 NC 模块、PLC CPU 模块、COM 模块、LINK 模块及驱动接口等
SIMATIC 部件	S7-300 系列 I/O 模块或单 I/O 模块 EFP
电缆分配盒	最多连接两个传感器和两个手轮 连接 4 路数字输入和 4 路数字输出 24V 电源，用于连接 MPI 连接器
SIMODRIVE 部件	包括电源模块、驱动模块等
NCU 接线板	高速 NC I/O、数字量输入/输出、模拟量输入/输出
分线盒	用于连接手持单元或手持终端到 MPI 总线 用于连接急停、使能、手轮和 24V DC 电源
手持单元	有 B-MPI 型和 MINI 型手持单元，B-MPI 型有 MPI 总线接口、手轮、急停键、钥匙键、倍率开关、使能键、未定义键和显示屏等
机床操作面板	用于 840D 操作的显示器和键盘，如 OP031、OP010 等
MMC 模块	操作面板控制计算机模块，如带硬盘的 MMC103、PCU50 或不带硬盘的 MMC100.2、PCU20 等
机床控制面板	西门子机床控制面板 MCP 或带用户接口的 MCP
存储卡（PCMCIA）	包含系统程序，可以插到 NCU 中
PCI/ISA 适配器	用于把 ISA 模块连接到 MMC 模块上
其他	软驱、打印机、PC 键盘、鼠标

一个 NCK 可以完成原来多个系统才能完成的工作，因而可以有多个通道,一个通道相当于一个独立的 NC，840D 最多可以有 10 个通道，每个通道都有自己的零点偏置、刀具补偿和 R 参数等。但程序区是共用的，每个通道有自己的工作方式，如果几个通道的工作方式相同，就构成了一个方式组。在 840D 系统上，方式是用方式开关来选择的，通道是用键 W1…*n* 来选择的。

1.5 840D 系统接口及连接

840D NCU 模块上的接口比 810D CCU 模块上的接口要少，由于没有集成驱动模块，也就缺少了测量反馈接口和驱动控制端子。有些接口的功能与 810D 相同，就不再给出这些接口的引脚定义了。

1.5.1 NCU 模块接口

840D 的接口如图 1-15 所示，包括操作部件、PLC I/O 模块、连接部件、驱动总线和 PROFIBUS-DP 通信接口等。

1. X101：操作面板接口 OPI

该接口使用 9 芯插头，电位隔离。该接口通过 MPI 电缆与机床操作面板 MMC 和机床控制面板 MCP 连接。接口引脚定义可参考表 1-5。

2. X102：PROFIBUS-DP 现场总线接口

PROFIBUS-DP 总线又称现场总线，9 芯插头，电位隔离，波特率 1.5MBaud，用于连接分布式现场设备。引脚定义见表 1-4。

3. X111：S7-300 PLC I/O 模块的输入/输出接口

该接口为 25 芯插头，基本隔离电压信号，用于连接 S7-300 系列 I/O 模块或单 I/O 模块 EFP。

4. X112：LINK 模块接口

NCU573.2/3/4 单元为 LINK 模块接口，NCU571.X、NCU572.X 单元是 RS232 接口，9 芯 D 型插头，最大电缆长度 10m。LINK 模块接口的引脚分配见表 1-11。

表 1-11 X112 接口引脚分配

引　脚	名　称	说　明	类　型	引　脚	名　称	说　明	类　型
1、2	NC	未分配		6	VP	+5V 电压，电位隔离	电压
3	RS_LINK	差分 RS485 -LINK	双向	7	NC	未分配	
4	XRS_CLKCY	差分 RS485 -CLKCY	输入	8	XRS_ LINK	差分 RS485 -LINK	双向
5	DGND	信号地，电位隔离	电压	9	RS_CLKCY	差分 RS485 -CLKCY	输入

5．X121：电缆分配盒接口

电缆分配盒接口用于连接多种 I/O 接口设备、电子手轮或传感器、使能急停控制信号等，采用 37 芯插头，电位隔离，二进制输入/输出。插头引脚分配见表 1-3。

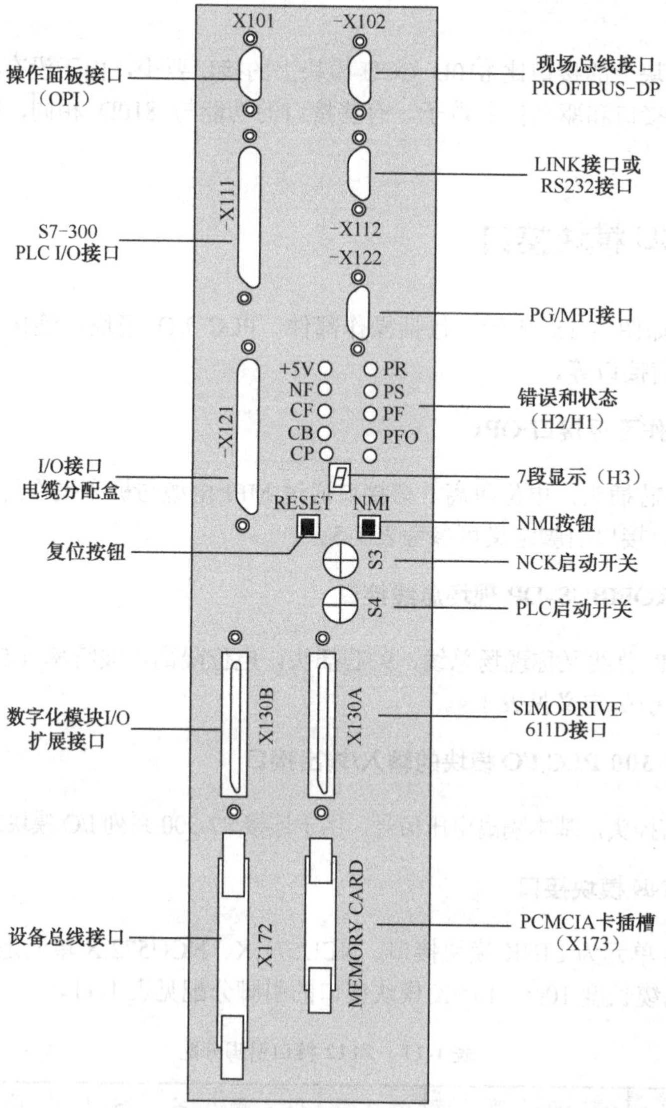

图 1-15　840D NCU 单元接口

6．X122：PG/MPI 接口

该接口连接西门子编程器 PG，把 PLC 用户程序传到 NC 中，或从 NC 中将 PLC 程序复制到 PG 中，另外还可以监测 PLC 的运行状态。采用 9 芯插头，电压连接，没电位隔离。插座引脚分配见表 1-5。

7．X130A/B：611D 接口和 I/O 扩展接口（数字化）

X130A 用于 611D 驱动总线连接，通过扁平电缆将驱动总线连接起来，具体连接到驱动模块的 X141 接口。X130B 为数字化 I/O 设备扩展接口。两接口均采用 36 芯插头，电压连接，没有安全隔离。

8．X172：设备总线接口

X172 用于连接模块的设备总线，即通过电缆连接电源模块和驱动模块的设备总线接口 X351。该接口采用 34 芯扁平电缆插座，接口引脚分配见表 1-12，其中未分配的引脚没有列出。

表 1-12　X172 接口引脚分配

引　脚	名　称	类　型	引　脚	名　称	类　型
1	HF1：电源 57V，20Hz	电压输入	18	P27：+27V 风扇电源	电压输入
2	HF2：电源 57V，20Hz	电压输入	19	M27：27V 参考地	电压输入
3	HF1：电源 57V，20Hz	电压输入	20	M：接地	电压输入
4	HF2：电源 57V，20Hz	电压输入	22	M：接地	电压输入
9	P15：+15V	电压输入	24	M：接地	电压输入
11	P15：+15V	电压输入	26	M：接地	电压输入
16	I^2t 预警 风扇/温度	集电极开路	31	驱动和 NC 准备	集电极开路

9．X173：68 芯 PCMCIA 卡插槽

X173 是标准 PCMCIA 卡插槽，可插入标准 NC 卡，其作用是用于存储 NC 系统软件，也可作为存储器使用，对调试过程中的软件进行备份。在 NC 卡中固化有 NCK 系统文件、PLC 基本程序、611D 驱动文件及相关的系统引导文件等。NC 卡有时也用于软件的升级。NC 卡是西门子公司专用的，因格式不同，普通的 PCMCIA 在 810D/840D 上无法使用。

1.5.2　NCU 模块控制开关

NCU 模块上 S1 是复位按钮，使系统软硬件复位，然后系统重新引导。S2 是一个非屏蔽中断请求按钮，对系统发出非屏蔽中断（NMI）请求信号。S3 是 NCK 启动选择开关，在不同位置其作用不同，一般在 NCK 数据总清或重新设置时使用。S4 与 810D 系统的 S4 作用相同。正常运行时，S3、S4 均应在位置 0。表 1-13 给出了开关及旋钮在不同位置的作用。

表 1-13　840D NCU 模块控制开关作用

位　置	类　型	说　明
S1	复位按钮	引起一个硬件复位，控制系统和驱动复位后完整重启
NMI S2	按钮	对处理器发出触发和 NMI 请求信号（NMI：非屏蔽中断）
S3	选择开关	NCK 启动开关 位置 0：正常运行，启动过程中完成机床数据的设置 位置 1：启动位置，清除 SRAM 中的所有数据，并装入标准机床数据 位置 2～7：预留
S4	选择开关	PLC 模式选择开关 位置 0：PLC-运行，机床处于正常工作状态 位置 1：PLC-运行-P，PLC 用户程序调试状态 位置 2：PLC-停止，停止运行 PLC 用户程序 位置 3：PLC 模块复位

1·5·3　NCU 模块 LED 显示

840D NCU 模块上也有两列 LED 指示信号 H1 和 H2，与 CCU 模块一样分别显示 NCK 和 PLC 的运行信息，与 CCU 模块相同的 LED 其表示的状态也相同，各个 LED 显示的意义详见表 1-14，PLC 状态显示中的 PR 和 PS 不同组合，其表示的意义与 CCU 模块也相同，参见表 1-9。

表 1-14　840D NCU 模块工作状态显示

位　置	LED 显示	说　明
左列 H1 （NCK 状态）	+5V　绿灯	电源电压在容差范围内时亮
	NF　红灯	NCK 启动过程中，其监控器被触发时，此灯亮
	CF　红灯	当 COM 监控器输出一个报警时，此灯亮
	CB　黄灯	通过 OPI 接口与机床操作面板进行数据传输，此灯亮
	CP　黄灯	通过 NC 的 MPI 接口进行数据传输时，此灯闪动
右列 H2 （PLC 状态）	PR　绿灯 PS　红灯 PF　红灯	PLC 运行状态 PLC 停止状态 当 PLC 看门狗监测出一个报警时，此灯亮（PLC 看门狗输出一个报警时，4 个灯全亮） PLC 强制状态
	PFO　黄灯 -　黄灯	NCU 571～573 未用，复位时短暂亮 NCU 573.2：PLC DP 状态（在 CPU 315 2DP 上此灯有“BUSF”的标记） • 灯灭：DP 未配置，或者 DP 已经配置，但所有从站未找到 • 灯闪：DP 配置了，但一个或一个以上的从站丢失 • 灯亮：错误（例如，总线短路或无令牌通行）

续表

位　置	LED 显示	说　明
H3	7 段数码管	系统软件自诊断输出信号，数控装置完成正常启动后，正常状态显示为“6”，在启动过程中依次显示 1—A—5—6

1.5.4　840D 系统连接

840D 系统接口连接及用途如图 1-16 所示。图 1-17 所示是某机床 840D 系统的实际连接图。

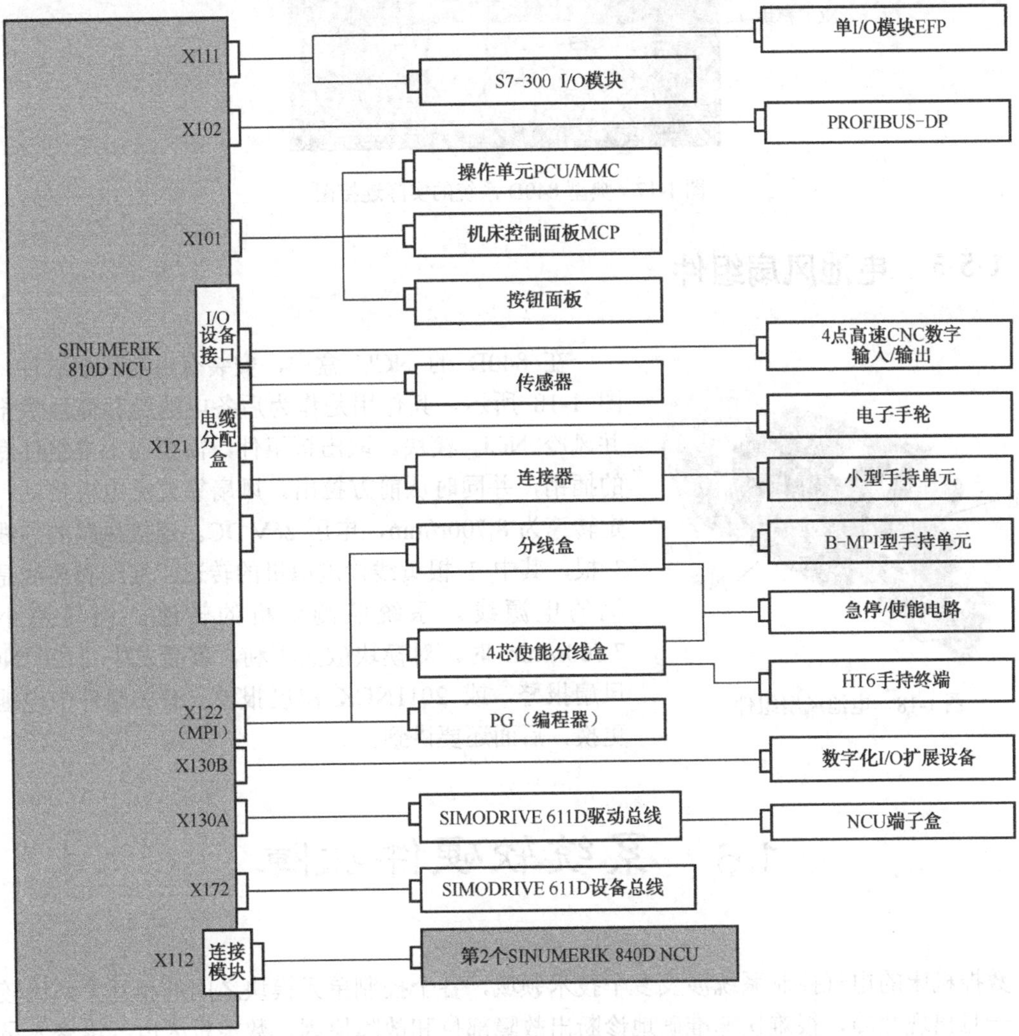

图 1-16　840D 系统接口连接及用途

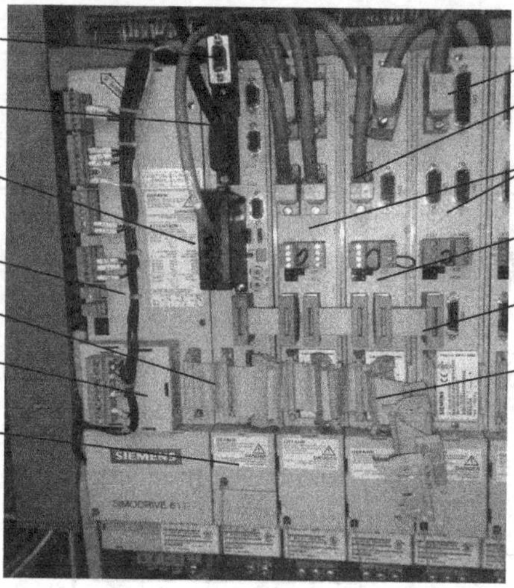

图 1-17　典型 840D 系统的实际连接图

1.5.5　电池风扇组件

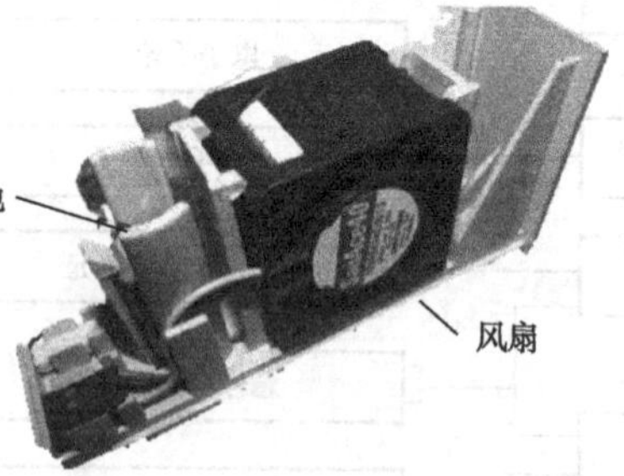

图 1-18　电池风扇组件

在 840D 的 NCU 盒中，安装有电池风扇组件，如图 1-18 所示，其作用是作为后备电池给存储器供电，并风冷 NCU 模块。取出该组件，需要向上推组件底部的插销，并同时从前方拉出。风扇靠直流电机带动，额定转速为 8 700r/min，电压 26V DC。连接风扇的导线有 3 根，其中 1 根黄线检测电机的转速，红线和黑线是电机的电源线。系统监测电机的转速，当转速小于 7 500r/min 时，对模块散热不利，就会发生 2120 NCK 风扇报警，或 2011NCK 温度报警。有关组件中电池的更换，后面还要讲到。

1.6　系统软硬件故障

数控机床的电气控制系统涉及多个技术领域，各个控制单元模块之间的相互关系比较复杂，一旦出现故障，很难快速准确地诊断出故障部位和故障原因。数控机床电气维修人员需要长期工作经验的积累，更需要系统硬件和控制软件方面的知识。

1·6·1　系统硬件故障

1．模块故障

810D/840D 系统高度集成化，一旦系统模块出现故障，一般情况下，用户是无法维修的，西门子公司也不建议用户进行维修，理由是用户维修人员不可能熟悉内部电路的工作原理，盲目维修有可能导致故障点的扩大。系统硬件故障出现后，首先检查又无明显故障点，通过观察和测量能够把故障定位到某一模块，在无法进行维修的情况下，只能通过更换模块处理，再把故障模块送给西门子公司解决。

2．连接电缆问题

机床数控系统各模块之间是采用专用电缆连接的，当系统发生故障时，首先应该检查连接电缆，包括外部信号控制电缆和模块之间的驱动总线和设备总线，建议把所有连接电缆的插头重新安插或压紧一边，消除因电缆接触不良造成的故障。系统没有对所有连接电缆的接触不良、断路或短路进行诊断，仅对反馈测量部件的信号进行了部分监控，如零点脉冲信号。

3．电源电压异常

正常的电源电压是数控系统工作的必要条件，系统对电源电压的额定值和变化范围都有严格的要求，工作电压的波动超出一定范围，将会导致系统故障的发生。因此，当故障发生时，检查完电缆连接后，接着应检查电源电压，包括 380V 的主电源电压、单相 220V 电压、电源模块输出的直流母线电压、系统电子电路的直流电源电压（24V、5V、±15V）。

4．工作状态显示异常

数控系统上的显示器、状态指示灯和数码管，能够把大部分故障显示出来。状态指示灯或数码管能够粗略地提示故障发生的原因，而显示的报警信息能够较具体地指出故障发生的原因。维修人员要时常观察指示灯的状态，熟悉系统诊断手册中各种报警信息；掌握系统正常工作时各指示灯的状态，以便与故障发生时的状态相比较。电源模块上有 6 个 LED 指示灯，正常工作时只有黄色指示灯亮。CCU 或 NCU 模块上有一个 7 段数码管，正常状态下显示“6”。两排 LED 指示灯，正常情况下+5V 和 PR 灯亮，在与操作部件通信时，CB 黄色指示灯闪动。

1·6·2 系统软件故障

1. 操作不当引起的软件故障

系统因操作不当引起的软件故障多发生在数控机床的调试阶段，多是因为维修调试人员错误地删除或更改了系统控制软件或机床数据。解决这类故障比较简单，只需恢复原来的备份软件或机床数据即可。

2. 干扰信号引起的软件故障

较强的外部电磁干扰或电源的较大波动都会引起数控系统工作不稳定，引起系统的时序错误，造成系统工作紊乱，严重时系统会停止运行。遇到这种情况，除检查系统接地外，还要排除干扰源，才能恢复系统的正常工作。

3. 后备电池电压过低

后备电池电压过低或接触不良都将导致机床数据或 PLC 程序丢失，使系统不能正常工作，表现为系统软件故障。导致电池电压过低的原因可能是电池使用太久，电池电路短路，或者是系统主板某些电子元件性能发生了变化，导致耗电量增加。

4. 软件进入死循环

当你的零件程序比较复杂，在控制过程中又需要系统进行大量运算时，有时会造成系统进入死循环而引起系统的工作中断，导致软件故障。外部干扰信号也有可能导致程序进入死循环。解决这类故障只需进行硬件复位或断电再启动即可。

5. 零件程序有错

用户零件程序中使用了非法字符、非法数值类型、错误的指令格式，都会使程序中断运行，并产生相应的报警信息。

1.7 机床工作电压

数控机床的电气控制系统对电源也没有什么特殊要求，一般都能适应我国电网，允许电压波动范围+10%～-15%。如果供电系统电源波动幅度大（有时远远超过 10%），而且质量差，则交流电源上往往叠加有一些高频杂波信号，最好的办法是为数控机床采取专线供电，或增设稳压装置，也可在电源的输入端加装变压器、电抗器及滤波器等，这些措施都能改善供电质量和减少电网干扰。幅度较大的瞬间干扰信号，会破坏数控系统的程序或参数，降低系统的可靠性，影响机床的正常运行。

如果给机床供电的电网电压不稳定，电压过高或过低，超出了数控系统允许的电网电压波动范围，即额定值的+10%～-15%，可能导致数控系统不能稳定工作，甚至会造成重要电子部件损坏。因此，要经常注意电网电压的波动，即使在给数控系统配置了交流稳压装置的情况下，也要时常检查交流稳压装置的输入/输出电压，防止因稳压装置的故障引发数控系统故障。数控机床中使用的电源电压有 3 种，即交流主回路电源电压、交流控制回路电压及直流控制回路电压。

1．交流主回路电源电压

交流主回路电源电压是指三相进线电源电压，一般作为系统电源模块、中间变压器电源，还作为辅助电机的工作电源，如液压电机、刀架电机、润滑电机等。根据国家标准，交流主回路的输入电压为三相交流 380V。数控机床主回路输入电压的变化范围为（15%～+10%）380V；输入频率范围为 50Hz±1Hz。当机床的输入电源电压不能满足上述要求时，必须采取一定的稳压措施，如增加稳压电源，防止电源电压过高或过低，或者是电压波动太大而影响数控系统工作，严重时还会造成系统的损坏。

2．交流控制回路电压

交流控制回路的电压一般为单相交流 220V。有的数控机床使用电源变压器把 380V 变成 220V 作为控制回路的电源，有的直接引入 220V 电源，前者的稳定性和可靠性优于后者，也是数控机床常采用的方法。数控机床允许交流控制回路的电压变化范围为（−15%～+10%）220V；输入频率范围为 50Hz±1Hz。一般说来，如果主回路电源电压能满足要求，则控制回路的电源电压也能满足要求，除非强电箱电源变压器出现故障。

3．直流控制回路电压

直流控制回路电压一般作为中间继电器和 PLC 的 I/O 信号控制，也可作为系统工作电源，如操作部件的工作电源。直流控制回路电压为 24V DC，允许的电压波动范围为 24V DC±10%。

第 2 章　操作部件及其接口

操作部件主要包括机床操作面板、机床控制面板及手持操作单元等，机床操作面板由显示屏幕和操作键盘组成，用于零件程序的编辑、系统管理和状态信息显示。机床控制面板用于机床的控制、工作方式选择及功能的启停等。

2.1　机床操作面板及其接口

机床操作面板包括一个显示屏和一个 NC 键盘，主要用于程序编辑、刀具管理、系统数据设置、系统操作及系统状态信息的显示，早期的 810D/840D 配置机床操作面板有 OP030、OP031 和 OP032 等型号，新一代机床操作面板有 OP010、OP010S、OP010C、OP012、OP015 等型号，其中最常用的显示单元有 OP031、OP010 及 OP010C 等。就一般 810D/840D 配置的机床操作面板而言，其屏幕显示格式及操作键的作用基本相同。

2·1·1　操作面板 OP031

操作面板 OP031 采用 10.4 英寸 LCD 显示器，分辨率为 640×480（VGA），采用机械式按键，有 8+4 个水平软键和 8 个垂直软键，系统对功能软键的操作进行了优化设计。OP031 通过与 MMC100、MMC100.2、MMC101、MMC102 或 MMC103 等控制单元结合，适用于多种机床的操作面板。OP031 机床操作面板如图 2-1 所示。

X1：24V DC 输入电源接口，3 芯端子，引脚 1 接 24V DC，引脚 2 接 0V DC，引脚 3 接地。

X3：MMC 数据电源接口，通过 34 芯扁平电缆，把 X3 插头直接连接到 MMC100、MMC100.2、MMC101 或 MMC102 上。

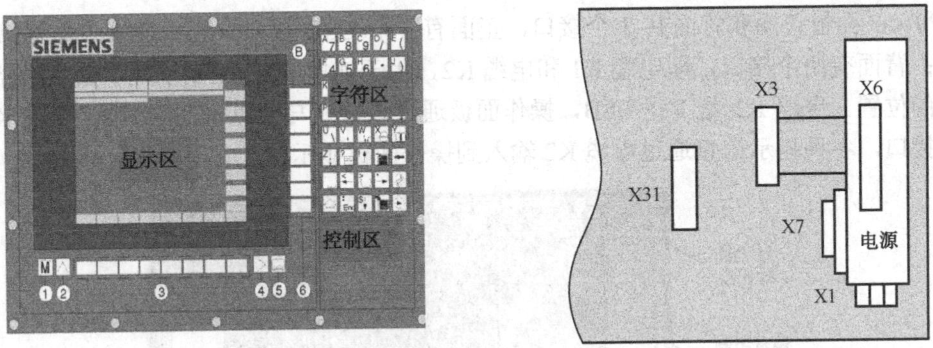

注：①～⑥同OP010C 说明

图 2-1　OP031 机床操作面板

X6：MMC 接口，34 芯电缆插座，用于连接操纵面板的控制单元 MMC100、MMC100.2、MMC101 或 MMC102。

X7：MMC 接口，72 芯电缆插座，用于连接 MMC103。

X31：NC 键盘/LCD VGA 接口。

2·1·2　操作面板 OP010C

OP010C 操作面板的显示装置是 10.4 英寸的 STN 彩显，分辨率为 640×480（VGA），薄膜式键盘，带字母键、数字键、光标键、控制键和热键等，还有 8+4 个水平软键和 8 个垂直软键。控制键用于功能选择，快捷键用于直接选择操作区，如图 2-2 所示。OP010C 可替代操作面板 OP031，直接与操作面板控制单元 PCU20、PCU50 连接，构成完整的机床操作面板。

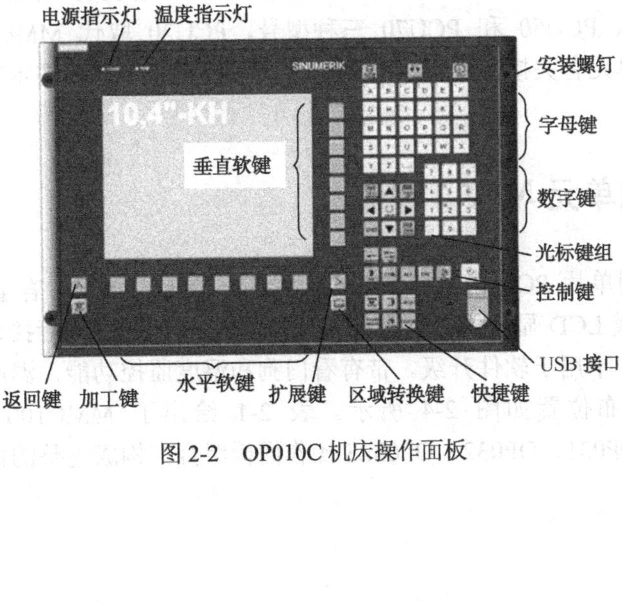

图 2-2　OP010C 机床操作面板

OP010C 面板正面和背面共 3 个接口，正面有一个 USB 接口，用于连接一个外部的键盘或鼠标；背面有两个接口，即电缆 K1 和电缆 K2，用于连接 PCU 控制单元，图 2-3 给出了两根电缆的位置。电缆 K1 是 I/O USB，操作面板通过该接口与 PCU 交换数据。电缆 K2 是显示电缆接口，各种显示信息通过电缆 K2 输入到操作面板显示器。

图 2-3　OP010C 操作面板接口

2.2　操作面板控制单元

操作面板控制单元又称 MMC，有自己独立的 CPU，并内置操作系统，控制着操作面板与数控系统的数据交换。实际上它与操作面板一起构成一台计算机，可以带硬盘和软驱，MMC 是计算机的主机，操作面板正是这台计算机的显示器和键盘。旧型号的操作面板控制单元有 MMC100、MMC100.2、MMC101、MMC102 和 MMC103 等型号，新一代操作面板控制单元有 PCU20、PCU50 和 PCU70 三种型号，PCU20 取代 MMC100.2，PCU50 取代 MMC103。各控制单元有关接口引脚信号的定义，除特殊接口需要在本节描述外，常用的标准接口见 2.5 节。

2.2.1　控制单元 MMC100.2

MMC100.2 采用单片 PC，内置操作系统，系统存储器 SDRAM 容量为 7MB，支持分辨率为 VGA 的 CRT 或 LCD 显示器，直流 24V 供电，配有 RS232 串行接口、键盘接口及 MPI 接口等。外接 Flash 卡用于软件升级。带有看门狗和温度监控功能，温度高于（59±3）℃时报警。各种接口分布位置如图 2-4 所示。表 2-1 给出了 MMC100.2 各接口的用途。MMC100.2 可以与 OP031、OP032、OP032S 操作面板组合，构成完整的机床操作面板。

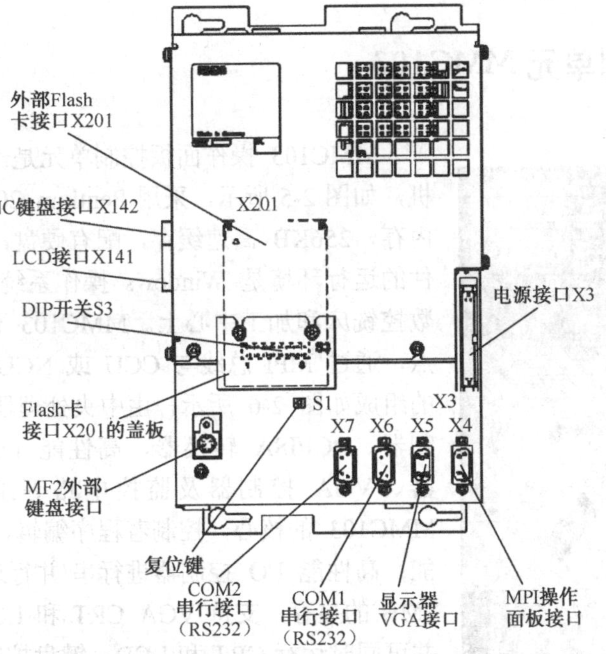

图 2-4　MMC100.2 控制单元接口

表 2-1　MMC100·2 接口表

接 口 号	说　明	用　途
X3	34 芯扁平电缆插头	电源数据接口
X4	MPI 接口，9 芯插座，电位隔离，波特率 1.5MBaud	与系统的 MPI 总线连接
X5	VGA 接口，15 芯插座	连接 VGA 显示器
X6	RS232 串行接口 COM1，9 芯插座，电缆长度 30m	数据传输（输入/输出）
X7	RS232 串行接口 COM2，9 芯插座，电缆长度 30m	数据传输（输入/输出）
X10	键盘接口，6 芯 mini DIN 插座	连接外部 MFⅡ键盘
X141	LCD 接口，12 芯插座	连接 LCD 显示器
X142	6 芯插座	连接 NC 键盘
X201	68 芯 PC 卡适配器	Flash 卡接口用于软件升级

S1 是复位按键，按 S1 键 MMC100.2 系统复位。在 MMC100.2 上有一个 DIP 开关 S3，选择启动时的引导存储器，当 S3.1 置 ON 位置时，由外部 Flash 卡引导；当 S3.1 置 OFF 位置时，由内部 Flash 存储器（默认设置）引导。

2.2.2 控制单元 MMC103

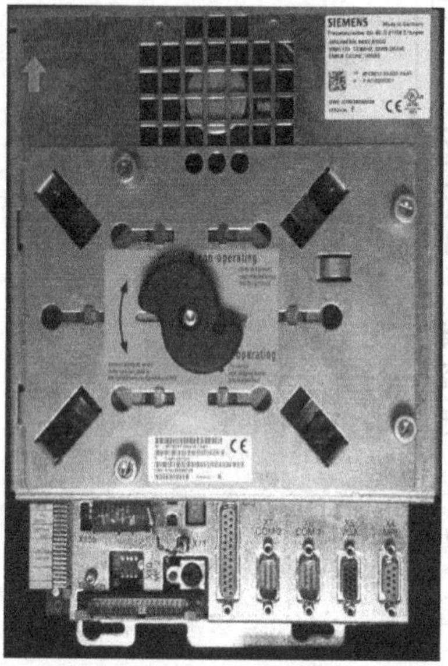

图 2-5 MMC103 控制单元

MMC103 操作面板控制单元是一台没有显示器的计算机，如图 2-5 所示，采用 Pentium 200MHz 处理器，64MB 内存，256KB 高速缓存，配有硬盘，也可带软驱，应用软件的运行环境是 Windows 操作系统。MMC103 多应用在数控铣床和加工中心上。MMC103 作为 OPI 上的一个节点，通过 MPI 总线与 CCU 或 NCU 交换信息。MMC103 的组成如图 2-6 所示，由中央处理器、存储器、HOST 控制器、PCI/ISA 转换器、高性能 I/O 控制器、键盘控制器、VGA 控制器及监控电路等组成。中央处理器是 MMC103 的核心，控制着程序编辑、信息显示及通信等功能；高性能 I/O 控制器进行串/并行通信；VGA 控制器有 1MB 的显存，支持 VGA CRT 和 LCD 单色或彩色显示，并可同时运行 CRT 和 LCD；键盘控制器可连接一个与 AT 兼容的 MFII 键盘、一个操作面板键盘和一个鼠标；监控电路用于中央处理器的温度、电压及风扇实时监测，在系统中还设置有看门狗，进一步提高了系统的可靠性。温度达到（65±3）℃时报警。MMC103 控制单元各个接口的用途见表 2-2。MMC103 正常启动后，LED 数码管显示数字 8，当硬盘在存储数据时，小数点会点亮。S1 是控制单元的复位按钮，NMI 为非屏蔽中断按键。

表 2-2 MMC103 接口表

接 口	说 明	用 途	接 口	说 明	用 途
X4	MPI 接口，1.5MBaud	连接 MPI 总线	X11	两芯	电池插座
X5	VGA 接口，15 芯插座	连接 VGA 显示器	X13	IDE 44 芯插头带电源	外接存储器
X6	RS232 串行接口 COM1	数据传输	X121 X122	PCI 选件接口	
X7	RS232 串行接口 COM2	数据传输	X131	72 芯扁平电缆接头	数据接口
X8	25 芯并行接口	连接打印机	X141	12 芯插座	接 LCD 显示器
X9	34 芯插头	软驱数据接口	X142	6 芯插座	连接 NC 键盘
X10	6 芯 mini DIN 插座	连接外部 MFII 键盘	X151～X153	ISA 选件接口	

MMC103 上的电池至少使用 10 年，电池的更换需要在通电情况下进行，否则可能会丢失数据。更换电池首先拔出 X11 插头，从电池支架上拔出电池，再安装新电池，并把电池插头连接到 X11，更换时注意电池的极性。

MMC103 的硬盘共分两个分区：C 盘和 D 盘，其中 D 盘主要用来存放一些备份文件，包括系统备份，安装软件时用来做临时存放区；C 盘则主要存放 Windows 系统的运行文件、MMC 的系统文件、机床厂家开发的附加软件及用户的一些程序和数据。

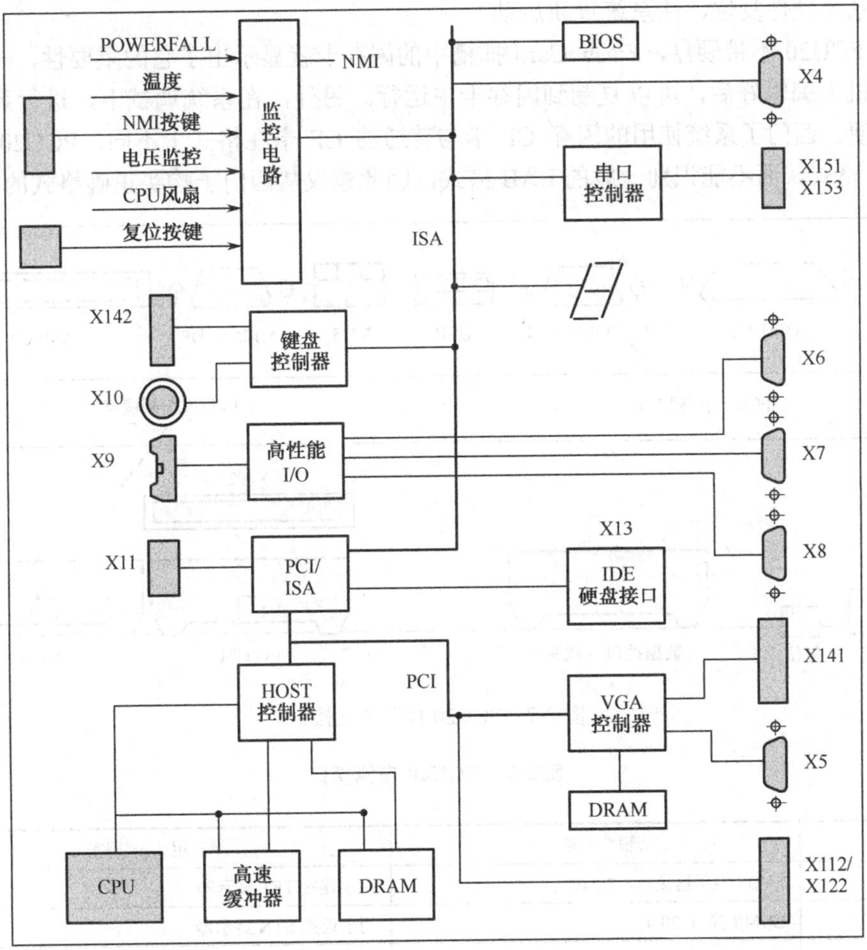

图 2-6 MMC103 的组成

2·2·3 控制单元 PCU20

PCU20 是 MMC100.2 的换代产品，内置 HMI，可方便地与多种操作面板组合，如 OP010、OP010C、OP010S、OP012 及 OP015 等。采用 486 微处理器，主频 166MHz，内置操作系统，用户存储器（SDRAM）16MB，板载闪存 8MB，可扩充软驱，屏幕分辨率为 640×480（VGA）至 1 024×780（XGA），直流 24V 供电。PCU20 作为 OPI 上的一个节点，通过 MPI 总线与 CCU 或 NCU 交换信息。在 PCU20 上有两个 RS232 串行接口、键盘接口、USB 接口、MPI/DP 接口及以太网接口等。各个接口分布在模块的左右两侧，如图 2-7 所示，表 2-3 和表 2-4 分别给出了左、右侧接口的特点及用途。在 PCU20 上还有一个复位按钮，用于系统硬件复位，使系统重新启动。

由于 PCU20 不带硬盘，Flash Card 插槽中的闪存卡就显示出了它的重要性，一些大型程序在计算机上编辑好后，可以复制到闪存卡中运行。另外，在系统调试中，进行系统数据备份也很方便。西门子系统使用的闪存 CF 卡与普通的 CF 卡在格式上不同，PCU20 系统只能识别 CHS 格式，而不能识别一般的 LAB 格式，因此建议从西门子购买正确格式的 CF 卡。

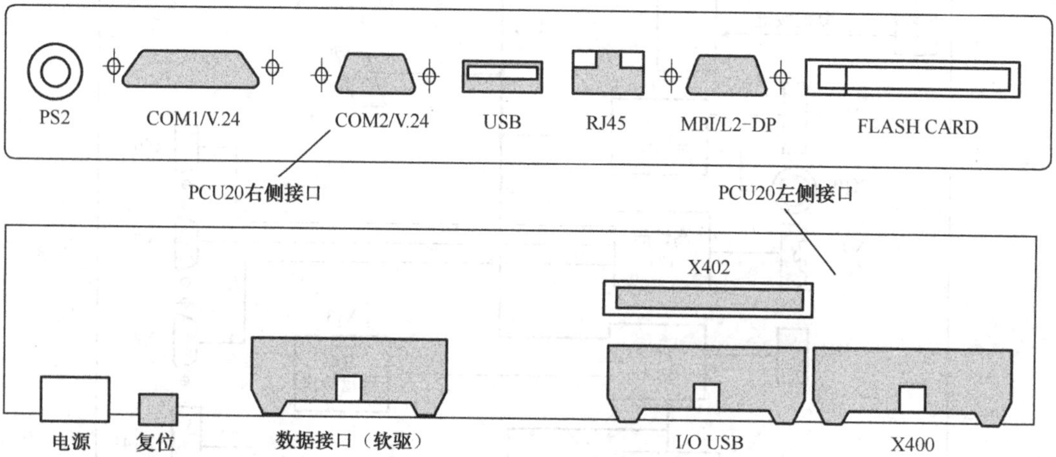

图 2-7　PCU20 控制单元接口

表 2-3　PCU20 左侧接口

接　口	说　明	用　途
X400	LVDS 显示器接口，20 芯	用于连接 TFT 显示器
X402	COMS 接口, 20 芯	用于连接 STN 显示器
I/O USB	26 芯电缆	用于连接操作面板
软驱	34 芯扁平电缆插座	连接外部软驱
24V DC		连接外部 24V DC 电源

表 2-4　PCU20 右侧接口

接　口	说　明	用　途
X9	COM1/V.24,RS232 串行接口 1，25 芯	数据及零件程序的传输
X11	COM2；RS232 串行接口 2，9 芯	数据及零件程序的传输
X40	USB，通用串行总线，4 芯	通用串行总线外部设备连接

续表

接　口	说　明	用　途
X800	MPI/L2-DP，9 芯 MPI 接口/PROBUS-DP 接口	与系统的 MPI 总线连接，也可连接 S7 可编程控制器
X805	RJ45 以太网接口	连接局域网（LAN）
X6	PS/2，6 芯 PS/2 鼠标/键盘	连接 PS/2 鼠标、键盘等
Flash Card	存储卡接口，68 芯插槽	用于各兼容闪存卡，如 TAT 闪存卡

2·2·4　控制单元 PCU50

PCU50 是 MMC103 的升级版，通常作为 PC 平台操作面板的基本部件，如 OP012 或 OP015 等。采用奔腾Ⅱ微处理器，主频 333MHz；或奔腾Ⅲ微处理器，主频 500MHz，工作存储器256MB，硬盘10GB，可带软驱，Windows NT 操作系统，屏幕分辨率为 640×480（VGA）至 1 024×780（XGA），配有 RS232 串行接口、键盘接口、USB 接口、MPI/DP 接口、PS/2 接口、并行接口及以太网接口等。与 PCU20 相比，系统操作更具人性化，程序编辑和管理更加方便。PCU50 作为 OPI 上的一个节点，通过 MPI 总线与 CCU 或 NCU 交换信息。

1. 接口描述

在控制部件的左右侧和背面都有接口，右侧的接口位置如图 2-8 所示，接口用途见表 2-5。箱体背面一个直角冲裁件后面的两个接口用于连接操作面板，正前方接口连接 I/O USB 电缆，LVDS 接口连接 TFT 显示器。箱体的左侧有一个复位按钮和一个用于连接外部软驱的 34 芯插头，如图 2-9 所示，复位按钮用于系统硬件复位，PC 重新启动。在控制部件箱体的底部有两个接地端子，分别连接保护地和等电位地。PCU50 内置 24V DC 电源，没有电源开关，电源通断只能通过拔插电源插头进行。图 2-10 和图 2-11 所示是 PCU50 的连接图。

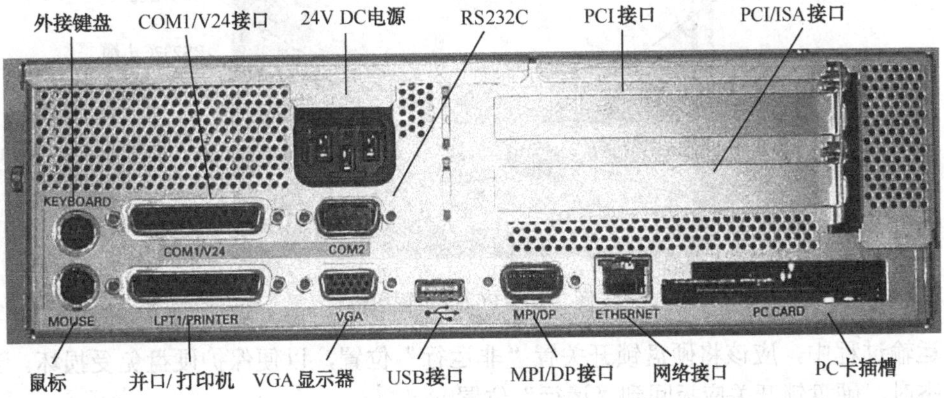

图 2-8　PCU50 右侧接口

表 2-5　PCU50 右侧接口用途

接　口	说　明	用　途
COM1	RS232 串行接口 1（V24 或 TTY），25 芯	数据及零件程序的传输
COM2	RS232 串行接口 2（V24），9 芯	数据及零件程序的传输
VGA	VGA 接口，15 芯	用于连接外部 VGA 显示器
USB	通用串行总线	外部设备连接
MPI/DP	MPI /PROBUS-DP（RS485）接口，9 芯	MPI 或 PROBUS-DP 总线连接，S7 编程器
RJ45	以太网接口	连接局域网（LAN）
PS/2 鼠标	鼠标接口	连接 PS/2 鼠标
PS/2 键盘	键盘接口	连接 PS/2 键盘
LPT1	25 芯并行接口	连接打印机
PCI	PCI 扩展插槽	扩展 PCI 卡设备
PCI/ISA	PCI/ISA 扩展插槽	扩展 PCI 或 ISA 接口设备

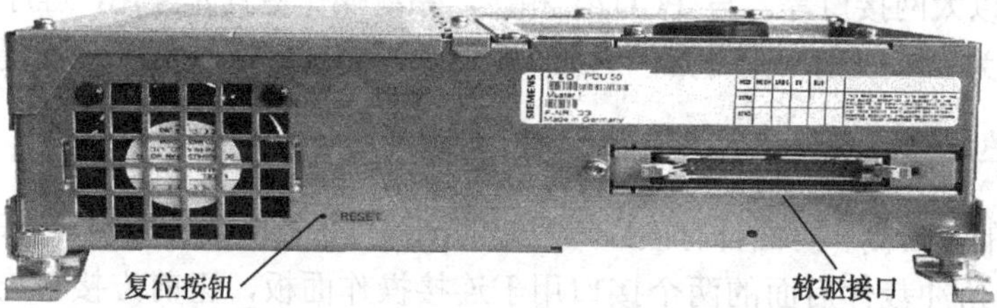

图 2-9　PCU50 左侧接口

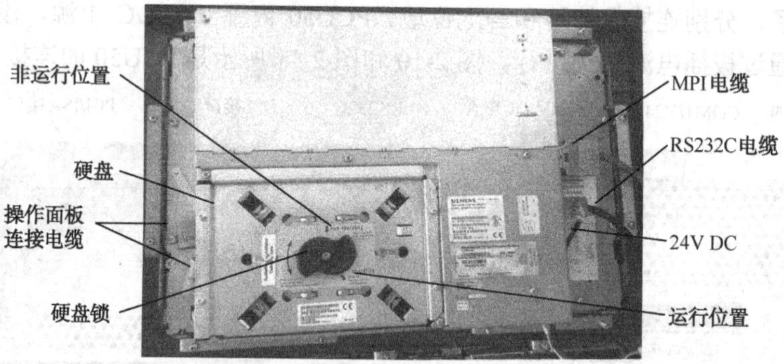

图 2-10　PCU50 连接图

在运输过程中，应该将硬盘锁开关置“非运行”位置，以便保护硬盘免受损坏。当处于工作状态时，硬盘锁开关应扳回到“运行”位置。

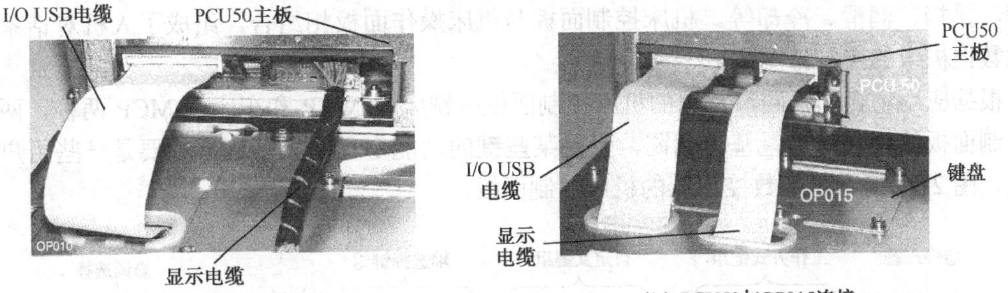

（a）PCU50与OP010连接　　（b）PCU50与OP015连接

图 2-11　PCU50 与操作面板的连接

2. 硬盘介绍

PCU50 的硬盘分为 4 个区，即主分区 C 盘和 D、E、F 逻辑驱动盘，存储空间分别约 0.5GB、2GB、3.5GB 和 4GB，如图 2-12 所示。C 盘和 D 盘用于存储 FAT16 格式的文件，E 盘和 F 盘用于存储 NTFS 格式文件。

C盘 FAT16	D盘 FAT16	E盘 NTFS	F盘 NTFS
DOS工具盘，约0.5GB，包含DOS 6.2和服务菜单的工具、脚本程序，如ghost	本地备份映像临时文件及安装目录。软件先复制到该目录，再进行安装	Windows XP/Windows NT操作系统软件，通过网络驱动器安装驱动程序或升级软件	安装用户程序、HMI-Advanced系统软件、STEP7、HMI的OEM应用程序和用户程序

图 2-12　PCU50 硬盘分区

安装和拆卸硬盘时，只需扭紧或拆卸硬盘支架上的 4 个螺钉即可。需要注意的是，安装和拆卸硬盘过程中，一定要把硬盘锁定在“非运行”位置，特别是在运输过程中，更要检查是否在“非运行”位置。安装好后，把硬盘锁定在“运行”位置，否则无法启动系统。

2.3　机床控制面板

机床控制面板用于控制机床的各部分运动，如果说机床操作面板针对的是数控装置，那么机床控制面板针对的就是机床，因为机床的各种动作基本上要通过机床控制面板来实现。机床控制面板上的操作键或旋钮由两部分组成，一部分是西门子提供的标准按键，这些键在基本 PLC 模块中都有明确的定义，如机床工作方式的选择、程序的启停、进给轴和主轴操作等；另一部分是用户定义键，它是根据机床所具有的功能，由机床制造商定义的功能键，如换刀、排挡、润滑、冷却等。机床控制面板与机床操作面板相结合，组成了人机对话系统，完成数控机床的控制与操作。

根据应用场合的不同，常用的机床控制面板有铣床板 MCP 和车床板 MCP 两种，两种机床控制面板的操作键数量基本相同，只是某些键的功能定义有所区别，主要是一些用户自定义键。图 2-13 所示是某数控车床的机床控制面板。

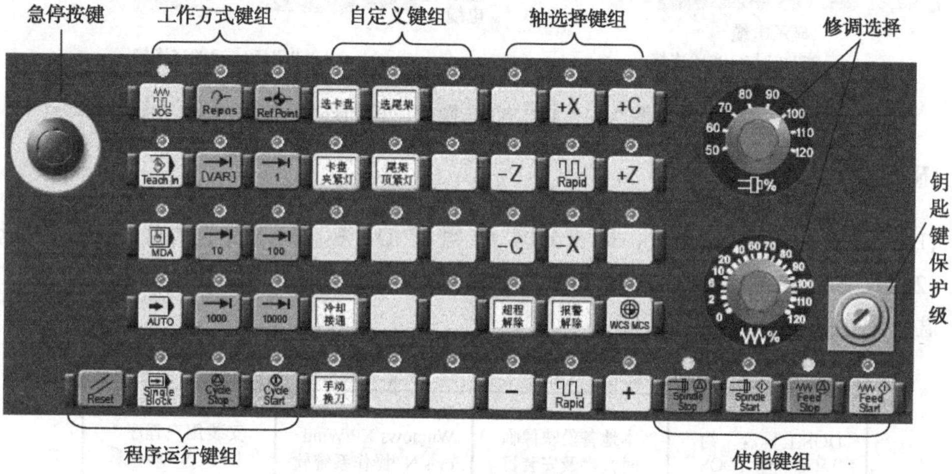

图 2-13　机床控制面板

机床控制面板的接口位置如图 2-14 所示，X20 为操作面板接口 MPI，作为 OPI 上的一个接点，直接与数控系统的 MPI 总线连接。X10 为电源接口，引脚 1 为屏蔽端子，引脚 2 接电源 24V DC，引脚 3 接电源 24V DC 地。X3 为 8 位 DIP 设置开关，主要设置 MPI 数据通信波特率、MPI 地址和传送循环时间/接受监控时间等，详见表 2-6。

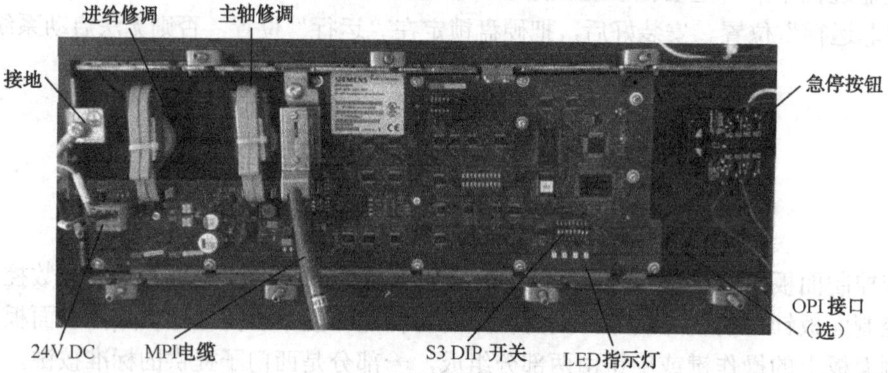

图 2-14　机床控制作面板接口位置

表 2-6　机床控制面板上的 S3 开关设置

1	2	3	4	5	6	7	8	含义
on								波特率：1.5MBaud
off								波特率：187.5KBaud
	on	Off						200ms 传送循环时间/240ms 接收监控
	off	on						100ms 传送循环时间/1 200ms 接收监控
	off	off						50ms 传送循环时间/600ms 接收监控
			on	on	on	on		总线地址：15
			on	on	on	off		总线地址：14
			…	..	…	…		… …
			off	off	off	on		总线地址：1
			off	off	off	off		总线地址：0
							on	MPI 接口，用户操作面板
							off	串行硬件

机床控制面板的控制电路由微处理器、程序存储器、数据存储器、串行 I/O 控制器、监控电路、光电隔离电路及 DC/DC 转换电路组成，是一个独立的计算机控制单元，如图 2-15 所示。64 个键盘扫描信号、48 个 LED 显示信号和串行通信都由微处理器控制。MCP 与系统 PLC 之间的通信采用 MPI 总线方式，各个数字信号的输入/输出都通过 MPI 接口 X20，串行控制器与 X20 之间采取了光电隔离措施，提高数据传输的可靠性。监控电路用于对键盘工作电压、温度进行实时检测，还有用于程序运行的看门狗定时器。DC/DC 变换器把 24V DC 转换为 5V DC，用于机床控制面板的控制电源。机床操作面板与机床控制面板的连接如图 2-16 所示，它是某机床的设计图，从图中可以看出两者通过 MPI 电缆连接。

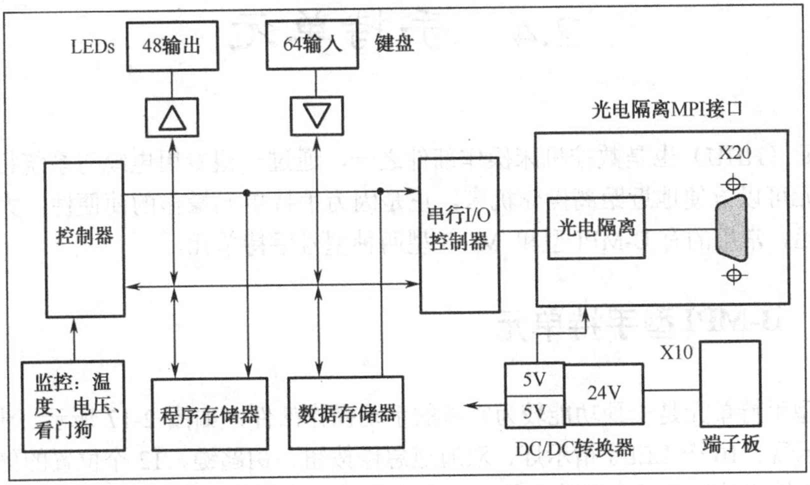

图 2-15　机床控制面板原理框图

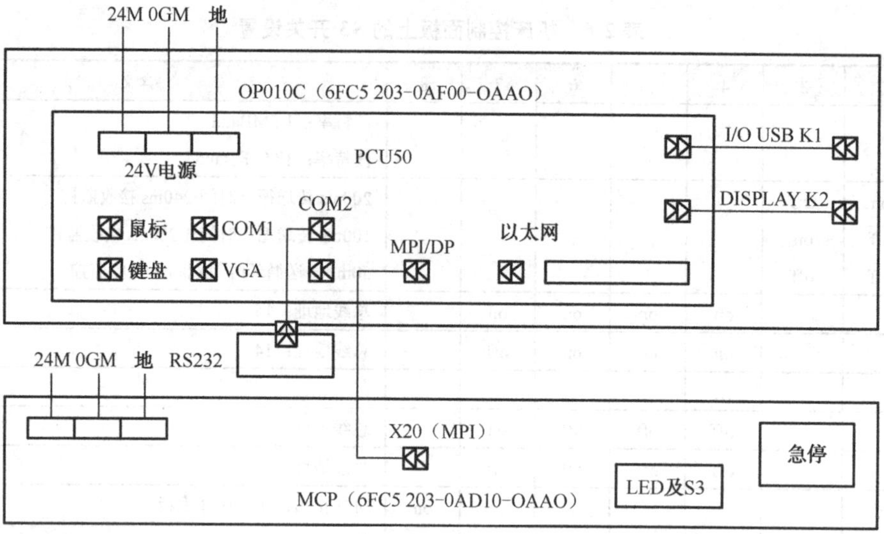

图 2-16　机床操作面板与控制面板的连接

在 MCP 上还有 4 个 LED 指示灯，LED1（H1）用于硬件检测，如果发现故障则红灯亮；LED2（H2）用于温度监控，温度超过（60±3）℃时点亮；LED3（H3）为 24V 电源指示；LED4（H4）为 MPI 通信指示，在通信状态下 LED4 闪动。

在 PLC 程序启动过程中，MCP 上的 LED 闪动，启动完成后，LED 停止闪动，MCP 通信开始。如果 LED 不停地闪动，则 PLC 与 MCP 之间的通信出现故障，产生故障的原因可能是 MPI 电缆或接插头出现了问题。

2.4　手持单元

手持单元（HHU）也是数控机床操作部件之一，通过一根专用电缆与系统相连，操作者手持操作单元可以方便地近距离操作机床。正是因为手持单元操作的简便性，大多数机床都配置手持单元。常用的有 B-MPI 型和 MINI 型两种型号手持单元。

2·4·1　B-MPI 型手持单元

B-MPI 型手持单元是一种功能较为完善的手动操作部件，如图 2-17 所示，带有 2×16 字符的双行显示器、16 个 LEDs 指示灯、双通道急停按钮、钥匙键、12 个位置的倍率开关、电子手轮及两个转换使能键等，除此之外，还为不同的机床用户提供了多个自定义键。

手持单元通过与其配套的分线盒与 CCU 或 NCU 连接，所有信号由一根 17 芯电缆接到分线盒插头 X4 上，电缆信号分配见表 2-7。在分线盒 X3 端子上分离出急停信号、使能信号和手轮信号，这些信号并不直接传送到 PLC，有利于外电路控制设计。其他信号由分线盒上的 X5 插头通过 MPI 总线传送到 PLC。

手持单元上有两个 4 位 DIP 设置开关 S1、S2，设置总线参数和 IDLE 时间，S1 用于设置通信波特率和 IDLE 时间，S2 用于设置 MPI 总线地址，在出厂时一般都设置完成，用户不要修改。

手持单元的安装和拆卸需要按照一定的步骤进行，安装 HHU 时，钥匙键应在 OFF 位置，急停端子短路，结束通信状态。连接 HHU 插头后，解除急停开关信号，钥匙键扳到 ON 位置，激活 HHU 后，与系统 HHU 开始通信。

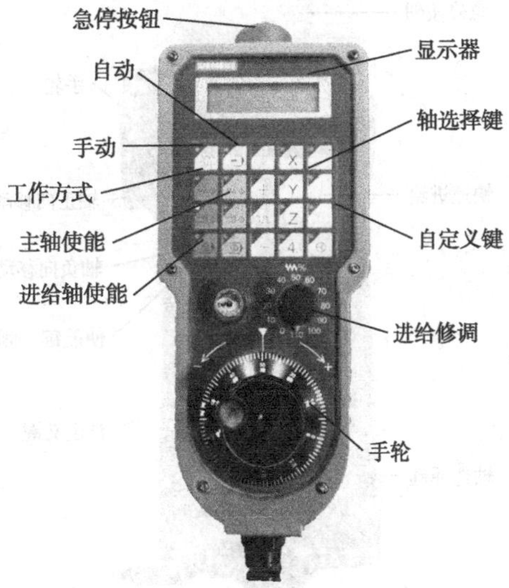

图 2-17　B-MPI 型手持操作单元

拔出 HHU 时，钥匙键应在 OFF 位置，结束通信状态，松开 HHU 插头，拔出 HHU 单元。在卸下 HHU 时，建议安装一个急停按钮开关，以便在 HHU 上的急停开关信号取消时，可以使急停生效，防止机床误动作。

表 2-7　B-MPI 型手持单元电缆信号分配

引　脚	说　明	引　脚	说　明	引　脚	说　明
1	急停连接信号	7	手轮脉冲 B	13	MPI_B，MPI 总线信号
2	MPI_A，MPI 总线信号	8	手轮脉冲 A	14	使能连接信号
3	GND，信号地	9	急停连接信号	15	手轮脉冲 $\overline{A}$
4	24V DC 电源	10	急停连接信号	16	
5	使能连接信号	11		17	手轮脉冲 $\overline{B}$
6	使能连接信号	12	急停连接信号		

2·4·2　MINI 型手持单元

MINI 型手持单元又称小型手持单元,其操作比 B-MPI 型手持单元更加简单。手持单元上没有显示器，功能键也很少，主要满足常用的手轮和轴的手动操作。小型手持单元除提供双通道急停按钮和双通道使能键外，还提供一个快速移动键、两个轴运动方向选择键、一个用

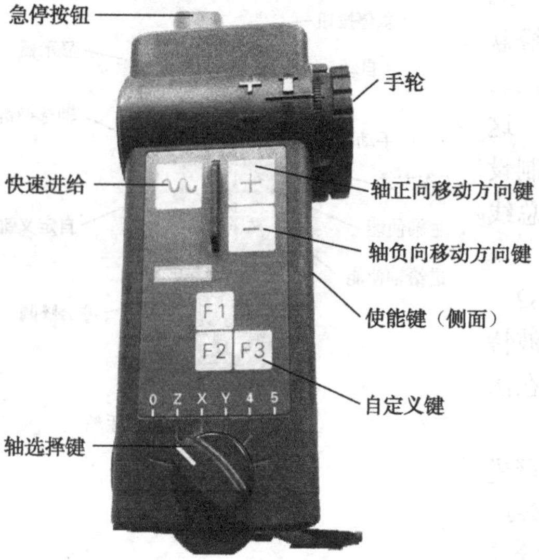

图2-18 MINI型手持单元

于进给轴移动的手轮。急停按钮为4线制连接，使能键为3线制连接。通过一个旋转开关，最多可以选择5个轴。对于有特殊要求的机床，提供了3个功能键F1、F2、F3，供用户定义。除手轮信号采用5V DC电压外，其他键开关信号均为24V DC。手持单元上的操作按键分布如图2-18所示。

小型手持单元通过一根24芯电缆连接到一个专用接头盒，再由接头盒连接到PLC。没有MPI总线，不需要额外的分线盒，信号并行地送到CCU或NCU。手轮信号采用RS422通信。在PLC的FC76模块中，包含一个用于小型HHU的标准程序，支持小型HHU的配置。表2-8给出了MINI型手持单元电缆信号的定义。

表2-8 MINI型手持单元电缆信号

引　脚	说　明	引　脚	说　明	引　脚	说　明
1	急停连接信号	9	轴选择	17	F3（自定义）
2	急停连接信号	10	轴选择	18	0V
3	急停连接信号	11	正方向“+”	19	+5V DC
4	急停连接信号	12	负方向“-”	20	手轮脉冲$\overline{B}$
5	使能连接信号	13	快速	21	手轮脉冲B
6	使能连接信号	14	F1（自定义）	22	手轮脉冲$\overline{A}$
7	使能连接信号	15	F2（自定义）	23	手轮脉冲A
8	轴选择	16	+24V DC	24	

2.5 操作部件标准接口

本节描述的是操作部件的标准接口，特殊接口已在各自的章节中描述。

1. PS/2键盘接口和鼠标接口

PS/2键盘接口与鼠标接口引脚分配分别见表2-9和表2-10。

表 2-9　PS/2 键盘接口引脚分配

引　脚	名　称	说　明	类　型	引　脚	名　称	说　明	类　型
1	KeyBoard_data	键盘数据	输入	P5	+5V 电源	电压	
2	NC	未分配		KeyBoard_CLK	键盘时钟	输入	
3	GND	接地	电压	NC	未分配		

表 2-10　PS/2 鼠标接口引脚分配

引　脚	名　称	说　明	类　型	引　脚	名　称	说　明	类　型
1	NC	未分配		4	P5	+5V 电源	电压
2	Mouse_data	鼠标数据线		5	NC	未分配	
3	GND	接地		6	Mouse_CLK	鼠标时钟	双向

2．标准串行接口（COM）

9 芯串行接口引脚分配见表 2-11，25 芯串行接口（V.24）引脚分配见表 2-12。

表 2-11　9 芯串行接口引脚分配

引　脚	名　称	说　明	类　型	引　脚	名　称	说　明	类　型
1	DCD	接收信号电平	输出	6	DSR（M1）	数据组准备	输入
2	RXD	串行接收数据	输入	7	RTS	请求发送	输入
3	TXD	串行发送数据	输出	8	CTS	发送使能	输入
4	DTR	数据终端准备	输出	9	RI	到达呼叫	输入
5	GND	系统接地	电压				

表 2-12　25 芯串行接口（V·24）引脚分配

引　脚	名　称	说　明	类　型	引　脚	名　称	说　明	类　型
1		屏蔽	—	10	+TTYRxD	线电流接收	输出
2	TXD（D1）	串行发送数据	输出	11～17	NC	未分配	—
3	RXD（D2）	串行接收数据	输入	18	+TTYTxD	线电流发送	输出
4	RTS（S2）	请求发送	输出	19	−20mA	相位隔离电流	电流
5	CTS（M2）	发送使能	输入	20	DTR（S1）	数据终端准备	输出
6	DSR（M1）	数据组准备	输入	21	−TTYTxD	线电流发送	输出
7	GND（E2）	系统接地	电压	22	RI（M3）	到达呼叫	输入
8	DCD（M5）	接收信号电平	输入	23～25	NC	未分配	
9	−TTYRxD	线电流接收	输出				

3．打印机并行接口（LPT1）

打印机并行接口引脚分配见表 2-13。

表 2-13 打印机并行接口引脚分配

引脚	名称	说明	类型	引脚	名称	说明	类型
1	Strobe(CLK)	选通信号	输出	14	AUTO FEED	自动送料	输出
2～9	Data bitis	数据位 TTL	输出	15	ERROR	打印机故障	输入
10	ACK	应答信号	输入	16	INIT	初始化打印机	输出
11	BUSY	打印机繁忙	输入	17	SELECT IN	选择打印机	输出
12	PE	纸张错误	输入	18	GND	系统接地	电压
13	SELECT	打印机选择	输入	19～25	NC	未分配	—

4. USB 接口

USB 接口引脚分配见表 2-14。

表 2-14 USB 接口引脚分配

引脚	名称	说明	类型	引脚	名称	说明	类型
1	USB_P5_fused	+5V 电源	电压	3	USB_D0P	Data-	双向
2	USB_D0M	Data +	双向	4	USB_GND	系统接地	电压

5. 以太网 RJ45 接口

以太网 RJ45 接口引脚分配见表 2-15。

表 2-15 以太网 RJ45 接口引脚分配

引脚	名称	说明	类型	引脚	名称	说明	类型
1	TXD+	发送数据 +	输出	6	RXD-	发送数据-	输入
2	TXD-	发送数据-	输出	7，8	—	内部端子	
3	RXD+	接收数据 +	输入	黄灯 LED：连接			输出
4，5	—	内部端子		绿灯 LED：有效			输出

6. VGA 接口

VGA 接口引脚分配见表 2-16。

表 2-16 VGA 接口引脚分配

引脚	名称	说明	类型	引脚	名称	说明	类型
1	R_EXT	红色	输出	5～8	GND	系统接地	电压
2	G_EXT	绿色	输出	9	NC	未分配	—
3	B_EXT	蓝色	输出	10	GND	系统接地	电压
4	NC	未分配	—	11，12	NC	未分配	—

续表

引　脚	名　称	说　明	类　型	引　脚	名　称	说　明	类　型
13	EXT_H	水平同步	输出	15	NC	未分配	—
14	EXT_V	垂直同步	输出				

7. LVDS 显示屏接口（用于 TFT 操作面板）

LVDS 显示屏接口引脚分配见表 2-17。

表 2-17　LVDS 显示屏接口引脚分配

引脚	名　称	说　明	类型	引脚	名　称	说　明	类型
1，2	P5V_D_fused	+5V，带熔断器的显示屏电源	电压	11	RXIND2−	LVDS 输入信号位 2（−）	输入
3	RXIND0−	LVDS 输入信号位 0（−）	输入	12	RXIND2	LVDS 输入信号位 2（+）	输入
4	RXIND0+	LVDS 输入信号位 0（+）	输入	13,14	GND	系统接地（基准电位）	电压
5,6	P3.3V_D_fused	+3.3V 带保险显示屏电压	电压	15	RXCLKIN−	LVDS 时钟信号（−）	输入
7	RXIND1−	LVDS 输入信号 位 1（−）	输入	16	RXCLKIN+	LVDS 时钟信号（+）	输入
8	RXIND1+	LVDS 输入信号 位 1（+）	输入	17,18	GND	系统接地（基准电位）	电压
9,10	GND	系统接地（基准电位）	电压	19,20	NC	未分配	—

8. 控制单元与操作面板接口（I/O USB）

控制单元与操作面板接口引脚分配见表 2-18。

表 2-18　控制单元与操作面板接口引脚分配

引脚	名　称	说　明	类型	引脚	名　称	说　明	类型
1	GND	系统接地	电压	14	GND	系统接地	电压
2	P12V	12V 用于逆变器	电压	15	LCD_SEL0	显示屏类型选择 0	输入
3	BL_ON	背光灯	输出	16	LCD_SEL1	显示屏类型选择 1	输入
4	P5V_fused	5V 电源，带熔断器	电压	17	LCD_SEL2	显示屏类型选择 2	输入
5	GND	系统接地	电压	28	LCD_SEL3	显示屏类型选择 3	输入
6	P3.3V_fusde	3.3V 电源，带熔断器	电压	29	RESET_N	复位信号	输出
7	K_CLK	键盘时钟	输出	20	SPEAKER	连接扬声器	输出
8	K_DATA	键盘数据	输入	21	HD_LED	硬盘存储 LED	输出
9	M_CLK	鼠标时钟	输出	22	DP_LED	MPI/DP 通信 LED	输出
10	M_DATA	鼠标数据	输入	23	Et_LED	以太网通信 LED	输出
11	P5V_fusde	5V 电源，带熔断器	电压	24	TEMP_ERR	超温 LED Error	输出
12	USB_D1M	USB 数据− 通道 1	双向	25	RUN_R	看门狗 LED Error	输出
13	USB_D1P	USB 数据 + 通道 1	双向	26	RUN_G	看门狗 LED OK	输出

2.6 连接部件

连接部件是指系统接口专用电缆分配器，通过连接部件可方便地把诸如电子手轮、传感器、手持单元、急停/使能电路等接到系统上。常用的连接部件有电缆分配盒和分线盒。

2·6·1 电缆分配盒

电缆分配盒与系统的 X121 连接，直接插在 X121 接口上，主要用于连接手轮、传感器和扩展 I/O 设备等。电缆分配盒上各接口的位置如图 2-19 所示，从 X1～X10 共有 10 个外部接口。电缆分配盒把 X121 接口划分为连接两个差分手轮的 4 个接口、两个传感器输入接口、两个 4 路 NC 二进制输入接口、一个 4 路 N C 二进制输出接口和一个 24V 电源接口。电缆分配盒最多连接 7 根电缆，X11 接口包含全部信号。表 2-19 给出了电缆分配盒接口 X11 与其他接口间的关系。

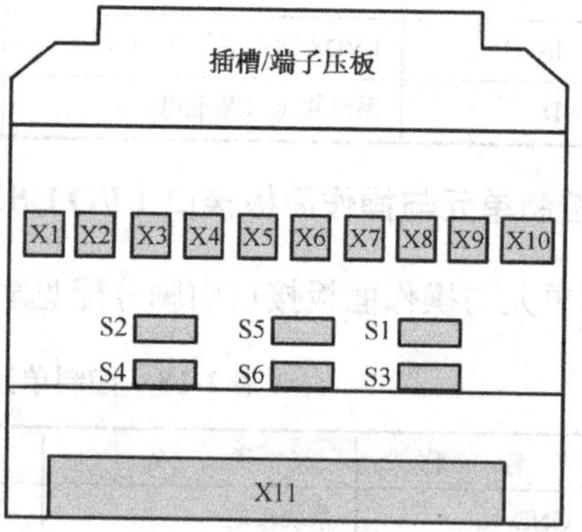

图 2-19 电缆分配盒及接口

表 2-19 X11 与其他接口间的对应关系

引脚	名 称	接口/引脚	电缆	I/O 设备	引脚	名 称	接口/引脚	电缆	I/O 设备
37	手轮 1 脉冲 B	X1/3	1	手轮 1	27	NC 输入参考地	X6/3	4	4 路数字输入
18	手轮 1 脉冲 $\overline{B}$	X1/4			26	NC 输入参考地	X6/1		
36	手轮 1 电源地	X1/1			8	NC 二进制输入 0	X6/4		
17	手轮 1 电源 5V	X1/2			7	NC 二进制输入 1	X6/2		
35	手轮 1 电源地	X2/3			25	NC 输入参考地	X7/3		
16	手轮 1 电源 5V	X2/4			6	NC 二进制输入 2	X7/4		
34	手轮 1 脉冲 A	X2/1			24	NC 输入参考地	X7/1		
15	手轮 1 脉冲 $\overline{A}$	X2/2			5	NC 二进制输入 3	X7/2		

续表

引脚	名　称	接口/引脚	电缆	I/O 设备	引脚	名　称	接口/引脚	电缆	I/O 设备
33	手轮 2 脉冲 B	X3/3	2	手轮 2	23	NC 二进制输出 2	X8/3	5	4 路数字输出
14	手轮 2 脉冲 $\overline{B}$	X3/4			4	NC 二进制输出 0	X8/4		
32	手轮 2 电源地	X3/1			22	NC 二进制输出 3	X8/1		
13	手轮 2 电源 5V	X3/2			3	NC 二进制输出 1	X8/2		
31	手轮 2 电源地	X4/3			21	外部 24V	X9/3	6	电源
12	手轮 2 电源 5V	X4/4			20	外部 24V	X9/1		
30	手轮 2 脉冲 A	X4/1			1	外部 24V 地	X9/4		
11	手轮 2 脉冲 $\overline{A}$	X4/2			2	外部 24V 地	X9/2		
28	测量脉冲 1	X5/1	3	传感器 2	9	测量脉冲 0	X10/1	7	传感器 1
29	测量脉冲 1 地	X5/3			10	测量脉冲 0 地	X10/3		

电缆分配盒上还有 6 个 DIP FIX 开关，对于不同的型号，其位置设置不同。订货号为 6FX2006-1BA00 电缆分配盒，S1～S6 都处于关闭状态。订货号为 6FX2006-1BA01 电缆分配盒，S1～S4 处于断开状态，S5、S6 处于闭合状态。

在安装电缆分配盒时，根据连接部件的要求，把专用电缆分别插到 X1～X10 接口，电缆放入电缆槽，使上下压板的“牙”相对，牢固地压紧上部压板，保证外露的屏蔽套管与金属表面有大面积的良好接触。

2·6·2　分线盒

分线盒常用于操作部件的过渡连接，如图 2-20 所示，多用在连接 B-MPI 型手持单元。分线盒的连接方式有两种，双通道 4 芯使能连接方式，如图 2-21 所示；双通道 3 芯使能连接方式，如图 2-22 所示。分线盒上主要有 3 个连接端口，即 X3、X4 和 X5。X3 是多功能端子排，用于连接急停按钮、使能键、手轮和 24V 电源等。表 2-20 给出了手持单元分线盒 X3 端子排各端子定义。X4 是手持单元 HHU、手持编程单元 HPU 和手持终端 HT6 的接口，与 HHU 连接的 X4 接口引脚分配详见表 2-21。X5 是 MPI 接口，通过 X5 接口连接到系统的 MPI 总线上。

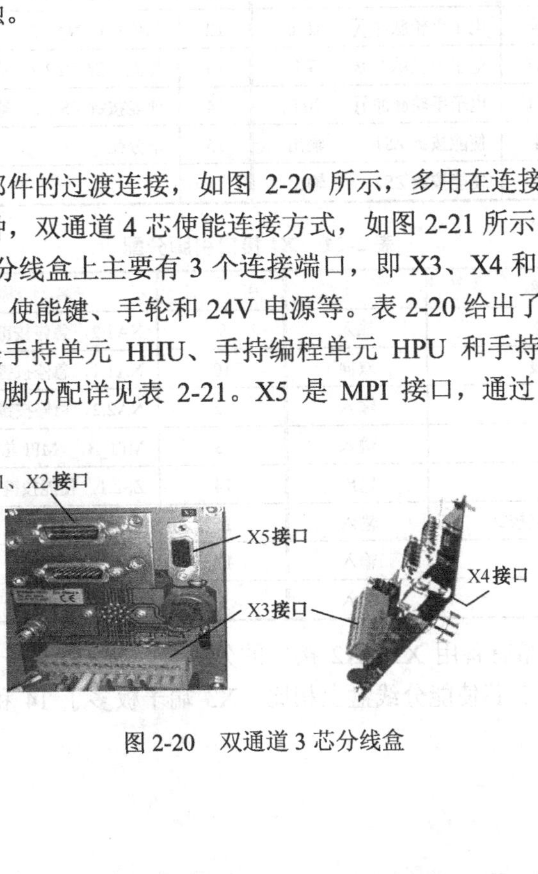

图 2-20　双通道 3 芯分线盒

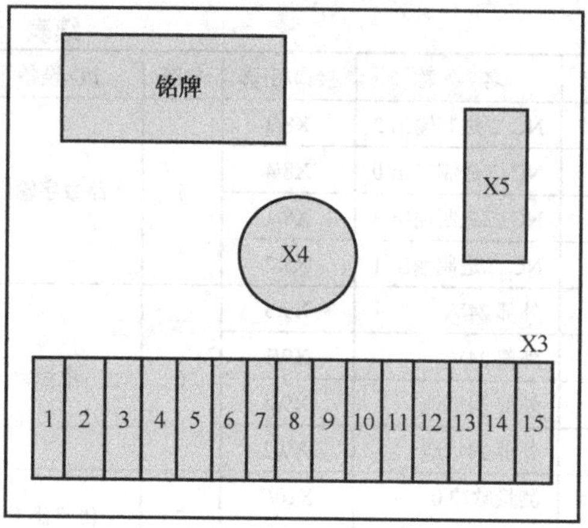

图 2-21　双通道 4 芯分线盒接口

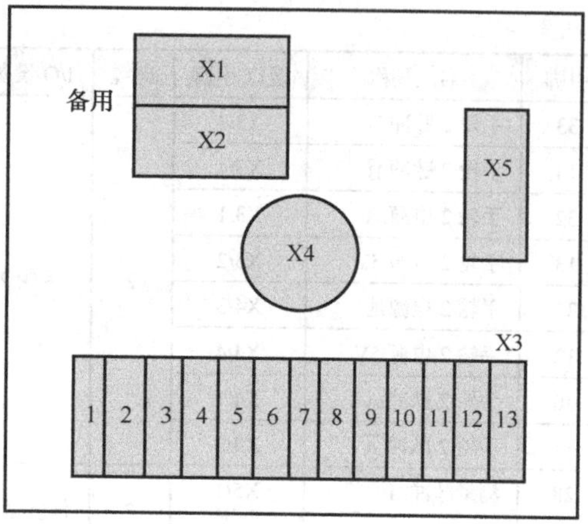

图 2-22　双通道 3 芯分线盒接口

表 2-20　X3 端子排各端子定义

端子	双通道 4 芯使能信号	双通道 3 芯使能信号	端子	双通道 4 芯使能信号	双通道 3 芯使能信号
1	急停按键 NA1.1　输入	急停按键 NA1.1　输入	9	24V 电源	24V 电源
2	急停按键 NA1.2　输出	急停按键 NA1.2　输出	10	0V	0V
3	电子手轮脉冲 A　双向	电子手轮脉冲 A　双向	11	急停按键 NA2.1　输入	急停按键 NA2.1　输入
4	电子手轮脉冲 $\overline{A}$　双向	电子手轮脉冲 $\overline{A}$　双向	12	急停按键 NA2.2　输出	急停按键 NA2.2　输出
5	电子手轮脉冲 B　双向	电子手轮脉冲 B　双向	13	使能按键 ZS 2.2　输入	使能按键 ZS1　输入
6	电子手轮脉冲 $\overline{B}$　双向	电子手轮脉冲 $\overline{B}$　双向	14	使能按键 ZS 1.2　输入	
7	使能按键 ZS 1.1　输出	使能按键 ZS1　输出	15	未分配	
8	使能按键 ZS 1.2　输出	使能按键 ZS2　输出			

表 2-21　X4 接口引脚分配

引　脚	名　称	类　型	引　脚	名　称	类　型
1	NA2.1，急停按键	输入	9	NA1.2，急停按键	输出
2	MPI_A，MPI 总线	双向	10	NA1.1，急停按键	输入
3	GND	输入	12	NA2.2，急停按键	输出
4	24V	输入	13	MPI_B，MPI 总线	双向
5	ZS1.1，使能按键	输出	14	ZS2.1，使能按键	输出
6	ZS1.2/ZS2.2，使能按键	输入	15	电子手轮脉冲 $\overline{A}$	输入
7	电子手轮脉冲 B	输入	17	电子手轮脉冲 $\overline{B}$	输入
8	电子手轮脉冲 A	输入	11、16 端子没有使用		

根据需要还可选用带有备用 X1、X2 接口的分线盒，X1 和 X2 一般用于 MPC 连接。双通道 4 芯使能与双通道 3 芯使能分线盒上相比，X3 端子板多了 14 和 15 号端子，但没有 X1 和 X2 接口。

2.7　MPI 总线地址及连接规则

2.7.1　MPI 总线地址分配

在 810D/840D 系统中，操作部件与 NCK 通过 MPI 多点总线接口连接，带有 MPI 总线接口的功能单元都可以挂在总线上，与 NCK 一起构成一个 MPI 网络。每个功能单元作为一个网络节点，各节点在网络中的地址都是唯一的，如机床操作面板的地址是 1，机床控制面板的地址是 14（车床版），PLC 的地址为 2 等。节点地址是系统规定的，用户只能按照这些地址进行设置，原则上不允许修改。常用操作部件的 MPI 总线默认地址分配见表 2-22。图 2-23 给出了 810D 系统 MPI 地址连接情况。图 2-24 给出了 840D 系统 MPI 地址连接情况，COM 地址通过“Start-up”操作区域下“NC”、“NCK Address”进行设置。在 MPI、OPI 和 Profibus 的通信电缆两端都要接终端电阻，阻值是 220Ω，如图 2-25 所示。如果需要检测电缆的好坏，可以在 NCU 端打开 MPI 插座的封盖，测量 A 与 B 两线间的电阻，由于两终端电阻并联，正常情况下应该为 110Ω。

表 2-22　MPI 总线默认地址分配

MPI 地址	连 接 设 备	MPI 地址	连 接 设 备
0	编程设备或启动工具	7	备用
1	MMC 组件	8	第二个机床控制面板
2	PLC 模块 S7-AS314	9～11	备用
3	NCK（SW3.5 或更高版本）	12	用户控制面板
4	备用	13	NCK(SW3.4 或更低版本)
5	备用	14	第一机床控制面板（810D）
6	第一机床控制面板（840D）	15	手持单元(HHU)

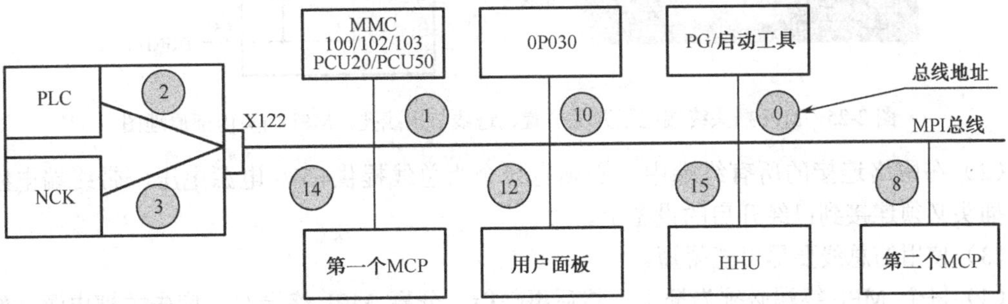

图 2-23　810D 系统 MPI 地址连接情况

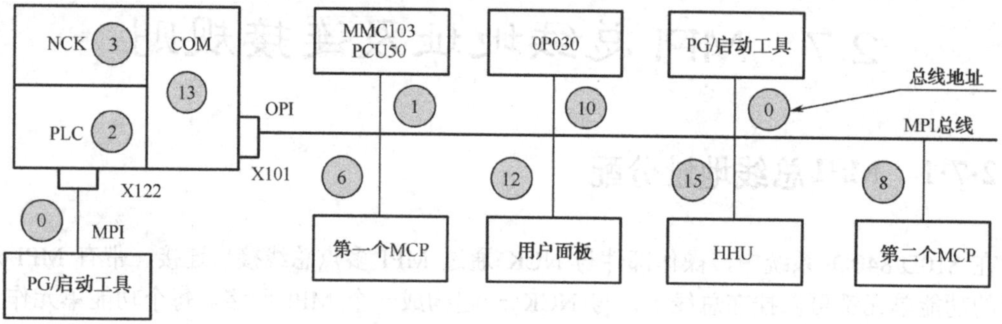

图 2-24 840D 系统 MPI 地址连接情况

2·7·2 MPI 总线连接规则

连接 MPI/OPI 总线时，必须遵守以下规则。

（1）MPI 总线两端必须以终端电阻结束，也就是接通第一个和最后一个 MPI 插头的终端电阻，把插头上的开关扳到 ON 位置。切断其余 MPI 插头上的终端电阻，把开关扳到 OFF 位置。在一个网络中只允许有两个使能终端。手持单元和手持编程单元中已经内置终端电阻。图 2-25 给出了 MPI 插头终端电阻开关位置、进线与出线孔、MPI 插头内部原理图等。图 2-26 所示是 810D 系统的 MPI 连接及终端电阻开关设置。图 2-27 所示是 840D 系统的 MPI 连接及终端电阻开关设置。

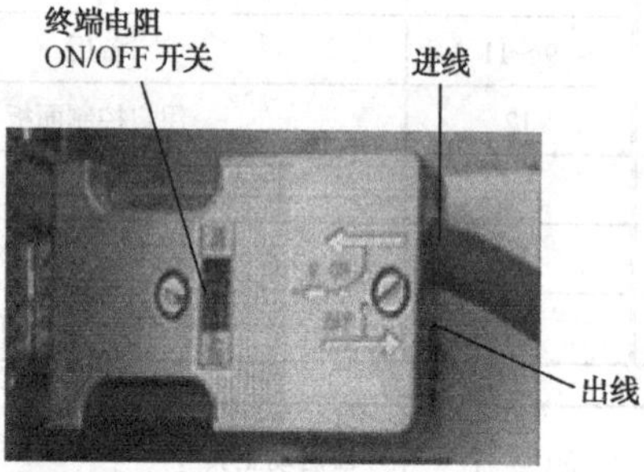

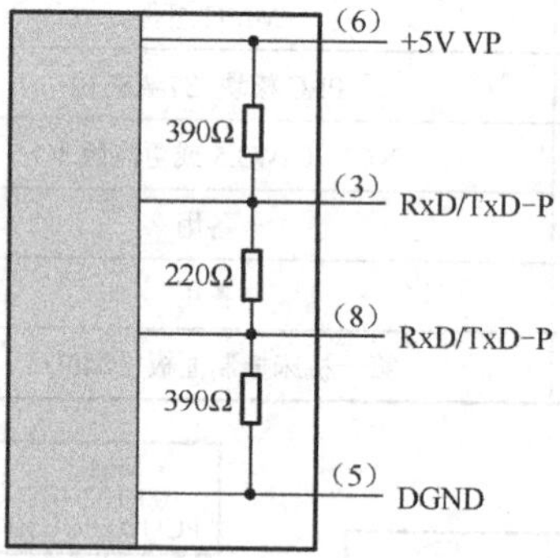

图 2-25 MPI 插头终端电阻开关位置、进线与出线孔、MPI 插头内部原理图

（2）在网络连接的所有终端中，必须有一个为总线提供+5V 电源电压，带终端电阻的 MPI 插头必须连接到已经开启的设备上。

（3）使用的总线要尽可能得短。

（4）每个 MPI 终端必须先插上，然后再使能，分离 MPI 终端时，应先关掉电源，然后再拔出 MPI 插头。

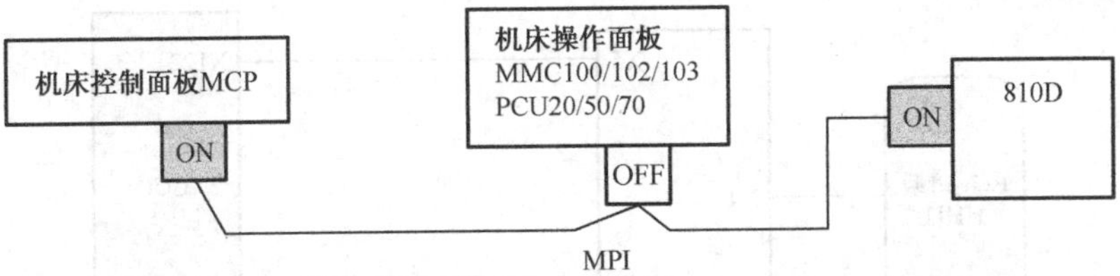

图 2-26　810D 系统的 MPI 连接及终端电阻开关设置

（5）每个总线终端可以连接一个手持单元和一个手持编程单元，或两个手持单元和手持编程单元。不允许总线终端插到手持单元或手持编程单元的分线盒中。如果有多个手持单元和手持编程单元连接到总线区段，则需要一个中间中继器连接。

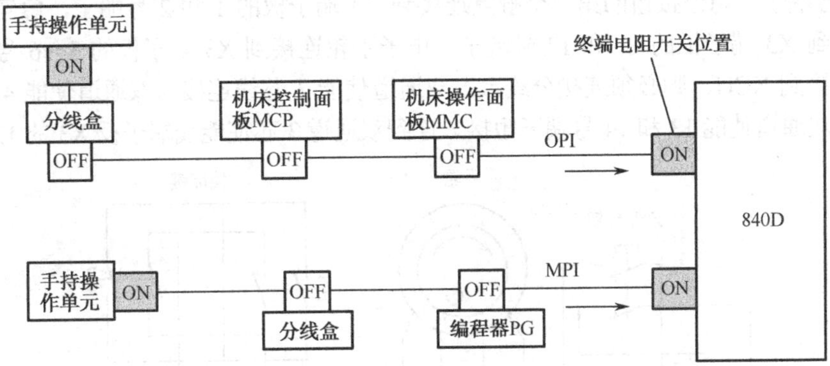

图 2-27　840D 系统的 MPI 连接及终端电阻开关设置

（6）在不使用中继器的情况下，波特率为 187.5KBaud 时，MPI 总线电缆的长度不应超过 10 000m；波特率为 1.5MBaud 时，OPI 总线电缆的长度不应超过 200m。

2.8　操作部件的连接

2·8·1　B-MPI 型手持单元连接

手持单元上的所有信号通过一根 17 芯电缆直接连在分线盒上的 X4 螺旋端口，如图 2-28 所示，由分线盒把信号分离成两部分，按键信号、LED 信号、钥匙开关信号、选择开关信号及显示信息由 X5 接口的 MPI 总线传送；急停信号、使能信号和电子手轮信号并不通过 MPI 总线，而是在端子板 X3 上分离出来，通过电缆分配盒接到 CCU 或 NCU 的 X121 接口上。手持单元上的电源由分线盒提供。

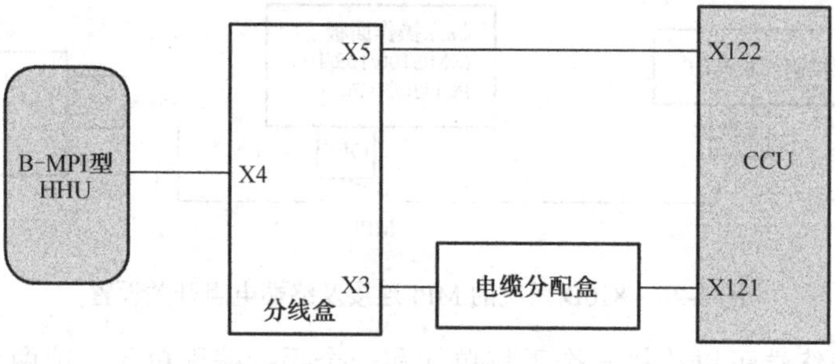

图 2-28　B-MPI 型手持单元连接框图

图 2-29 所示是双通道使能 4 芯线的连接。从图中可以看出，24V DC 电源连接到端子板 X3 的 9 和 10 号端子。急停按钮的第一个触点连接到 X3 端子板的 1 和 2 号端子，急停按钮的第二个触点连接到 X3 端子板的 11 和 12 号端子。电子手轮连接到 X3 端子板的 3～6 号端子，如果电子手轮要接到 NCU，则必须连接分线盒。双通道使能 3 芯线连接与双通道使能 4 芯线连接不同的是，把双通道使能 13 和 14 号端子短接，连到双通道 3 芯使能线端子板 X3 的 13 号端子。

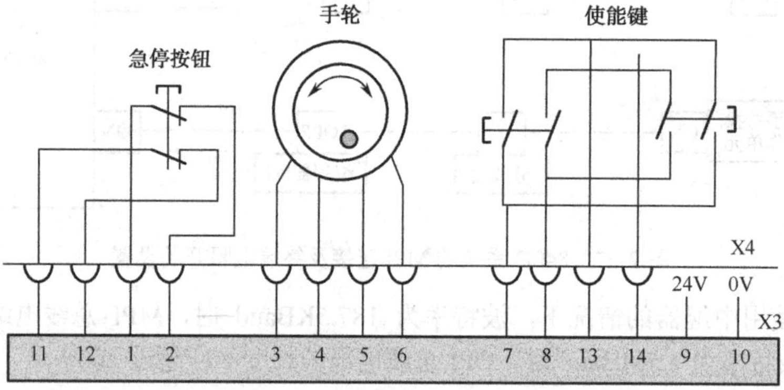

图 2-29　双通道使能 4 芯线的连接

2·8·2　MINI 型手持单元连接

MINI 型手持单元连接框图如图 2-30 所示，不带 MPI 接口，因此与系统连接不需要分线盒。配套使用的是一个接头盒，小型手持单元通过一根 24 芯电缆与接头盒连接。在接头盒上把信号分成两部分：急停信号、使能信号和手轮信号输入到电缆分配盒，再由电缆分配盒送到 CCU 或 NCU 的 X121 接口；另一路信号包括进给轴选择开关，功能键 F1、F2、F3，移动方向键，快速移动键等信号送到 PLC。图 2-31 具体给出了接口引脚定义及连接方法，从图中可以看出，手轮信号没有直接输入到 PLC，急停信号、使能信号和轴选择信号直接送到 PLC 的相关地址中。

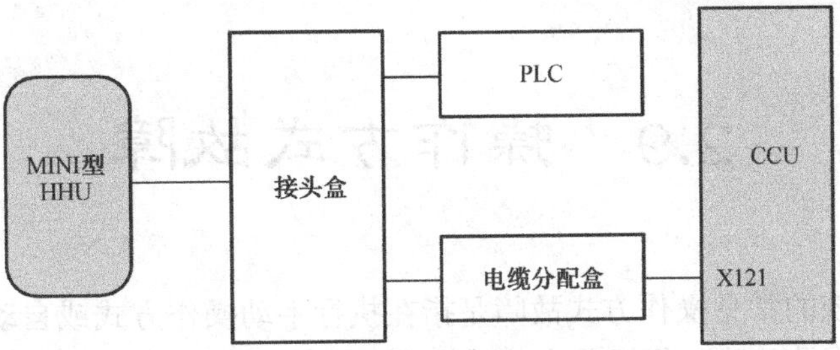

图 2-30　MINI 型手持单元连接框图

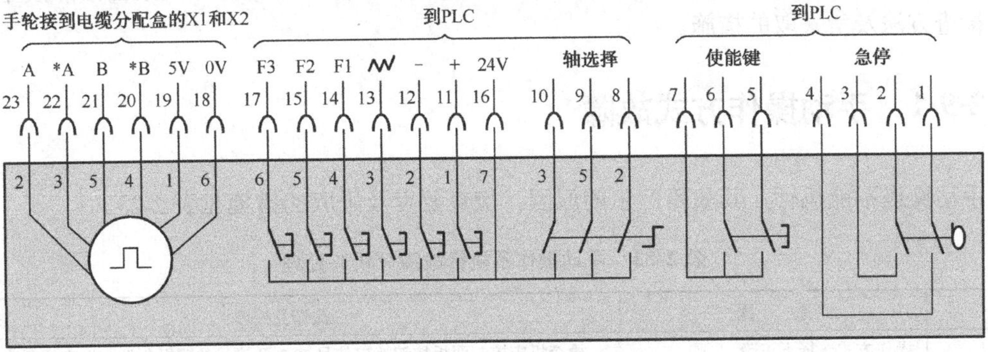

图 2-31　MINI 型手持单元连线图

2·8·3　机床操作面板连接

机床操作面板、机床控制面板与系统的连接比较简单，通过 MPI 总线直接连接到 CCU 或 NCU 的相应 MPI 接口。对于 840D 系统，通过 OPI 总线连接到 NCU 的 X101 接口。对于 810D 系统，通过 MPI 总线连接到 X122 接口即可，如图 2-32 所示。

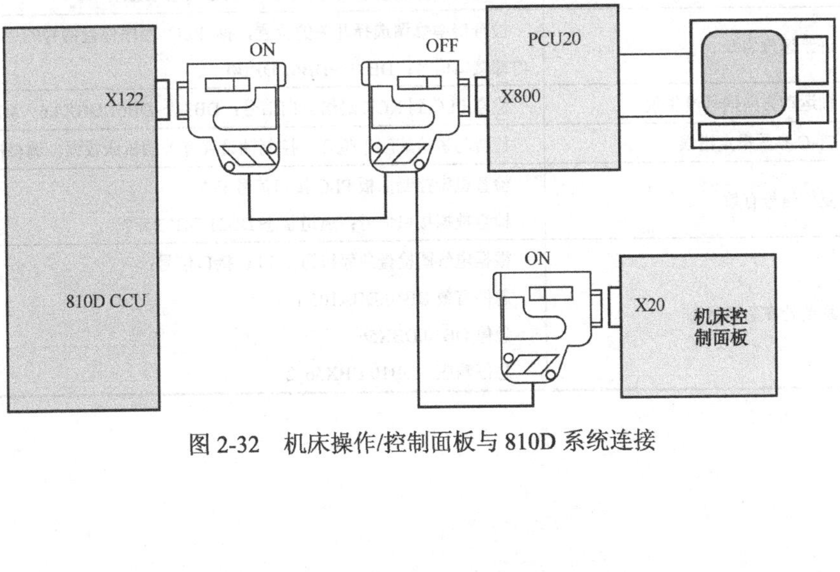

图 2-32　机床操作/控制面板与 810D 系统连接

2.9 操作方式故障

810D/840D 系统的常见操作方式故障是指在执行手动操作方式或自动工作方式过程中出现的故障。最常见的是手动工作操作方式或自动工作方式不能执行，引起这类故障的原因是多方面的，分析解决也较为复杂，为了简化分析步骤，下面以表格的形式给出故障发生的原因、检查方法及所采取的措施。

2·9·1 手动操作方式故障

手动操作不能执行，其故障产生的原因、检查要点及采取的措施见表 2-23。

表 2-23 手动操作不执行故障分析与处理

序号	原因	检查及处理
1	操作方式选择不正确	检查机床控制面板按键接口信号 I0.3 及信号的逻辑条件，检查信号连接
2	手动操作方式没有生效	根据 PLC 程序和 PLC 接口信号 I0.3，诊断 DB11.DBX6.2，确认 JOG 方式已经选择
3	电源模块未工作	检查脉冲使能信号端子 63 和控制使能信号端子 64，确定是线路问题还是系统问题，采取相应措施
4	驱动模块未工作	确认驱动连接正确，系统无报警，663 端子脉冲使能信号正确，驱动准备就绪（DB10.DBX108.6），驱动总线连接无误
5	轴“脉冲使能”信号没生效	检查内部脉冲使能信号：DB31～DB61.DBX21.7
6	轴“控制使能”信号没生效	检查内部控制使能信号：DB31～DB61.DBX2.1
7	进给速度为 0	检查倍率修调选择开关的位置，据 PLC 程序检查信号的逻辑条件，检查内部接口信号：DB31～DB61.DBB0
8	轴运动方向信号没生效	检查 PLC 到 NCK 进给方向信号：DB31～DB61.DBX4.6～4.7
9	CNC 参数设定错误	检查与进给速度、位置、控制轴设置有关的机床数据，调整机床数据
10	复位信号有效	检查机床控制面板 PLC 接口信号 I3.7 检查数据接口信号：通道状态 DB21.DBX35. 7
11	系统处在急停状态	根据电气图检查急停按钮及 PLC 接口信号： 急停有效 DB10.DBX106.1 急停 DB10.DBX56.1 急停响应：DB10.DBX56. 2

2.9.2　自动工作方式故障

自动工作方式不能执行程序，其故障产生的原因、检查要点及采取的措施见表 2-24。

表 2-24　自动工作方式不执行故障分析与处理

序　号	原　因	检查及处理
1	自动操作方式没有生效	检查 PLC 接口信号 I0.0 ，数据接口：DB11.DBX6.0，确认 AUTO 方式已经被选择
2	程序选择有错	前台的程序不是要运行的程序，重新选择程序
3	零件程序有错	因零件程序编辑错误，导致自动工作方式中断，修改程序
4	NC 启动信号没有输入	检查 PLC 接口信号 I2.1 和数据接口：DB21.DBX7.1
5	NC 停止信号仍然生效	检查 PLC 接口信号 I2.0 和数据接口：DB21.DBX7.3
6	控制使能信号没有输入	检查 PLC 接口信号 I2.3、I2.5 或 Q1.6、Q2.0
7	CNC“读入使能”信号没有输入	检查数据接口：进给使能 DB21.DBX6.1，读入使能 DB21.DBX6.0
8	未返参考点	进行返参考点操作
9	空运行无效	在“程序控制”中是否选择了“空运行”功能，空运行进给速度设置成了 0，检查机床数据 SD42100，或在操作面板上设置空运行进给速度；检查 DB21.DBX0.6，空运行是否生效
10	程序测试功能不执行	在“程序控制”中是否选择了“程序测试”功能，接口信号 DB21.DBX1.7 是否生效
11	部分原因参见表 2-23	参见表 2-23

2.9.3　典型故障示例

【例 2-1】 手动方式下点动速度太低

故障现象： 系统没有任何报警，只是在手动操作时感到坐标轴运动速度太慢。

分析与处理： 这种情况是由参数设置不正确引起的，因为坐标轴的点动速度不仅由机床数据决定，而且还与通过屏幕直接设置的点动速度有关。如果在屏幕中设定的点动速度的值为零，则点动速度就由机床数据 SD41110 决定。如果在屏幕中设定的点动速度不等于零，则按照屏幕设定的手动速度运动。如果屏幕设定的点动速度和机床数据 SD41110 中设置的点动速度都为零，点动速度就由机床数据 MD32020 决定。解决问题的方法是选择某一合适的速度，直接在屏幕上设置，或将该速度设定为零，使用机床数据 SD41110 中设置的点动速度。

【例 2-2】 810D 与操作单元不能通信

故障现象： 某数控车床配置的是 810D 数控系统，开机通电在 MMC 完成自检初始化后，CCU 与 MMC 建立不起通信联系，在屏幕的下方显示 “Wait For NCU Connection: ×

Seconds”信息。

分析与处理：CCU 不能与 MMC 通信的原因主要有 3 方面：

- MPI 通信接口或通信电缆存在问题，如通信接口松动，通信电缆断路或短路；
- MMC 硬件或 CCU 硬件存在故障，内部通信模块故障，导致两者建立不起通信联系；
- 系统的软件出现问题，机床数据发生了混乱，使得系统完不成初始化。

故障发生后检查 810D CCU1 模块上的 LED 状态指示灯，7 段数码管显示“b ”（CCU3 模块显示“6”），说明 CCU1 模块无问题；系统状态 LED 灯中的 CB 不闪动，系统确实没有与 MMC 交换数据；PLC 状态指示灯除绿色 LED 外，其余全部都亮，说明 PLC 已经停止运行。初步判断系统的机床数据和 PLC 数据已经丢失，其原因可能是外部的干扰或系统的稳定性出现了问题。所有的数据不仅丢失而且还可能出现了内部数据的混乱，致使系统不能初始化，进入了死循环，最终导致 CCU 与 MMC 不能建立通信联系。解决的办法是对 CCU 和 PLC 进行数据总清，强制初始化 CCU 和 PLC，恢复机床标准数据。完成数据总清后，启动机床，通信故障排除。最后利用数据备份，恢复 NCK 数据和 PLC 数据，机床恢复正常工作状态。

【例 2-3】 操作单元无显示

故障现象：某机床在加工过程中，屏幕突然无显示（非屏幕保护）。

分析与处理：机床的 MMC 单元配置的是 PCU20 控制单元和 OP010 显示操作单元，在加工过程中突然无显示并不是屏幕保护生效，因为按操作面板上的任何键均不起作用。引起的原因可能有：PCU20 控制单元故障、OP010 显示操作单元故障、电源故障或是系统软件进入死循环。在这些故障原因中很快就能检查的是电源故障和软件故障，后者可通过系统关机复位进行恢复，前者需要对 MMC 的电源进行检查。关机复位后故障仍然存在，排除了软件问题，说明故障发生在电源或 MMC 硬件上，测量 PCU20 控制单元的直流+24V 电源，没有+24V 电源电压，进一步检查发现 MMC 操作面板的+24V 电源线接头松动，接触不良，经处理后 MMC 操作面板恢复正常。

第 3 章 SIMODRIVE 611D 驱动系统

SIMODRIVE 611D 是西门子公司新一代模块化结构的全数字化驱动系统，灵活的配置、较好的动态响应特性、较宽的调速范围及高精度的控制性能，使得它与 810D/840D 完美结合，满足现代机床设计的需要，在数控机床上得到了广泛应用。

3.1 驱动系统概述

驱动系统在整个数控系统中的作用是实现位置环、速度环和电流环的闭环控制。数控装置根据程序要求计算进给轴的运动轨迹，将控制信号送到驱动系统给定接口，使驱动系统按照给定的指令控制伺服电机的运动，位置或速度检测部件又将伺服电机的位置或速度信息反馈到数控装置，数控装置再根据实际位置或速度，发出调整指令给驱动系统，这样就形成了一个位置或速度闭环控制。数控机床中的驱动系统有直流驱动系统和交流驱动系统之分，目前常用的是交流驱动系统，直流驱动系统逐渐被淘汰。交流驱动系统又分为带模拟接口的交流模拟驱动系统和带数字接口的交流数字驱动系统，例如，611A 是交流模拟驱动系统，而 611D 就是全数字交流驱动系统。数控机床对驱动系统的基本要求是：响应速度快，控制精度高，调速范围宽，稳定性好。驱动系统分为主轴驱动和进给驱动，主轴驱动为旋转运动，进给驱动是坐标轴的直线运动，数控机床对两者的要求是不同的。

611D 驱动系统主要包括电源模块、驱动模块和伺服电机，所有驱动模块共用一个电源模块，可以与西门子多种信号的电机配套使用，控制电机的频率可达 1 400Hz。驱动模块通常带有峰值电压为 1V 的正/余弦增量编码器接口，根据需要也可采用带 EnDat 接口协议的绝对式编码器。611D 驱动模块内带有 FEPROM（非易失可擦写存储器），用于存储驱动系统本身的系统软件与驱动系统的用户数据。驱动系统的调整、测试、动态优化等均可以在 Windows 环境下，通过提供的调试软件自动进行，安装调整十分方便。

611D 驱动系统与数控装置 CCU 或 NCU 构成全数字式控制系统，完成位置环或速度环的闭环控制。611D 与数控装置之间的信号交换，无论是数控装置控制 611D 的信号，还是

611D 的反馈信号，都是通过“驱动总线”进行的。除了使能控制端和零标志脉冲输入端外，在 611D 上已无其他控制端子，这样就减少了数据接口，提高了数据传输的可靠性。611D 数字驱动系统的指令能通过总线传送，必须与数控装置结合进行调整，而不像模拟驱动系统那样在指令输入端加指令信号，对模拟驱动系统单独进行调整。611D 驱动系统的维修更为方便，当一块驱动模块出现故障后，只需要选择同样型号的驱动模块换上即可，而不需要对驱动系统重新调整。因为整个驱动的优化已经在第一次轴调整时完成，并作为文件保存起来，更换模块不需要调整参数。

611D 数字式驱动系统基本组成包括前端部件、电源模块 MS、驱动模块 MSD 或 FDD。电源模块自成单元，功率模块、控制模块及其他选择的子模块安装在一起构成了驱动模块。611D 不再分主轴驱动模块与进给驱动模块，两者的接口相同。电源模块安装在 CCU 或 NCU 模块的左侧，主轴驱动模块和进给驱动模块排列在 CCU 或 NCU 模块的右侧，所有驱动模块共用电源模块。电源模块通过直流母线和控制总线与用于主轴驱动或进给驱动的各驱动模块连接。为了提高驱动系统的可靠性，除上述 3 个模块外，还必须配置驱动系统的前端部件及专用模块。前端部件一般包括电源滤波器、整流电抗器或匹配变压器。专用模块包括脉冲电阻模块、电容模块、电压监控模块、信号放大模块。611D 驱动系统的组成如图 3-1 所示。

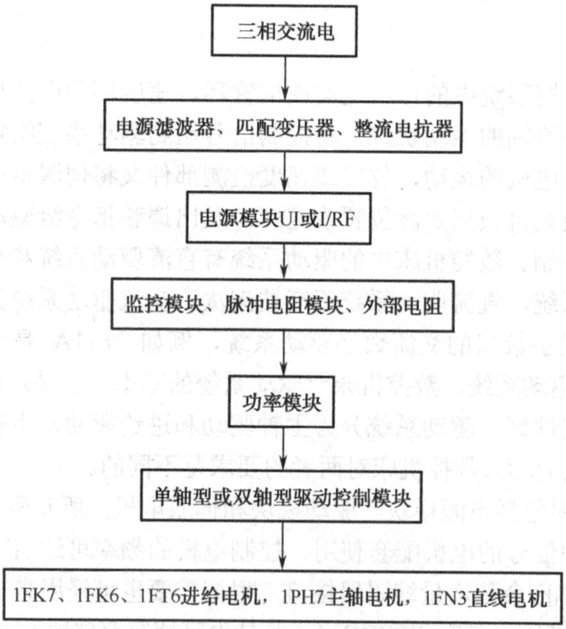

图 3-1　611D 驱动系统的组成

3.2 驱动系统的前端部件

3·2·1 电抗器

611D 电源模块作为系统供电模块，电源电压允许有所波动，理论上可以直接与我国的三相 380V/50Hz 的电源相连。但是，出于抑制电网干扰，提高可靠性，以及满足电源模块存储能量等方面的需要，主回路通常需要安装进线电抗器。电抗器的主要作用如下。

- 匹配电源供电，抑制系统振荡；
- 存储能量，提升直流母线电压；
- 在电源不稳定时限制电流，不能突变；
- 限制谐波反馈到电网。

对于电网电压不为 380V/400V/415V 的应用场合，则必须选配匹配变压器。匹配变压器或进线整流电抗器的容量选择，要根据电源模块的功率配置。进线整流电抗器的容量选用，还需要考虑电源模块的类型是非调节型（UI）电源模块还是调节型（I/RF）电源模块。电抗器的工作电源为三相交流 400V−10%或 480V+6%，频率 50Hz/60Hz±10%。在 611D 驱动系统中，电抗器分为高频整流电抗器和转换电压电抗器，如图 3-2 所示。高频整流电抗器的作用是抑制电网高频干扰，提高可靠性，与电源模块一起为相连的增压型变频器的工作存储能量。转换电压电抗器只能对电压起到平稳作用，抑制电压波动对电源模块的影响。5kW、10kW 非调节型电源模块内置有电抗器，28kW 非调节型电源模块需要外接电抗器。调节型电源模块都必须正确地外接电抗器。电抗器与电源模块的连接如图 3-3 所示。

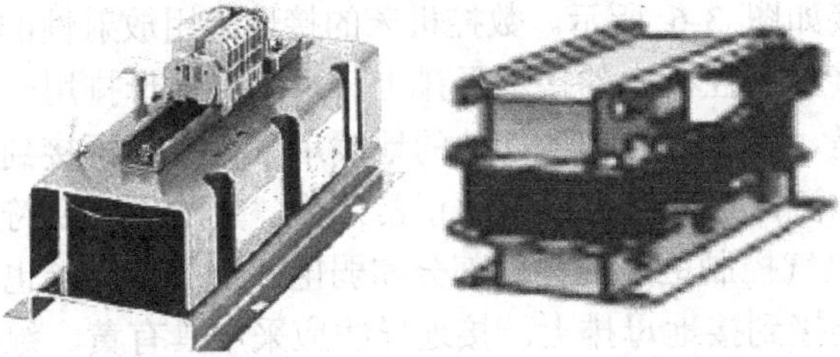

（a）高频整流电抗器　（b）转换电压电抗器

图 3-2　电抗器

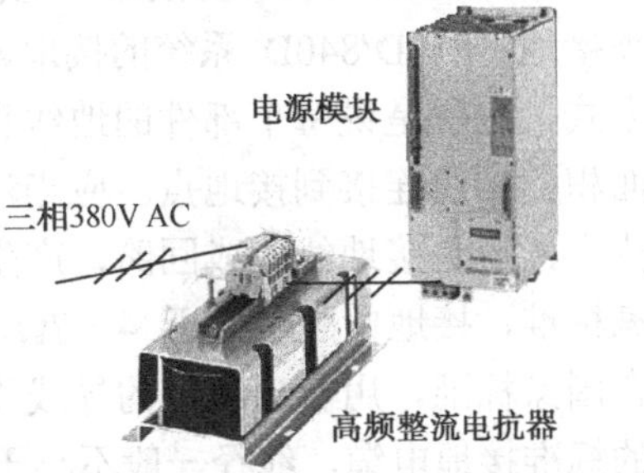

图 3-3　电抗器与电源模块的连接

3·2·2 电源滤波器

电源滤波器如图 3-4 所示，电源滤波器的额定输入电压为三相交流 400V±10%或

415V±10%，频率 50Hz/60Hz±10%。它一般安装在匹配变压器或进线整流电抗器之前，滤波器与电源模块的连接如图 3-5 所示。电源滤波器主要作用如下。

- 消除 611D 在工作过程中对电网产生的干扰，特别是限制由逆变单元产生的噪声干扰。
- 抑制电网对驱动系统造成的干扰。

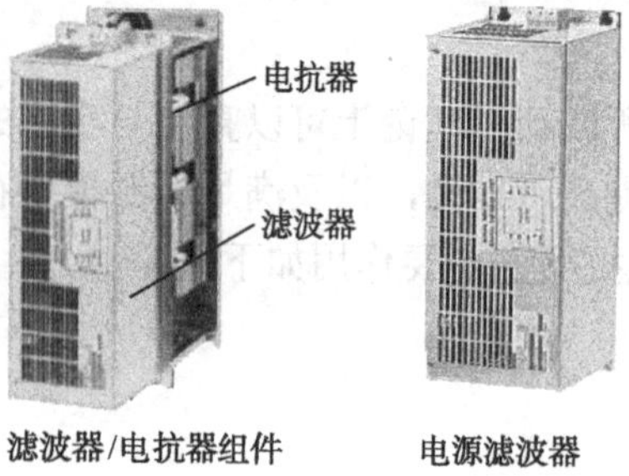

图 3-4　电源滤波器

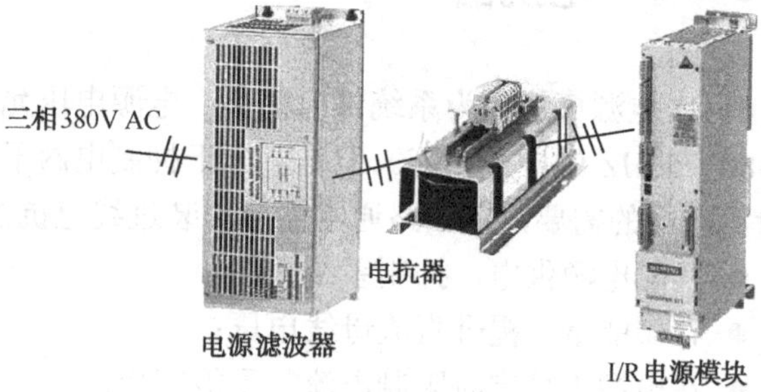

图 3-5　滤波器与电源模块的连接

电源滤波器组件包括一个输入滤波器和 HF/HFD 电抗器，两者构成一个单元，用于调节型电源模块（I/RF）。可以根据机床的实际工作需要及电源模块的不同，确定是选择电源滤波器还是选择电源滤波器组件，前者适用于非调节型电源模块和调节型电源模块，而后者仅适用于调节型电源模块。

3·2·3　前端部件及系统接线连接

数控机床的电气控制单元都必须进行保护接地，如数控装置、电源模块、驱动功率模块、输入/输出模块、滤波器、电抗器、变压器、操作面板、机床控制面板、各个电机等都必须接地，810D/840D 系统的接地电气连接如图 3-6 所示。数控机床的接地采用放射性的接地方式，也就是说每个部件的地线直接连接到电控柜中的接地母排上，再从接地母排用一根大面积的铜线连接到接地点。应当注意的是，不允许先把各部件的地线串联在一起再接到地线排上，避免接地线构成回路，产生干扰电流，影响数控系统的正常工作。接地电阻要符合国家标准，接地电阻不大于 4～7Ω，而且电气控制柜里的强电部分和弱电部分的接地端也要符合国家标准，用合理线径的导线将它们连接到接地母排上。接地导线应采用具有黄、绿颜色的标准接地电缆，线径一般不小于 6mm^2。

连接到 611D 驱动系统的任何控制设备都要与其共地。使用短而粗的导线接到公共接地点或地线排上。最好采用扁平导体，因为扁平导体在高频时阻抗较低。电机的接地线要连接到变频器的 PE 接地端子上。屏蔽电缆的屏蔽层在驱动器的内部接地，另一端可通过一个 3.3nF/3 000V 的高频电容接地。当屏蔽层两端的差模电压不高时，可直接连接到地线上。

目前，工厂的供电系统一般采用的是三相四线制，电源采用 TN 的接地方式。数控机床电气控制柜的输入电源只有三相交流电源 L1、L2、L3 及保护接地 PE，不能使用中性线。如果系统内的有些电器非要使用中性线，例如电控柜的空调系统，也只是使用独立的中性线。尽管在某些情况下使用中性线，但绝对不允许用中性线代替保护接地，且设备内部的中性线与保护接地不能连接，否则不能保证数控机床操作人员的人身安全。

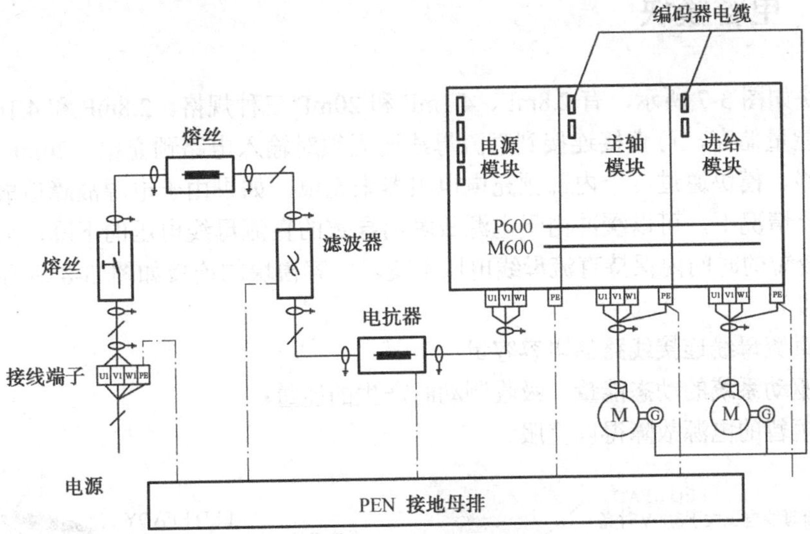

图 3-6　810D/840D 系统的接地电气连接

信号线与它的返回线绞合在一起，能减小感性耦合引起的干扰，绞合线越靠近端子越好。信号线不能太靠近外部较强的电磁场，最好使用西门子提供的专用电缆。模拟信号的传输线应使用双屏蔽的双绞线，不同的模拟信号线应独立走线，且都有自己的屏蔽层，以便减小线间耦合。为了减小信号之间的相互干扰，注意不要把不同的模拟信号接到公共返回线上。低频数字信号一般使用单屏蔽的双绞线，但使用带有双屏蔽层的双绞线效果更佳。

电机电缆应独立走线，与其他电缆的距离应尽量远，同时应避免电机电缆与其他电缆长距离平行走线，以减小由于控制器电压快速变化而引起的电磁干扰。用合适的卡子把电机电缆与控制电缆的屏蔽层固定在安装板上。如果控制电缆与电源电缆交叉，应尽量使它们成 90°的夹角。

强电柜中使用了大量的接触器、继电器，还有作为负载的电机，都带有 AC/DC 电磁线圈，它们动作时，线圈电感将产生很高能量的脉冲电压，这个脉冲电压会通过电缆干扰电子线路。为了减小强电动作对系统的影响，在交流设备中使用 RC 灭弧器，又称阻容吸收器，因为压敏电阻可钳制脉冲电压的峰值电压，但不能控制脉冲电压的突变上升，因此推荐使用 RC 灭弧器。RC 灭弧器的标准值根据线圈的静态电流和直流阻值而定。

3.3 驱动系统专用模块

3.3.1 电容模块

电容模块如图 3-7 所示，有 2.8mF、4.1mF 和 20mF 三种规格。2.8mF 和 4.1mF 的电容模块用于动态能量储存，可直接连接到直流母线而无须对输入电路预充电。20mF 的电容模块具备充电电路，模块通过一个内部预充电电阻器来充电，如果由于电源故障造成直流电路电压下降，在此情况下，可以缓冲由于电源故障而导致的直流母线电压的下降，为线路提供能量，在一个较短的时间内保持直流母线电压不变。电容模块的连接如图 3-8 所示。电容模块的主要作用如下。

- 增大直流母线连接线路的电容容量；
- 缓冲驱动系统的动态能量，吸收制动时产生的能量；
- 能使短暂的电源故障得以克服。

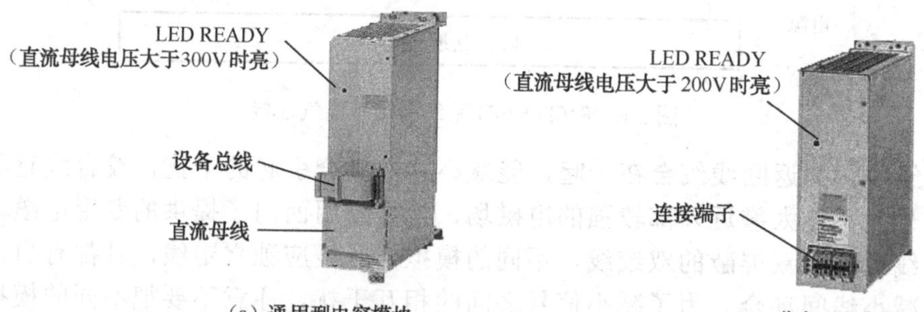

（a）通用型电容模块　　（b）分离型电容模块

图 3-7　电容模块

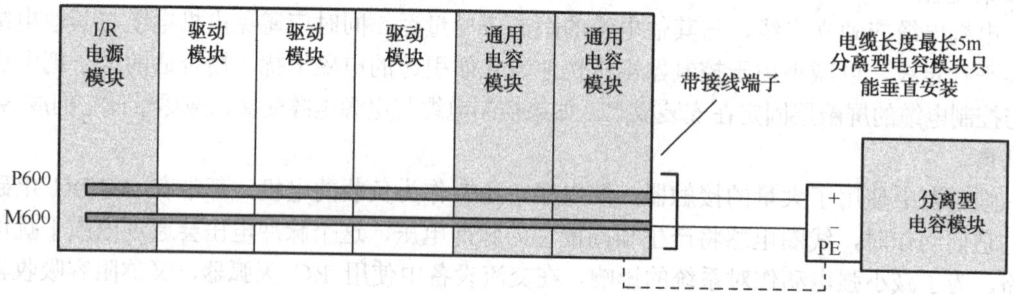

图 3-8　电容模块的连接

3·3·2　脉冲电阻模块

脉冲电阻模块如图 3-9 所示，可实现直流母线电路的快速放电，从而把直流母线电路中的能量转化为热能损失掉，起到保护电源模块的作用。在与非调节型电源模块（UI）连接时，增大脉冲电阻模块的额定值，主电源发生故障或制动过程中可以降低直流母线电压。外部脉冲电阻模块可以将热量损失转移到控制柜以外，对于 5kW、10kW 的 UI 电源模块，内部集成了脉冲电阻，当检测到直流母线电压高于设定阈值 650V 时，控制电路打开，释放能量。28kW 的 UI 模块需要安装外部脉冲电阻模块。小功率的 I/R 电源模块，电源关断或紧急制动时，可以连接一个脉冲电阻模块。脉冲电阻模块的连接如图 3-10 所示，所有与脉冲电阻模块的连接都应使用屏蔽电缆。

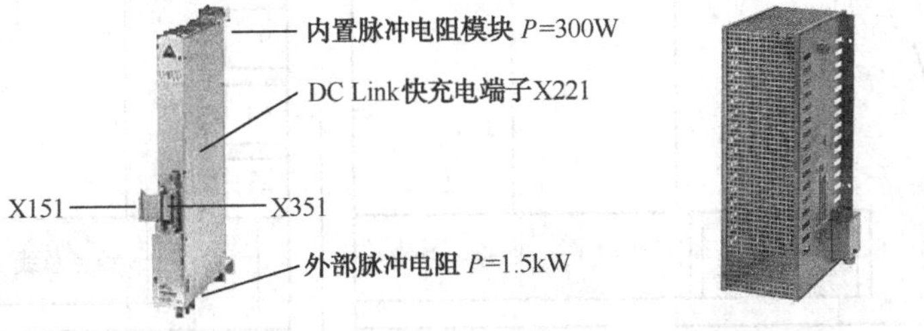

（a）脉冲电阻模块　　（b）外部脉冲电阻模块

图 3-9　脉冲电阻模块

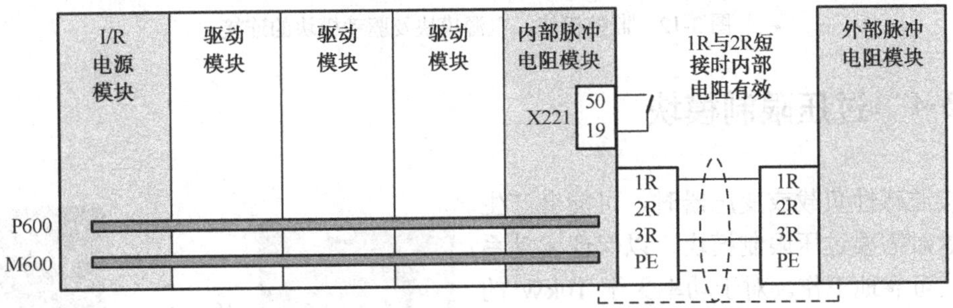

图 3-10　脉冲电阻模块的连接

3·3·3　监控模块

监控模块如图 3-11 所示，电源模块的电子电源的功率有一定限制，若系统驱动组中有较多的驱动模块，当电子电源功率不够时，就需要增加监控模块。监控模块包含一套完整的电子电源，由三相 380V 电网或直流母线电压供电，其主要作用为：

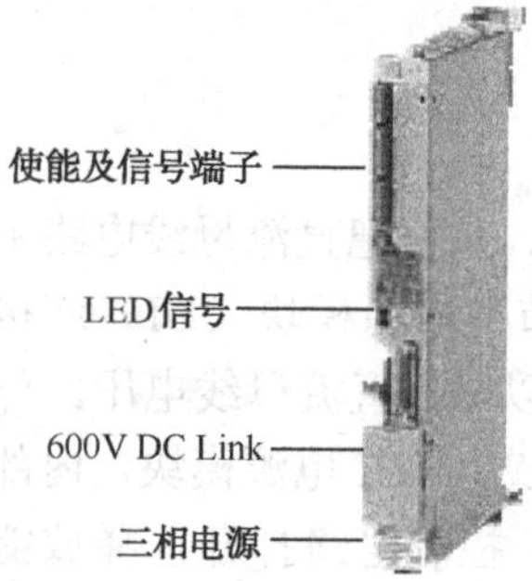

图 3-11　监控模块

● 增大电子电源的功率；

● 对一独立的驱动组进行集中监控。

监控模块、电源模块及驱动模块的连接如图 3-12 所示。电源模块设备总线在监控模块之前的一个模块结束，监控模块与驱动模块仅通过设备总线连接。如果电源模块发生故障，那么所有连接在总线上的驱动模块，在故障信号被监控到的时刻都被禁止，且“准备好”继电器动作，再通过动作信号使监控模块上的使能信号无效，从而禁止轴运行。因此，监控模块、电源模块及驱动模块必须按照一定的规则连接。

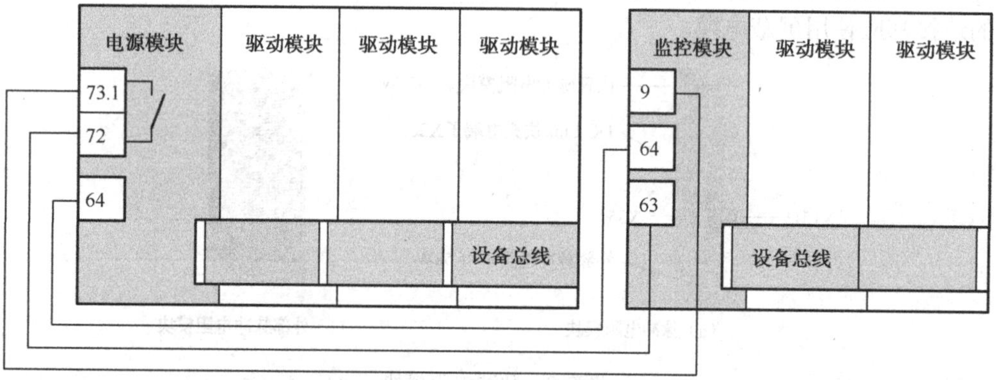

图 3-12　监控模块、电源模块及驱动模块的连接

3·3·4　过压限制模块

在接通感性负载或变压器时，可能会产生过压，这时需要过压限制模块，以保证驱动系统安全、可靠地工作。对于功率大于 10kW 的电源模块，过压限制模块可以直接插入电源模块的 X181 接口，如图 3-13 所示。

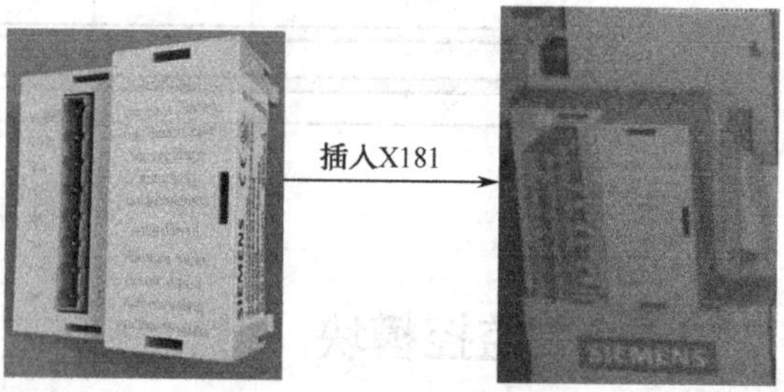

图 3-13　过压限制模块

过压限制模块应用于下列地方：

● 如果在电源模块前端使用了变压器，那么必须使用过压限制模块；

● 为了防止开关动作、电弧及频繁的供电电源故障等引起过压，应当使用过压限制模块；

● 工厂、设备需要满足 UL、CSA 认证要求时，必须使用过压限制模块。

3.4　电源模块

611D 电源模块的主要作用是产生直流母线电压和系统所需要的工作电源，通过直流母线和设备总线集中对驱动模块和数控装置供电，包括驱动电源和工作电源。电源模块将输入的三相 380V 的交流电压通过整流电路转换为 600V DC 或 625V DC 母线电压（DC 连接电压），供给驱动模块，同时还产生系统控制所需要的辅助控制电源，如±24V DC、±15V DC 与 5V DC 电源。辅助电源还可作为数控系统 CCU 或 NCU 的电源。电源模块具有对主电源电压、直流母线电压、弱电电源电压进行集中监控的功能。由于通过闭环专用电源接口供电，驱动轴的运行不会受到电源波动的影响。电源模块有两类：一类是非调节型电源模块 UI（Uncontrolled Infeed），另一类是调节型电源模块 I/R（Infeed/Regenerative Feedback），如图 3-14 所示。前者又称馈入电源模块，后者又称馈入/再生反馈电源模块。常用的非调节型电源模块有 5kW、10kW、28kW 三种规格，调节型电源模块有 16kW、36kW、55kW、80kW、120kW 五种规格。电源模块的内部结构如图 3-15 所示。

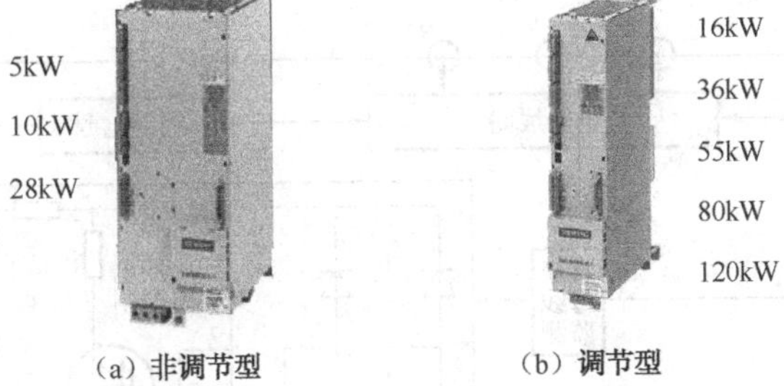

（a）非调节型　　（b）调节型

图 3-14　电源模块

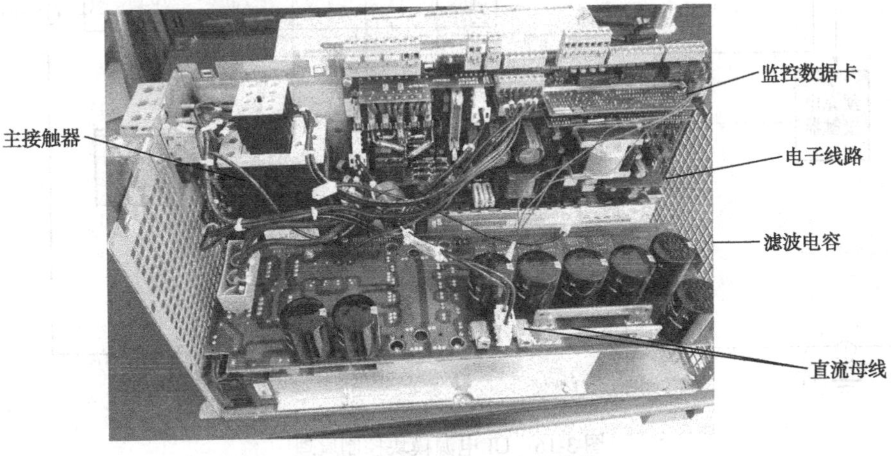

图 3-15　电源模块的内部结构

3·4·1 电源模块工作原理

1. 非调节型电源模块 UI

非调节型电源模块主要用于制动次数少，或者即使制动但制动的时间很短，以及制动能量很低的机床。UI 电源模块控制原理如图 3-16 所示，由整流电抗器（内置式）、整流模块、预充电控制电路、脉冲电阻及相应的主接触器和检测、监控电路组成，其中监控电路对电源模块的直流母线电压、辅助控制电源电压、主电源电压等进行监控。UI 模块的主回路采用了二极管不可控整流电路，把三相 380V 交流电源整流为直流电电源。由于电压不可控，在电机加速时，电压最小降到 490V，而在电机减速或制动时，直流母线上产生的制动能量不能回馈给电网，制动产生的能量存储在大电容里，使得电压最高达到 644V。模块的监控功能将监控直流母线的电压值，当超过这个 644V 电压值时，内部脉冲电阻或外部脉冲电阻模块动作，使得直流母线电压控制回路通过脉冲电阻释放因电机制动、电源电压波动产生的能量，来保持直流母线电压在一定范围内。非调节型电源模块（UI）输出功率比较低，最大不超过 28kW。当它的功率达到 28kW 时，需要增加驱动附件，即外接制动电阻。

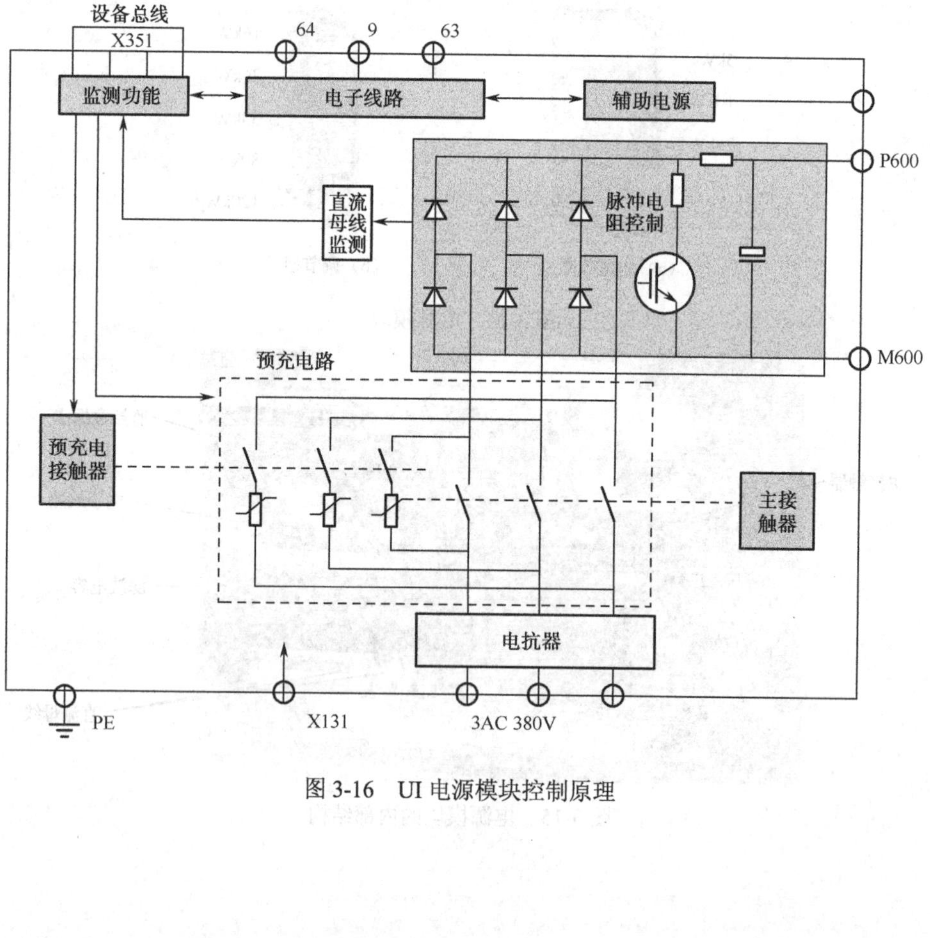

图 3-16　UI 电源模块控制原理

2．调节型电源模块 I/R

调节型电源模块（I/R）功率选择范围宽，适用于对驱动系统动态特性有较高要求，频繁制动且制动能量较大的机床。最大特点是直流母线电压可以自动调节，保持 600V 或 625V 不变，并将制动时产生的能量反馈到电网。调节型电源模块的主回路采用大功率 IGBT 晶体管整流电路，直流母线回路也采用 PWM 控制，可以通过再生制动方式，将直流母线上的能量回馈给电网，实现节电功能，还可以改善电气控制柜的冷却效果。I/R 电源模块控制原理如图 3-17 所示，与 UI 模块相比，内部没有脉冲电阻模块和电抗器，但必要时可以外接脉冲电阻模块。

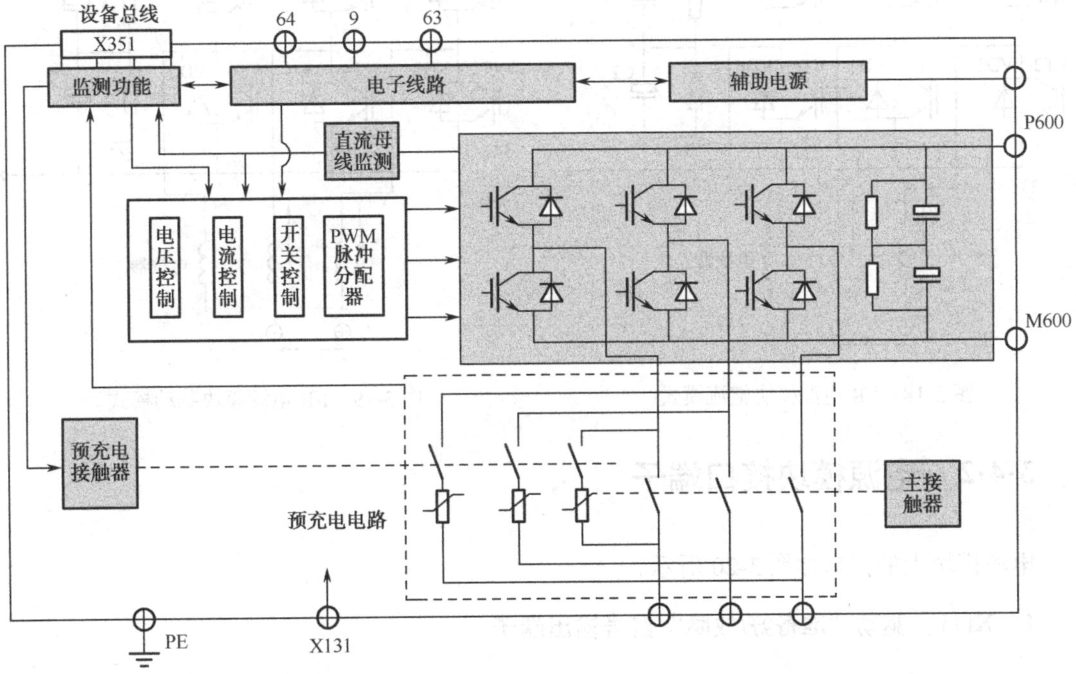

图 3-17　I/R 电源模块控制原理

I/R 模块在外部电源上电时，通过预充电接触器控制内部的预充电控制电路，其作用是防止电源电压直接加到直流母线上，对模块的整流单元造成损坏。预充电控制电路接通，使直流母线上的电压升到大约 400V DC，然后自动断开预充电路，并接通外部主电源，经过整流，直流母线电压达到大约 570V DC，此时模块调节功能把电压调节到 600V DC。

1）工作在整流模式时的电压提升原理

可控整流电路由大功率晶体管和续流二极管组成，如图 3-18 所示，在一个开关周期内，连接 U 相和 V 相之间两个桥臂上的晶体管 VT3 和二极管 VD1 导通，电抗器抑制短路电流储存能量，接着在 PWM 控制下，VT3 断开，VT4 导通，维持电流方向不变，在 VT3 断开的瞬间，短路电流的突变会在电抗器上产生感应电压，这个电压叠加到直流母线上，使直流母线电压升高。

2）再生制动模式时的能量回馈原理

再生制动模式下，由于直流母线电压高于输入的线电压，在一个开关周期内，连接 U 相和 V 相之间两个桥臂上的晶体管 VT1 和 VT4 导通，如图 3-19 所示，从而使直流母线上的制动能量反馈到电网。接着在 PWM 控制下，VT3 断开，二极管 VD2 导通，维持电流方向不变。

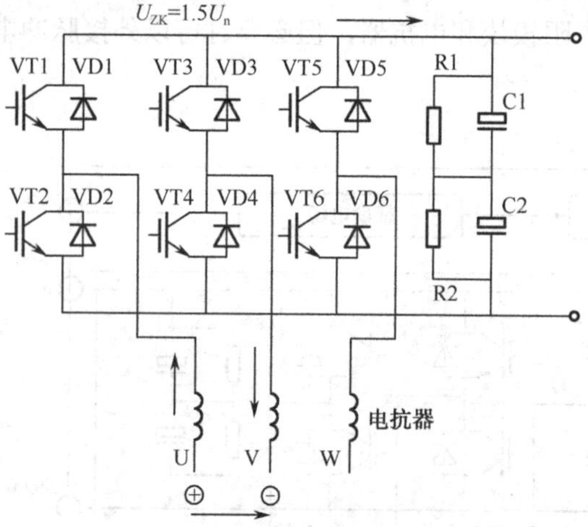

图 3-18　I/R 电源模块整流模式

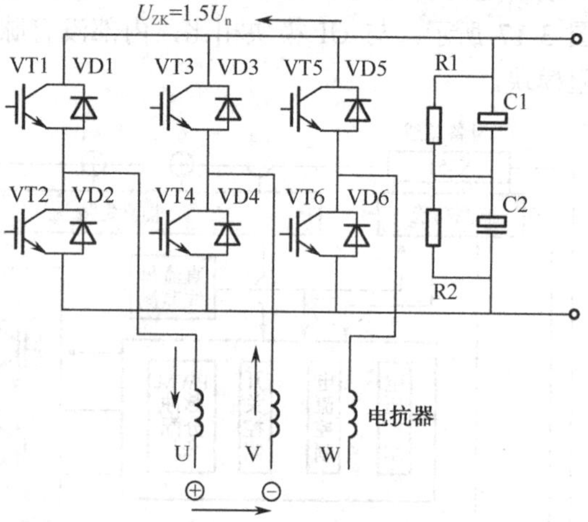

图 3-19　I/R 电源模块制动模式

3·4·2　电源模块接口端子

电源模块上的接口如图 3-20 所示。

1．X111：驱动“准备好/故障”信号输出端子

电源模块状态信号，继电器输出，一般与机床的电气控制电路连接，作为系统正常工作的条件：

端子 74/73.2 是电源模块“准备好”信号的“常开”触点输出，触点驱动能力为 AC 250V/2A 或 DC 50V/2A。

端子 72/73.1 是电源模块“准备好”信号的“常闭”触点输出，触点驱动能力为 AC 250V/2A 或 DC 50V/2A。

2．X121：电源模块“使能”控制端子

端子 63/9 是电源模块“脉冲使能”信号输入，当 63 与 9 间的触点闭合时，驱动系统各坐标轴的控制回路开始工作，输入信号的电压范围为 13～30V DC。

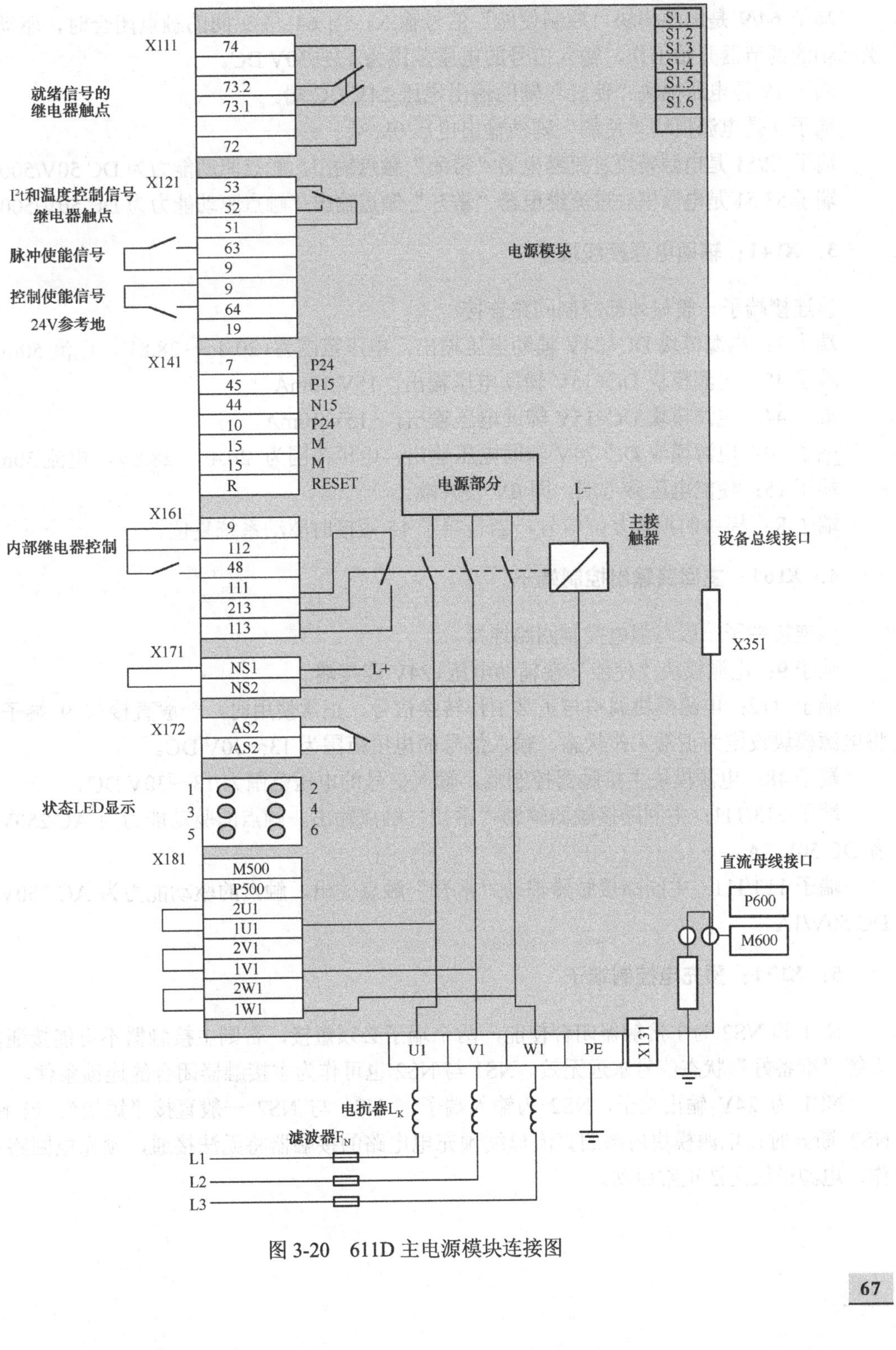

图 3-20　611D 主电源模块连接图

端子 64/9 是电源模块“控制使能”信号输入，当 64 与 9 间的触点闭合时，驱动系统各坐标轴的调节器开始工作，输入信号的电压范围为 13～30V DC。

端子 19 是电源模块“使能”辅助输出电压 24V DC 端。

端子 9 是电源模块“使能”辅助输出电压 0V 端。

端子 52/51 是电源模块过流继电器“常闭”触点输出，触点驱动能力为 DC 50V/500mA。

端子 53/51 是电源模块过流继电器“常开”触点输出，触点驱动能力为 DC 50V/500mA。

3．X141：辅助电源接线端子

该连接端子一般与外部控制回路连接。

端子 7：电源模块 DC+24V 辅助电压输出，电压范围为+20.4～+28.8V，电流 50mA。

端子 45：电源模块 DC+15V 辅助电压输出，15V/10mA。

端子 44：电源模块 DC−15V 辅助电压输出，−15V/10mA。

端子 10：电源模块 DC−24V 辅助电压输出，电压范围为−20.4～−28.8V，电流 50mA。

端子 15：使能电压参考端，即 0V 公共端。

端子 R：模块的报警复位信号，当与端子 15 短接时驱动系统复位。

4．X161：主回路输出控制端子

该连接端子一般与强电控制回路连接。

端子 9：电源模块“使能”端辅助电压+24V 连接端。

端子 112：电源模块调整与正常工作转换信号，正常使用时，一般直接与 9 端子短路，将电源模块设定为正常工作状态，输入信号的电压范围为 13～30V DC。

端子 48：电源模块主接触器控制端，输入信号的电压范围为 13～30V DC。

端子 213/111：主回路接触器辅助“常闭”触点输出，触点的驱动能力为 AC 250V/2A 或者 DC 50V/2A。

端子 113/111：主回路接触器辅助“常开”触点输出，触点的驱动能力为 AC 250V/2A 或 DC 50V/1A。

5．X171：预充电控制端子

NS1 和 NS2 为主接触器闭合使能，两个端子必须短接，否则主接触器不可能接通，驱动系统“准备好”状态信号永远无效。NS1 与 NS2 也可作为主接触器闭合的连锁条件。

NS1 为 24V 输出端子，NS2 为输入端子， NS1 与 NS2 一般直接“短接”。当 NS1 与 NS2 断开时，电源模块内部的直流母线预充电电路的接触器将无法接通，预充电回路不能工作，电源模块无法正常启动。

6. X172：启动禁止输出端子

AS1 与 AS2 触点反映主接触器的闭合状态，常用来判别主接触器是否接通，主接触器吸合 AS1 与 AS2 断开，主接触器释放 AS1 与 AS2 接通。

该连接端子的 AS1 与 AS2 为驱动系统内部“常闭”触点，触点状态受“调整与正常工作转换”信号 112 控制，可以作为外部安全电路的“互锁”信号使用，AS1 与 AS2 间触点驱动能力为 AC 250V/1A 或 DC 50V/2A。

7. X181：辅助电源端子

端子 P500/M500：直流母线电源辅助供给，一般不使用。

1U1、1V1、1W1：主回路电压输出，在电源模块的内部，它与主电源输入 U1、V1、W1 直接相连，在大多数情况下通过与 2U1、2V1、2W1 的连接，直接作为电源模块控制回路的电源输入。

8. X351：设备总线接口

X351 为电源模块设备总线接口，若是 810D 系统，则与它的设备总线接口 X151 连接；若配 840D 系统，则与它的设备总线接口 X172 连接，同时连接到驱动模块设备总线接口 X151。

9. 直流母线电压输出端子 P600 与 M600

电源模块正常工作时，在端子 P600 与 M600 之间输出 600V 的直流电压，供给驱动模块。

3·4·3 电源模块的连接

图 3-21 所示是某机床电源模块的连接实例，三相电源通过电抗器接入端子 U1、V1、W1，在其内部直接与控制电源 1U1、1V1、1W1 连接。在端子 X181 上安装有过压保护模块。X181 作为辅助电源，采用的是 1U1、1V1、1W1 在过压保护模块外部分别与 2U1、2V1、2W1 短接，与主回路同一电源。有的系统为了让机床在断电后驱动器还能正常工作一段时间，把 P600、M600 电压端子分别与 P500、M500 端子短接，这样由于在停止时 600V 电压不能马上放电完毕，就能维持驱动控制板正常工作一段时间。在某些应用地方，控制电源要求单独供电，可由变压器单独供电，连接到 2U1、2V1、2W1 即可。在连接三相电源时，电源的 U 线、V 线和 W 线必须与插头上标有 U、V、W 的端子对应连接，否则进给电机工作时会出现正反馈，而使数控系统报警。

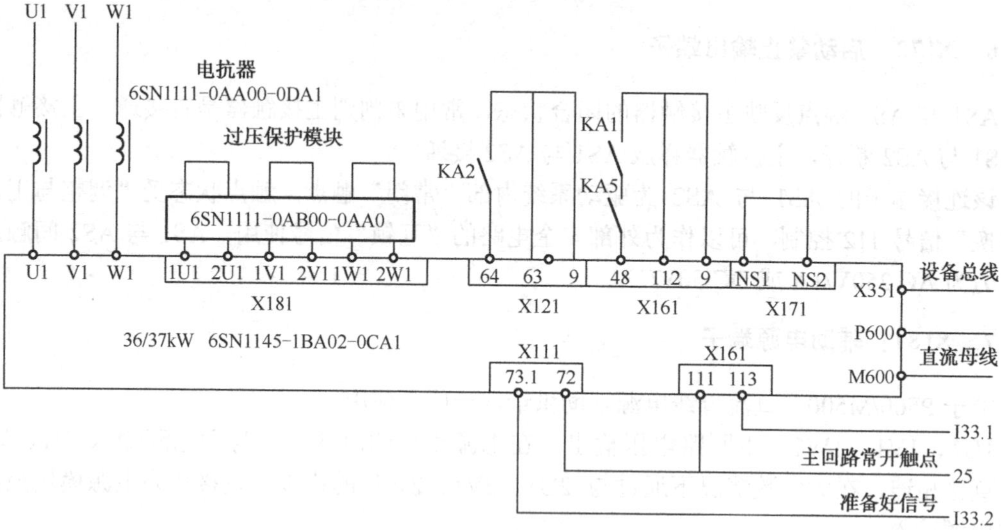

图 3-21 电源模块的连接实例

图 3-22 611D 电源模块上的 S1 开关

3·4·4 电源模块 S1 开关设置

611D 电源模块上的 S1 开关如图 3-22 所示，在电源模块的左上角，从模块的上方可以看到并可进行调整。在电源模块出厂时，对于与输入及输出有关系的 S1 位置都已标示在模块上，如图 3-22 所示。

1．开关 S1·1

1）OFF 位置

- I/R 模块：$V_{电源}$=400V AC±10%；$V_{直流母线}$=600V DC。
- UI 模块：$V_{电源}$=400V AC±10%；$V_{直流母线}$=1.35×$V_{电源}$。
- 监控阈值（I/R、UI 和监控模块）：

脉冲电阻导通电压：644V DC。

脉冲电阻关断电压：618V DC。

直流母线过压值：$V_{直流母线}$≥710V DC。

2）ON 位置

- I/R 模块：$V_{电源}$=415V AC±10%；$V_{直流母线}$=625V DC。
- UI 模块：$V_{电源}$=415V AC±10%；$V_{直流母线}$=1.35×$V_{电源}$。
- 监控阈值（I/R、UE 和监控模块）：

脉冲电阻导通电压：670V DC。

脉冲电阻关断电压：640V DC。

直流母线过压值：$V_{直流母线}$≥740V DC。

2．开关 S1·2

1）OFF 位置

● 准备好信号（X111 准备好继电器）。

● 如果满足以下条件，继电器接通：

端子 NS1 与 NS2 连接，端子 48 使能，电源内部主接触器闭合；

端子 63、64 使能；

没有故障产生；

带标准界面或连接旋变的进给模块；

准备好功能有效（端子 633、65）。

2）ON 位置

● 故障信号（X111 故障信号继电器）。

● 如果满足以下条件，继电器动作：

端子 NS1 与 NS2 连接，端子 48 使能，电源内部主接触器闭合；

没有故障产生；

带标准界面或连接旋变的进给模块；

准备好功能有效（端子 633、65）。

注意： X111 端子上模块“准备好”信号的状态，与模块的拨码开关 S1.2 的设置有关，当 S1.2=ON 时为“故障信号”继电器信号输出；当 S1.2=OFF 时为“准备好”继电器信号输出，模块有故障或使能（63、64）信号取消，都会取消“准备好”信号，因此在更换该模块的时候要检查模块顶部的拨码开关的设置，否则模块可能会工作不正常。一般情况下，拨码开关 S1.2 处于 OFF 位置。

3．开关 S1·3

1）OFF 位置

● 标准设置，再生反馈功能有效。

● I/R 模块：可以将能量馈入电网。

● UI 模块：内部脉冲电阻有效。

2）ON 位置

● 再生反馈功能无效。

● I/R 模块：不允许将能量馈入电网。

- UI 模块：内部脉冲电阻无效。此功能只对 10kW 以下 UI 模块有效，对 28kW 的 UI 模块无效。

4．开关 S1·4

1）OFF 位置

标准设置，结合图 3-22，参见 S1.1。

2）ON 位置

- $V_{电源}$=480V(+6%～-10%)；$V_{直流母线}$=1.35×$V_{电源}$。
- 监控阈值（I/R、UE 和监控模块）：

脉冲电阻导通电压：744V DC。

脉冲电阻关断电压：718V DC。

直流母线过压值：$V_{直流母线}$≥795V DC。

5．开关 S1·5

此功能只对 I/R 电源模块有效。

1）OFF 位置

标准设置，电源直流母线电压受控。

2）ON 位置

- 直流母线电压不受控：$V_{直流母线}$=1.35×$V_{电源}$。
- 根据 S1.1 开关设置位置，$V_{直流母线}$会在 600V 或 625V 时对再生反馈做进给初始化。

6．开关 S1·6

1）OFF 位置

闭环的方波电流控制（从线路电源中得出的方波电流）。

2）ON 位置

标准设置，闭环正弦波电流控制，此功能只对 I/R 电源模块 6SN114□-1□□0□-0□□1 有效。

3·4·5 电源模块故障监测功能

在电源模块上，除有各种功能的接口外，还有 6 个 LED 信号指示灯，分别指示模块的故障和工作状态，各 LED 点亮所代表的含义见图 3-23。电源模块正常工作的使能条件：48、112、63、64 接高电平，NS1 和 NS2 短接，显示为一个黄灯亮，其他灯都不亮。直流母线电压应在 600V 左右。

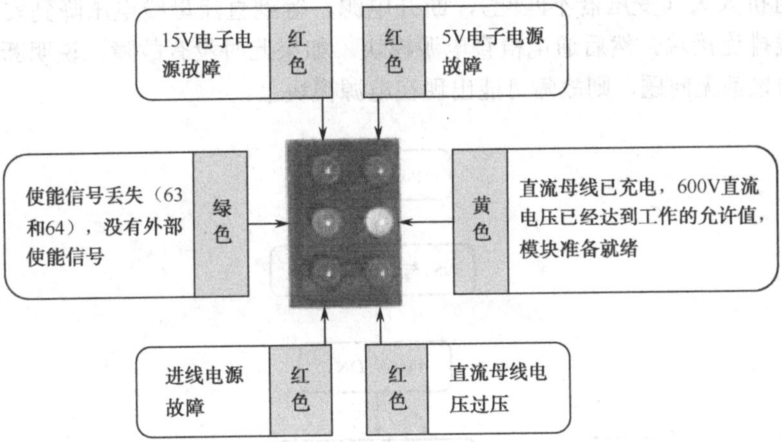

图 3-23　电源模块上的 LED 指示灯

1．模块上电 LED 都不亮

检查系统供电电源电压是否正常，是否符合电压 400V（±10%），对于 80kW 和 120kW 的电源模块，检查 L1 与 L2 之间的电压应为 400V（±10%），电源 L1、L2、L3 是否与 U1、V1、W1 分别连接可靠。检查接线端子 X181 是否可靠插入，如果一切正常，那就是电源模块的故障，需采取维修或更换措施。

2．黄色 LED 不亮

除按上述要求检查进线电源外，按图 3-24 所示进行逐项观察和检查，主要检查使能情况。

3．15V、5V 的红色 LED 亮

电源模块上 15V、5V 的红色指示灯亮，说明模块电源存在故障，关断电源，等 DC Link 的电压降到安全范围，断开 X121、X141、X161 和 X171，如果上电故障消失，说明这些端子中有问题存在，比如存在短路、断路或端子本身故障。如果故障存在，再检查所有模块上的 X151 的电缆，一个一个模块地连上，看哪个模块存在问题，找到后维修或更换。如果故障仍然存在则有可能在功率模块，如果故障还存在，则更换电源模块。

4．电源故障红色 LED 亮

进线电源故障有两种情况，一种是发生在上电时，另一种情况是发生在模块使能时。如果是发生在上电时，应检查电源 U1、V1、W1 是否缺相，电压是否正常，模块上的 S1.1 设置是否正确，应在 ON 位置，经检查无误则故障发生在模块上。如果故障在使能时发生（48、63），则功率模块可能存在故障，或连接有误，直流母线短路，供电电压过低，变压器

容量太小或阻抗太大（变压器不匹配），断开电源，等到直流母线电压降到安全范围内，再断开直流母线排连接端，然后通电检查电源模块。如果此时没有故障，说明断开的轴模块有短路现象，如果都无问题，则故障可能出现在电源模块上。

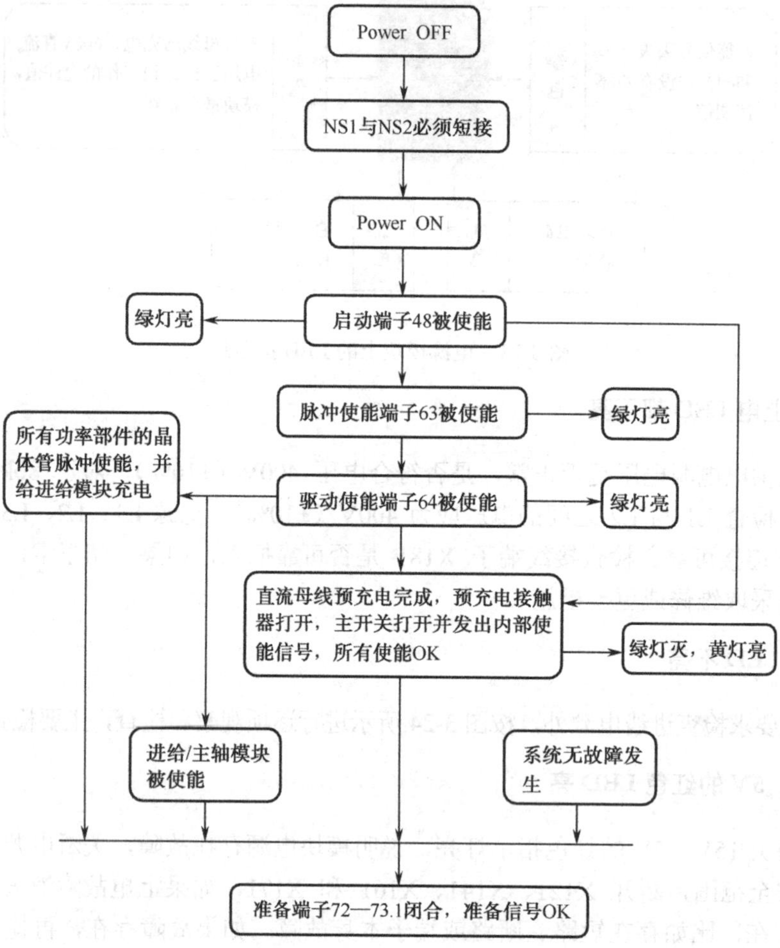

图 3-24　电源模块的工作流程

5．直流母线过压红色 LED 亮

确定故障发生在上电时还是制动时。如果发生在上电时，则可能是进线电压过高，超过了 440V；如果发生在制动时，检查 DIP 设置开关 S1.3 是否在 OFF 位置，再生反馈功能是否被关闭。如果进线电压高于 424V，则把 S1.1 设置为 ON 位置。再次检查，如果故障依旧，则更换电源模块。检查进线电抗器的问题，所有 I/R 模块都必须正确地连接电抗

器，外部接线采用三相 5 线制。检查供电功率是否足够，比如 80kW 的 I/R 模块，供电功率不小于 104kVA，如果供电功率不足，制动能量无法反馈到电网，电网就不能处理反馈过来的能量。

3.5　驱动模块

611D 驱动模块由功率模块、数字闭环控制模块和驱动电缆组成，并带有驱动系统总线接口。把数字闭环控制模块插入功率模块中，如图 3-25 所示，实现伺服位置或速度的闭环控制。驱动模块主要由逆变器主回路（功率放大电路）、速度调节器、电流调节器、使能控制电路、监控电路等部分组成。根据控制轴数的不同，分为单轴型和双轴型两种基本结构，如图 3-26 所示。功率模块的主要作用是把直流母线电压转化为可调制的三相交流电压，驱动进给电机和主轴电机。功率模块的规格主要取决于电机的电流，与电机的类型无关，可用于多种电机的驱动。

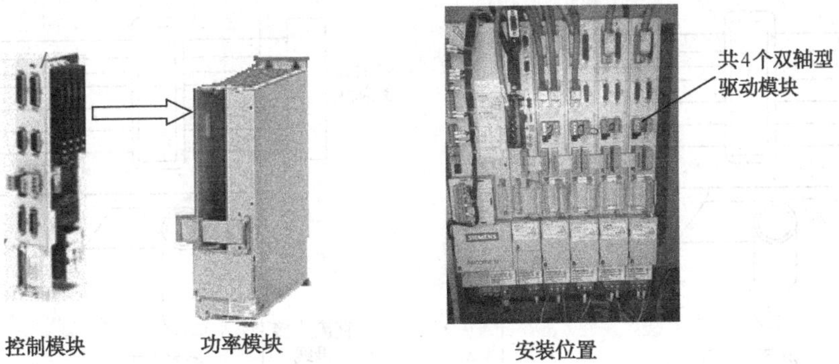

图 3-25　驱动模块

3.5.1　驱动模块接口

1. X411/X412、X421/X422：测量数据接口（位置/速度反馈）

X411/X412 用于间接测量，常用来连接伺服电机上编码器的反馈信号，用于系统的半闭环控制。X421/X422 用于直接测量，常用来连接直接位置测量部件，如光栅尺，用于系统的闭环控制。

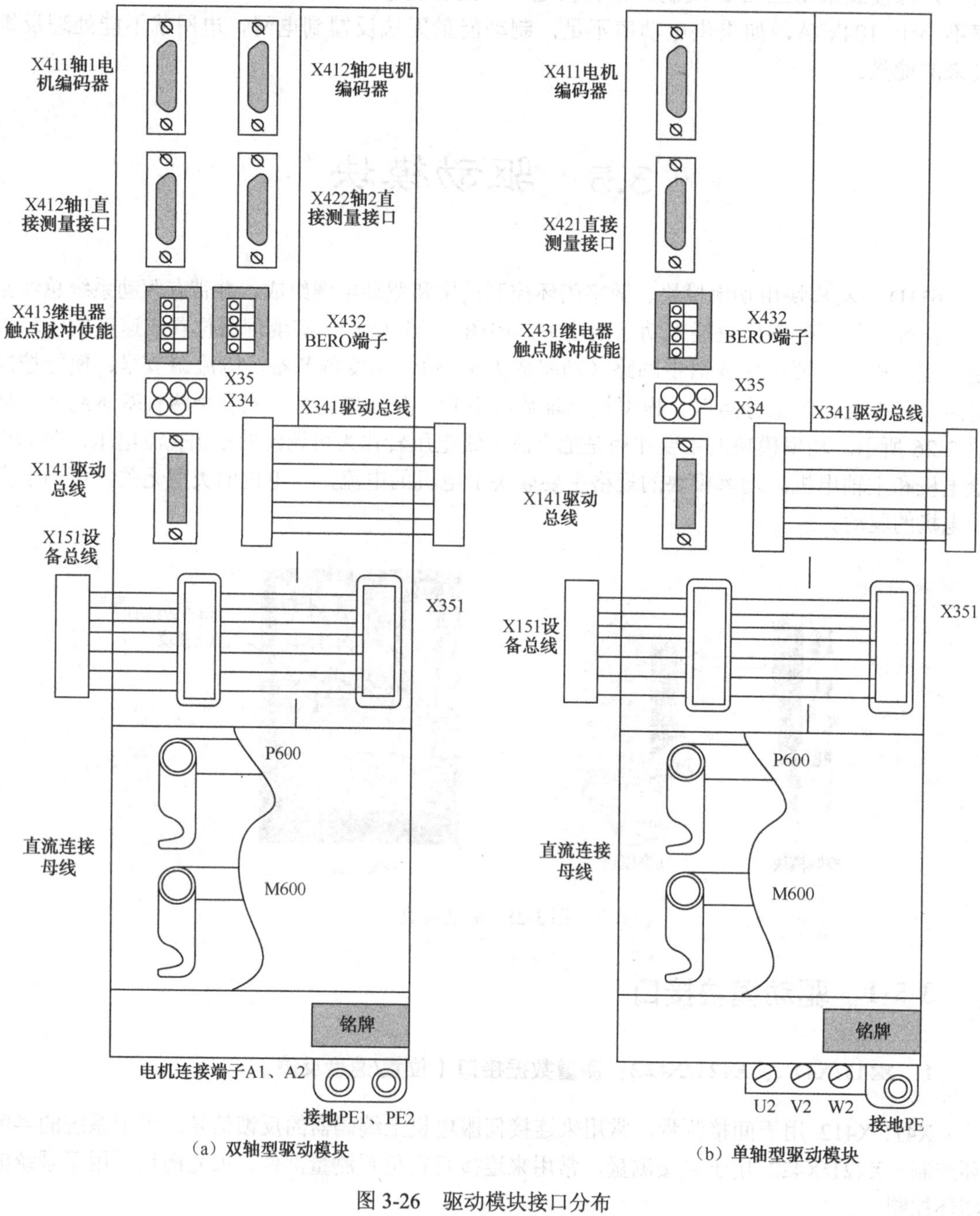

图 3-26　驱动模块接口分布

2．驱动使能端子 X431

X431 接口如图 3-27 所示，主要作用是为驱动模块的启动/停止状态输出、脉冲使能输入，各端子的定义见表 3-1。

表 3-1　X431 端子定义

端　子	类　型	功　能
AS1	输出	启停继电器输出，由使能端子 663 控制
AS2	输出	启停继电器输出，由使能端子 663 控制
663	输入	为 FDD 或 MSD 脉冲使能，端子 663 开/关“启停继电器”，断开时，控制脉冲无使能
9	输出	使能电压 24V，相对于端子 19

3．外部开关控制端子（BERO）X432

外部开关控制端子（BERO）X432 接口如图 3-27 所示。

端子 B1（BERO1）：+24V 电压输入，轴 1 的外部零标志信号输入，如接近开关信号，常用于同步驱动控制。

端子 B2（BERO2）：+24V 电压输入，轴 2 的外部零标志信号输入，如接近开关信号等。B2 在双轴驱动模块中有效，与 B1 一样用于同步驱动控制。

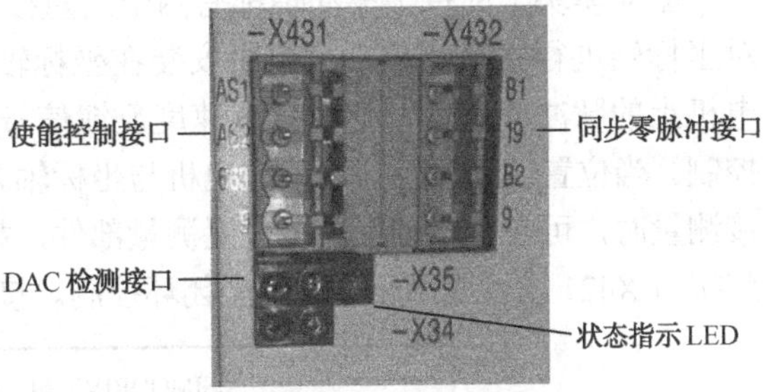

图 3-27　外部开关控制端子（BERO）X432 接口

端子 19：BERO 信号的参考地。它是使能电压端子 9 和所有使能信号的参考地（0V），如果使能信号来自外部电压，则外部电压的参考地（0V）必须连接端子 19。

端子 9：使能电压+24V（相对于端子 19）。

4．D/A 输出端子 X34、X35

X34、X35 为 D/A 输出测量端子，与 CCU 模块上的 X341、X342、X351、X352 功能相同。默认设置是 DAC1 为电流给定值，DAC2 为速度给定值，DAC3 为速度实际值，GND 为参考地。

5．驱动总线接口 X141、X341

驱动总线接口 X141 连接左侧驱动模块的驱动接口 X341，而该模块上的 X341 连接右侧驱动模块的 X141。如果是第 1 驱动模块，可连接 CCU 模块的 X130 或连接 NCU 模块的

X130A 驱动总线接口。驱动总线接收的是控制信号，由于 611D 不具备存储功能，设置的电机及驱动参数作为一个启动文件存储在 NC 数控单元中，系统启动后通过驱动总线把 611D 的配置信息参数传到各个驱动模块。

6. 设备总线接口 X151、X351

设备总线提供驱动模块所需的电子电源、监控信号及使能信号等。设备总线接口 X151 连接电源模块的 X351、左侧驱动模块的 X351、CCU 模块的 X151 或 NCU 模块的 X172；而该模块上的 X351 用于连接右侧驱动模块的 X151。

3.5.2 驱动模块的连接

1. 测量接口的连接

驱动模块上的每个驱动轴都有两个测量接口 X411 和 X421，当位置或速度控制回路没有对坐标轴进行直接测量，或电机安装在坐标轴上，中间无其他机械转动装置时，就可以利用电机上的脉冲编码器，把位置或速度反馈信号直接连接到接口 X411 上，用于系统的半闭环控制。当位置或速度控制回路的电机与坐标轴之间有机械转动环节，但又要求对坐标轴进行直接测量时，可在坐标轴上安装位置测量部件，如测量光栅尺，把直接测量部件的测量信号连接到接口 X421 上，常用于系统的全闭环控制。接口 X411 和 X421 的连接应用如图 3-28 所示。

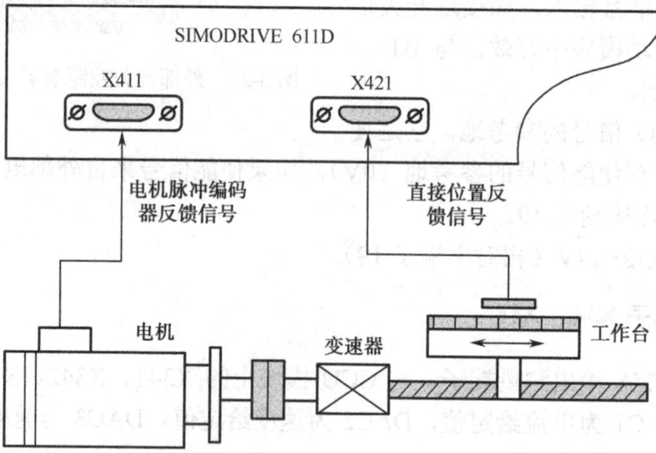

图 3-28 测量接口的连接

2. 驱动接口 X141/X341 的连接

驱动接口 X141/X341 的连接比较简单，用专用电缆连接即可，驱动接口专用电缆的订货号为 6SN1 161-1CA00-0***，该模块的 X141 接口连接左边模块的 X341，而该模块的 X341 接口连接右边模块的 X141。

3. 设备接口 X151/X351

设备接口 X151/X351 的连接与驱动接口一样，连接比较简单，用专用电缆连接即可，该模块的 X151 接口连接左边模块的 X351，而该模块的 X351 接口连接右边模块的 X151。

4. 继电器触点脉冲使能端子 X431 的连接

端子 663 与 9 是驱动模块“脉冲使能”信号输入，当 663/9 间的触点闭合时，驱动模块各进给轴的控制回路开始工作，控制信号对该模块上的所有轴都有效。“脉冲使能”信号由 PLC 控制，有条件地使能驱动模块。如果直接短路，系统一旦上电，模块控制回路就进入工作状态。

AS1 与 AS2 是驱动模块“启动/禁止”信号输出端子，可用于外部安全电路，作为“互锁”信号使用。AS1 与 AS2 为常闭触点输出，触点状态受“脉冲使能”信号控制，如图 3-29 所示。端子 663 有使能信号时，内部继电器吸合，大功率晶体管选通脉冲使能，触点 AS1 与 AS2 断开，驱动模块可以启动。端子 663 无使能信号时，内部继电器释放，大功率晶体管无选通脉冲使能信号，触点 AS1 与 AS2 闭合，驱动模块被禁止。

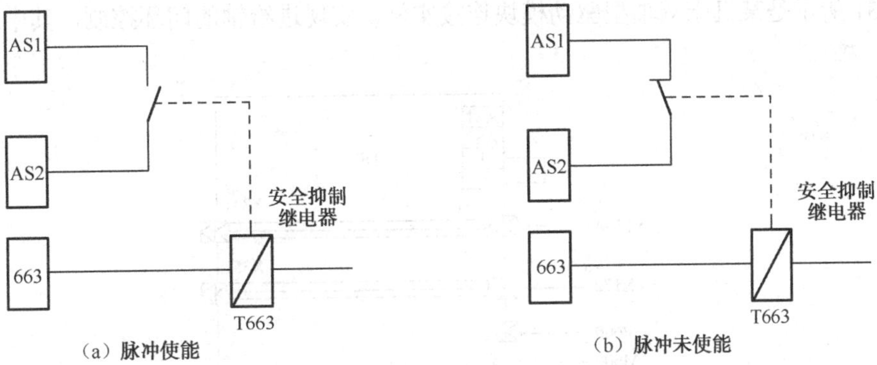

图 3-29 信号 AS1/AS2 与信号 663 的关系

5. BERO 端子 X432 的连接

X432 端子的主要作用是检测零标志信号，常用于轴的同步控制。图 3-30 所示就是主轴同步的一个例子。利用一个 BERO 接近开关产生同步脉冲信号，输入到驱动模块的 X432 端子 B1 上，供系统处理。

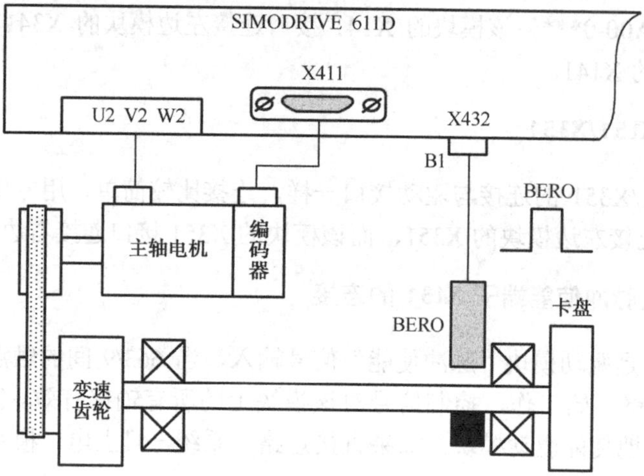

图 3-30　BERO 信号的应用

6．直流母线端子 P600/M600 的连接

利用直流连接母线条，连接左边模块上的 P600/M600 端子。

7．驱动模块连接实例

图 3-31 所示是某机床双轴型驱动模块连接实例，实现进给轴的闭环控制，其中 *X* 轴带制动功能。

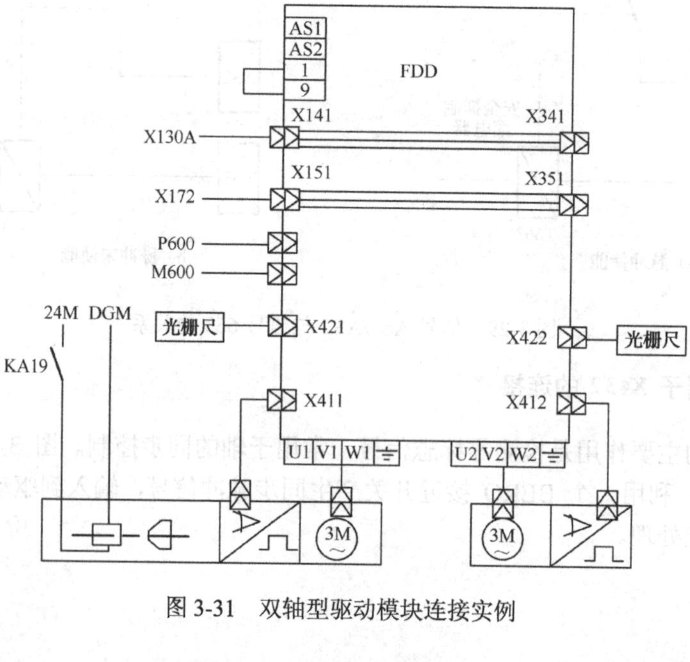

图 3-31　双轴型驱动模块连接实例

3·5·3　驱动模块的监控与保护

1. 功率单元的保护

驱动模块中的功率单元内部有一个半导体熔断器，如图 3-32 所示，一旦功率单元、电缆或伺服电机出现故障，由半导体熔断器把功率单元与直流母线隔开，防止故障进一步扩大，半导体熔断器仅起隔离作用。

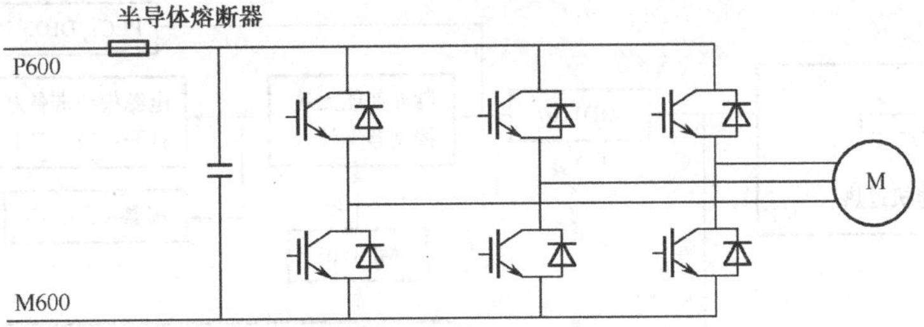

图 3-32　功率模块的监控与保护

功率单元能够监控 IGBT 的集电极与发射极之间的电压 V_{CE}，以保护功率单元。正常情况下，IGBT 接通之后，V_{CE} 迅速降低到一个很低的值。当电路相间短路或对地短路时，电流会急剧上升，监控系统会立即关断 IGBT。必须重新上电，功率模块才能正常运行。

由于功率模块的主要部件是大功率管，用万用表大致检测功率管的好坏，万用表打到电阻挡，正表笔接到功率模块的直流电压输入端子 P600 上，负表笔分别接到功率管的三相电源输出 U2、V2、W2 上，此时电阻应为无穷大；交换万用表的两个表笔，电阻应很小，把万用表的一个表笔接到 M600 上，重复以上过程，结果应该和上面的正好相反。

2. 散热器温度监控

系统可以对功率单元散热器的温度进行监控，间接监测功率单元的电流值。当电流值过大时，功率单元的散热器的温度升高，一旦超过报警温度，将产生 300515 号报警。其监控过程如图 3-33 所示。

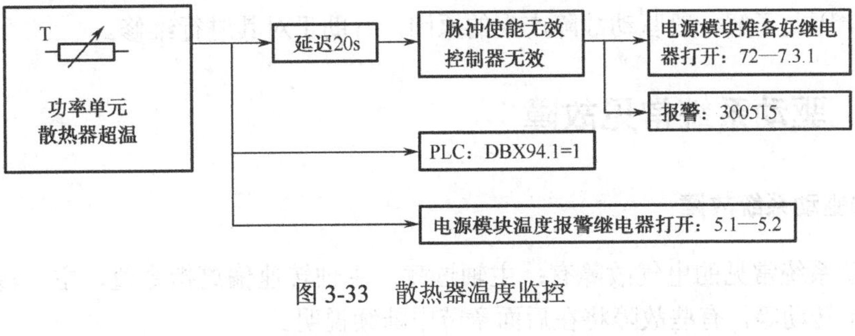

图 3-33　散热器温度监控

3. 电机过热监控

西门子进给电机和主轴电机内部有一个热电阻 KTY84 温度传感器，测量范围为-40～300℃，电阻值在 300～2 700Ω之间基本呈线性变化。通过插座的 13 和 25 脚输入，该热敏电阻在常温下为 580Ω，155℃时大于 1 200Ω，用于测量电机温度。当监测到的电机温度超过系统设定值时，控制板会关断电机电源，并产生电机过热 300614 报警，同时与之相关的信号将发生变化，电机过热监控如图 3-34 所示。

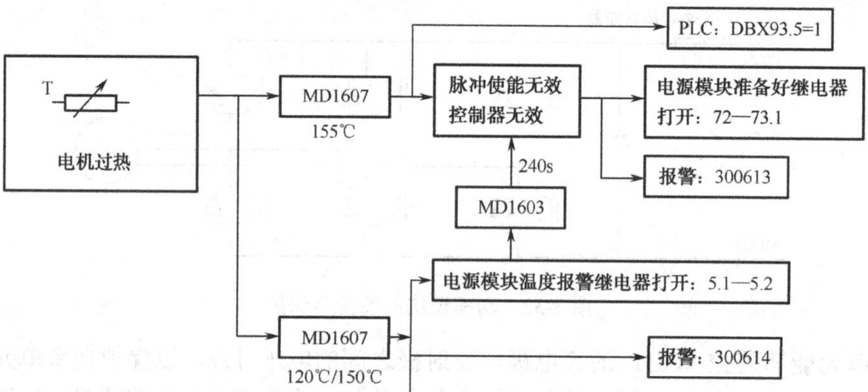

图 3-34　电机过热监控

热敏电阻信号通过电缆反馈到驱动控制板，如果需要屏蔽电机过热报警，在驱动参数 MD1608 设定一个小于 100 的值即可，该方法仅能用于诊断。

3.6　驱动系统故障诊断与检测

在数控机床电气故障中，由于驱动系统是执行指令的最终环节，表现为驱动系统的故障也就占多数，因此了解一般驱动故障产生的原因，有助于对其进行维修。

3·6·1　驱动系统常见故障

1. 主轴驱动系统故障

主轴驱动系统常见的电气故障有：主轴过载，主轴转速偏离指令值，主轴转速与进给不匹配，主轴不转动等，有些故障将在后面章节中陆续说明。

主轴转速不稳和主轴转速与进给不匹配多数是由于外部干扰造成的。由于受外界干扰信号的影响，如外界的电磁干扰，信号电缆的屏蔽不好，各模块的接地不良，这些都有可能使主轴的速度指令或编码器反馈信号受到干扰，使主轴转速出现随机的和无规律性的波动，模拟系统比数字系统表现得更为明显。判断有无干扰影响的最好方法是，启动主轴，当给定转速为零时，如果主轴转动，说明有干扰信号存在。在进行螺纹加工时，若出现进给停止，但主轴仍然转动的故障，多数情况下是主轴编码器或反馈线路出了问题，因为在进行螺纹加工时，需要每转进给指令，其同步信号为编码器的零标志信号，如果该信号不良，将会造成螺纹加工无法执行。

2．进给驱动系统故障

进给驱动系统常见故障见表 3-2。

表 3-2　进给驱动系统常见故障

序号	故障现象	故障原因	检查及处理
1	过流报警	1．驱动模块故障 2．进给过载 3．电机缺相运行 4．设置的电流数据太低	1．检查或更换驱动模块 2．检查报警轴的机械部分 3．检查电机驱动电源 4．修改相关机床数据
2	过压或欠压报警	系统的工作电压不符合要求	检查各部分工作电压，采取相应措施
3	过载报警	1．机床负载不正常 2．进给传动链有卡住现象 3．电机故障 4．驱动模块故障	1．检查进给轴的负载情况 2．维修进给传动链 3．维修或更换电机 4．维修或更换驱动模块
4	机床失控	1．反馈信号连接方式错误 2．驱动模块故障	1．检查位置反馈信号的连接电缆 2．维修或更换驱动模块
5	机床振动	1．机床数据设置不匹配 2．驱动模块故障	1．调整机床数据 2．维修或更换驱动模块
6	机床出现过冲	1．伺服增益设置太高 2．电机与丝杠间的刚性太差	1．调整伺服增益 MD32200 2．调整间隙或同步齿形带的张力
7	圆柱度超差	联动轴的参数匹配性不好，特别是伺服增益因子	优化伺服增益因子

3·6·2　驱动系统故障维修示例

【例 3-1】　主轴定位的故障

故障现象：某数控车床配置 810D 数控系统，经常发生主轴定位故障。

分析与处理：常见的主轴定位故障现象有 3 种，分别是主轴定位时出现振荡、主轴不能定位及主轴定位点不稳定。产生这些故障的原因大都与主轴编码器有关，分析可能引起的原因有：

- 编码器的高速特性不良或主轴实际速度过高，超出了主轴编码器的速度范围，使主轴不能定位。
- 主轴编码器固定有问题，在转动过程中编码器与主轴的相对位置在不断变化，使主轴的定位点不稳定。
- 编码器本身存在故障，无"零点脉冲"信号输出，使主轴不能定位。因为主轴定位的过程，事实上就是寻找编码器"零点脉冲"的过程。系统找不到"零点脉冲"信号，致使主轴不能定位。
- 编码器"零点脉冲"信号受到外部干扰，信号不稳定导致主轴定位点不稳定。
- 编码器与驱动装置连接错误，可能引起主轴定位振荡或不能定位。

针对故障现象，根据上述列举的故障产生的原因，认真检查机床主轴编码器，结果发现是编码器存在故障，"零点脉冲"信号时有时无。更换编码器后故障排除，主轴能正常定位。

【例 3-2】 进给轴发生"超调"故障

故障现象：某机床在加工零件时，发生了进给超调现象，导致零件的加工精度降低。

分析与处理：系统发生超调一般不是驱动系统的硬件故障，造成超调的原因与驱动系统调节器的速度环和位置环参数设置有关，特别是速度环比例增益和位置控制环的伺服增益因子，直接影响到调节器的控制性能。减小超调的最有效办法是增大速度调节器的比例增益或减小位置调节器的伺服增益因子。首先要做的是调整位置调节器的伺服增益因子 MD32200，在调整无效的情况下再适当增大速度调节器的比例增益。本例中适当减小位置调节器的伺服增益因子后，经多次试验进给轴没有再发生超调现象。

针对本机的故障现象，对电机及其驱动系统进行了全面检查，发现故障点在电机的制动上，电机制动电源连接断路，致使电机制动不能松开，电机被制动抱死，也就不能执行位置移动指令。经修复后，机床故障排除。

【例 3-3】 机床加工时有爬行现象

故障现象：某数控铣床配置 840D 系统，在加工零件过程中，出现爬行现象。

分析与处理：机床在加工零件程序时发生爬行现象，引起的原因主要有：

- 机床传动链的性能发生了变化，导轨润滑不良；
- 伺服电机转动不平稳；
- 零件程序的加工指令使用不当。

一般来说，机床出现爬行现象，先从机床着手寻找故障原因，检查机床的传动链、机床导轨的润滑，再检查零件加工程序。检查发现机床导轨的润滑存在不良现象，采取润滑的措施后，再运行程序试验，爬行现象虽然有所改善，但并没有完全消除。检查机床的传动链也没有发现问题。对加工程序进行检查时发现：零件的曲线加工是采用分段圆弧逼近来实现的，在程序中采用了 G601 指令，执行该指令每加工一段就要进行一次准确定位停止检查，爬行现象恰在下一段启动时出现，显然与执行 G601 指令有关。将程序中的 G601 指令改为 G64，使用连续路径加工方式，在程序段转换时进给速度不变，结果爬行现象消除。需要指出的是，机床不能正常执行加工指令是有问题的，但根源不在编程上，仅靠改变加工指令不能从根本上解决机床的爬行问题，应该从机床的机械部分及驱动电机入手，对机床进行全面检查，找出故障的根源。

第 4 章　驱动系统设置与优化

数控系统将计算的位置或速度指令发送给驱动系统，由驱动系统控制机床完成工件的加工，因而驱动系统动态性能的优劣，直接影响着工件的加工质量。驱动系统的设置与优化，使驱动器的参数与机械系统之间达到最佳匹配，以便获得尽可能高的动态响应，达到提高切削精度和降低表面粗糙度的目的。

4.1　基础知识

4·1·1　驱动系统优化的基本概念

数控机床是典型的机电一体化设备，驱动系统的机械性能和电气性能相互影响。驱动装置控制进给电机带动滚珠丝杠转动，并把旋转运动转化为直线运动，如图 4-1 所示。在理想状态下，传动链上的所有机械部件都是刚性的，不存在传动误差，使得进给电机的位置和速度的变化与工作台的实际位置和速度的变化呈线性关系。但实际上传动链存在各种误差，如反向间隙、滚珠丝杠的弹性变形和它的螺距误差，以及工作台的弹性变形等，使得进给电机的转动位置和速度与工作台的实际位置和速度的变化关系呈非线性，特别是当进给电机以不同的速度运动时，加速度的频率变化，更加重了这种非线性关系，最终的结果是系统控制误差增大，零件的加工精度降低。由于加速度频率的变化，导致机床机械运动特性的改变，常称为机床的动态响应。

数控系统的主要功能是把编制的 NC 程序转变成相应轴的机械位移，在轴位移的过程中，好的动态特性和稳定性是驱动稳定高效运行的关键。驱动优化的目的是在现有的基础上尽可能提高系统的动态特性，让控制系统与机械系统之间达到较好的匹配状态，以便获得最佳的动态响应，确保数控系统插补执行的速度，提高切削精度和降低表面粗糙度。每台数控机床都有它的固有特性，就是同种型号的数控机床，虽然结构和材料相同，由于制造工艺的不同也存在差异，反映出驱动系统存在着不同的动态特性。影响系统动态特性的主要因素有直线移动部分的质量、旋转移动部分的惯性及工作台与导轨之间、丝杠与丝母之间的摩擦力等。掌握数控机床的动态特性，有利于对它的动态性能进行优化，使驱动系统达到尽可能高的动态响应。

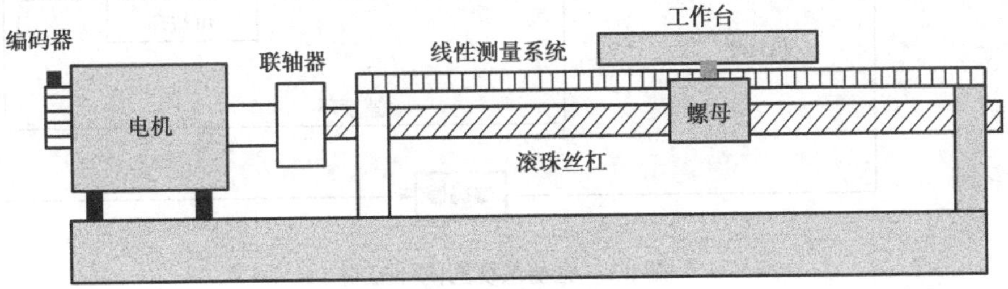

图 4-1 进给驱动系统

调试维修人员所能做的工作，就是利用系统提供的优化工具，通过调整驱动系统参数，对驱动系统进行优化，达到与机械传动系统之间的最佳匹配。810D/840D 驱动系统的优化，可以利用西门子提供的自动优化工具软件或凭借经验人工进行优化，最好的方法是两者相互结合。对于 PCU50 而言，驱动优化软件已经集成在 HMI ADVANCED，而对于 PCU20，需要在计算机上安装运行专门的驱动优化软件。

810D/840D 驱动系统的优化过程既可在时域中进行，也可在频域中进行，由选择的测量信号类型而定，常见的测量信号响应类型如图 4-2 所示。

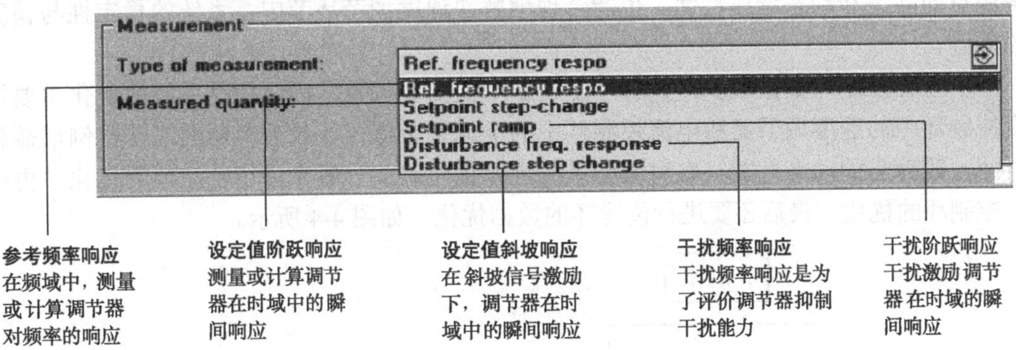

图 4-2 常见的测量信号响应类型

4·1·2 驱动系统的闭环控制

611D 驱动模块的核心是驱动系统的数字闭环控制单元，主要由电流环、速度环和位置环组成，内层为电流环，中间为速度环，外层为位置环，如图 4-3 所示。

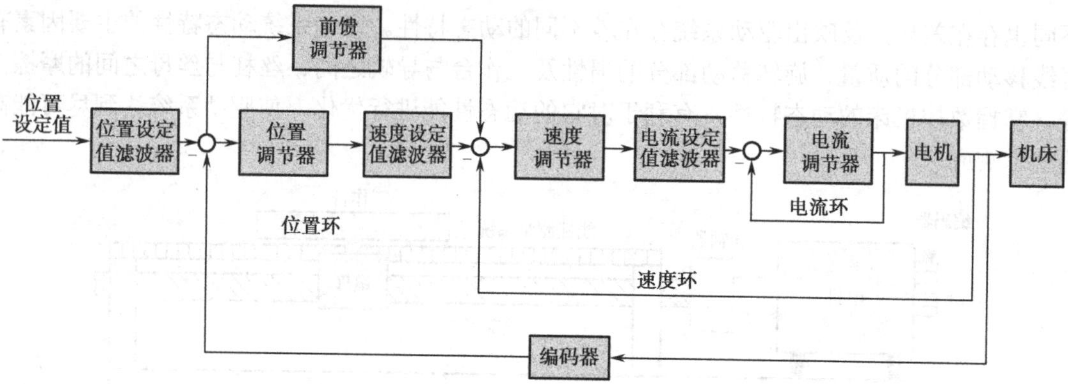

图 4-3 驱动系统的闭环控制

电流环的主要作用是把输入到电流调节器的电流信号，转换为交流电机的输出功率，达到控制进给轴和主轴的目的。引入电流反馈环节改善交流驱动器的电气特性，提高驱动器的动态性能，增强系统的稳定性。电流环的重要环节是电流调节器，其作用是为了减小系统在大电流下的开环放大倍数，加快电流环的响应速度，缩短系统启动过程，并减小低速轻载时电流的断续对系统平稳性的影响。

速度环的重要环节是速度调节器，控制交流电机的转动速度，达到指令速度要求。速度调节器的输入是来自位置调节器的控制信号，它的输出作为电流调节器的输入，通常采用脉冲编码器作为速度环的反馈元件。速度调节器多采用比例—积分调节器，即 PI 调节器，能够获得满意的静态和动态调速特性，也能合理地解决速度调节环节中，系统的稳定性与精度之间的矛盾。

由于位置控制环数据较少，只有一个伺服增益需要调整，因而驱动系统的优化主要针对速度控制环中的速度调节器和电流控制环中的电流调节器，寻找调节器的最佳比例增益和积分时间，改善它的动态性能。在对驱动系统进行优化时，一般先进行电流环的优化，再进行速度控制环的优化，最后还要进行位置环的数据优化，如图 4-4 所示。

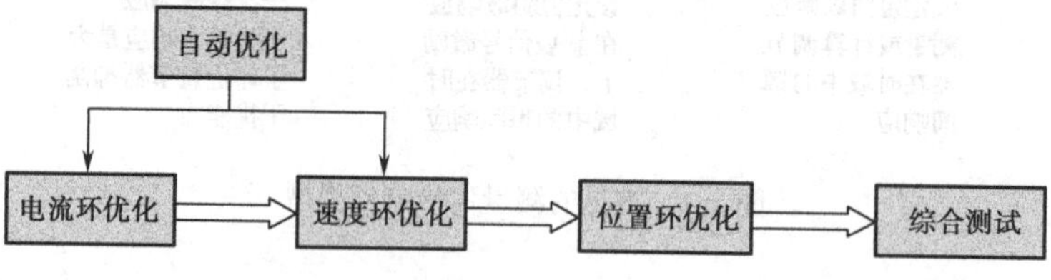

图 4-4 驱动优化步骤

810D/840D 系统具有自动优化功能，由驱动系统在负载状态下自动测试和分析调节器的频率特性，确定调节器的比例增益和积分时间。驱动优化的目的是增加比例增益，降低时间常数，使高加工精度与快速性得到完美结合。如果自动优化的结果不够理想，达不到机床最佳控制效果，在此基础上需要进行手工优化过程。由于有了自动优化的基础，手工优化能够更准确地确定调节器的比例增益和积分时间。最后还要根据测量的结果设定各种滤波器控制数据，以消除驱动系统的共振点。

4·1·3　时域中的阶跃响应

时域法是自动控制系统最基本的分析方法，描述信号随时间变化的规律，具有直观、准确的特点。阶跃响应是时域中最为基本的分析类型，是指某系统在阶跃信号激励下的响应。阶跃信号在时间 $t<0$ 时为 0，在时间 $t\geqslant 0$ 时为 A，如图 4-5 所示。如果 $A=1$，表示为单位阶跃信号，其输出为单位阶跃响应。

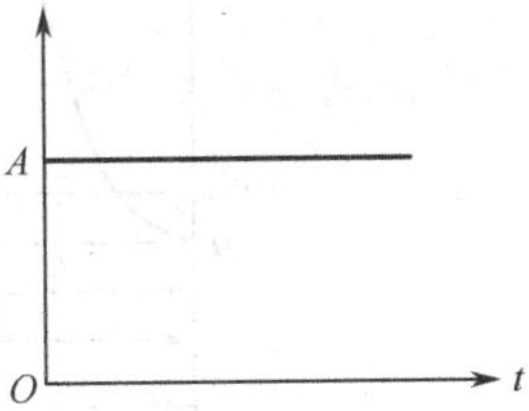

图 4-5　阶跃信号

在数控系统中，电流环和速度环中的调节器为 PI 调节器，系统的传动链可以简化为一个二阶系统，其开环传递函数为

$$y(s)=\frac{\omega_n^2}{s(s+2\zeta\omega_n)}$$

阶跃信号

$$r(t)=\begin{cases}0 & t<0\\ A & t\geqslant 0\end{cases}$$

式中　ω_n——自然频率（rad/s）；

ζ——二阶系统的阻尼比，无纲量，阻尼比决定了系统的振荡特性和反应特性。

当 $\zeta<0$ 时，响应发散，系统不稳定；当 $\zeta=0$ 时，无阻尼，等幅振荡；当 $0<\zeta<1$ 时，欠阻尼，有超调和振荡；当 $\zeta\geqslant 1$ 时，过阻尼，无振荡、无超调。

时域中，阶跃响应过程由动态过程、稳态过程两部分组成，动态过程（瞬态过程、过渡过程）是指系统输出量从初始状态到最终状态的响应过程。稳态过程是指当时间 t 趋于无穷时，系统输出量的表现形式。图 4-6 所示就是欠阻尼情况下，二阶系统的单位阶跃响应。

从图中可以看出动态过程和稳态过程的各项性能指标：

上升时间 t_r：从终值的 10%上升到终值的 90%所需的时间（有振荡系统定义为从零第一次上升到终值所需时间）。

峰值时间 t_p：响应到达第一个峰值所需时间。

调节时间 t_s：到达并保持在终值 5%误差带内所需的最短时间。

超调量 $\sigma_p(\%)$：最大偏离量 $c(t_p)$ 与终值 $c(\infty)$ 之差的百分比。

稳态误差 e_s：终值 $c(\infty)$ 与给定值之差。

二阶系统的动态性能由 ω_n 和 ζ 决定，增加 ζ 可降低振荡，减小超调，但系统快速性降低；ζ 一定，ω_n 越大，系统响应快速性越好。

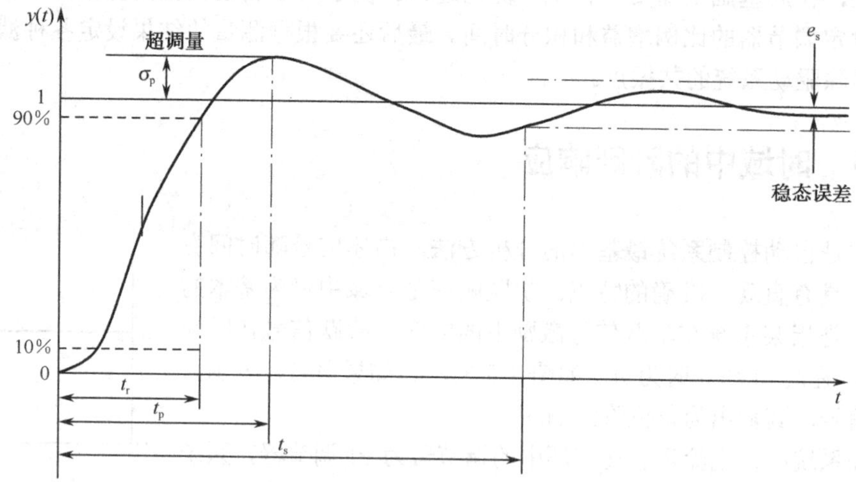

图 4-6　二阶系统的单位阶跃响应

超调量σ_p仅与 ζ 有关，通常根据允许的最大超调量来确定 ζ。ζ 一般选择在 0.4～0.8 之间，然后再调整ω_n以获得合适的瞬态响应时间。

驱动系统的优化就是使系统过渡时间短，响应速度快，过渡平稳，超调量和稳态误差小，达到实际值快速跟随设定值变化。事实上，对于数控机床的驱动与传动系统，阻尼比和自然角频率都是定值，唯一能调整的就是 PI 调节器的参数，也就是比例增益 K_p 和积分时间 T_n。

4·1·4　频域中的波特图

频域中描写的信号特征不再是随时间变化，而是随激励信号的频率变化。对频域进行分析的直观简便的工具就是波特图（Bode），包含有控制系统的幅频特性和相频特性，如图 4-7 所示。幅频特性定义为输出信号的幅值 A_{output} 与输入信号的幅值 A_{input} 之比随频率变化的规律，相频特性定义为输出信号的相位φ_{output} 与输入信号的相位φ_{input} 之差随频率变化的规律。

在波特图中，横坐标是频率，但每格并不是等分的而是以指数增长的，纵坐标是以幅值放大倍数 D 的自然对数 20 倍定义的，用 dB 表示，即有

$$20\lg D = 20\lg\frac{A_{output}}{A_{input}}$$

相频特性图中的横坐标也是频率，纵坐标是输出与输入信号的相位差。表明某系统的输出与输入信号相位差随频率的变化规律。

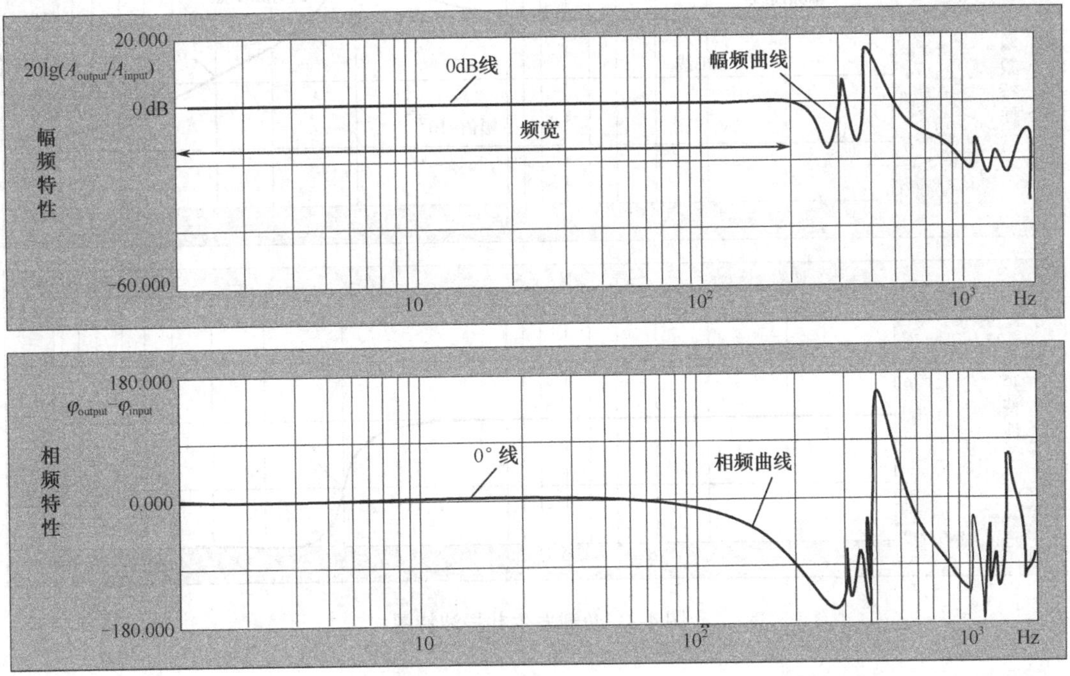

图 4-7　波特图

从波特图中，可以看出在频域中驱动系统优化的方向：

（1）系统的幅值放大倍数随频率的变化规律，对于数控机床的进给轴，总希望这个比值为 1，即输出等于输入，也就是实际值完全等于设定值（位置、速度、电流）。反映在波特图上，幅频曲线尽量在 0dB 线上，而且这个范围要尽可能得宽。

（2）从相位上讲，没有超前和滞后，输出与输入的相位差为 0°，相频曲线在 0° 线上的范围尽可能得宽，输出快速跟随输入变化。

在机床系统传递环节的输出部分，压抑系统的输入会降低系统的动态特性，而放大系统的输入有利于提高系统的动态特性，但当输入频率与机床的固有频率相等时，机床就会发生共振现象。共振是造成机床不稳定的致命因素，而驱动优化的目的之一就是找出共振点，通过加电子滤波器的方法来抑制共振点，增强系统的稳定性，这样就可以通过提高系统的增益来提高系统的动态特性。从图 4-8 中可以看出，当激励噪声信号大约等于 20Hz 时，负载发生了共振，此时的激励频率与传动系统的固有频率相等。

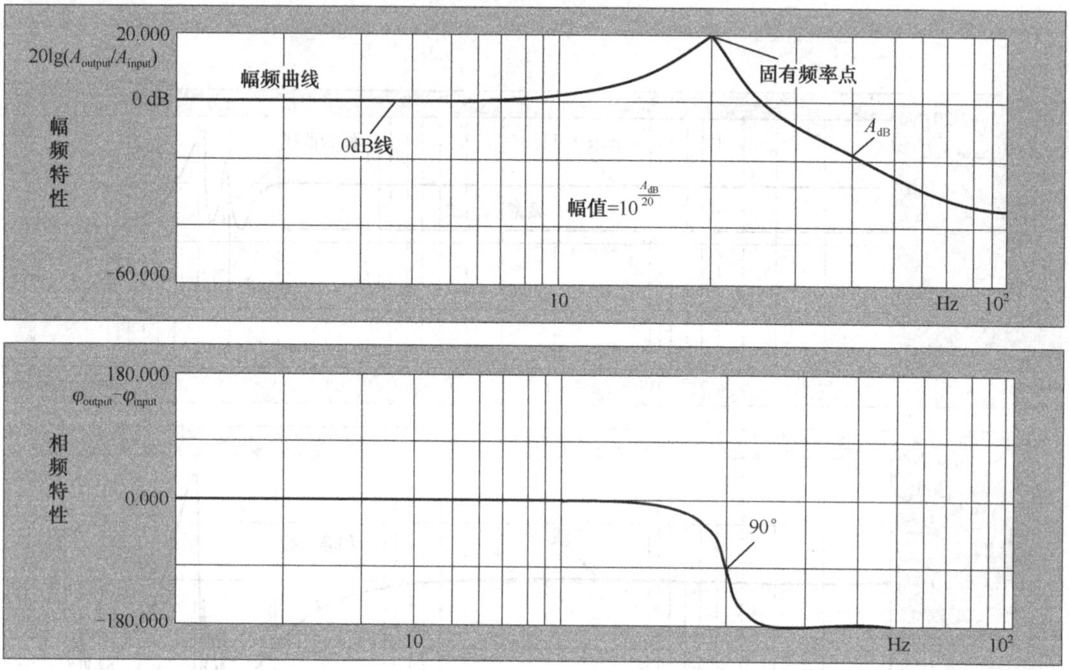

图 4-8　负载发生共振波特图

4.2　驱动数据设置

810D/840D 为全数字式控制系统，不存在像模拟控制系统那样需要多个电位器调整某些控制参数，仅需要修改相应的机床数据即可。驱动系统需要调整的数据是它的闭环控制数据，这些数据中彼此之间相互关联的也较多，一般情况下不能随意改动，因为错误的数据设置将会影响控制性能，降低系统的动态响应。在定义了电机的型号及驱动模块后，与之相关的数据自动装入，并自动计算出其他的匹配数据。但是有一些控制数据系统并不能自动设置，需要根据机床的特点进行设置与优化处理。

4·2·1　电流环数据设置

驱动系统中电流环如图 4-9 所示，电流环包括电流设定值滤波器、电流调节器及功率驱动器。电流设定值滤波器由 4 个独立的被参数化为“低通”或“带阻”的滤波器组成，用在电流控制环中抑制尖脉冲及共振的影响。表 4-1 给出了各电流设定值滤波器的机床数据。

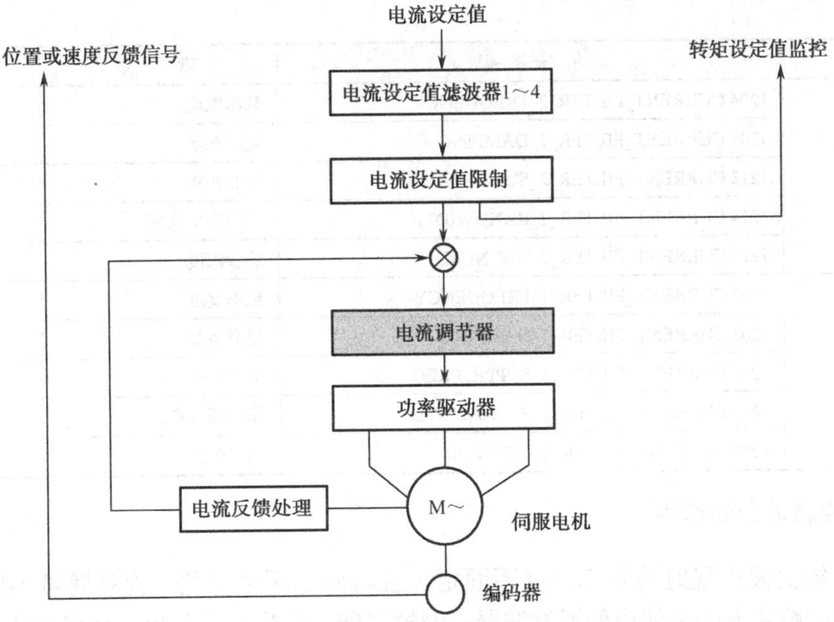

图 4-9 电流环

注意：

- 机床数据 MD1200 决定哪个滤波器被激活生效；
- 机床数据 MD1201 决定该滤波器功能是低通滤波器还是带阻滤波器，MD1201 设置为 0 是低通滤波器，设置为 1 是带阻滤波器。

表 4-1 电流设定值滤波器机床数据

组 别	机 床 数 据	意 义	类 型
滤波器 4	1208 CURRENT_FILTER_4_FREQUENCY	频率宽度	低通滤波器
	1209 CURRENT_FILTER_4_DAMPING	阻尼系数	
	1219 CURRENT_FILTER_4_SUPPR_FREQ	中心频率	带阻滤波器
	1220 CURRENT_FILTER_4_BANDWIDTH	作用频率宽度	
	1221 CURRENT_FILTER_4_BW_NUM	陷波深度	
滤波器 3	1206 CURRENT_FILTER_3_FREQUENCY	频率宽度	低通滤波器
	1207 CURRENT_FILTER_3_DAMPING	阻尼系数	
	1216 CURRENT_FILTER_3_SUPPR_FREQ	中心频率	带阻滤波器
	1217 CURRENT_FILTER_3_BANDWIDTH	作用频率宽度	
	1218 CURRENT_FILTER_3_BW_NUM	陷波深度	

续表

组　别	机 床 数 据	意　义	类　型
滤波器 2	1204 CURRENT_FILTER_2_FREQUENCY	频率宽度	低通滤波器
	1205 CURRENT_FILTER_2_DAMPING	阻尼系数	
	1213 CURRENT_FILTER_2_SUPPR_FREQ	中心频率	带阻滤波器
	1214 CURRENT_FILTER_2_BANDWIDTH	作用频率宽度	
	1215 CURRENT_FILTER_2_BW_NUM	陷波深度	
滤波器 1	1202 CURRENT_FILTER_1_FREQUENCY	频率宽度	低通滤波器
	1203 CURRENT_FILTER_1_DAMPING	阻尼系数	
	1210 CURRENT_FILTER_1_SUPPR_FREQ	中心频率	带阻滤波器
	1211 CURRENT_FILTER_1_BANDWIDTH	作用频率宽度	
	1212 CURRENT_FILTER_1_BW_NUM	陷波深度	

1. 低通滤波器的作用

如果系统尖波出现时的频率点并不固定，且与固定频率无关，而是随着不同的条件漂移，则最好的解决方法是使用低通滤波器，滤掉可能产生尖波的频率。使用低通滤波器需要设置滤波器的频宽和阻尼系数，频宽必须大于速度环的频宽。图 4-10 所示为低通滤波器的幅频及相频特性曲线，给出了阻尼系数为 0.2、0.5、1 时的 3 条滤波曲线，频宽为 500Hz。

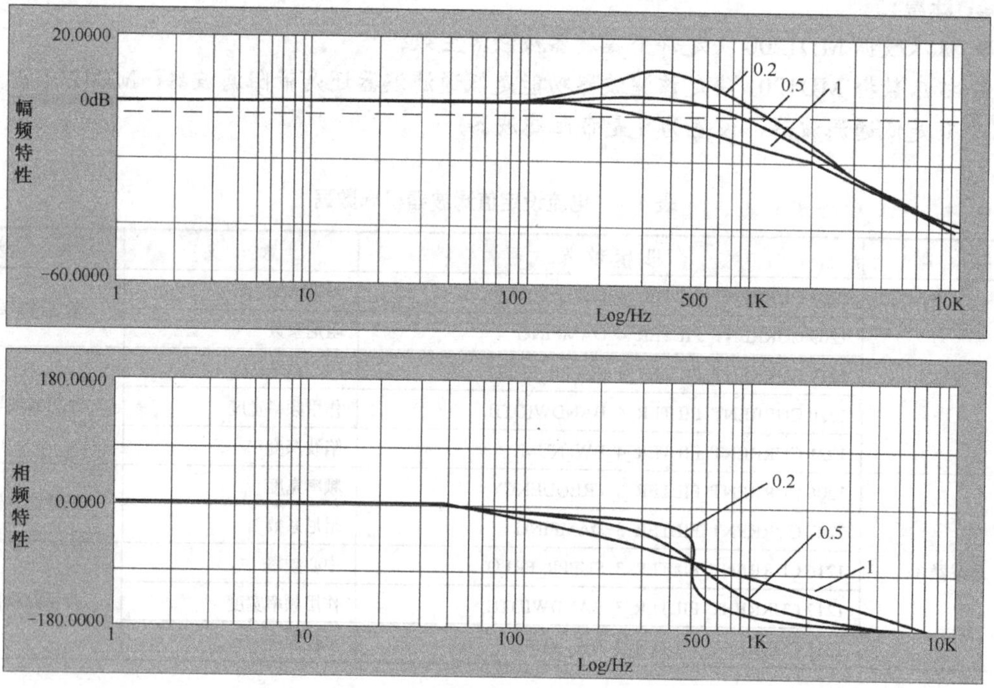

图 4-10　低通滤波器的幅频及相频特性曲线

2．带阻滤波器的作用

带阻滤波器具有局部特性，对某特定频率范围内的信号有滤波作用，有利于抑制机床的共振频率。带阻滤波器需要设置中心频率、频宽和陷波深度，用于消除电流调节器在某一固定频率点的噪声。因为幅频特性曲线中幅值超出 0dB 线的尖脉冲，导致驱动链中出现明显啸叫噪声。图 4-11 所示是某带阻滤波器的幅频及相频特性曲线，中心频率 1kHz，频宽 500Hz，陷波深度-57dB，这里的频宽是指幅频特性曲线在中心频率两边，下降 3dB 时的频率宽度。

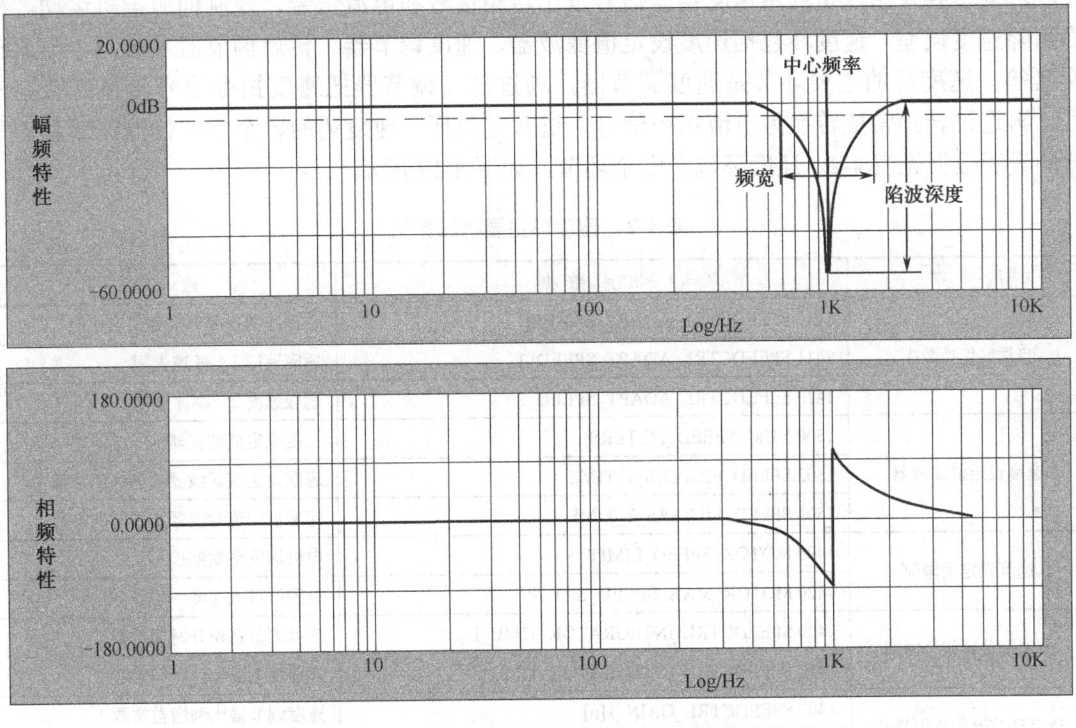

图 4-11　带阻滤波器的幅频及相频特性曲线

3．电流调节器

电流调节器把电流设定值转换成电压指令，输入到功率驱动器，直接驱动电机工作。驱动电路产生的输出电流被反馈到电流调节器，与给定的电流指令做比较，并由电流调节器调节两者间的误差。MD1120 为电流调节器的比例增益，MD1121 为电流调节器的积分时间常数。正确设置电流调节器的比例增益和积分时间，当电流设定值与输出电流之间存在误差时，利用 PI 调节器达到消除误差的目的。若把电流调节器的积分时间设置为 0，则相当于关闭它的积分功能。

电流环滤波器主要用于对电流的滤波调节，电流滤波器 1 最接近电机，一般情况下，为了防止电流的不稳定对电机造成影响，滤波器 1 都设置为低通滤波器。电流滤波器 2～4 参数主要针对速度环控制器频域响应中的波峰进行调节，目的是为了防止该波峰对机床加工的影响。因此一般电流滤波器 2～4 都设为带阻滤波器。

4·2·2 速度环数据设置

位置调节器输入给速度环的指令速度与反馈的实际速度比较，可以求出速度误差。速度控制环的主要作用，是利用速度误差信号求出转矩信号和电流信号，控制伺服电机运动，最终消除速度误差。速度环包括速度设定值滤波器、速度调节器、转矩调节器及转矩—电流转换器等。速度环的主要环节是速度调节器，通过速度调节器把速度指令信号转换为转矩信号，再通过转矩常数转换为电流指令信号，进入电流环。速度环的各个参数化滤波器和调节器的设置数据见表 4-2。速度环包含多个环节，如图 4-12 所示。

表 4-2 速度环主要机床数据

组 别	机床数据	意 义
自适应切换数据	1413 SPEEDCTRL_ADAPT_ENABLE	自适应的速度调节器切换使能
	1411 SPEEDCTRL_ADAPT_SPEED_1	适应速度 1，低速上限
	1412 SPEEDCTRL_ADAPT_SPEED_2	适应速度 2，高速下限
速度设定值滤波器	1500 NUM_SPEED_FILTERS	速度设定值滤波器
	1502 SPEED_FILTERS_1_TIME	速度设定值滤波器 1 的时间常数
	1503 SPEED_FILTERS_2_TIME	速度设定值滤波器 2 的时间常数
速度设定值限制	1405 MOTOR_SPEED_LIMIT	电机速度限制监控
	1420 MOTOR_MAX_SPEED_SETUP	设置的最大速度
速度调节器积分时间	1409 SPEEDCTRL_INTEGRATOR_TIME_1	速度调节器积分时间常数 1
	1410 SPEEDCTRL_INTEGRATOR_TIME_2	速度调节器积分时间常数 2
速度调节器的比例增益	1407 SPEEDCTRL_GAIN_1[n]	速度调节器比例增益常数 1
	1408 SPEEDCTRL_GAIN_2[n]	速度调节器比例增益常数 2
积分反馈	1421 SPEEDCTRL_INTEGRATOR_FEEDBK[n]	时间常数积分反馈
转矩设定值限制	1725 MAXIMAL_TORQUE_FROM_NC	最大转矩设定
	1230 TORQUE_LIMIT_1	转矩限制 1
	1233 TORQUE_LIMIT_GENERATOR	重新产生限制转矩
	1235 POWER_LIMIT_1	功率限制 1
	1237 POWER_LIMIT_ GENERATOR	重新产生功率限制
	1145 STAL_TORQUE_REDUCTION(MSD)	停止转矩降低系数
	1239 TORQUE_LIMIT_FOR_SETUP	设置时的转矩限值

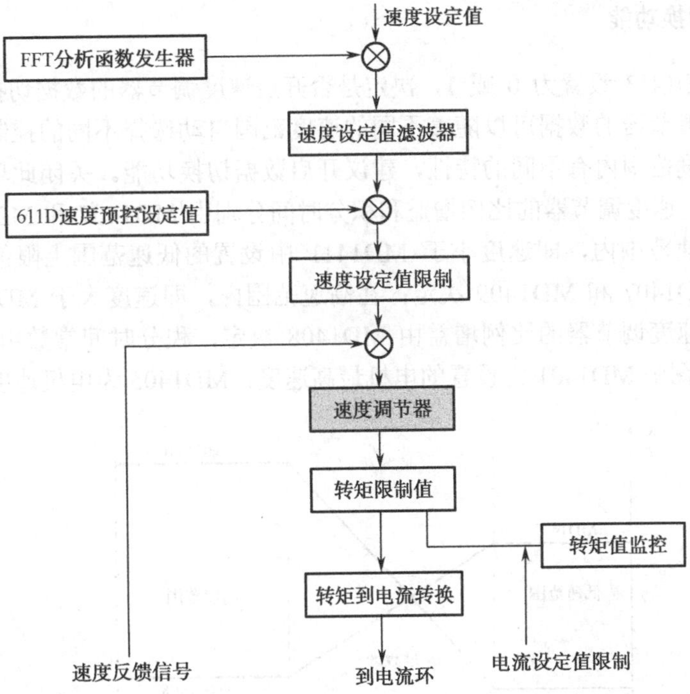

图 4-12　驱动系统的速度控制环

1．速度设定值滤波器

速度设定值滤波器和速度设定值限制器的作用，是对来自位置调节器的速度指令进行预处理。速度设定值滤波器是一阶低通滤波器，主要目的是平滑速度指令，去掉干扰噪声。由于速度反馈中有干扰信号，或者由微分造成速度指令的不连续，都需要速度设定值滤波器将速度指令平滑。滤波器输出的速度指令经由速度设定值限制器处理，最终可得到速度环的速度指令。

2．速度调节器

速度调节器是 PI 调节器，必须为它设置合适的比例增益与积分时间常数，以便调节速度指令与实际速度输出之间的误差。速度调节器的比例增益和积分时间分别在 MD1407 和 MD1409 中设置。在确定驱动系统的硬件后，相关数据的默认值或系统计算值自动装入，但是这些值是在无负载的情况下得出的。由于机床在实际工作过程中，驱动系统会与负载连接，速度调节器的相关数据的设定，也就必须根据实际情况进行优化，以便使伺服系统达到最佳控制效果。为提高速度环的特性，需要增加速度环内电流环给定滤波器。如果采用速度环给定滤波器，只能对提高位置环性能有效果，而对速度环本身没有影响，因而驱动优化时使用最多的就是电流环滤波器。

3．自适应切换功能

机床数据 MD1413 设置为 0 或 1，决定是否开启速度调节器的数据切换功能。所谓切换功能，是指速度调节器的数据可以随着不同的速度范围自动选择不同的控制数据。由于驱动系统在不同的速度范围内有不同的特性，建议开启数据切换功能。关闭此项功能，则不管速度在哪个范围内，速度调节器的比例增益和积分时间分别由 MD1407 和 MD1409 决定。开启此项功能，在低速范围内，即速度小于 MD1411 中设置的低速范围上限值，比例增益和积分时间分别由 MD1407 和 MD1409 决定；在高速范围内，即速度大于 MD1412 中设置的高速范围下限值，速度调节器的比例增益由 MD1408 决定，积分时间常数由 MD1410 决定，如图 4-13 所示。图中 MD1401 为设置的电机最高速度，MD1405 为电机速度限制监控。

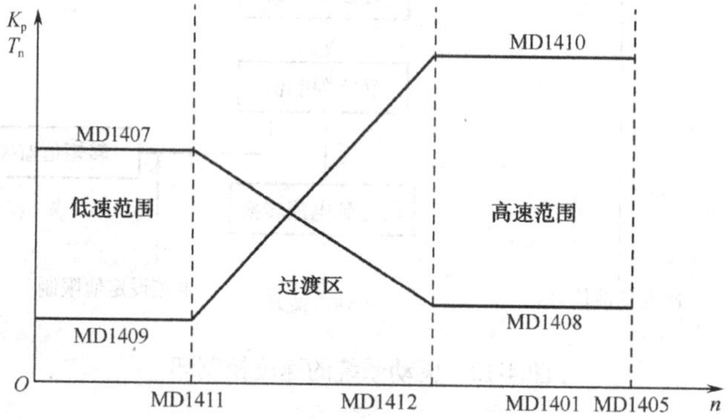

图 4-13　速度调节器自适应切换功能

在低速 MD1411 与高速 MD1412 之间的过渡区，它的比例增益 K_p 与积分时间 T_n 则由低速范围的设定值 MD1407 和 MD1409 与高速范围的设定值 MD1408 和 MD1410，利用线性内插的方式求得。

4·2·3　位置环数据设置

位置环设定的主要机床数据是加速度限制 MD32400、前馈补偿模式 MD32620、伺服增益 MD32200，其中最关心的是位置环的伺服增益。位置环中的其他参数如摩擦补偿和反向间隙等参数，一般在机床出厂前都已经过测量后设定，无须再做优化。虽然位置环内包含速度环和电流环，在速度环和电流环设置完成后，位置环的设置变得相对简单，只需完成位置调节器的设置即可。位置调节器是一个比例调节器，虽然只有伺服增益 MD32200 数据，但它的作用不容忽视，与系统的控制性能直接相关，主要影响系统的跟随误差。在进给速度一定时，跟随误差与伺服增益成反比，应尽可能使用较大的伺服增益，但是，太大的伺服增益又会导致系统的不稳定或造成系统超调。要达到提高增益的目的，除了速度环与电流环的动态响应要快外，结构的刚性、共振消除、位置环的周期时间都有影响。为了减小位置环的控制误差，可以利用系统提供的各种补偿功能，如前馈补偿、摩擦补偿及反向间隙补偿，在第 10 章中将介绍这些补偿的使用方法。

4.3　驱动系统自动优化

810D/840D 系统提供了驱动系统的自动优化工具，使驱动系统在带有负载的情况下，自动测试和分析速度控制器的控制频率特性，自动确定控制器的比例增益和积分时间。如果自动优化的参数不够理想，还可以利用系统的测量功能进行手动优化。系统的性能参数对优化有一定影响，如 840D 系统主频 MD10050、系统插补运行时的时间周期 MD10070，这两个机床数据直接影响到位置环响应的快慢。虽然越快对系统性能的提高越好，但同时会增加系统的负担。一般情况下调整的机床数据，使系统的负荷在静止状态下不宜超过 40 % ,否则系统会容易死机。驱动优化的关键是提高速度环的动态特性，而提高动态特性的关键又在于提高速度环比例环节的增益，降低积分环节的时间常数。

4·3·1　设定自动优化参数

1．机械系统测量参数设置（见图 4-14）

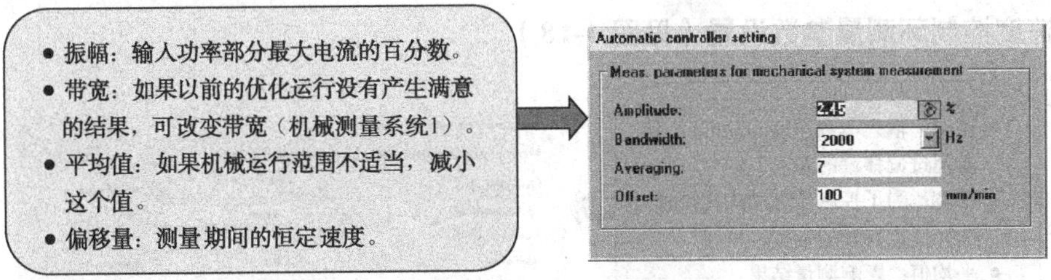

图 4-14　机械系统测量参数设置

2．电流环测量参数设置（见图 4-15）

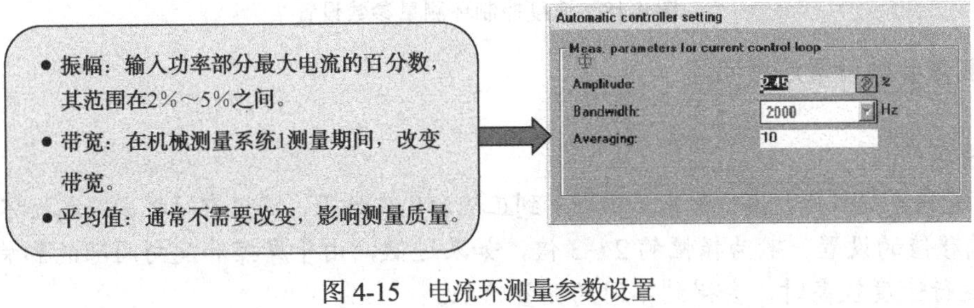

图 4-15　电流环测量参数设置

3．比例增益作用时振幅极限参数设置（见图 4-16）

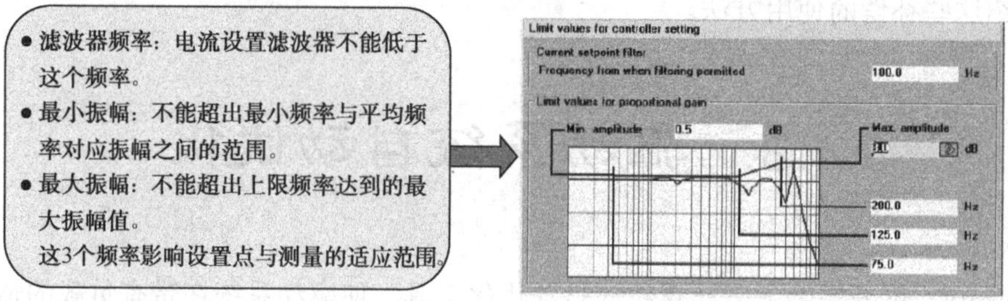

图 4-16　控制器的极限参数设置

4．积分作用时的振幅极限参数设置（见图 4-17）

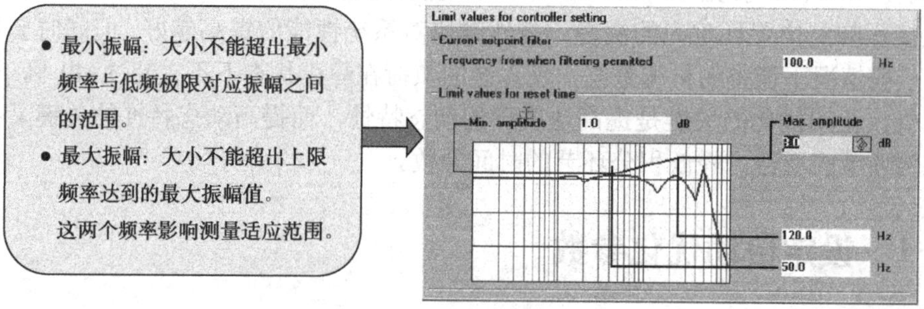

图 4-17　积分作用时的振幅极限参数设置

5．速度控制环测量参数设置（见图 4-18）

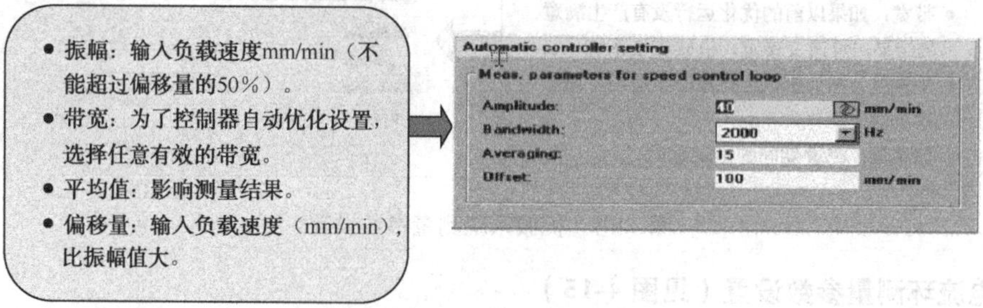

图 4-18　速度控制环测量参数设置

6．测量参数设置注意问题

注意：

● 设置的振幅不能太高，否则不仅得不到正确的优化结果，而且有对机床造成损坏的可能。

● 偏移值的设置一般为振幅的 2～3 倍，如果过低，由于摩擦和反向间隙的影响，在轴运行速度较高时，会得到不同的测量结果。

4.3.2　自动优化操作

1. 主界面操作

选择菜单命令“Start-up”→“Drive/Servo”→“Auto.Ctrl.setting”，基本页面出现，如图 4-19 所示。

在“Drive test travel enable”和“Travel range”窗口的输入，对于在“Mode”中选择的测量功能有相同的意义。

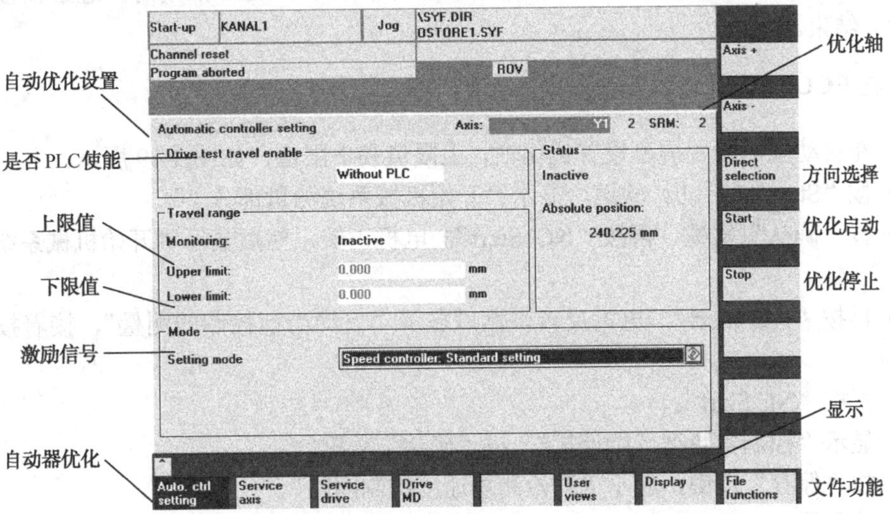

图 4-19　自动速度控制器优化设置页面

2. start-tool 工具软件的操作步骤

（1）在“Mode”功能地址中选择要设定的变量类型：标准设定（Variant1）、具有临界动态响应的设定（Variant2）和具有好的阻尼的设定（Variant3），首先选择 Variant1。

（2）按“Start”（启动）软键。

（3）装入驱动机床数据 MD 并写入标准值。

（4）为依次启动机械测量系统 1 或 2，按“参数”软键，输入机械测量参数，并按“OK”软键接收新的数值，见图 4-14。

（5）按“OK”软键，再按“NC Start”，立即启动 NC（NC 启动时，进给轴移动）。

（6）为启动电流环测量，按“参数”软键，输入电流环测量参数，并按“OK”软键接收新的数值，见图 4-15。

（7）按“OK”软键，再按“NC Start”，立即启动 NC（激活 NC 启动时，轴在电流控制模式下工作）。

（8）为启动控制器数据的计算：

- 调整增益，输入优化的增益参数，见图 4-16；
- 调整积分时间，输入优化的积分时间参数，见图 4-17。

（9）按“OK”软键，等待控制器计算数据。

（10）按“Yes”软键，保存驱动引导文件，按“No”软键，不保存驱动引导文件。

（11）为启动速度调节器，按“参数”软键，输入速度环测量参数，并按“OK”软键接收新的数值，见图 4-18。

（12）按“OK”软键，再按“NC Start”，立即启动 NC（NC 启动时，进给轴移动）。

（13）结束。

3．在 PCU50 上优化的操作步骤

（1）在自动控制设置屏幕设置优化轴、上限值和下限值，如图 4-19 所示。

（2）按“Start”（启动）软键，显示“开始机械系统测量部分 1”。

（3）按“确认”软键，再按“NC Start”，电机正转，然后显示“开始机械系统测量部分 2”。

（4）再按“NC Start”，电机反转，然后显示“启动当前控制的测量”，接着按“确认”软键。

（5）再按“NC Start”。

（6）显示“控制器数据开始计算”，按“确认”软键。

（7）按“保存”软键，显示“开始测量速度控制回路”。

（8）按“确认”软键。

4.4 调节器在时域中的优化

调节器在时域中的优化，包括速度调节器和位置调节器的优化，根据测量结果，调整优化参数，使轴的控制性能达到最佳状态。启动优化过程应注意下列问题：

- 为了确保不会因执行零件程序而导致错误的运行动作，必须在<JOG>运行方式中启动测量功能。
- 在测量功能的方式下执行运行动作时，不对软件限位开关与工作区限制进行监控，因为这些监控将在跟踪模式中执行。
- 必须在启动运行动作之前就确定轴在测量功能方式下的定位，从而有足够的运行范围限制，以防与机床发生碰撞。
- “急停”键处于可触及范围内，以免机床发生危险。

无论是在时域中优化还是在频域中优化，都必须启动优化的测量功能，目的是可以在屏幕上对驱动和闭环控制的时间或频率特性进行图形显示。

4·4·1　速度调节器

速度调节器优化的前提条件是电流控制器的参数优化已通过选择电机预设置完毕。通过调整速度环的 K_p、T_n 值，使驱动器的参数与机械系统之间匹配。速度环时间常数越大和增益越低，速度环越稳定，但精度和动态特性越差。响应时间越短，说明系统的动态特性越好。速度环时间常数设在 10ms 左右，增益调整应使速度环的阶跃响应有不超过 20%的超调，并且很快趋于稳定。超调虽然对提高动态特性有帮助，但同时会对加工工件的表面光洁度有负面影响。增益设置过低，就没有超调，这样会降低系统的动态特性；增益设置过高，就会超调过大或是超调后还有几个周期的振荡，容易导致系统不稳定。

操作步骤：

（1）选择速度控制回路：选择菜单命令“Start-up”→“Drives/Servo”→“Speed control loop”选择速度控制环测量，设置监控数据，如图 4-20 所示。

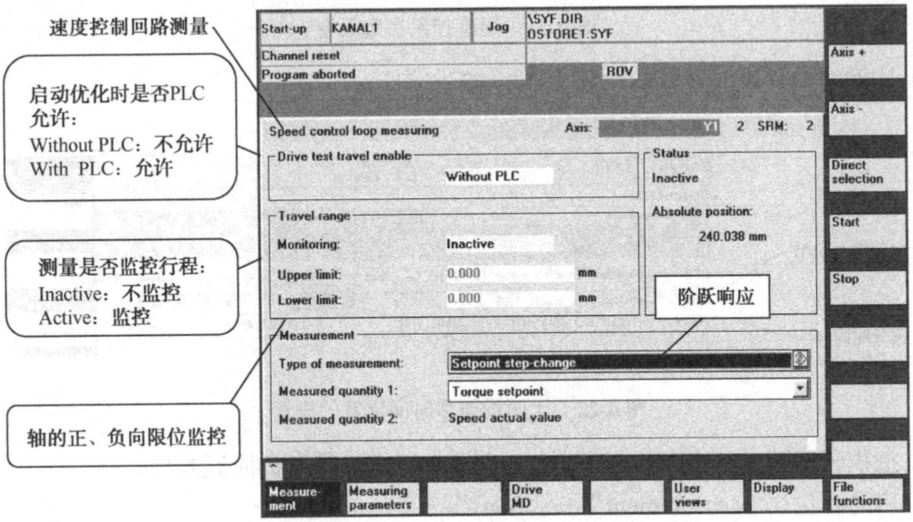

图 4-20　速度控制回路监控设置

（2）在测量类型中选择“Setpoint step-change”。

（3）选择参数设置：在“Measuring parameters”及“Standard parameters”中输入数值，如图 4-21 所示。

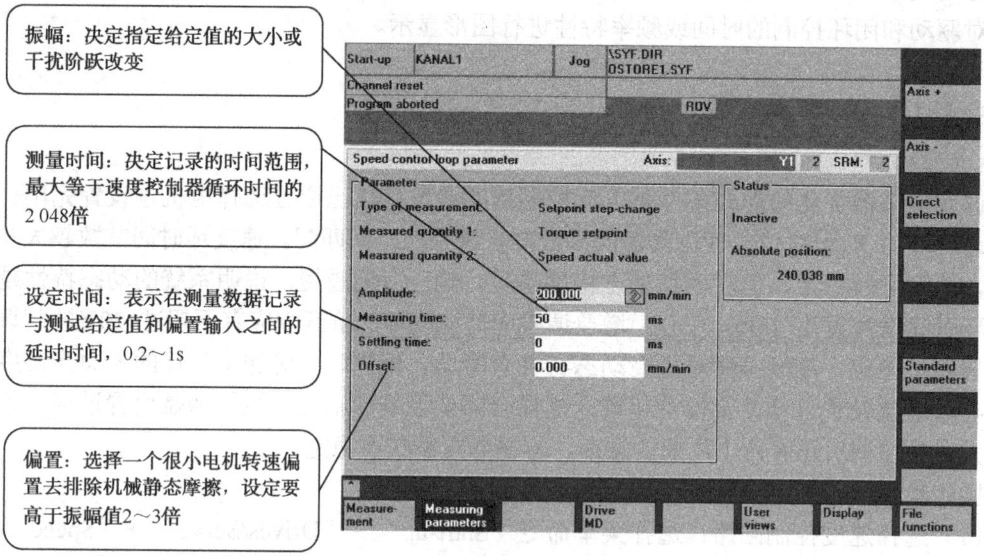

图 4-21　速度控制参数设置

（4）比例增益和时间常数的设置见图 4-22。

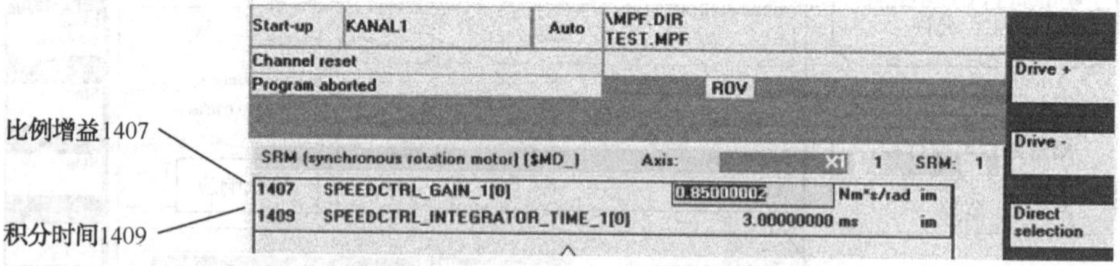

图 4-22　比例增益和时间常数的设置

（5）把积分常数 T_n（MD1409）设为 500ms，只有 P 控制的阶跃响应。

（6）启动测量："Measurement"→"Start"。

（7）调整调节器比例增益，利用针对速度控制器的示波器功能，记录 K_p（MD1407）优化曲线，如图 4-23 所示。

（8）然后让 MD1409（T_n）取阶跃响应中上升时间为其值，如图 4-24 所示，即 MD1409（T_n）等于阶跃响应的上升时间。

（9）重复测试，直到达到满意结果。

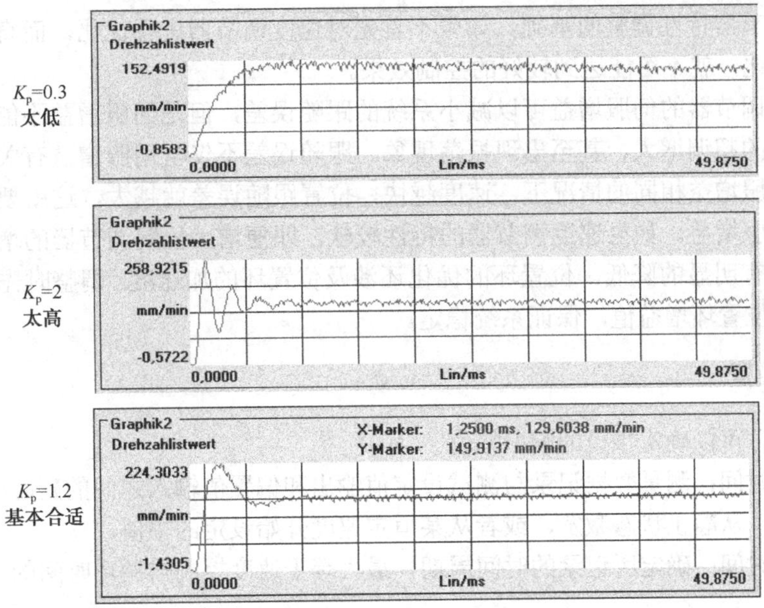

图 4-23　K_p变化对速度调节器的影响

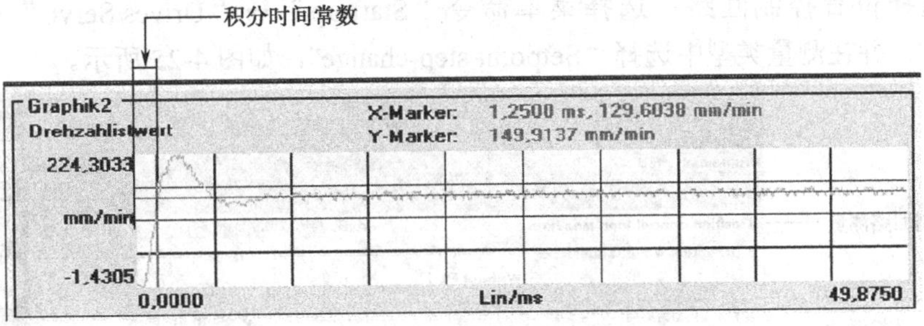

图 4-24　积分时间常数的确定

4·4·2　位置调节器

位置调节器优化参数就是调整位置控制环的伺服增益，其数值在机床数据 MD32200 中设置。由于数控机床各个坐标轴具有不同的机械特性和跟随特性，就会有不同的跟随误差，其结果导致联动坐标轴合成的轨迹发生畸变。例如，数控车床在加工圆球时，合成的轨迹本应是圆，由于 X 轴与 Z 轴的跟随误差不同，实际结果变成了椭圆。减小跟随误差就要尽可能减小坐标轴之间机械特性的差异，动态响应基本相同，而且伺服增益一定相同。还可通过摩擦补偿或前馈补偿功能，使轴的跟随误差达到最小。

调整位置调节器增益的前提条件，是速度调节器有较高的比例增益，因此速度调节器的优化是位置调节器特性调整的基础。如果不首先对速度调节器进行优化，而直接对位置调节器特性进行优化，就不可能达到较好的控制效果。

增大位置调节器的伺服增益可以减小系统的跟随误差，但是伺服增益不能调得太大，否则会导致系统的超调增大，甚至出现振荡现象。跟随误差不仅与伺服增益有关，还与进给速度有关，在伺服增益相同的情况下，速度越快，位置跟随误差就越大，这就要求在一定速度范围内优化伺服增益。如果速度调节器的特性较软，即便增大位置调节器的增益，实际的跟随误差也不会有明显的降低。位置环的优化还涉及位置环的加速度，调整时先可以减小加速度值，再增加位置环增益值，保证系统稳定。

1. 参数设置

（1）振幅：可以确定预设的响应幅值。

（2）设置时间：测量数据记录与测试设定值输出和偏置值输入之间的延时时间。

（3）偏移：从静止状态激发，或者从某恒定速度开始设定的幅值。

（4）测量时间：确定所记录的时间周期，最大等于速度控制器循环时间的 2 048 倍。

2. 优化步骤

（1）选择位置控制回路：选择菜单命令“Start-up”→“Drives/Servo”→“Position control loop”，并在测量类型中选择“Setpoint step-change”，如图 4-25 所示。

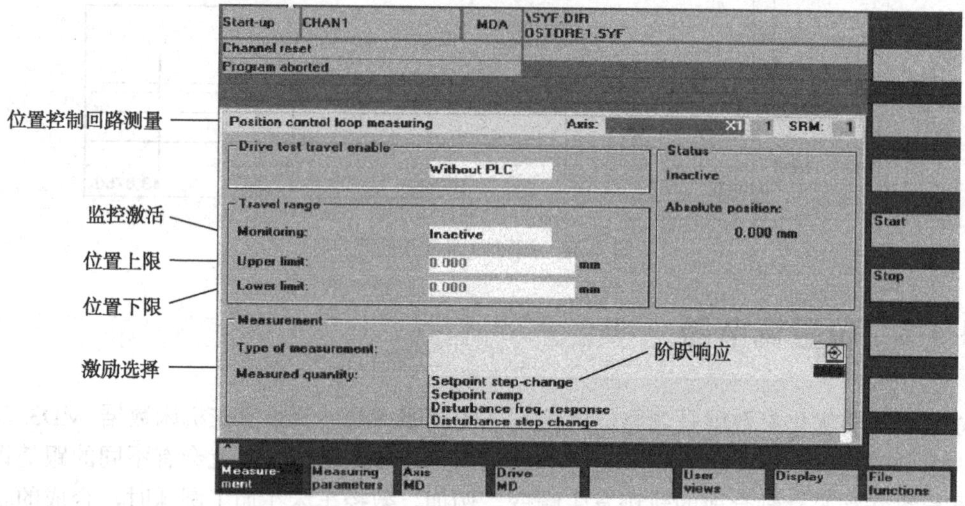

图 4-25 位置控制回路时域测量设置

（2）设置阶跃响应参数。

（3）设置比例增益：在机床数据 MD32200 中设置比例增益。

（4）启动测量：选择菜单命令“Measurement”→“Start”。

（5）显示测量结果：单击“Display”，如图 4-26 所示。

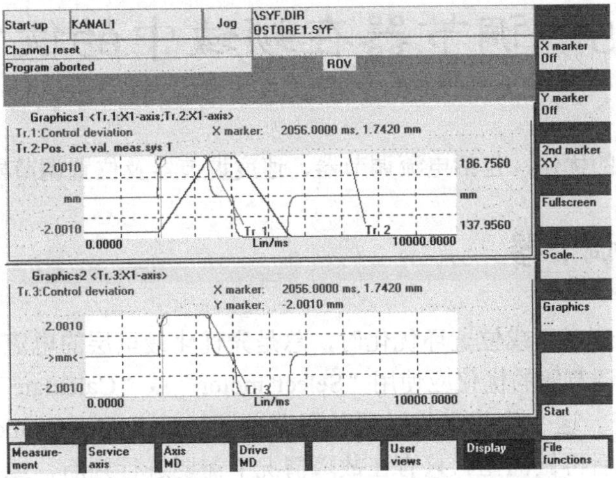

图 4-26 位置调节器时域中的控制误差优化曲线

注意：为了避免机床机械装置过载，在测量“阶跃响应”时，要将响应幅度限制在机床数据中所给定的数值范围内：MD32000 $MA_MAX_AX_VELO（最大轴速度）。

优化位置调节器最简便的方法是观察它的跟随特性，当伺服增益改变时，除在操作面板上可以看到跟随误差的变化外，还可以采用测量仪器，测量出系统的速度阶跃响应曲线，如图 4-27 所示，从中判断伺服增益是否达到最佳。一般情况下，为了获得较高的轮廓加工精度，应尽可能增大位置调节器的伺服增益。

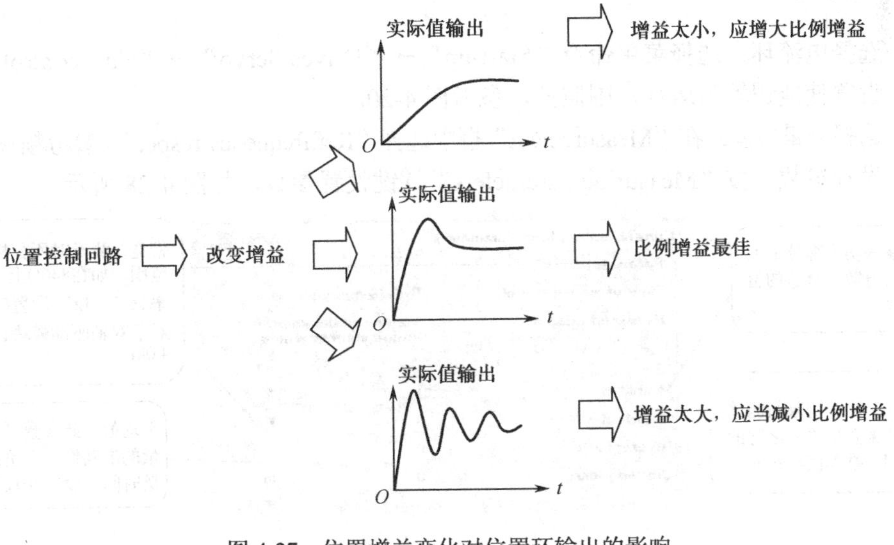

图 4-27 位置增益变化对位置环输出的影响

4.5 调节器在频域中的优化

调节器在频域中的优化，包括电流调节器、速度调节器及位置调节器的优化。

4·5·1 电流调节器

在进行电流环、速度环或位置环优化时，总是先优化最里层的电流控制环。如果使用的是西门子电机，电流调节器的优化应使用“Select motor”或“Calculate controller data”来参数化，用户不能改变。这个优化调整过程使用菜单“Calculate controller data”自动进行计算，并不需要用户随后再做优化。只有在故障情况下需要进行判断，或者当所使用电机与功率部件为第三方产品时，才需要对电流调节回路进行优化。调节电流环增益，可以优化电流环调节器的反应速度，调节积分控制时间，再对电流环的稳定性进行优化。

1．主要优化参数

（1）电流环的比例增益：MD1120 为电流调节器的比例增益。
（2）电流环的积分时间常数：MD1121 为电流调节器的积分时间常数。
（3）低通滤波器和带阻滤波器的频率设定值。

2．优化步骤

（1）选择电流环：选择菜单命令“Start-up”→“Drives/Servo”→“Curr control loop”。
（2）设置使能逻辑与运行范围监控，参考图 4-20。
（3）选择测量类型：在“Measurement”框中选择“Ref.frequency respo.”（参考频率响应）。
（4）设置参数：按“Measuring parameters”软键设置参数，如图 4-28 所示。

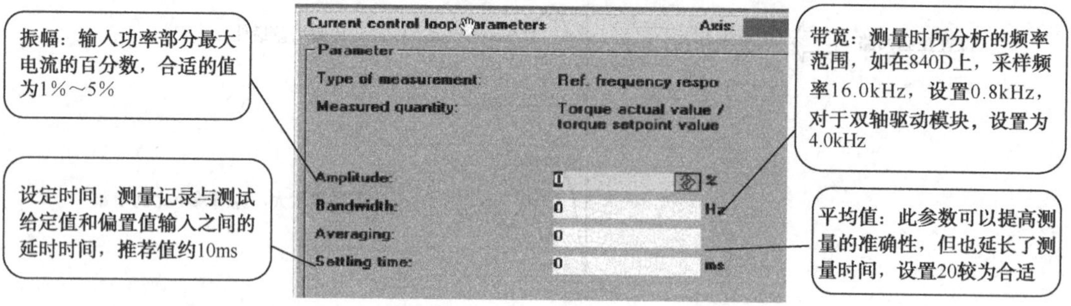

图 4-28 电流环优化设置参数

（5）设置调节器常数：MD1120 或 MD1121。

（6）启动测量：选择“Measurement”→“Start”。

（7）显示测量结果：按“Display”（显示）软键。

4.5.2　速度调节器

速度控制环参数也可使用菜单“Select motor”或“Calculate controller data”自动进行计算，这对于无负载电机和不考虑相连的机械系统时，这个优化是满意的，但为了能够在有负载的情况下获得较好的动态特性，对驱动系统的进一步优化是必要的。

速度调节器主要是 PI 调节器，比例增益与积分时间是主要优化的两个数据，先确定它的比例增益，再优化积分时间。如果把速度调节器的积分时间（MD1409）调整到 500ms，积分环节实际上处于无效状态，这时 PI 速度调节器转化为 P 调节器。为了确定比例增益的初值，可从一个较小的值开始，逐渐增加比例增益，直到机床共振发生，此时可听到伺服电机发出啸叫声，将这时的比例增益乘以 0.5，作为首次测量的初值。

1．参数设置

（1）振幅：给优化轴设置一个非常低的转速，如 1～2r/min，如果设置得太高，可能得不到正确的测量结果，甚至造成机械系统的毁坏。

（2）偏置：测量需要给优化轴设置一个很小的，每分钟几转的转速，但必须大于振幅的值，是振幅的 2～3 倍，如果设置过低，由于摩擦或反向间隙，在轴运行速度较高时，会得到不同的测量结果。优化轴经过一个加速过程到偏置值，进给轴的加速度在 MD32300 中设置，主轴的加速度在 MD35200 中设置。

（3）带宽：频率的分析范围，对于 840D 采样频率为 8.0kHz 时，带宽为 4.0kHz；对于 810D，带宽由下式决定：

最大带宽=1/（2×速度控制器循环时间）

由于测量时间短，只需几转就足够测量频率响应。

（4）平均值：此参数可以提高测量的准确性，但也延长了测量时间，设置 20 较为合适。

（5）设置时间：测量记录与测试给定值和偏置值输入之间的延时时间，推荐值是 0.2～1s。

2．优化参数的调整方法

（1）如果调节器的幅频特性曲线的幅值不超过 0dB，可提高比例增益 MD1407，频宽也增加，响应特性得到改善，如图 4-29 所示。当比例增益增大到一定数值后，幅频特性曲线中的幅值会极度变化，频宽变窄，系统的动态特性降低。

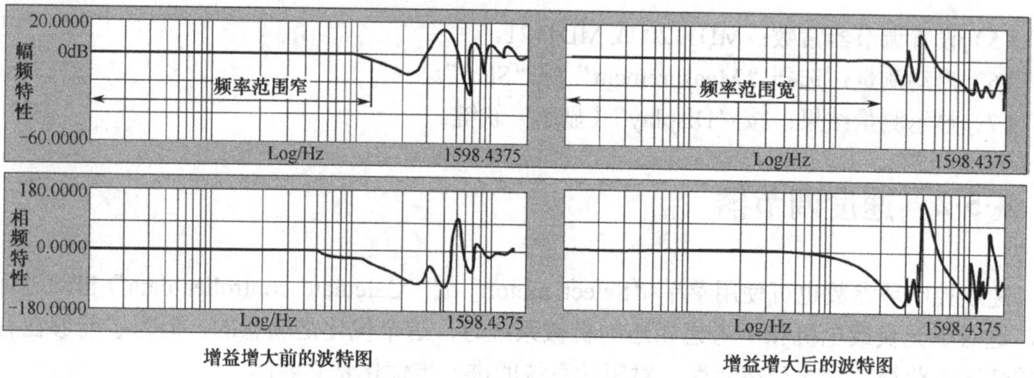

图 4-29　速度环调节器增益增大前后的波特图

（2）如果调节器的幅频特性曲线的幅值超过 0dB，可降低比例增益 MD1407。

（3）幅频特性曲线的幅值在 0dB 附近，允许幅值变化几个 dB，最大 1～3dB。

（4）在确定 MD1407 后，就可以优化速度调节器的积分时间常数 MD1409。逐渐减小速度调节器的积分时间常数，直到频率特性中的幅值开始超过 0dB，一般允许 3dB 以内。

图 4-30 所示为速度控制器优化波特图，幅频特性曲线更接近于 0dB。在低频区域，幅值保持在 0dB，相位角为 0°，随着频率的提高，相位向着-180°方向移动，当相位角超过-180°后，波特图中的曲线突变，曲线在+180°～-180°之间波动，系统出现不稳定。还可以看出，增加速度环的增益，从 1.3 增大到 3.5 时，会使波特图线往上翘，但同时原来在 0dB 下面的小尖峰超过了 3dB，超调的值接近 40%，系统会振荡，电机会发出啸叫的声音。采取滤波器的方法把尖峰去掉，就能达到既提高速度调节器增益又不影响系统稳定的目的。小于 0dB 表示输出被衰减，当为-10dB 时，衰减幅度达到 70%，这时的输出基本被抑制。

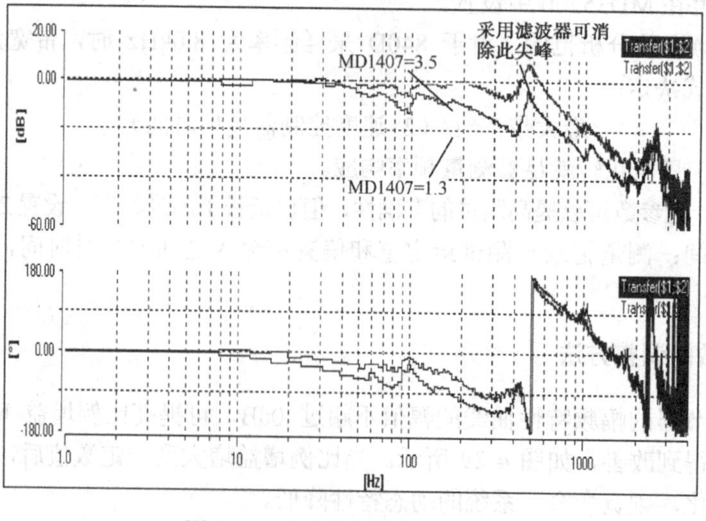

图 4-30　速度控制器优化波特图

3. 优化步骤

（1）选择速度环：选择“Start-up”→“Drives/Servo”→“Speed contr.loop”。

（2）设置使能逻辑与运行范围监控；可参照图 4-20。

（3）选择测量类型：在“Measurement”框中选择“Ref. frequency respo.”（参考频率响应）。

（4）设置参数：按“Measuring parameters”软键设置参数。

（5）设置调节器常数：MD1407 或 MD1409。

（6）启动测量：选择“Measurement”→“Start”。

（7）显示测量结果：按“Display”软键，显示如图 4-31 所示图形。

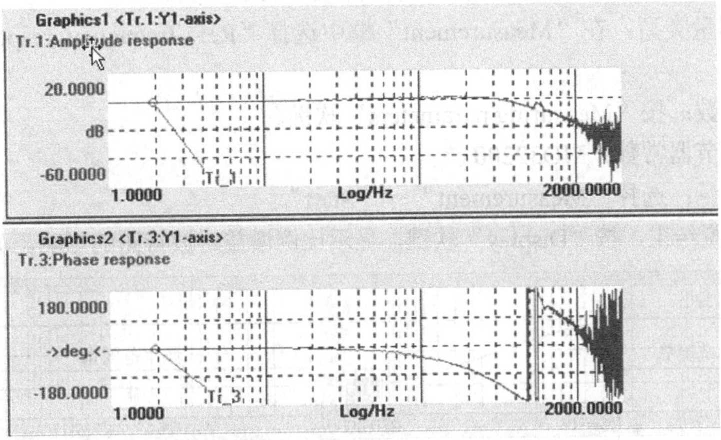

图 4-31　速度控制环优化波特图

4·5·3　位置调节器

在位置调节回路中，起决定性作用的是伺服增益值及位置环的总纯滞后 T_d。当速度环和电流环优化以后，位置环的特性就会显著改善，位置环由于只有比例调节器，所以优化时只要看位置的频率响应图，调整合适的位置环增益就可以了。增大位置环增益，可优化位置环控制器的反应速度，更加精确地到达数控系统设定的位置，提高机床定位精度，但增益设置太高，容易造成系统不稳定。

1. 参数设置

在频域中优化位置调节器伺服增益，需要设置的主要参数有：

（1）振幅：决定测量信号振幅的大小（设定尽可能小的值，如 0.01mm）。

（2）偏置：设置一个较小的电机转速。

（3）带宽：设定的分析频率范围（最大设定等于位置控制器采样频率的一半，如采样时间为 2.5ms，一半对应带宽为 200kHz），此值越低，频率分辨率越好，但测量时间也会增加。

（4）平均值：增大该值可提高测量精度，增长测量时间，大约设置 20 较为合适。

（5）设定时间：表示测量数据记录与测试给定值和偏置输入之间的延时时间，推荐值为 0.2～1s。此值不能设置太小，否则会引起幅频和相频曲线变形。

2．优化步骤

（1）选择位置环：选择"Start-up"→"Drives/Servo"→"Position contr.loop"。

（2）设置使能逻辑与运行范围监控：可参照图 4-25。

（3）选择测量类型：在"Measurement"框中选择"Ref. frequency respo."（参考频率响应）。

（4）设置参数：按"Measuring parameters"软键。

（5）设置调节器常数：MD32200。

（6）启动测量：选择"Measurement"→"Start"。

（7）显示测量结果，按"Display"软键，显示比例增益对波特图的影响，如图 4-32 所示。

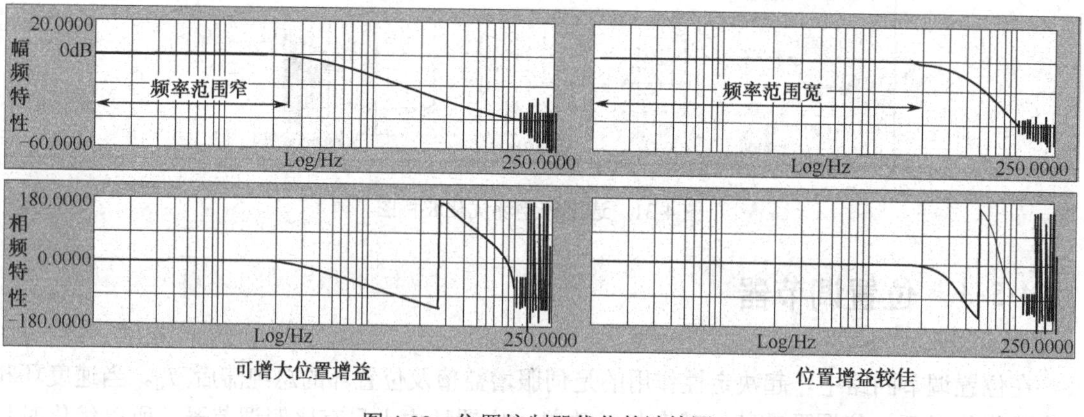

图 4-32　位置控制器优化的波特图

从控制角度讲，电流环可简化为一阶系统，它的频宽大于速度环的 3～5 倍。速度环的频宽一般是位置环的 3～5 倍，在选择位置环的增益时，速度环的增益可视为 1，此时位置环的增益恰好等于它的频宽。

有时也需要对轴的加速度 MD32300 做适当调整，加速度过大会造成机床振动，从而使所加工表面出现条纹，降低表面加工质量；加速度过小，动态性能表现差，很难实现快速加工，并且容易产生拖刀现象。在提高轴的加速度时，轴启动和停止时会对机床有一个冲击，这个冲击不仅会对机床有损害，同时会限制加速度的提高。为了获得更好的加速效果和轮廓精度，可以采用突变限制，使加速度渐进地增大和减小，以减小对机床的冲击。

第 5 章　驱动电机与测量部件

611D 驱动系统驱动电机分为进给电机和主轴电机，进给电机是永磁同步电机，采用了最新的磁体技术，比传统的三相电机有更高的效率，主轴电机是四极鼠笼式异步电机。旋转光电编码器和光栅尺是 611D 驱动系统常用的位置、速度反馈测量部件。

5.1　电机工作制

电机工作制表明电机在不同负载下的允许循环时间。了解电机工作制，能够更好地选择电机和使用电机。电机工作制按承受负载情况，分为 S1～S10 共 10 类，如表 5-1 所示。工作制中包括启动、电制动、空载、断能停转，以及这些阶段的持续时间和先后顺序，其中 S1～S4 为常用。在电机工作制中，一般用 P 表示输出功率，用 T 表示温度，用 P_v 表示功率损耗。

表 5-1　电机工作制分类

工　作　制	说　　明
S1 连续工作制	在恒定负载下的运行时间足以达到热稳定，见图 5-1
S2 短时工作制	在恒定负载下按给定的时间运行，该时间不足以达到热稳定，随之即断能停转足够时间，使电机再度冷却到与冷却介质温度之差在 2K 以内，见图 5-2
S3 断续周期工作制	按一系列相同的工作周期运行，每一周期包括一段恒定负载运行时间和一段断能停转时间。这种工作制中的每一周期的启动电流不至于对温升产生显著影响，见图 5-3
S4 启动断续周期工作制	按一系列相同的工作周期运行，每一周期包括一段对温升有显著影响的启动时间、一段恒定负载运行时间和一段断能停转时间，见图 5-4
S5 包括电制动的断续周期工作制	按一系列相同的工作周期运行，每一周期包括一段启动时间、一段恒定负载运行时间、一段快速电制动时间和一段断能停转时间

续表

工　作　制	说　　明
S6 断续周期工作制	按一系列相同的工作周期运行，每一周期包括一段恒定负载运行时间和一段空载运行时间，但无断能停转时间
S7 包括电制动的连续周期工作制	按一系列相同的工作周期运行，每一周期包括一段启动时间、一段恒定负载运行时间和一段快速电制动时间，但无断能停转时间
S8 包括变速变负载的连续周期工作制	按一系列相同的工作周期运行，每一周期包括一段在预定转速下恒定负载运行时间和一段或几段在不同转速下的其他恒定负载的运行时间，但无断能停转时间
S9 负载和转速非周期性变化工作制	负载和转速在允许的范围内变化的非周期工作制。这种工作制包括经常过载，其值可远远超过满载
S10 离散恒定负载工作制	包括不少于 4 种离散负载值（或等效负载）的工作制，每一种负载的运行时间应足以使电机达到热稳定，在一个工作周期中的最小负载值可为零

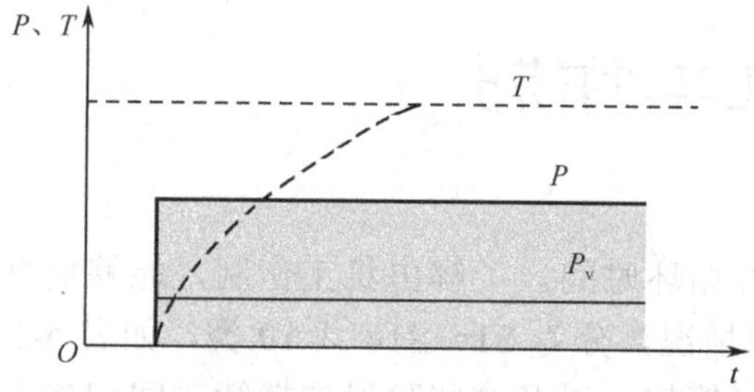

图 5-1　S1 连续工作制

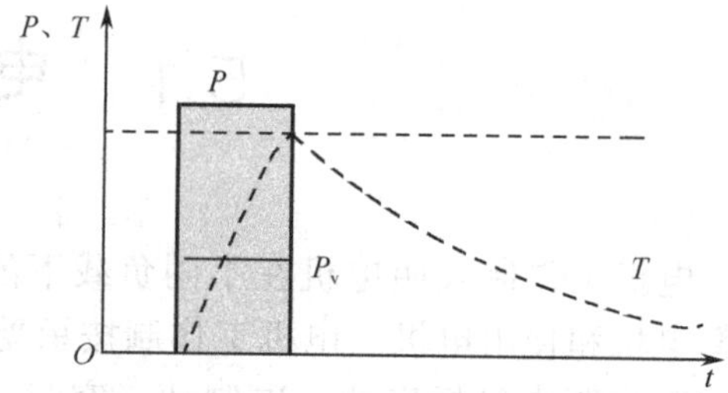

图 5-2　S2 短时工作制

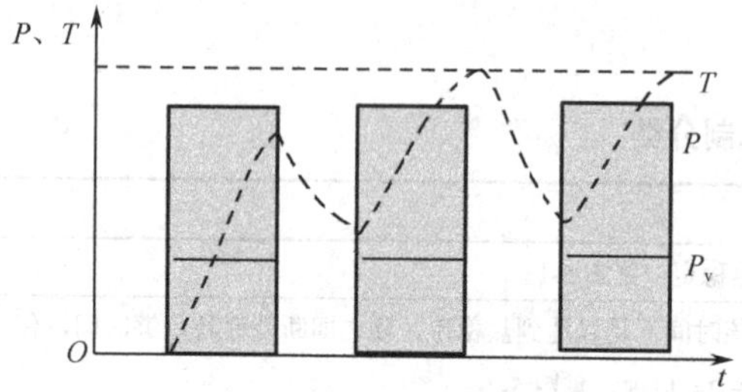

图 5-3　S3 断续周期工作制

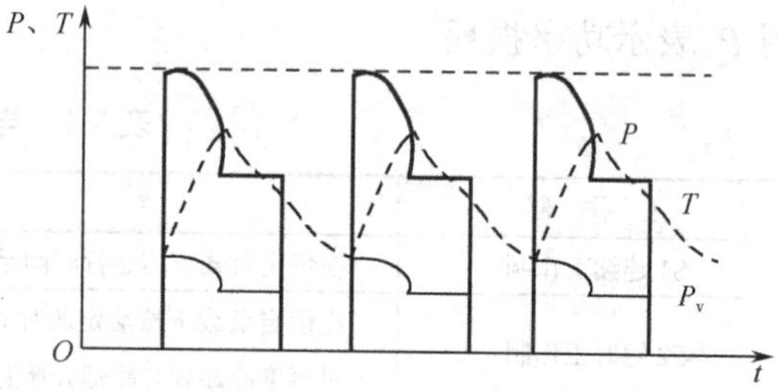

图 5-4　S4 启动断续周期工作制

电机防护等级标示由字母和数字组成，如 IP64，字母 IP 是防护等级的标识符，数字 6 为第一标记数字，数字 4 为第二标记数字。第一标记表示接触保护和外来物保护等级，第二标记表示防水保护等级。

5.2　进给伺服电机

西门子进给伺服电机是交流永磁同步电机，具有恒定输出转矩的特性和非常强的过载能力，工作稳定可靠，散热性能好，较小的惯量易于提高系统的快速性，适用于高速大转矩机床。

5·2·1　进给伺服电机的特性

进给电机是机床轴位置改变的驱动部件，额定转矩、额定转速、转动惯量、径向受力及过载能力是其主要参数。要求进给电机具有体积小，重量轻，高动态性能，响应速度快，转动惯量低，效率高，恒定转矩范围宽，转矩波动小，位置及速度控制精度高，运行温度低，过载能力强等特点。

1．速度—转矩特性曲线

图 5-5 所示是某进给伺服电机速度—转矩特性曲线，在额定速度范围内，进给伺服电机的转矩变化不大，可以认为是恒转矩，因此进给伺服电机具有良好的动态性能。由于进给伺服电机是在恒转矩范围内工作的，传动系统的转矩是选择电机的主要技术指标之一。

图 5-5 中 M_0 为静止转矩，M_n 为额定转矩，M_{max} 为由电机决定的最大转矩，$M_{max\ inv}$ 为驱动装置决定的最大转矩，n_{rated} 为额定转速，$n_{max\ inv}$ 为由驱动装置决定的最大转速，$n_{max\ mach}$ 为由机械结构决定的最大转速。S1—（60K）表示连续运行，温升为 60K 时的转矩输出；S1—（100K）表示连续运行，温升为 100K 时的转矩输出；S3—60%、S3—40%、S3—25%表示在有负载时的断续周期工作循环，转矩随转速的变化情况。

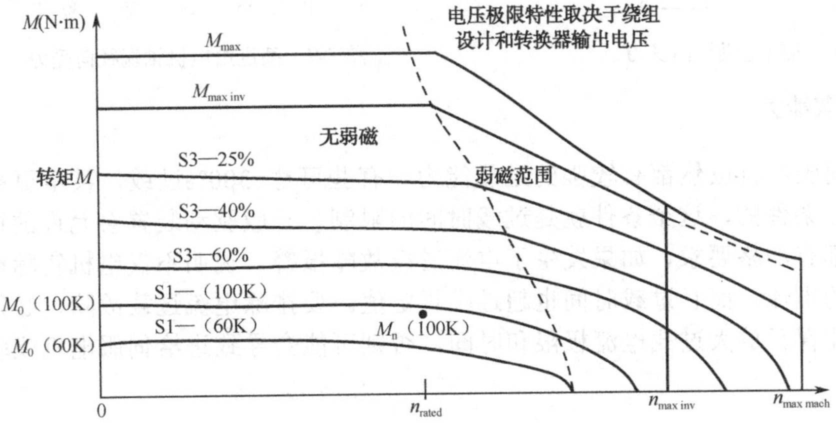

图 5-5　进给伺服电机速度—转矩特性曲线

2．转动惯量

如果要求机床进给轴有非常高的加速特性，则不仅要考虑电机的转矩，还必须考虑进给伺服电机与传动机构的惯量匹配，电机与丝杠的连接方式等。进给伺服电机与传动机构的惯量是否匹配，将直接影响进给轴的加速度特性。比如，选择电机惯量远小于传动机构的惯量，尽管转矩能满足要求，但进给轴的加速度可能满足不了，快速性得不到保证，最终可能影响零件的加工精度和表面粗糙度。

3．径向受力

进给伺服电机除对转矩和惯量有具体要求外，对其轴端的径向受力也有严格要求，如图 5-6 所示，F 为作用在电机轴的径向力，X 为径向力作用点到轴承端面的轴向距离。图 5-7 描述了某进给伺服电机轴端径向受力的情况，从图 5-7 中可以看出，进给伺服电机工作速度越高，其轴端允许的径向受力越小。如果对进给伺服电机施加的径向力超过了电机允许范围，那么进给伺服电机的轴承寿命就会缩短，而且还可能导致进给伺服电机的损坏。

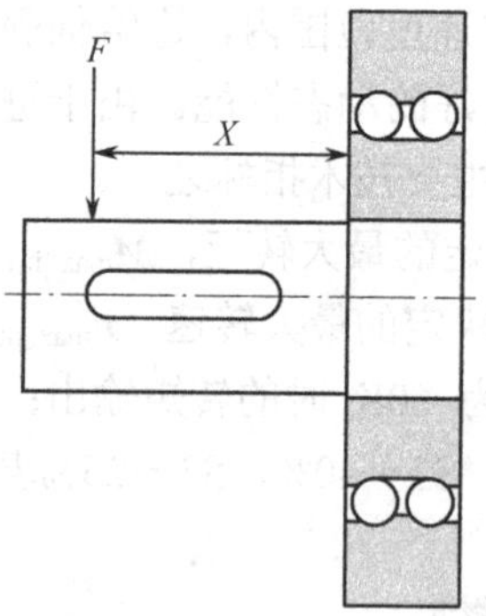

图 5-6　进给电机径向受力

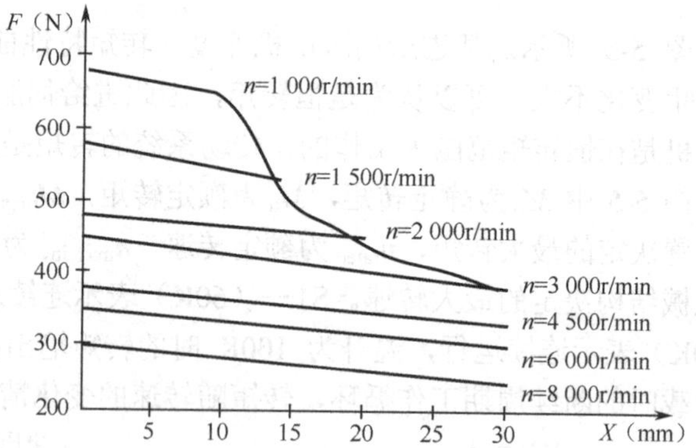

图 5-7　某进给电机轴端径向受力

4．过载能力

进给伺服电机虽然都有较强的过载能力，有些可达 300%过载，甚至更高，但是它的过载是有条件的，这个条件就是过载时间的限制。一般驱动装置对允许的过载电流和过载时间都有严格要求，如果发生了电流过载故障报警，说明不仅电机实际电流超过了过载设定的电流，而且过载时间也超过了规定值。要排除电流过载故障，必须查明过载原因，不能盲目放大过载电流极限和时间，否则可能会导致进给伺服电机或驱动装置的损坏。

5·2·2　进给伺服电机的工作原理

永磁同步电机由于其性能优越而得到较快发展，在许多场合开始逐步取代最常用的交流异步电机。永磁同步电机与普通异步电机不同的是转子结构，转子上安装有永磁体磁极，如图 5-8 所示。定子绕组一般制成多相（三、四、五相不等），通常为三相绕组，沿定子铁芯对称分布，在空间互差 120° 电角度，通入三相交流电时，产生旋转磁场，其转速取决于定子绕组的通电频率。根据磁阻最小原理，也就是磁通总是沿磁阻最小的路径闭合，在旋转磁场磁引力拉动下，永磁转子会跟随定子产生的旋转磁场旋转，转子转速与旋转磁场的转速相同。

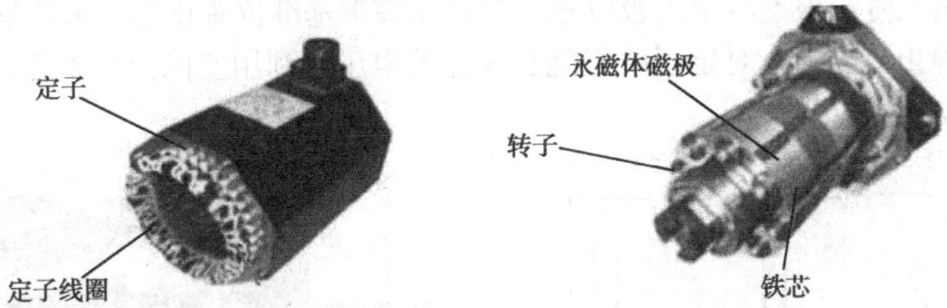

图 5-8　永磁同步进给伺服电机的结构

根据永磁体在转子上的安装位置不同，正弦波永磁同步电机又分为凸装式、嵌入式和内埋式。凸装式永磁体磁极安装在转子铁芯圆周表面上，如图 5-9 所示，这是一个 4 极转子，多用于转速要求不高的场合。图 5-10 所示是一种嵌入式 4 极永磁转子，永磁体嵌装在转子铁芯内部，为防止永磁体磁通短路，在转子铁芯开有空槽或在槽内填充隔磁材料，这种安装方式适用于转速要求较高的机床上。

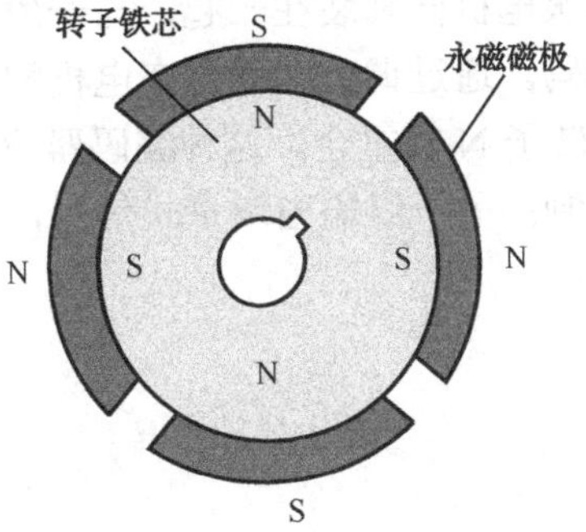

图 5-9　凸装式永磁体

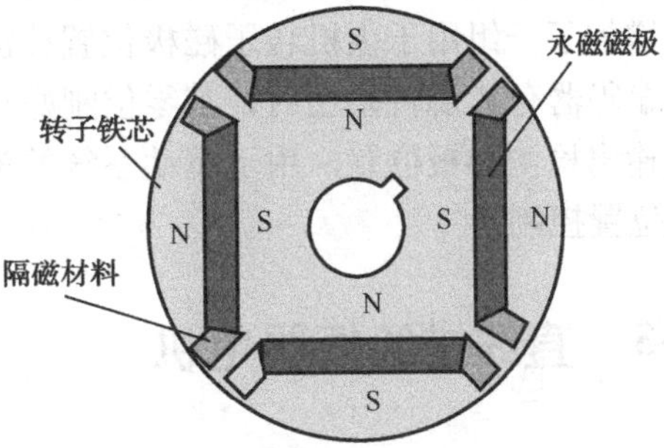

图 5-10　嵌入式永磁体

在永磁同步电机控制中，为了能够得到类似直流电机的控制特性，在电机转子上建立了一个坐标系。此坐标系与转子同步转动，取转子磁场方向为 d 轴，也称为直轴，垂直于转子磁场方向为 q 轴，也称为交轴，将电机的数学模型转换到此坐标系下，可实现 d 轴和 q 轴的解耦，从而得到良好的控制特性。

永磁同步电机转子初始位置检测，是调速系统中一个必不可少的环节，也是系统构成和运行的基本条件，更是矢量控制解耦的必要条件。只有准确知道电机的初始位置，才能按照矢量算法将永磁同步电机等效变换为 dq 坐标系上的模型，对 d 轴电流分量和 q 轴出力分量解耦。如果转子初始位置检测失误，会严重影响转子位置的计算，以致无法正确地完成电机控制的一系列算法，将造成电机运转的紊乱，使之无法进入正常运行。图 5-11 给出了电机初始位置检测对电流的影响。

常用初始位置的检测方法有：

- 在电机内部安装高精度的霍尔检测元件，如图 5-12 所示。
- 在电机装配时，根据转子磁极位置，精确安装带基准位置识别的编码器。
- 在转子静止情况下，对定子绕组施加变化的电压，利用空间上电机磁阻不同所带来的电流差异计算出磁极位置。

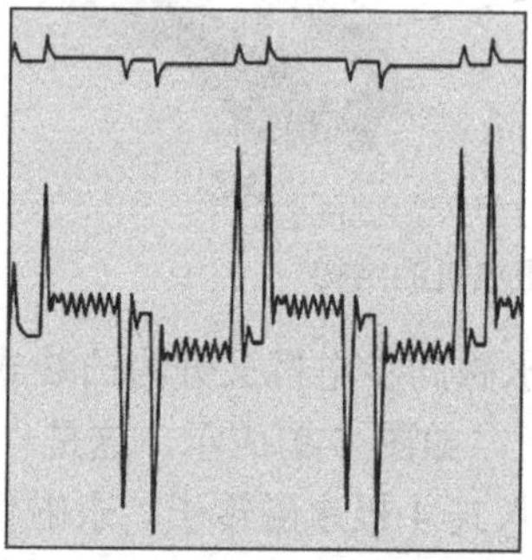

图 5-11　电机初始位置检测对电流的影响

图 5-12　霍尔传感器检测电机初始位置

在机床进给系统中，通常增量式编码器与进给伺服电机同轴装在一起，与一般编码器不同的是，增加了一组用于电机转子磁极位置检测的编码。通过调整编码器在电机轴上的安装位置，当编码器有 Z 脉冲输出时，其零位刚好与电机转子 N 极重合。这种编码器输出两组信号，一组输出检测磁极位置，用于驱动系统的矢量控制；另一组输出增量式信息，用于系统的速度或位置控制。

5·2·3　直线进给伺服电机

直线电机如图 5-13 所示，具有结构简单，定位精度高，加速特性好，动态性能高，工作安全可靠，寿命长，运行平稳，没有颠簸，噪声小或无噪声等特点。在机床行业，直线电机正取代传统进给电机而被广泛采用，图 5-14 所示就是用于某机床的直线电机。

永磁直线电机的工作原理与永磁同步旋转电机相似，相当于旋转电机定子的叫做初级，由三相绕组构成；相当于旋转电机转子的叫做次级，包含 N/S 极交替分布的永磁体，如图 5-15

所示。初级中包含三相绕组通以交流电，便在气隙中产生交变磁场，初级就在电磁力的作用下沿着次级做直线运动。通常次级固定在床身上，而且要做得很长，延伸到运动所需要达到的位置。初级是运动部分，带动溜板在导轨上移动，如图 5-16 所示。1FN 直线电机分为单面电机和双面电机。单面电机由标准绕组的初级部件组成，初级部件与次级部件是平行安装的。双面电机的次级部件位于两个初级部件之间，两个初级绕组中，一个是带有标准绕组的初级部件，另一个是带辅助绕组的初级部件。

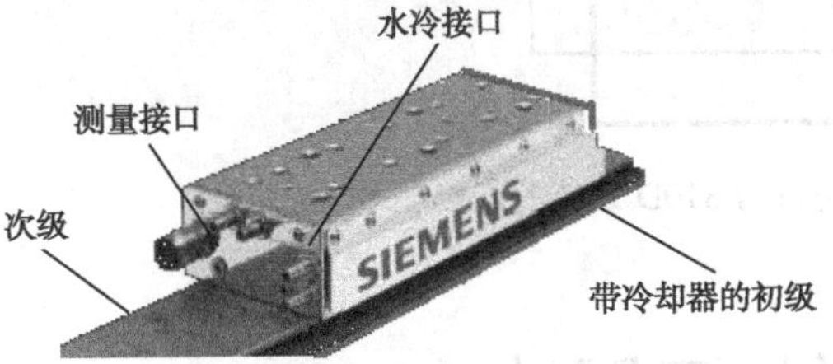

图 5-13　西门子 1FN 直线电机

图 5-14　直线电机在机床上的应用

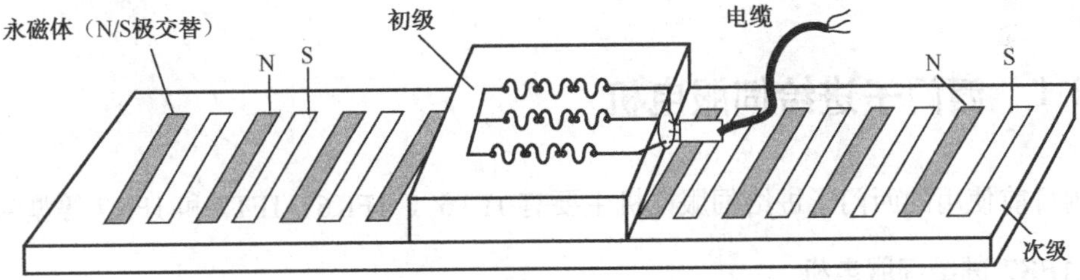

图 5-15　直线电机工作原理

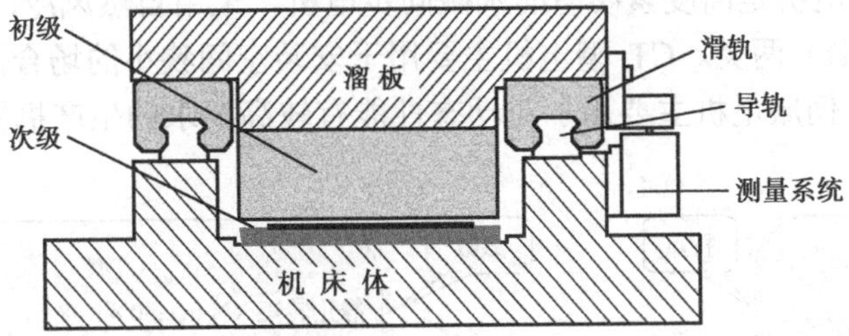

图 5-16　1FN3 直线电机在导轨上的安装

从图 5-13 可以看出直线电机的组成，除初级和次级外，还有冷却系统，冷却水要经过处理。直线电机与旋转电机一样需要对其进行冷却，内部集成的水冷却管路能够散发初级线圈及运动过程中产生的热量。初级主冷却在额定的情况下能够释放 85%～90%的热量。如果选择了精密冷却器，就可减少电机传到机床的热量，使得电机与机床连接处的温升限制在 2K 或 4K，如 1FN1 直线电机与机床连接处的温升限制在 2K，而 1FN3 直线电机温升限制在 4K。1FN1 非常适用于较轻负荷均匀移动的场合，1FN3 适用于对加速特性要求较高的场合。

1FN1/1FN3 系列电机与 810D 系统的连接如图 5-17 所示。

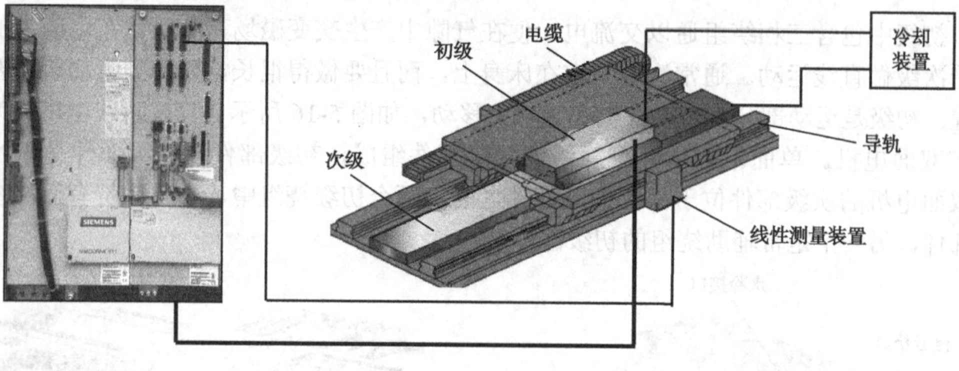

图 5-17　1FN1/1FN3 系列电机与 810D 系统的连接

5.3　常用进给伺服电机

5·3·1　西门子进给伺服电机

国内目前使用的西门子进给伺服电机主要有 1FT6 、1FK6、1FT7 和 1FK7 等型号。

1．1FK7 进给伺服电机

1FK7 进给伺服电机是高度紧凑型的永磁同步电机，采用自然风冷，分为紧凑型（CT）和高动态性能型（HD）两类。CT 型电机主要用于安装空间狭小的场合，适用于大多数的行业应用；HD 型进给伺服电机主要用于对动态性能有较高要求的生产机械。电机的特点及主要参数见图 5-18。

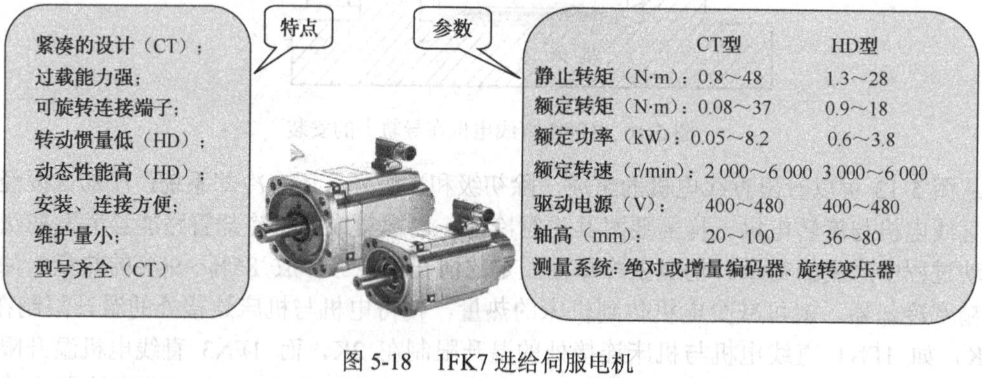

图 5-18　1FK7 进给伺服电机

2．1FT7 进给伺服电机

1FT7 系列是新一代高动态性能伺服电机，几乎可以用于各种生产机械，特别是用在高精度及高动态性能的机床上，满足速度和位置的精确控制的要求。1FT7 采用自然风冷、强制风冷或水冷方式，自然风冷是过电机表面散发热量，强制风冷通过外装风扇散发热量，而水冷能提高电机的保护等级和功率。图 5-19 给出了自然风冷条件下的参数。

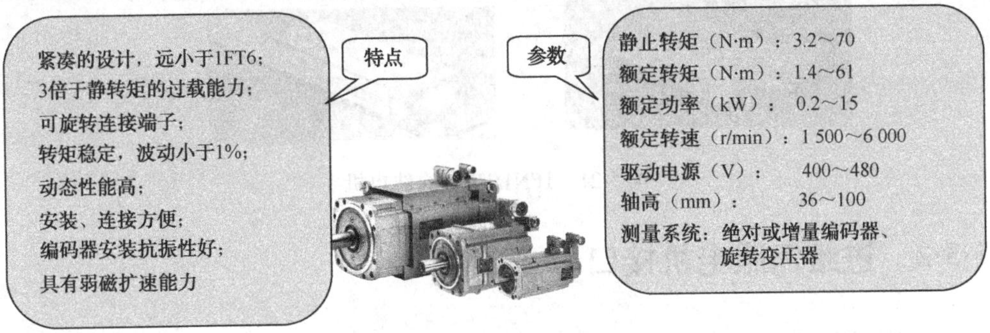

图 5-19　1FT7 进给伺服电机

3．1FT6 进给伺服电机

1FT6 系列是型号最齐全的高性能进给伺服电机，能够满足动态性能、调速范围以及速度和位置精度等方面的最高要求，通常用于高精度的加工应用场合，如高精密机床上。1FT6 有自然风冷、强制风冷、水冷 3 种冷却形式，自然风冷的转矩范围为 0.3～88N·m，强制风冷的转矩范围为 17～540N·m，水冷的转矩范围为 10～690N·m。图 5-20 给出电机的主要参数。

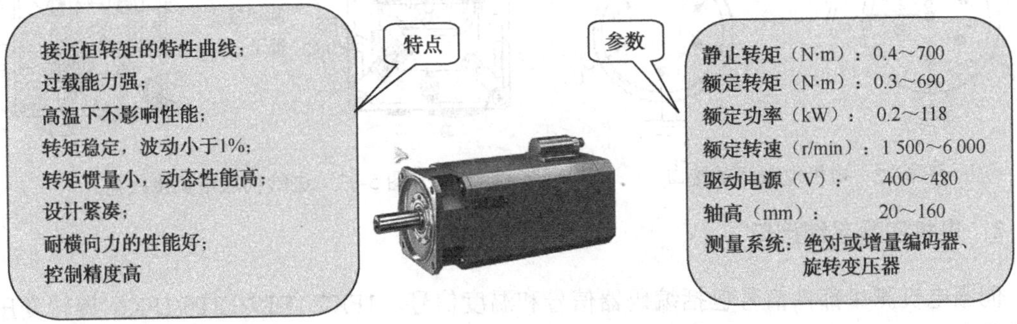

图 5-20　1FT6 进给伺服电机

4．1FN1/1FN3 直线电机

1FN1/1FN3 与 SIMODRIVE 611D 一起使用，可以形成一个优化的直接驱动系统，满足先进的机床结构及性能要求。常用的 1FN1/1FN3 直线电机的主要性能特点如图 5-21 所示。

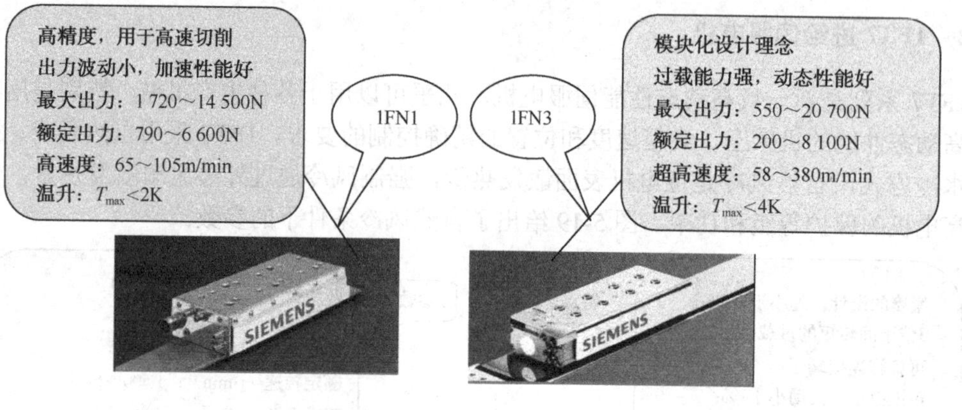

图 5-21　1FN1/1FN3 直线电机

5·3·2　进给伺服电机接口

1. 电源接线端子

进给伺服电机上只有两个接口，一个是驱动电源接口或接线盒，另一个是测量部件接口，连接编码器和温度测量信号。驱动电源接口或接线盒直接连接到驱动模块的输出驱动端 X131。图 5-22 所示是电机电源驱动接口，图 5-23 所示是电机接线盒。图 5-22 中 1 脚、2 脚和 6 脚分别接电源 U、V 和 W，4 脚和 5 脚是电机制动信号 BD1+和 BD2−，有接地标志的端子一定与地线连接。

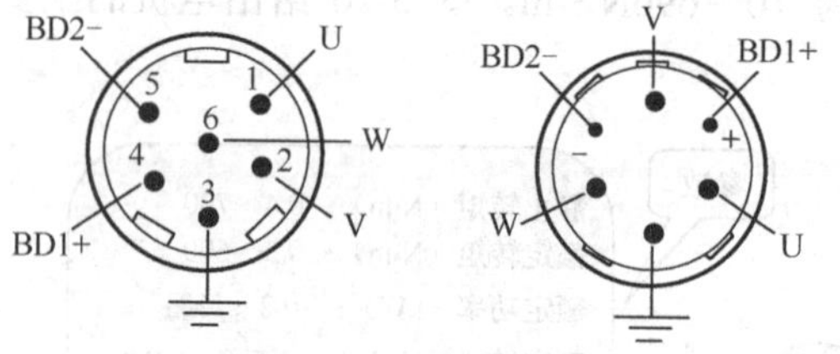

图 5-22　电机电源驱动接口

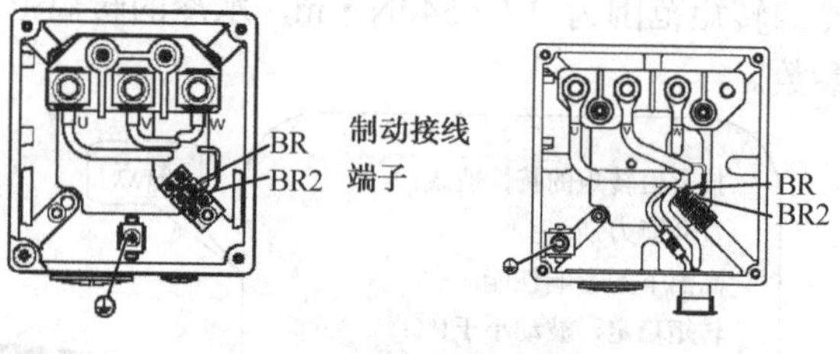

图 5-23　进给伺服电机接线盒

2. 电机测量系统接口

伺服电机测量部件信号包括编码器信号和温度信号，1FK7/1FT7/1FT6/1FK6 旋转变压器信号见表 5-2，1FK7/1FT7 电机增量式/绝对式编码器端子定义见表 5-3，1FT6/1FK6 电机增量式/绝对式编码器端子如图 5-24 所示，其端子定义与 1FK7/1FT7 相同，参见表 5-3。

表 5-2　旋转变压器端子定义

引　脚	信　号	意　义	插 座 图
1	S2	编码器脉冲 A 相输出信号	
2	S4	编码器脉冲 $\overline{A}$ 相输出信号	
3		内部屏蔽	
4		内部屏蔽	
5		内部屏蔽	
6		备用	
7	R2	旋转变压器励磁电源负	
8	+1R1/+Temp	电机过热触点信号	
9	−1R1/−Temp	电机过热触点信号	
10	R1	旋转变压器励磁电源正	
11	S1	编码器脉冲 B 相输出信号	
12	S3	编码器脉冲 $\overline{B}$ 相输出信号	

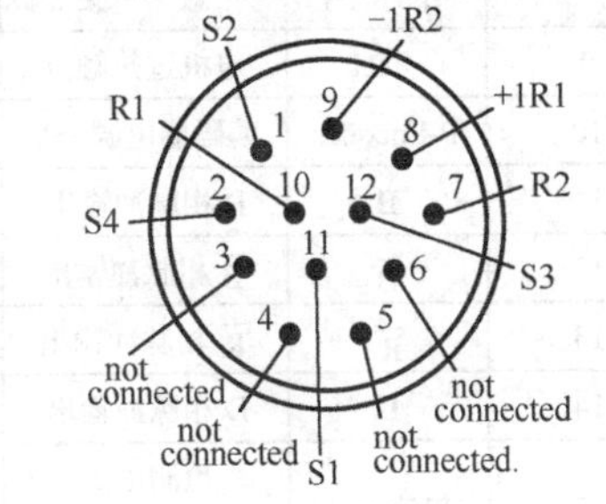

1FK7/1FT7

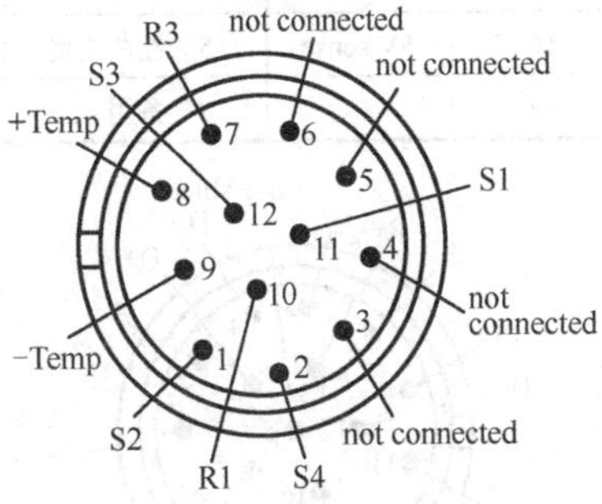

1FT6/1FK6

表 5-3　1FK7/1FT7 电机增量式/绝对式编码器端子定义

引　脚	增量式编码器		绝对式编码器		插 座 图
	信　号	意　义	信　号	意　义	
1	A	A 相脉冲输出	A	A 相脉冲输出	
2	$\overline{A}$	$\overline{A}$ 相脉冲输出	$\overline{A}$	$\overline{A}$ 相脉冲输出	
3	R	R 相脉冲输出	Data	EnDat 数据脉冲	
4	$\overline{D}$	$\overline{D}$ 相脉冲输出		备用	
5	C	C 相脉冲输出	Clock	EnDat 时钟	
6	$\overline{C}$	$\overline{C}$ 相脉冲输出		备用	
7	M-Encoder	电源（0V 端）	M-Encoder	电源（0V 端）	
8	+1R1	电机过热触点	+1R1	电机过热触点	

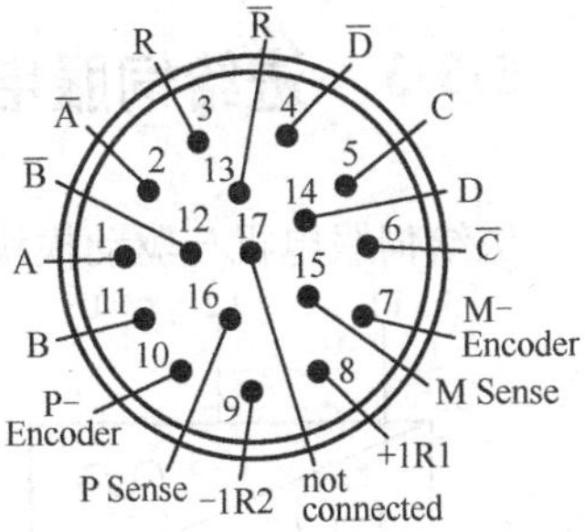

增量式编码器

续表

引脚	增量式编码器		绝对式编码器		插座图
	信号	意义	信号	意义	
9	-1R1	电机过热触点	-1R1	电机过热触点	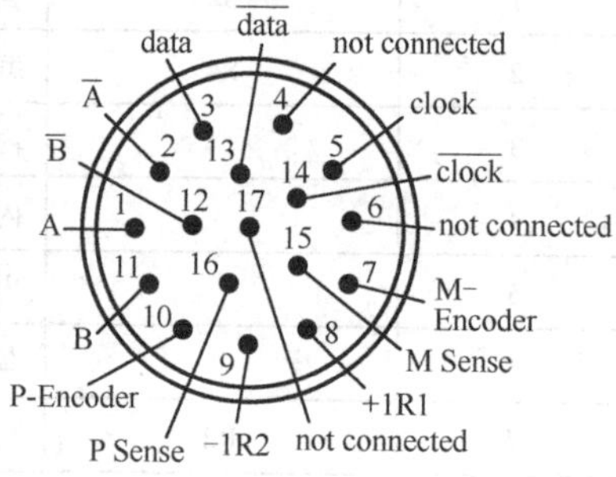
10	P-Encoder	编码器电源+5V	P-Encoder	编码器电源+5V	
11	B	B 相脉冲输出	B	B 相脉冲输出	
12	$\overline{B}$	$\overline{B}$ 相脉冲输出	$\overline{B}$	$\overline{B}$ 相脉冲输出	
13	$\overline{R}$	$\overline{R}$ 相脉冲输出	$\overline{\text{Data}}$	$\overline{\text{EnDat}}$ 数据脉冲	
14	D	D 相脉冲输出	$\overline{\text{Clock}}$	$\overline{\text{EnDat}}$ 时钟	
15	0V sense	检测电源（0V）	0V sense	检测电源（0V）	绝对式编码器
16	5V sense	+5V 检测电源	5V sense	检测电源+5V	
17		备用		备用	

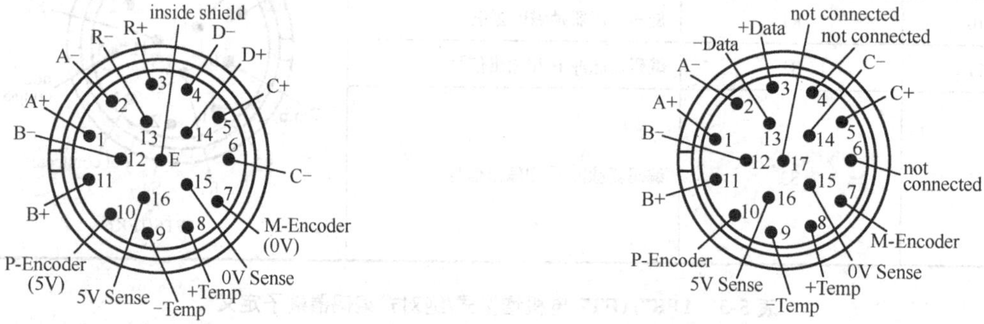

（a）增量式编码器　　（b）绝对式编码器

图 5-24　1FT6/1FK6 电机增量式/绝对式编码器端子

5·3·3　进给伺服电机连接方式

进给伺服电机与驱动模块连接如图 5-25、图 5-26 所示。

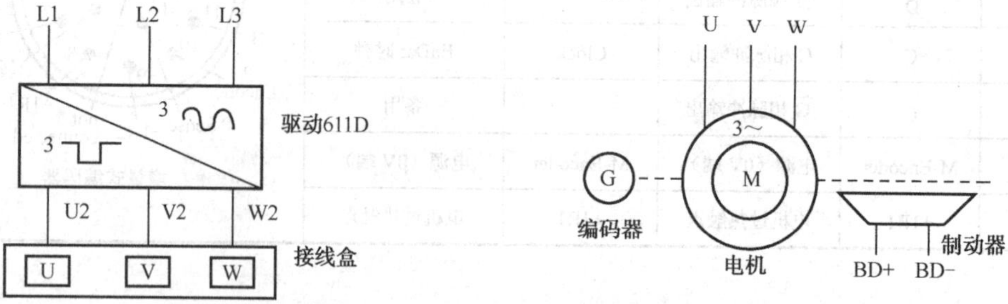

图 5-25　进给电机驱动电源接线图

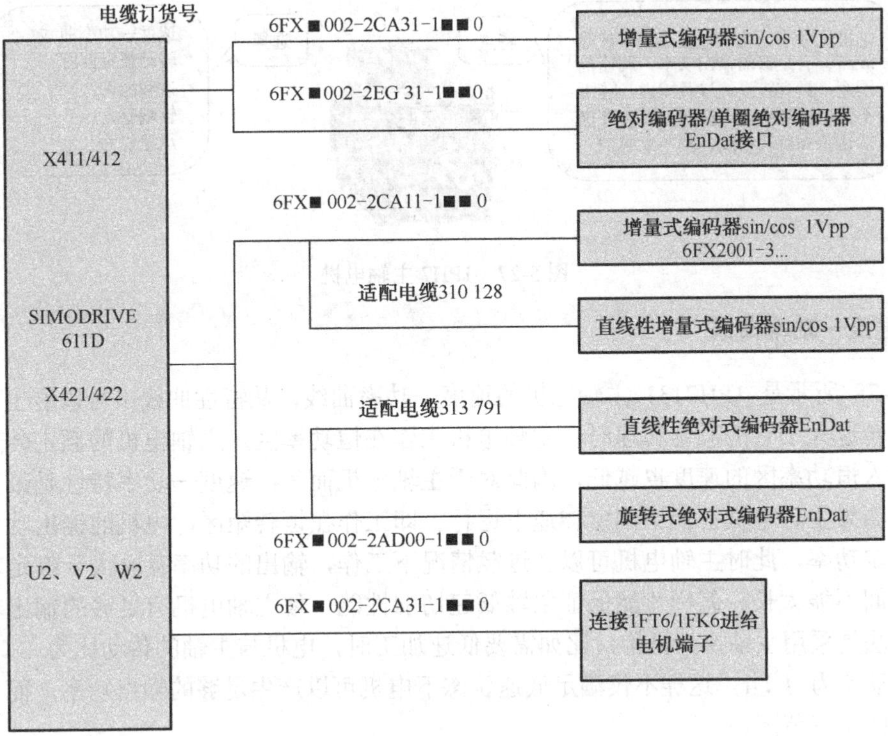

图 5-26　进给伺服电机连接

5.4　主轴电机

主轴电机是数控机床产生切削运动的动力来源，要求主轴电机不仅提供足够的切削动力，而且还要有非常高的精度和稳定性。主轴电机一般功率较大，因而电机的结构对散热要求更高。进给伺服电机工作在最低转速和额定转速之间的恒转矩区，而主轴电机工作在额定转速和最高转速之间的恒功率区。主轴电机的性能指标虽然很多，但主要关心的有电机功率、转速、转矩、过载能力、轴端受力及惯量匹配等。数控机床常用的主轴电机是 1PH7 交流电机，如图 5-27 所示，它是一种紧凑、强制风冷型鼠笼异步电机，保护等级为 IP55。电机通过一个独立安装的风扇单元散热。电机订货时可以选择吹风从电机驱动端（DE）到电机非驱动端（NDE）或者相反。根据控制要求，可以选择合适的编码器，用于检测电机的速度和转动位置。

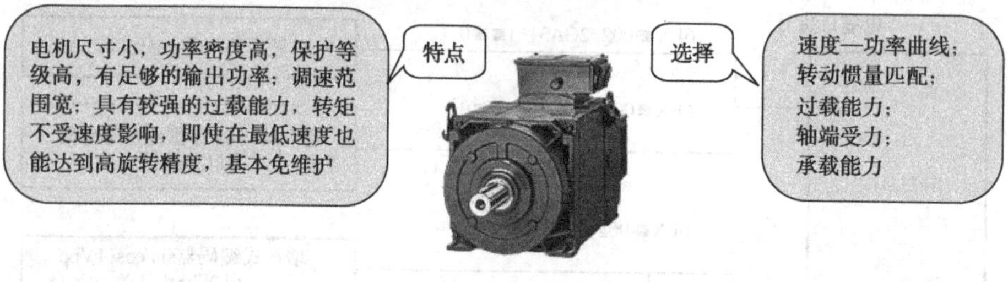

图 5-27　1PH7 主轴电机

1. 速度—功率曲线

图 5-28 所示是 1PH7131 主轴电机的速度—功率曲线，从特性曲线中可以看出，当主轴电机实际转速大于它的额定转速时，主轴电机工作在恒功率区。主轴电机的额定转速越低，表示它进入恒功率区的速度也越低，因此对于主轴电机而言，速度—功率特性是最重要的技术指标。如果主轴电机在低于额定转速下运行，即工作在恒转矩区，电机的输出功率就达不到它的额定功率，此时主轴电机可以在过载情况下工作，输出的功率甚至大于额定功率，但过载的时间不能太长。怎样才能保证主轴低速切削性能，使主轴电机有足够的输出功率，最常用的方法是采用主轴换挡机构，比如需要低速加工时，电机与主轴的传动比为 3∶1，高速加工时传动比为 1∶1。这样不仅满足低速状态下电机可以产生足够的输出功率，而且还可以保证主轴的调速范围。

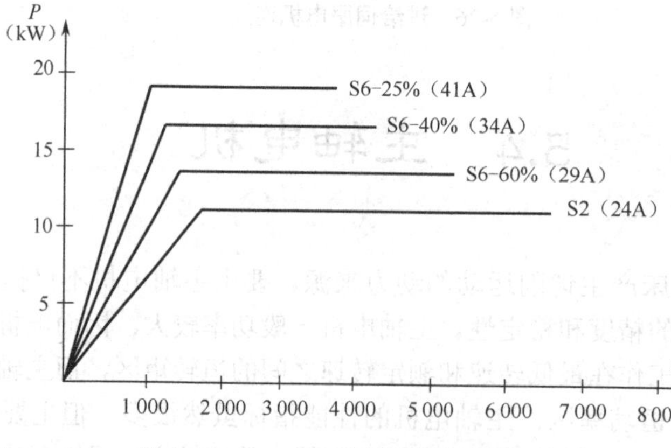

图 5-28　1PH7131 主轴电机速度—功率曲线

2. 承载能力

对主轴轴承的承载能力是有要求的，轴端悬臂的受力不能超过其允许值。如果施加在主轴电机的轴端悬臂力超过了允许值，必将影响主轴电机的轴承寿命，甚至造成主轴电机轴的断裂。图 5-29 所示是 1PH7131 主轴电机轴端悬臂受力曲线，规定了主轴电机在不同的转速下，作用在其轴端的悬臂力与转速的关系。

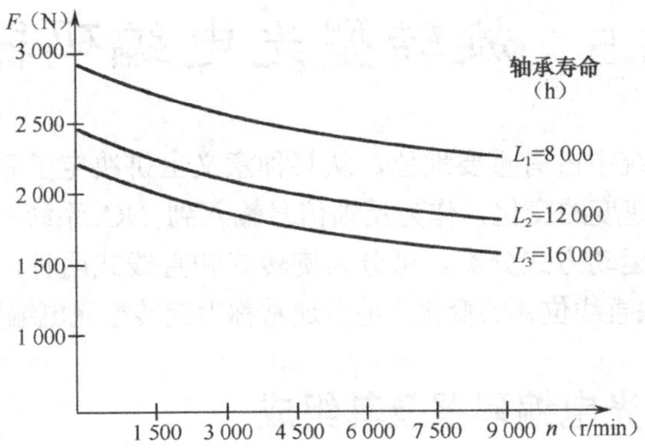

图 5-29　1PH7131 主轴电机轴端悬臂受力曲线

3．过载能力

主轴电机与进给伺服电机一样，具有很强的过载能力。允许主轴电机在过载状态下短时间工作，但过载时间一定不能太长，特别是在主轴电机电流达到驱动装置的最大电流时，允许的驱动电流过载时间就更短。

4．惯量匹配

主轴电机与主轴传动装置的惯量匹配影响主轴的加速特性。主轴的快速定向和高速攻螺纹加工，都需要主轴有较好的加速特性。因此在选择主轴电机时，除主要考虑额定功率、额定转速、轴承受力及转矩外，还要考虑电机与主轴传动系统的惯量匹配问题。

1PH7 主轴电机有多种型号可供选择，额定功率为 3.7～100kW，速度最高可达 12 000r/min。电机配置了一个内置增量式正弦/余弦编码器，用来测量电机的转速和转动位置。1PH7 主轴电机运转平稳，无须维护，适用于小型而且结构紧凑的机床、复杂的加工中心及专用机床等。

5．主轴电机的连接

1PH7 主轴电机与驱动模块的连接如图 5-30 所示。

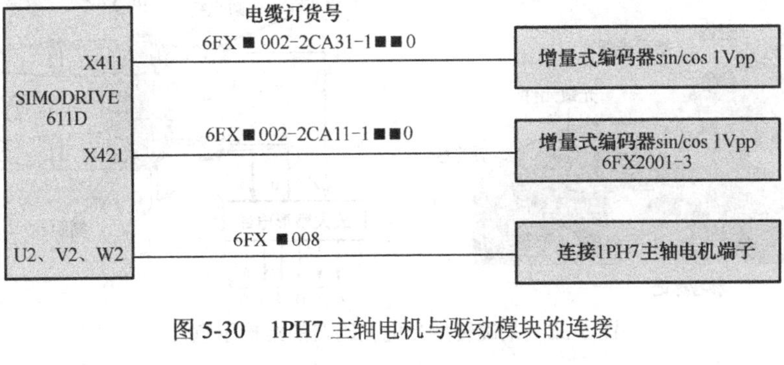

图 5-30　1PH7 主轴电机与驱动模块的连接

5.5 旋转型光电编码器

测量部件在数控系统中占有重要地位，从某种意义上讲决定了系统的控制精度。测量部件检测机床轴的位移或速度的变化，作为反馈信号输入到 NC 系统中，构成系统的闭环或半闭环控制。测量部件按运动方式分类，可分为旋转式和直线式两种，旋转式直接反映角位移的变化，直线式直接反映直线位移的变化，前者通常称为旋转型光电编码器，后者称为光栅尺。

5·5·1 旋转型光电编码器及其组成

旋转型光电编码器是数控机床最常用的反馈测量部件，通常安装在进给伺服电机的内部，如图 5-31 所示，直接测量角位移的变化。若安装在丝杠上，则可以把直线位移的变化转化为角位移。根据旋转型光电编码器的结构和编码检测方式，分为增量式和绝对式，一般电机内置编码器多为增量式。

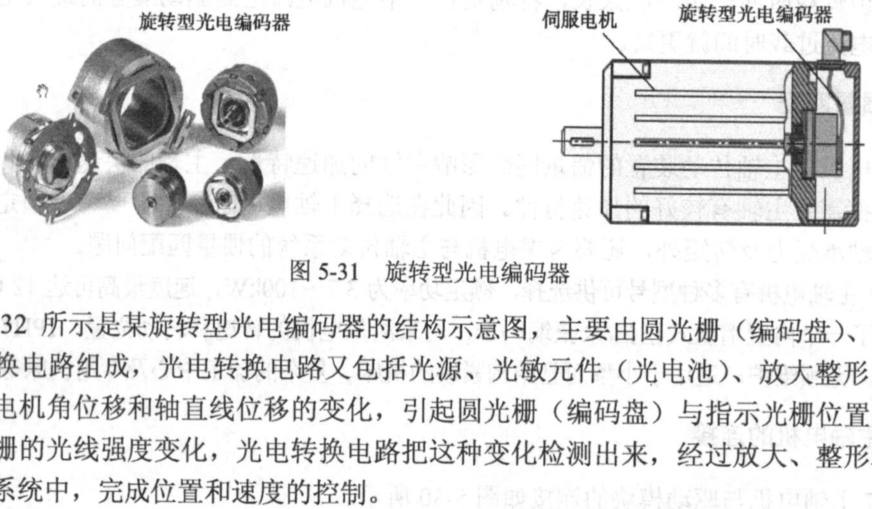

图 5-31 旋转型光电编码器

图 5-32 所示是某旋转型光电编码器的结构示意图，主要由圆光栅（编码盘）、指示光栅和光电转换电路组成，光电转换电路又包括光源、光敏元件（光电池）、放大整形电路和细分电路。电机角位移和轴直线位移的变化，引起圆光栅（编码盘）与指示光栅位置改变，导致通过光栅的光线强度变化，光电转换电路把这种变化检测出来，经过放大、整形和细分输入到数控系统中，完成位置和速度的控制。

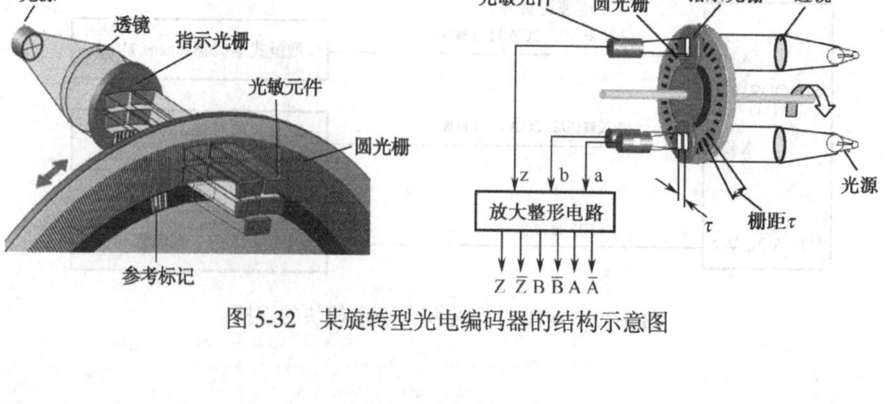

图 5-32 某旋转型光电编码器的结构示意图

5·5·2　旋转型光电编码器工作原理

在编码器圆光栅上刻有径向直线，刻线的多少决定了编码器的分辨率，刻线的宽度和两根刻线间的间隙相等。刻线不透光，而刻线间的间隙透光，两刻线间的距离称为栅距。指示光栅上沿径向刻线情况与圆光栅相同，且每个小刻线区之间错开 1/4 栅距。在指示光栅背后相对应的位置安装有光敏元件，如硅光电池。当圆光栅转动时，在某一位置如果光线同时透过圆光栅和指示光栅，就有光线照射到光敏元件上，而在另一位置就没有光线照射到光电元件上。这样圆光栅转动，照射到光电元件上的光线将会发生明、暗交替变化，相应地光电元件的输出信号也随着产生强弱变化，圆光栅每转过一个栅距，光电元件的输出信号强弱变化一次。由于刻线顺序错开 1/4 栅距，所以 4 个光电元件的输出信号也顺序滞后 1/4 周期，形成两个相位差 90° 的正弦信号，经过放大、整形输出相位相差 90° 的两个方波信号 A 和 B，如图 5-33 所示。数控系统利用 A、B 信号的相位关系，判断电机的转动方向，当 A 信号超前 B 信号 90° 时，电机正转；当 B 信号超前 A 信号 90° 时，电机反转。为了得到电机转数，在圆光栅和指示光栅上再加刻一组参考标志栅区，使得编码器旋转一圈，发出一个脉冲信号 Z，用来计数所转的圈数，或作为零标志信号。

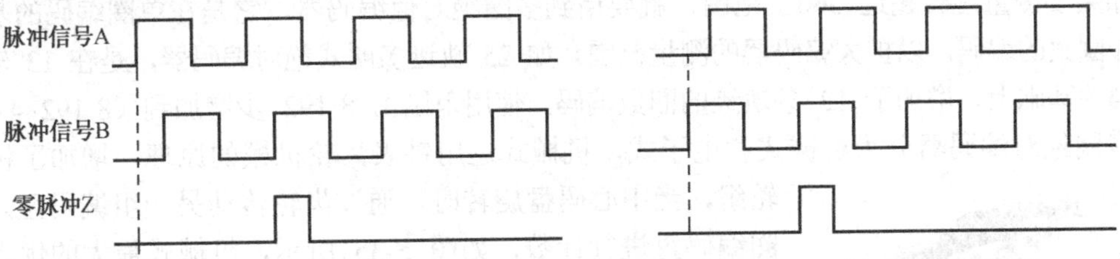

（a）A相超前B相90°　　（b）B相超前A相90°

图 5-33　旋转型光电编码器输出信号

1．增量式光电编码器

增量式光电编码器可参考图 5-32，其特点是每产生一个输出脉冲信号就对应于一个位移增量，输出与位移增量等值的脉冲信号，但不能区别出是在哪个位置方向上的增量，只能是相对于轴上某个基准点的相对位置增量。输出的脉冲信号就像图 5-33 所示的那样，利用 A、B 脉冲 90° 的相位差判断出旋转方向。同时还有用做参考标记的 Z 相零脉冲信号，圆光栅每旋转一周，只发出一个零脉冲标志信号。由于编码器每转动一个预先设定的角度输出一个脉冲信号，因此编码器输出的位置数据是相对的，掉电后位置数据会丢失，需要重新返回参考点。

2．绝对式光电编码器

绝对式光电编码器与增量式光电编码器不同的是，它的刻度线与机床坐标位置的对应关系是唯一的，因而应用在数控机床上不需要返参考点。绝对式光电编码器光码盘上有许多道光刻线，每道刻线依次以 2 线、4 线、8 线、16 线……编排，这样，在编码器的每个位置，通过读取每道刻线的通、暗，获得一组从 $2^0 \sim 2^{n-1}$ 的唯一的二进制编码，称为 n 位或 n 码道绝对编码器，如图 5-34 所示。绝对式编码器有单圈和多圈之分，单圈式绝对编码器测量 360° 刻度线，以获得唯一编码，当转动超过 360° 时，编码器又回到原点，因此这种编码器只能用于旋转范围 360° 内的测量。

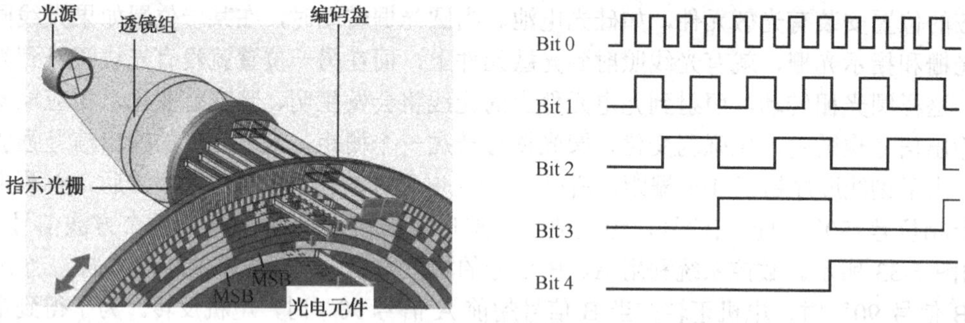

图 5-34　绝对式旋转编码器工作原理

如果要测量旋转超过 360° 范围，就要用到多圈绝对值编码器，它是在单圈编码的基础上再增加圈数的编码，以扩大编码器的测量范围。如 25 轨迹多圈式绝对编码器，是在 13 轨迹单圈编码的基础上，增加了 12 条轨迹的圈数编码，使用范围由 8 192 步增加到（8 192×4 095）步。多圈绝对编码器分为机械式和电子式，机械式运用钟表齿轮机械的原理，增加了机械齿轮组，当中心码盘旋转时，通过齿轮传动另一组编码盘，对单圈编码盘进行计数，如图 5-35 所示，机械式最大的优点就是有较高的可靠性。

图 5-35　机械式多圈绝对编码器

绝对编码器的编码采用二进制、格雷码（循环二进制）和 BCD 码，采用二进制码和格雷码较为广泛，且其中格雷码居多，以提高编码的可靠性。格雷码是一种无权码，前后两个数据仅有一位变化，其循环、单步特性消除了随机取数时出现重大误差的可能，它的反射、自补特性使得求反非常方便。

5·5·3　旋转型光电编码器整形与细分

光栅的测量精度取决于光刻条纹的密度，同时还和光栅的基板材料有关，目前常采用温度系数几乎为零的玻璃陶瓷材料做基板。就数控机床常用的透射光栅而言，条纹密度有每毫米 25 条、50 条、100 条、200 条和 250 条等，这样的条纹密度测量出的位置精度达不到要求，而且测量的微弱电流信号也不能直接输入到数控系统，必须对输出信号进行处理。整形就是将微弱正弦信号进行放大、整形，形成标准的正弦/余弦信号或方波信号，如图 5-36 所示，输入到机床数控系统。

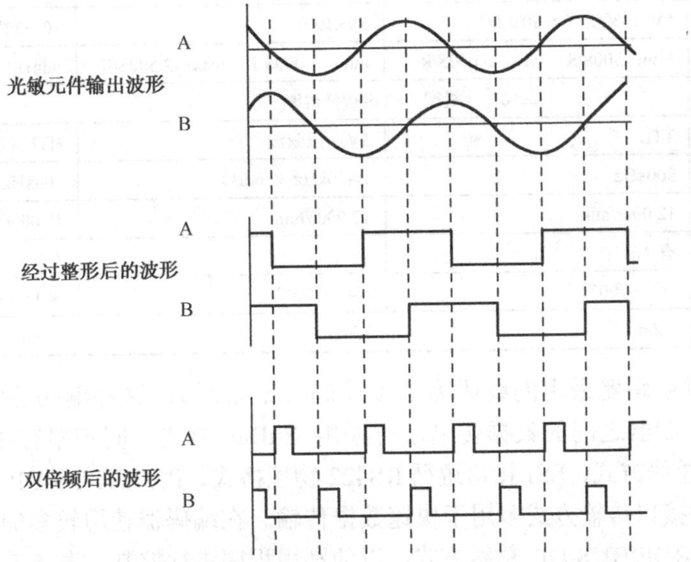

图 5-36　编码器整形和双倍频波形

为了提高脉冲编码器的分辨率，要对它的输出信号进行细分。细分的原理就是在光栅节距对应的周期中，均匀地插入 *n* 个点。有一种方法是利用方波的上升沿和下降沿，把一个周期波形多次细分为 *n* 个方波。例如，接口细分电路从信号 A 和信号 B 的上升沿和下降沿各取一个脉冲，则每转所等到的脉冲数就是原来的 4 倍，把它称为 4 倍频。如果电机配置了每转 2 000 个脉冲的编码器，丝杠螺距是 8mm，经系统 4 倍频后，丝杠每转的分辨率可达 8 000 个脉冲，精度由原来的 0.004mm 提高到 0.001mm。双倍频原理如图 5-36 所示。

5·5·4　西门子旋转型光电编码器

1. 光电编码器主要参数

西门子增量式编码器有 3 种信号输出方式：RS422 差分信号输出、按 $1V_{PP}$ 电压标准的正弦/余弦模拟信号输出，以及 HTL（高电平晶体管逻辑电路）信号输出。对 RS422 输出信号而言，可以通过边沿判定信号再放大 4 倍得到更高的分辨率。对于输出正弦/余弦信号的编码器，把信号输入到高级细分控制电路，获得更高的分辨率。拥有高电平晶体管逻辑接口的编码器，带有 24V 逻辑电平，应用于具有 24V 电平数字输入端的计数模块。表 5-4 给出了西门子增量式编码器主要性能指标。

表 5-4　西门子增量式编码器主要性能指标

项　目	TTL（RS422）信号接口	正弦/余弦接口信号 $1V_{PP}$	HTL 信号接口
工作电压	5V±10%或 10～30V DC	5V±10%	10～30V DC
分辨率	Min：500S/R　max：5 000S/R	min：1 000S/R　max：2 500S/R	min：100S/R　max：2 500S/R
精度[角秒]	±10°（机械）×3 600/分辨率		
输出信号电平	TTL	$1V_{PP}$ 正弦波	HTL（U_H>21V　U_L<2.8V）
最大扫描频率	300kHz	≥450kHz（-6dB）	300kHz
最高机械转速	12 000r/min	12 000r/min	12 000r/min
短路保护	有	有	有
工作温度	-40～100℃	-40～100℃	-40～100℃
电缆长度	100m	150m	100m

西门子绝对编码器采用的编码为单步编码（格雷码），这种编码能够避免任何记录错误。编码器和控制器之间的数据传输，可采用 EnDat 方式、同步串行接口（SSI）方式或 PROFIBUS-DP 总线方式，SSI 接口遵循 RS422 物理格式，PROFIBUS-DP 总线遵循 RS485 物理格式。前两种接口传输方式多用于快速数据传输。在编码器使用较多的场合，为了减少接线费用，采用 PROFIBUS-DP 总线方式，以便利用程序进行控制。表 5-5 给出了西门子绝对式编码器主要性能指标。

表 5-5　西门子绝对式编码器主要性能指标

参　数	SSI 信号接口	EnDat 信号接口	PROFIBUS-DP 接口
工作电压	10～30V DC	5V±10%	10～30V DC
分辨率	13 位，单圈：8 192 25 位，多圈：8 192×4 095	13 位，单圈：8 192 25 位，多圈：8 192×4 095	13 位，单圈：8 192 27 位，多圈：8 192×16 384
精度	±60″	±60″	±79″（±1/2LSB）
采样代码格式	格雷码	格雷码	格雷码
传输代码格式	格雷码	二进制	二进制
数据传输速率	100kHz～1MHz	100kHz～2MHz	12Mbps
最高机械转速	12 000r/min（单圈） 10 000r/min（多圈）	12 000r/min（单圈） 10 000r/min（多圈）	12 000r/min（单圈） 6 000r/min（多圈）
短路保护	有	有	有
工作温度	-40～85℃	-40～100℃	-40～70℃
电缆长度	50m（1MHz） 400m（100kHz）	50m（1MHz） 150m（300kHz）	100m（12Mbps） 1 200m（93.75Kbps）

2. 常用光电编码器

伺服电机常用编码器见表 5-6。

表 5-6　伺服电机常用编码器

编码器型号	配套电机型号	编码器类型	安 装 方 式
ERN1381/ERN1387	1PH4***_****_*N** 1PH6***_****_*N** 1PH7***_****_*N**	增量编码器 2048 S/R,SIN/COS 1Vpp	电机内安装
ERN1387	1FT6***_****_*A** 1FK6***_****_*A**	增量编码器 2048 S/R,SIN/COS 1Vpp	电机内安装
EQN1325	1FT6***_****_*E** 1FK6***_****_*E**	EnDat 绝对编码器 2048 S/R,4096R SIN/COS 1Vpp	电机内安装
EQN1324	1FK6***_****_*G**	EnDat 绝对编码器；32 S/R,4096R SIN/COS 1Vpp	电机内安装
2 极旋转变压器	1FT6***_****_*T** 1FK6***_****_*T**	增量型	电机内安装
4 极旋转变压器	1FT6***_4***_*S**	增量型	电机内安装
6 极旋转变压器	1FT6***_4***_*S**	增量型	电机内安装
8 极旋转变压器	1FT6***_4***_*S**	增量型	电机内安装

5·5·5　光电编码器的安装与调整

光电编码器的安装方式有两种，内置式安装和外置式安装，内置式安装与电机同轴连接；外置式安装在转动链某个环节上。光电编码器安装中的主要问题是防止连接松动，零点位置的调整。外置式安装要注意传动件的尺寸配合精度，同步齿形带要紧张合适，注意消除传动间隙。光电编码器是精密测量部件，在安装或拆卸时，一定要防止用力过大，以免损坏内部元件或导致轴变形。现以西门子 1FT6/1FK6 电机配置的 ERN1387/EQN1325 系列编码器为例，说明其拆卸和安装方法。

更换编码器时要保证更换前后电机转子不动，编码器转盘上的一个标志和外壳上的标志的相对位置不变。如果这个相对位置有变化只能通过示波器来调整，编码器的位置不仅会影响电机的运行，如运行的平稳性、电流过大等，甚至会影响电机的使用寿命。

1. 光电编码器 ERN1387/EQN1325 的拆卸

编码器与电机的连接如图 5-37 所示，编码器 3 的转子通过中心螺钉 2 与电机轴 6 连接，通过定位销螺钉 7 定位，编码器与电机后端盖用螺钉 5 连接。

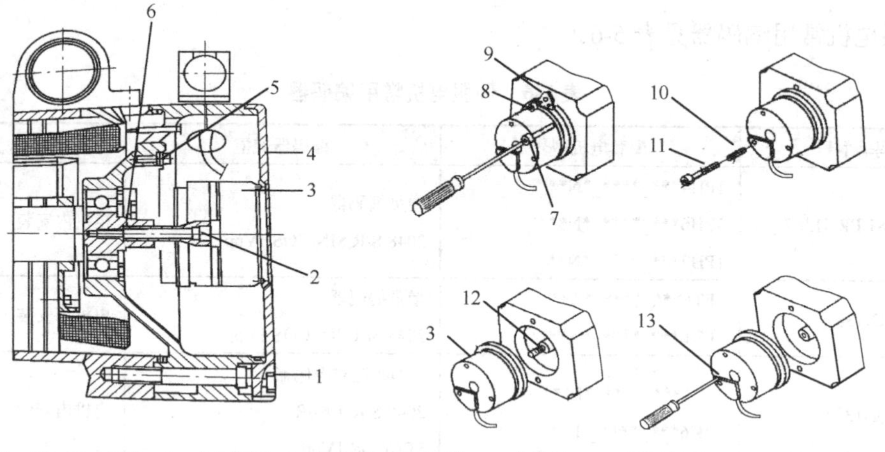

1，5，8，10，13—螺钉；2—中心螺钉；3—编码器；4—护罩；6—电机轴；7—定位销螺钉；9—压板；11，12—螺纹销钉

图 5-37　ERN1387/EQN1325 编码器的拆卸

拆卸步骤：

（1）切断电机电源，拧下螺钉 1，取下编码器护罩 4；

（2）固定电机轴，然后把定位销螺钉 7 拧出来；

（3）把螺钉 8 从压板 9 上拧下来；

（4）拧上螺纹销钉 11（M5×45），再拧螺钉 10（M6×50）把编码器顶出来；

（5）取出编码器 3；

（6）卸下螺钉 5 和螺纹销钉 12，取下编码器盖上的螺钉 13；

（7）取下编码器和信号连线；

（8）放置好编码器。

2．光电编码器 ERN1387/EQN1325 的安装

安装步骤：

（1）在电机上安装一个压板，并在压板与编码器之间放置一个距离保持器，见图 5-38；

（2）对齐电机轴的标志，对齐之后保持电机轴不要转动，见图 5-39；

（3）对齐编码器，把编码器上的标志对齐，见图 5-40；

（4）把编码器固定在电机轴上，并把电缆放在正确的位置，调整编码器，拧好定位销螺钉，固定压板，连接好端子；

（5）固定编码器的金属护套；

（6）使用千分表测量编码器的径向跳动，误差应小于 0.05mm；

（7）验证波形，见图 5-41 和图 5-42。

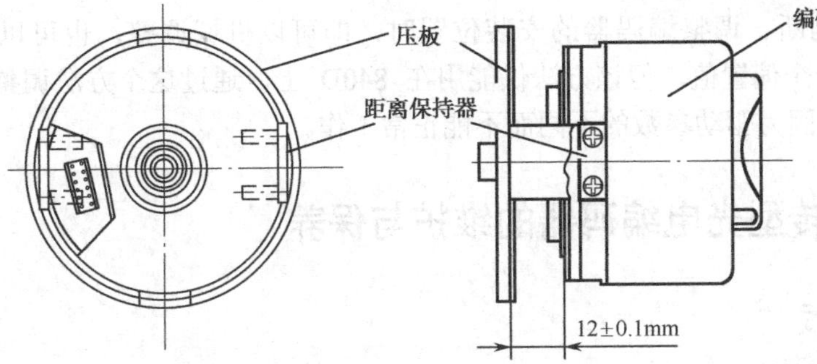

图 5-38　编码器在 1FT606 电机上的安装

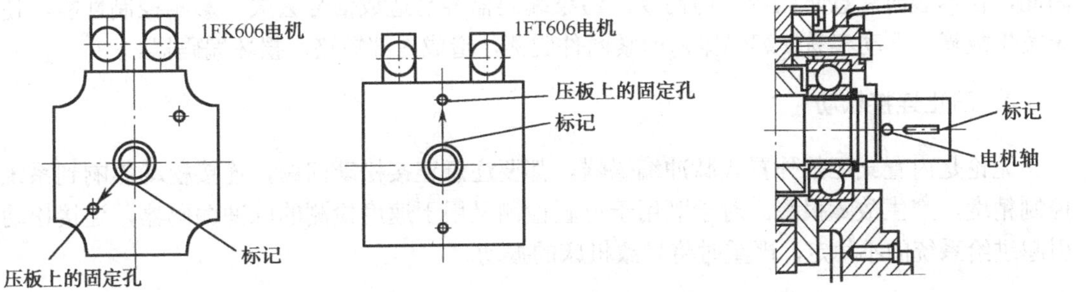

图 5-39　电机轴上编码器对齐轴标志

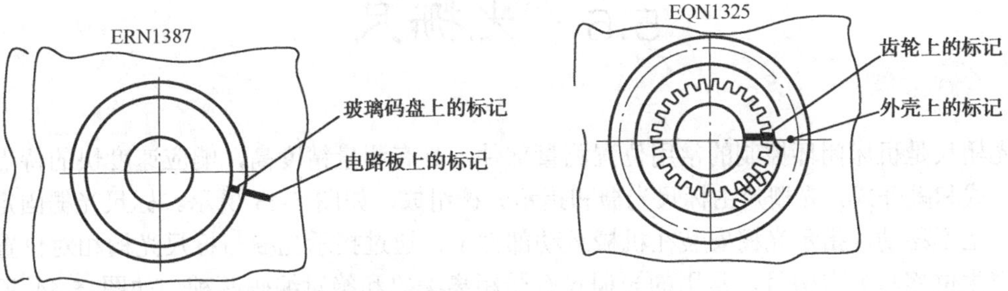

图 5-40　编码器标志对齐

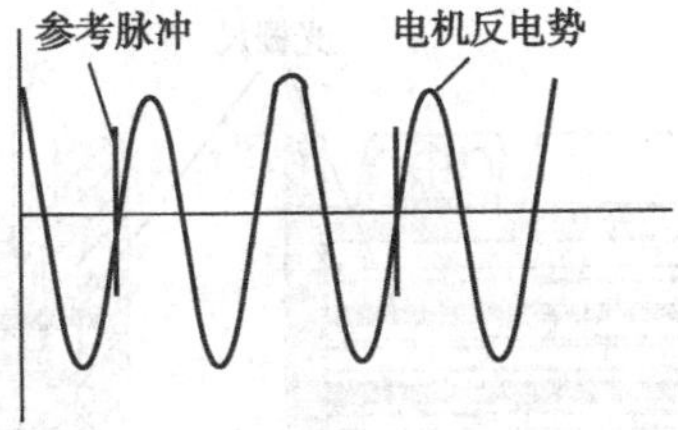

图 5-41　ERN1387 调整波形验证图

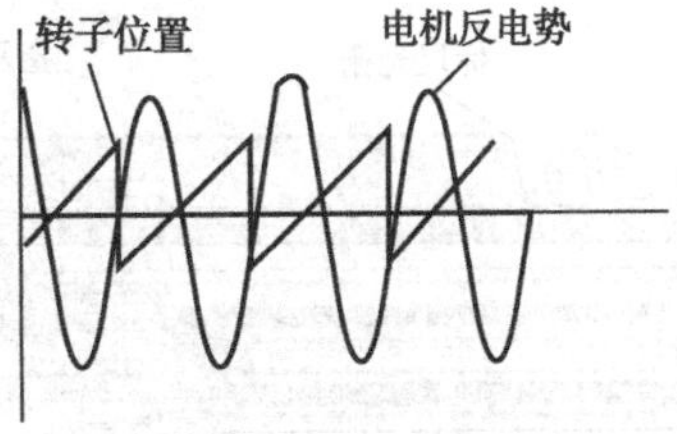

图 5-42　EQN1325 调整波形验证图

在安装编码器的过程中，要保证电机的转子不动，否则会失去转子的相对位置。如果失去了相对位置，旧电机则需要用示波器来调整编码器的安装位置；新电机则可以依据电机转子轴上的标志来判断。调整编码器的安装位置时，即可以机械调整，也可以调整驱动参数 MD1016 来设置一个偏置值，但该方法仅能用在 840D 上，通过这个方法调整的电机换到别的机床上，可能会因为驱动参数的不同而不能正常工作。

5.5.6 旋转型光电编码器的维护与保养

1. 防振和防污

由于光电脉冲编码器是精密测量部件，与光栅尺一样其使用环境也有防振和防污要求，因此，在拆装时注意防振和防污问题。污染编码器容易造成信号丢失，影响控制性能，使机床发生故障；振动容易使编码器内的紧固件脱落，造成内部短路，损坏编码器。

2. 防止连接松动

无论是内置式还是外置式脉冲编码器，都要注意连接松动问题，连接松动影响到系统的控制精度，产生故障报警。对于既用于位置检测又用于速度检测的脉冲编码器，连接松动将引起进给系统的不稳定，严重时将导致机床的振动。

5.6 光栅尺

光栅尺是机床闭环控制的常用位置测量部件，具有测量精度高，响应速度快的特点，分为封闭式和敞开式。光栅尺由标尺光栅和指示光栅组成，如图 5-43 所示。标尺光栅固定在机械部件上不移动，指示光栅安装在机械运动部件上，通过指示光栅与标尺光栅相对位置的变化，产生位移与方向信号。常用的光栅尺有带距离编码和绝对编码两种，如图 5-44 所示，前者需要回参考点操作，后者则不需要。

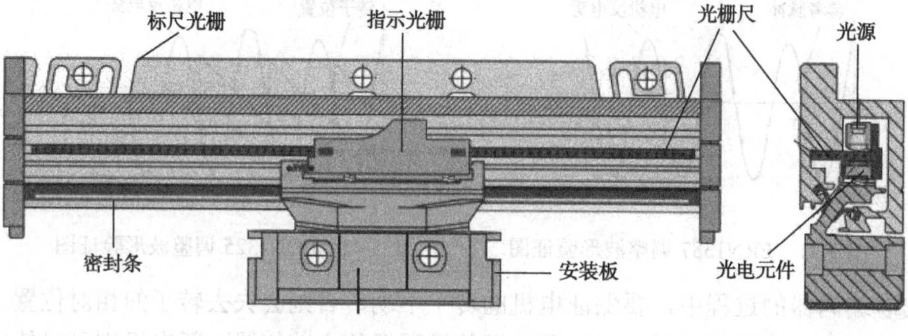

图 5-43　光栅尺的结构

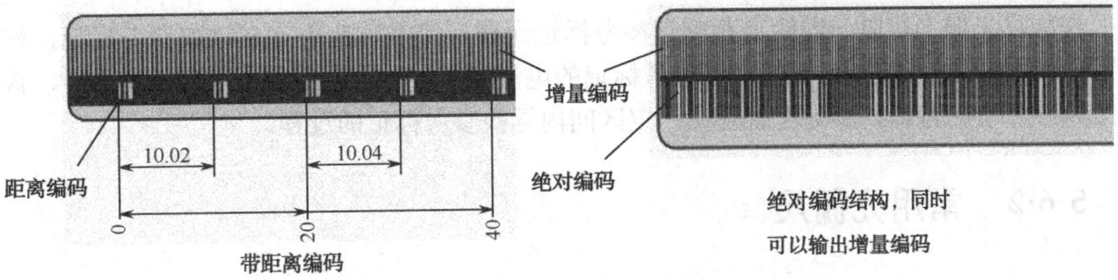

图 5-44　光栅尺编码

5·6·1　光栅尺工作原理

光栅是在光学玻璃上采用照相腐蚀法制成许多密集条纹，条纹的间距和宽度相等，并与运动方向垂直，条纹之间的距离称为栅距。如果把两个相同的光栅相互错开一个角度重合在一起，则在指示光栅和标尺光栅相交部分有光通过，形成亮区，非相交部分由于遮挡光线而形成暗区，这些明暗相间的条纹就是莫尔条纹，莫尔条纹在光栅的垂直方向上。

具有代表性的是 HEIDENHAIN 光栅尺，它的指示光栅由 5 个短光栅构成，G1～G5，其排列如图 5-45 所示，与此对应使用了 3 组共 6 个光电元件（硅光电池）S1～S6，如图 5-46 所示。利用硅光电池把莫尔条纹明暗的变化转换成电流信号输出。在位置布排上指示光栅 G1 和 G2 相差 1/2 栅距，也就是说硅光电池 S1 处于亮区时，S2 正好在暗区，这样当莫尔条纹移动时，这组反并联的硅光电池就可以输出一个按正弦规律变化的电流信号 I_1；同理，指示光栅 G3 和 G4 也相差 1/2 栅距，在对应的硅光电池 S3 和 S4 将形成正弦电流 I_2。需要说明的是，指示光栅 G1、G2 和 G3、G4 之间相差 1/4 栅距，这样在电流信号 I_1 和 I_2 之间形成了 90° 的相位差，数控系统利用这个相位差识别坐标轴的运动方向，I_1 超前 I_2 表示正向运动，I_2 超前 I_1 表示负向运动。

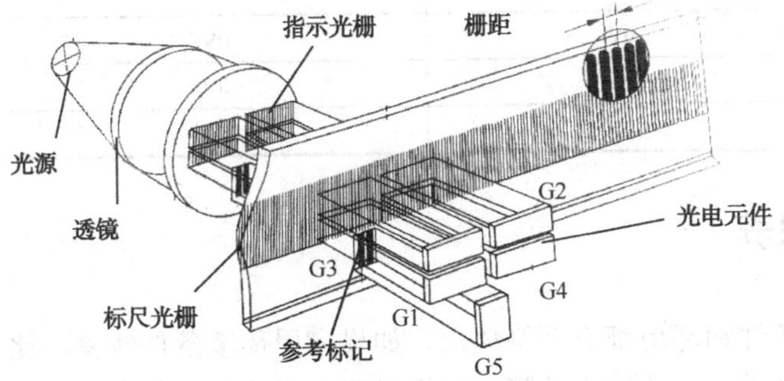

图 5-45　光栅尺原理

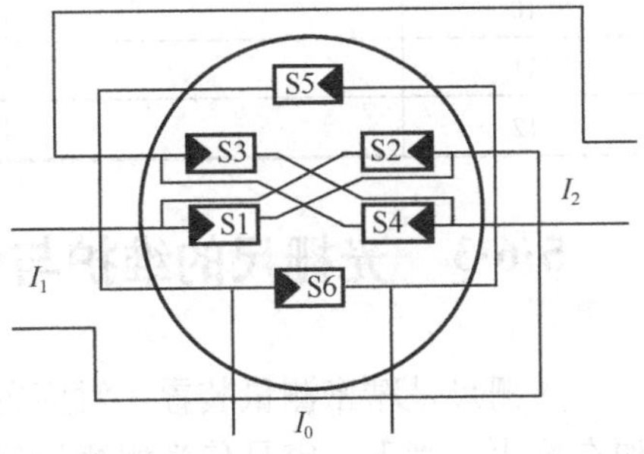

图 5-46　光栅尺中光敏元件连接

在标尺光栅上每隔一段距离都刻有参考标记光栅，使用短光栅 G5 读取参考标记，相对应的硅光电池 S5 和 S6 将其转换成参考标记的电流信号 I_0。当采用光栅尺返参考点时，数控机床返参考点的过程，实际上就是在一定区间内寻找参考标记的过程。

5·6·2 常用光栅尺

HEIDENHAIN 光栅尺有增量式和绝对式之分，LS186(C)、LF183(C)、LB382(C)、LS486(C)/LF481(C)为电压型增量式光栅尺，LS103/LS106、LS706/LB301、LS406/LF401 为电流型增量式光栅尺。LC182/LC481 是绝对式光栅尺，电流型输出为电流正弦波，电压型输出为电压方波或正弦波。比如 LS406 光栅尺为电流型，输出电流 I_1、I_2 范围为 7～16μA，I_0 为 2～8μA；LS476 和 LS477 为电压型，输出 TTL 电平的电压方波；LS486 和 LS487 为电压型，输出电压正弦波，A 和 B 的电压输出范围为 0.6～1.2V，R 的电压输出范围为 0.2～0.85V。光栅尺通过一根 12 芯电缆与系统接口连接，表 5-7 给出了常用光栅尺接口信号。

表 5-7 常用光栅尺接口信号

引 脚	LS406（sin/cos）	LS476/ LS477（方波）	LS486/ LS487（sin/cos 1Vpp）
1	I1	*Ua2	*B
2	*I1	5V	5V
3	5V	Ua0	R
4	0V	*Ua0	*R
5	I2	Ua1	A
6	*I2	*Ua1	*A
7	I0		
8	*I0	Ua2	B
9	屏蔽		
10		0V	0V
11		0V	0V
12		5V	5V

5·6·3 光栅尺的维护与保养

光栅尺是精密测量装置，对应用条件和环境都有严格要求，如果应用环境条件较差，比如在粉尘环境下，容易使光栅测量信号丢失，或发生故障。由于光栅内部的结构复杂而且精密，原则上不要拆卸，否则拆卸风险很大，一不小心就可能造成永久损坏。光栅安装有一定要求，在一般情况下，标尺光栅对导轨安装面的平行度允差为 0.3mm，指示光栅安装面对导轨的平行度应控制在 0.01mm 以内。指示光栅安装后，要调整它与标尺光栅座的距离，在测量范围内，要求距离在（1.0±0.3）mm 以内。当导轨直线误差较大时，使用激光干涉仪对光栅进行长度修正。全程移动光栅，同时调节校正螺钉，使其在任意位置上，与光栅连接的显示器读数跟激光干涉仪的读数相同。

1．光栅尺故障检查

采用双踪示波器测试指示光栅的输出信号，观察测量信号的变化情况。测量时分清 5V 电源的输入端子和两路信号的输出端子。将指示光栅的电缆卸下，并松开指示光栅，用手能够轻轻移动指示光栅。接上 5V 电源，分别将两路输出信号接入示波器的两个测量通道，正常情况下，均匀移动指示光栅时，从示波器上可以清晰地观察到两个相位差为 90° 的正弦波形或方波。反向移动扫描头时，波形的幅值不变，其相差为 90° 。在移动过程中幅值变化异常或信号有消失现象，说明光栅处存在故障。如果仅在一些点有异常现象，应对标尺光栅进行检查；如果在光栅的任何位置输出波形都存在问题，说明指示光栅存在问题。

2．光栅的防污与清污

光栅由于直接安装在数控机床工作台上或者安装在床身上，尽管一般数控加工房间粉尘很少，机床制造商也对光栅采取了一些保护措施，但仍容易受到冷却液的污染，从而导致测量信号丢失，影响位置测量及控制精度。因此，在使用冷却液时要防止冷却液在光栅上的轻微结晶，影响透光性。更不能把冷却液的压力和流量设置过大，以免形成水雾进入光栅。为了保护光栅免受污染，可通入净化的低压压缩空气。

光栅一旦被污染，就必须进行清洗。光栅的清洗是一项非常细心的工作，任何粗心大意都有可能划伤光栅，造成新的故障。用脱脂棉、绸布或鹿皮蘸上少量无水酒精或丙酮，插入光栅内顺着轴向轻轻清洗。擦洗时用力要均匀，且只能顺着一个方向擦洗。

3．光栅的防震

由于光栅是精密测量部件，在拆装过程中要用静力，不能用硬物敲击，防止光敏元件的损坏。

5.7　故障维修示例

【例 5-1】 电机温度过高

故障现象： 某数控机床在自动运行时经常出现 *Z* 轴电机过热报警 300613 或 300614。

分析与处理：引起伺服电机或主轴电机温度过高而产生报警的原因有很多，下面列举一些，供分析参考。

- 电机存在过载或长时间工作在过载状态，使电机工作电流超过了允许的最大工作电流，使电机发热。
- 对主电机而言，电机冷却风扇故障，冷却风扇不旋转，致使电机散热不良，引起温度过高。
- 电机温度传感器存在问题，使测量的温度不准确。
- 电机内部转动故障，维修或更换电机。
- 驱动系统的温度监控电路故障。
- 编码器电缆问题，应检查包含温度检测的编码器连接电缆。
- 有关电机的机床数据设置有误，而引起电机电流太大。
- 电机温度监控机床数据设置得不合理，修改机床数据 MD1607（电机温度限制）。
- 第一扭矩极限 MD1230，第一功率极限 MD1235 设置太高。

对于本机床电机过热报警，经过检查发现导轨的“镶条”与导轨的配合间隙太小，调整过紧引起的电机过载发热。重新调整“镶条”后，过热故障排除。

【例 5-2】 主轴电机转动不稳定

故障现象：某数控机床安装的是 1PH7 主轴电机，在工作时发现旋转不稳定，转速时快时慢。

分析与处理：分析主轴电机转动不稳定的原因应从下面提供的方法入手。

- 主轴驱动器的参数调整不当，没有进行优化，使主轴驱动器未达到最佳工作状态。由于该机床在发生故障以前一直工作正常，可以排除参数设置问题。
- 由于外部干扰引起的不稳定，从进给控制正常来看，很难想象干扰只对主轴控制，显然不是干扰引起的。
- 反馈测量信号不良，即主轴编码器存在故障或连接电缆有问题，造成主轴控制环工作不稳定。经检查发现，编码器电缆连接接触不良，是在进行机床维修时，松动了编码器电缆接头 X413，导致主轴电机转动不稳定。

【例 5-3】 测量反馈系统故障

故障现象：某数控车床在加工过程中，主轴突然发生“飞车”现象。

分析与处理：数控机床的主轴“飞车”多是由速度反馈测量部件故障引起的，常出现的故障有：

- 测量部件本身的故障，内部电路损坏，光电元件被污染，造成没有测量信号输出，或者是测量信号不稳定。如果确认编码器已经损坏，则必须更换。
- 测量信号连接电缆短路或断路，连接插座/插头松动引起的接触不良。有关电缆连接问题，只需修复即可。

- 编码器电源不稳定或过低，提供的编码器电源电压不正确，也可能引起测量信号的波动，甚至无测量信号输出。
- 在维修测量部件时接反了反馈信号的极性，形成了信号正反馈。

经检查，该数控机床的“飞车”现象是由于编码器连接电缆断路引起的，修复连接电缆后，机床故障排除。

【例 5-4】 进给伺服电机故障

故障现象： 某数控铣床配置的交流伺服电机，在执行进给指令时，带制动装置的 *Y* 轴进给电机不旋转。

分析与处理： 系统在执行零件加工程序时，*Y* 轴进给电机不旋转，经多次试验故障依旧。分析电机不能正常执行位置指令的原因，常见的有：

- 电机连接电缆存在接线故障，使用一段时间后由于可能出现接线端子松动而引起的接触不良，或者是连接插座、接头脱焊。
- 电机本身存在故障，如线圈烧坏、转子卡死等。可以用万用表或电桥测量电枢的直流电阻，检查电枢线圈是否短路或断路。用手转动电机，正常情况下感觉有阻力，转动一个角度后松开，电机的转子有返回现象。如果用手转动电机时，能连续转几圈并自由停止，说明电机已坏。如果用手转不动或转动后无返回现象，说明电机机械部分可能有故障。
- 电磁制动故障。带电磁制动的伺服电机，当电磁制动器出现故障时，会发生得电不能松开，失电不能制动的故障。如果伺服电机在得电时制动不能松开，执行移动指令电机也就不能旋转。
- 电机位置反馈部件即编码器存在故障。测量反馈系统存在故障也有可能引起电机不能转动，或者是电机控制失控，进给出现振动等现象。应检查编码器和连接电缆，确定位置反馈信号无误。
- 驱动模块故障。电机驱动模块存在故障也可引起电机不能旋转，遇到这种情况最好的方法是更换驱动模块。

第 6 章　机床数据设置与参考点调整

机床数据一般在数控机床出厂时都已经设置和调整完成，符合出厂基本条件，在用户现场安装调试时又进行了修改，但在机床工作一段时间后，某些性能发生了变化，或者是使用者有特殊要求，就有必要对一些机床数据进行调整。本章除介绍机床数据一般调整方法外，还重点说明了参考点数据的设置与调整。

6.1　机床数据

6.1.1　机床数据分类

在数控系统中，定义了很多机床数据，每一个机床数据都有确定的意义，分别起着不同的作用。810D/840D 系统把机床数据按性质划分为两类：标准机床数据（默认数据）和用户机床数据，如图 6-1 所示。

机床数据
- 标准机床数据：根据系统的配置和功能由供应商提供，固化在系统内，即使后备电池没电也不会丢失，只需要对系统进行初始化，就可把标准数据重新加载到机床数据RAM中
- 用户机床数据：机床制造商根据数控机床本身的配置特点及实际应用情况，在标准数据的基础上进行调整、优化及修改，形成新的机床数据存储在RAM中

图 6-1　机床数据

用户机床数据按照用途不同，可划分为两类，一类是与机床配置相关的功能性机床数据，另一类是与机床动态特性相关的动态机床数据，如图 6-2 所示。

用户机床数据

- 功能数据：与系统的配置和功能有关，是机床制造商为机床专门设计的，不允许用户进行调整或修改，如果数据设定错误将会导致系统功能的丧失，或系统不能工作。如机床控制轴的定义，刀具定义、系统配置选择等
- 动态数据：与机床的工作状态有关，机床的工作状态发生变化时，就需要在出厂数据的基础上做适当调整，如监控数据、系统补偿数据、轴的优化数据、安全设置数据等。动态数据调整有误，会影响机床的动态性能或位置控制精度，降低零件的加工质量

图 6-2　用户机床数据

810D/840D 系统把机床数据按照用途不同划分为 9 类，各类所对应的数据编号范围见表 6-1。表格中列出的机床数据并不都能修改，有一些用于数控调试或维修人员了解系统的功能或性能，在数据调整中能够起到一定的帮助作用。

表 6-1　机床数据按用途分类表

序　号	数 据 类 型	范　围
1	驱动器机床数据（$MD_）	1000～1799
2	操作面板机床数据（$MM_）	9000～9999
3	通用机床数据（$MN_）	10000～18999
4	通道类机床数据（$MC_）	20000～28999
5	轴类机床数据（$MA_）	30000～38010
6	设定数据	41000～43999
7	编译循环通用机床数据	51000～61999
8	编译循环通道类机床数据	62000～62999
9	编译循环轴类机床数据	63000～63999

注意：在系统断电的情况下，机床数据由一个后备电池给数据 RAM 供电，以保证不会丢失。由于某种原因导致机床数据的丢失，即使对系统重新初始化，也只能恢复数控系统的标准机床数据，不能恢复用户机床配置的数据，这时机床就处于瘫痪状态，必须利用数据传输设备和专用通信软件，把已经备份的机床数据输入到系统中。

6·1·2　机床数据格式

在西门子提供的机床数据手册中，如果把机床数据 MD 9900 MD_TEXT_SWITH 设置为 1，就可以看到如图 6-3 所示的格式，用于描述某个机床数据；如果把机床数据 MD 9900 MD_TEXT_SWITH 设置为 0，在屏幕上就可看到如图 6-4 所示的数据格式。

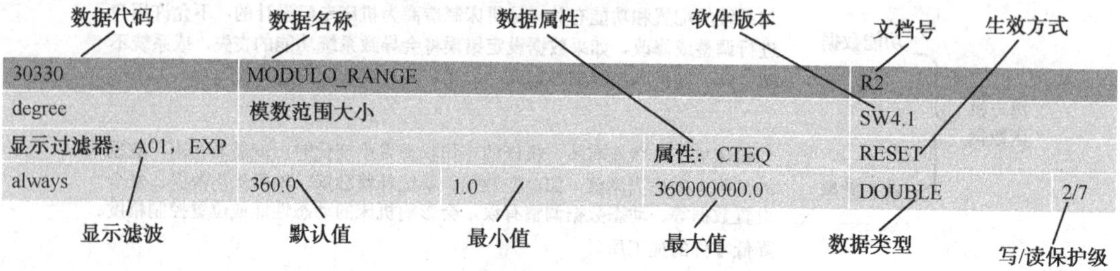

图 6-3　机床数据显示格式（1）

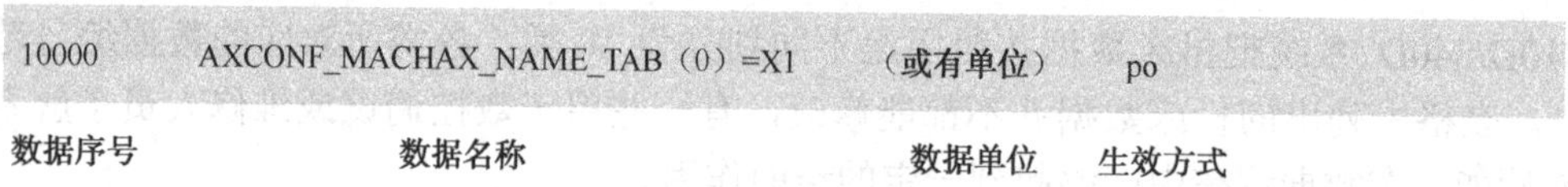

图 6-4　机床数据显示格式（2）

6·1·3　机床数据类型

机床数据的调整必须符合规定的数值类型，如果输入的数值类型错误，机床数据将不会生效，并且会产生报警信息。机床数据的类型见表 6-2。

表 6-2　机床数据的类型

序　号	名　称	说　明	范　围
1	BOOLEAN	布尔型，机床数据位	0 或 1
2	BYTE	单字节整数值	−128～127
3	DOUBLE	双精度实数值	4.19×10^{-307}～1.67×10^{308}
4	DWORD	双字整数值	-2.147×10^{9}～2.147×10^{9}
5	DWORD	十六进制数	00000000～FFFFFFFF
6	STRING	字符串	最多 16 个字符
7	UNSIGNED WORD	整数值	0～65 536
8	SIGNED WORD	整数值	−32 768～32 767
9	UNSIGNED DWORD	整数值	0～4 294 967 300
10	SIGNED DWORD	整数值	−2 147 483 650～2 147 483 649
11	WORD	十六进制数	0000～FFFF
12	FLOAT DWORD	实数值	8.43×10^{-37}～3.37×10^{38}

6·1·4　机床数据属性

810D/840D 系统常见机床数据的属性如表 6-3 所示。

表 6-3　机床数据的属性

序　号	属　性	说　明	序　号	属　性	说　明
1	NBUP	数据未输入备份区	6	SCAL	比例报警
2	ODLD	数据只能从文件中下载	7	LINK	连接说明
3	READ	只读数据	8	CTEQ	所有容器都适用
4	NDLD	数据不能从文件中下载	9	CTED	容器说明
5	SFCO	配置安全集成			

6.2　机床数据保护级及显示过滤器

6.2.1　机床数据保护级

810D/840D 系统对机床数据的修改设置了权限，不同权限的操作者只能修改对应的机床数据。系统根据数据的用途及作用，把修改数据的权限分成了两类 8 级，如表 6-4 所示。

表 6-4　810D/840D 的口令及保护级

保护级别	操　作	使用对象	操作内容	DB10.DBB56
0	（保密）	Siemens	全部功能、程序和数据	
1	SUNRISE	机床制造商	限定功能、程序和数据	
2	EVENING	安装工程师	指定功能、程序和数据	
3	CUSTOMER	服务工程师	常用功能、程序和数据	
4	键钥匙位置 3 红色标志 	用户：编程或安装工程师	级别低于 0～3，由机床制造商和用户定义	DB10.DBX56.7
5	键钥匙位置 2 绿色标志 	用户：熟练操作者	级别低于 0～4，由机床用户定义	DB10.DBX56.6
6	键钥匙位置 1 黑色标志 	用户：较熟练操作者	级别低于 0～5，程序选择、刀具管理、零点偏置	DB10.DBX56.5
7	键钥匙位置 0 	用户：一般操作者	不能选择或编辑程序，仅能操作机床控制面板	DB10.DBX56.4

- 4 个密码等级（0～3），需要输入口令字，针对的使用者是机床制造商和调整工程师，PLC 控制程序不能读取其级别状态。
- 4 个钥匙等级（4～7），针对编程人员和操作者，利用操作面板上的钥匙开关改变数据

的修改级别，同时对数据接口信号 DB10.DBB56 进行置位，PLC 用户程序可以读取 B10.DBB56 的位状态。

高级别的口令可以解除低级别的口令，也就是说 0 级可以解除 1、2、3 级别的口令，第 4 级可以解除 5、6、7 级别。就机床数据调整而言，只涉及 4 个级别的口令，即系统制造商（Siemens）、机床制造商、安装工程师和服务维修工程师。

系统对每个机床数据的写/读保护级别，是以 i/j 形式给出的，在机床数据手册中可以查到数据的写/读级别。例如，图 6-3 中的 MD 30330 具有 2/7 保护级，保护级 2 用于写数据保护，根据设置的口令，只有西门子、机床制造商及服务工程师才能进行修改；保护级 7 用于读数据，该数据的读取级别最低，无须口令，且钥匙在任何位置都可读取该数据。

表 6-4 所示为系统默认口令字，用户可根据需要进行修改。口令字的设置、删除和修改直接在操作面板上进行，在图 6-5 中选择“Password”，就进入口令的设置、删除和修改的软键菜单。输入口令字，获得机床数据修改权限；删除口令字，使机床数据重新获得权限保护。

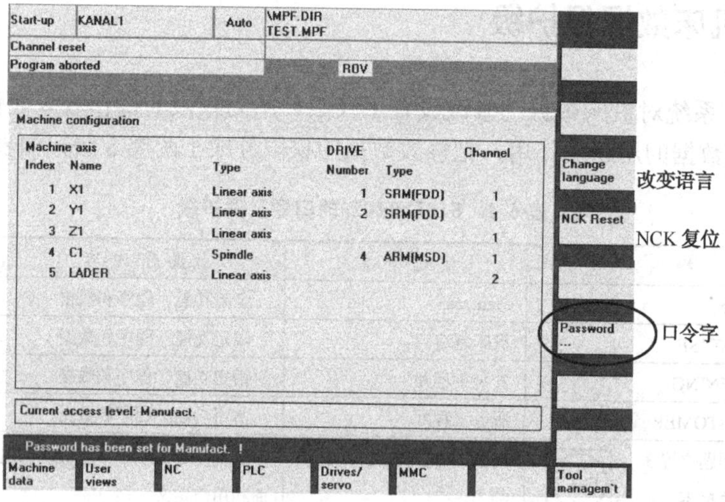

图 6-5 口令设置界面

注意：

- 在某个权限下修改完机床数据后，最好马上删除口令字，使得机床数据重新获得保护，避免其他人员的误操作。
- 如果忘记了密码，无法进入设置，在确认有正确的 NC 备份的情况下，可以先将 NCK 中的 RAM 清空，这样密码就变成了 Siemens 默认密码了，然后再回装 NC 备份。

6·2·2 机床数据显示过滤器

810D/840D 系统为驱动机床数据、通用机床数据、通道专用机床数据和轴专用机床数据设置了显示过滤器，可以将显示在操作面板上的机床数据，限制在感兴趣的数据上。如果用户需要显示或修改某类机床数据，就必须激活该类数据的显示过滤器，否则数据将不会显示在屏幕上。有关显示和关闭数据类型的代码详见表 6-5。

表 6-5　机床数据显示过滤器

驱动机床数据		通用机床数据		通道专用机床数据		轴专用机床数据	
代码	显示/关闭数据类型	代码	显示/关闭数据类型	代码	显示/关闭数据类型	代码	显示/关闭数据类型
D01	调节器数据	N01	配置/比例	C01	配置数据	A01	配置数据
D02	监控/极限	N02	存储器配置	C02	存储器配置	A02	测量系统
D03	信息数据	N03	PLC 数据	C03	基本设置	A03	机床几何轴
D04	状态数据	N04	驱动器控制	C04	辅助功能	A04	速率/加速度
D05	电机/功率	N05	状态/诊断	C05	速率数据	A05	监控/限制
D06	测量系统	N06	监控/极限	C06	监控/限制	A06	主轴数据
D07	安全集成	N07	辅助功能	C07	转换数据	A07	控制器数据
D08	标准机床	N08	修调/补偿	C08	修调/补偿	A08	状态数据
EXP	专家模式	N09	工艺功能	C09	工艺功能	A09	修调/补偿
		N10	I/O 配置	C10	标准数据	A10	工艺功能
		N11	标准数据	C11	NC ISO 语言	A11	标准数据
		N12	NC ISO 术语	EXP	专家模式	A12	NC ISO 语言
						EXP	专家模式

6.2.3　机床数据的生效方式

机床数据修改后，必须进行生效操作才能确认修改的机床数据，每个数据的生效方式以字符的形式显示在该数据行的最右边，如图 6-6 所示，字符所代表的意义如下：

- po：重新通电（POWER ON），按 NCU 模块上的“RESET”键，MMC 上的“NCK RESET”软键或系统重新上电才生效。
- cf：新配置（NEW_CONF），用 MMC 上的软键“MD 生效”（Set MD Active）激活，再按复位生效。
- re：复位（RESET）生效，按机床控制面板上的复位“RESET”键生效。
- so：立即（IMMEDIATELY）生效，输入值后无须其他操作便立即生效。
- Reset：在程序结束 M20/M30 生效。

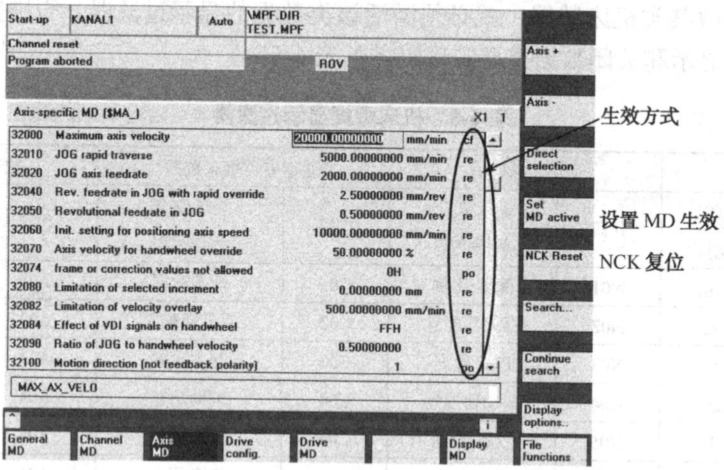

图 6-6　机床数据的生效方式

6.3　机床数据的调整

6·3·1　机床数据的检索

810D/840D 系统机床数据量非常多，要记住全部机床数据一般来说是不可能的，但只要知道机床数据的类型，利用系统提供的数据检索功能，就可很容易地检索出来。

数据检索的方法比较简单，就是在 MMC 上，通过按“Search”（搜索）软键，然后输入机床数据号或机床数据名称，就可以显示出本数据区域的数据。使用显示过滤器，可以大大减少显示的数据，但这需要知道数据的特性，即具体数据的性质和作用。图 6-7 中所示通用机床数据显示过滤器，给出了对“GAIN”数据的检索方法。

系统在 MMC 上提供了机床数据的在线帮助功能，以便使调试者能快速了解某个机床数据的含义。当选中某个机床数据而屏幕右下方有提示符“i”出现时，如图 6-8 所示，通过操作面板上的“Help”键，就可以打开帮助文本，了解该机床数据的功能和作用。图 6-8 给出了帮助文件的格式，可以看到对机床数据 MD30110 的解释。

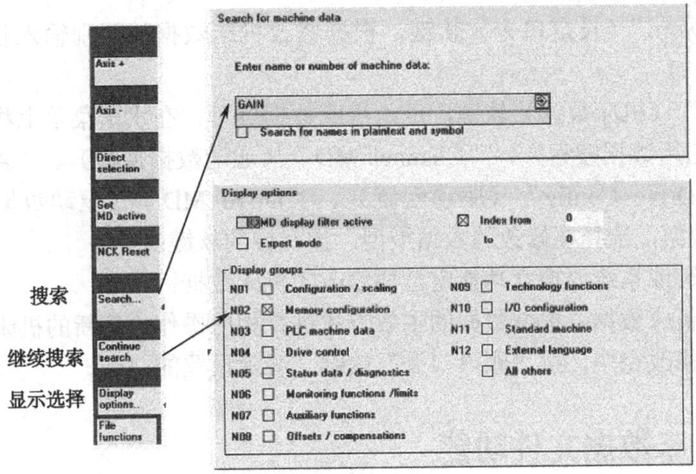

图 6-7 机床数据的检索

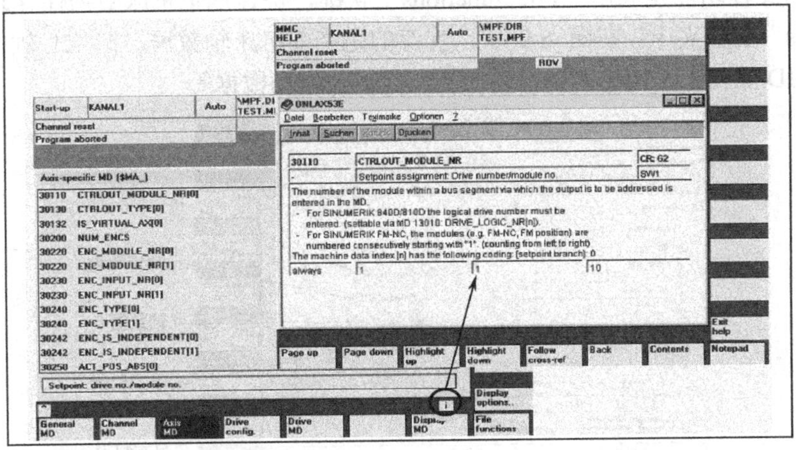

图 6-8 打开帮助文件

6·3·2 机床数据的调整方法

设置和调整 810D/840D 数控系统的机床数据，可以通过机床操作面板，在“启动”操作区域中进行。进入“启动”屏幕后，在下方可以看到“当前的存取级别”的提示，通过口令或钥匙键改变当前的存取级别。一般情况下，在用户现场需要调整的是有关轴运动数据、补偿数据、精度数据和监控数据等。输入保护 2 级口令，即服务工程师级别，就可以修改这些机床数据。机床制造商设置的数据是系统的配置数据，这些数据一般不允许改动，否则机床就可能造成系统不能正常工作。机床数据的设置与调整操作步骤如下：

- 按“启动”软键，进入“启动”操作区域屏幕；

- 按“Password”（设定口令）软键，根据修改机床数据的级别输入相应的口令，然后确认；
- 按“Data”（机床数据）软键，进入机床数据屏幕，在水平菜单上将显示：“General MD”（通用数据搜索）、“Channel MD”（通道数据搜索）、“Axis MD”（轴数据）、“Drive Config”（驱动配置）、“Drive MD”（驱动数据）及“Display”（显示）数据，选择要修改的数据类型，按对应的软键；
- 利用光标键或系统的搜索功能定位要修改的机床数据；
- 输入新的机床数据，根据数据的生效方式进行相应操作，使新的机床数据生效；
- 机床数据修改完毕，按“删除口令”软键，清除设置的口令。

6.3.3 机床数据文件功能

机床数据文件功能是利用“File functions”软键，快速地把机床数据保存起来，如保存在“Diagnosis”文件夹中。在图 6-9 中，保存的是当前机床轴数据，把 X1 轴的机床数据保存到 AXIS_MD 文件中，同样可以保存通道、显示及驱动数据等。

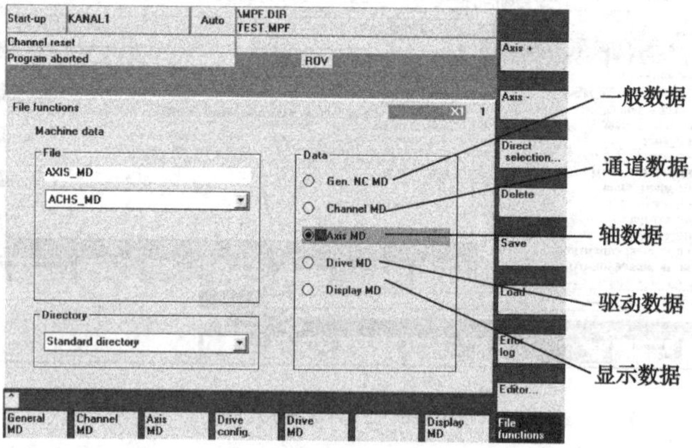

图 6-9 文件功能

6.3.4 机床数据修改注意事项

（1）在调整或修改数据前，一定要清楚机床数据的定义、在系统中的作用，是否影响机床的工作等。修改机床数据一定要慎之又慎，确保对系统或机床不会造成损坏。

（2）某些机床数据一旦修改后，会导致系统储存器的重新分配，其结果使某些机床数据丢失，因此在调整数据前应采取一定的措施，否则会导致系统瘫痪。用户可能修改的这类数据有：

- R 参数的个数，当 R 参数的个数不够用时，可修改 MD28050。

● 在 MD28020 中设置的零点偏置及扩展零点偏置数量。

● 有关补偿点数，如 MD38000 螺距误差补偿点数。

这些机床数据修改后，屏幕上会出现“4400 MD change causes reorganization of buffered memory (loss of data!)”报警，提示内存再分配，在使系统复位“NCK RESET”之前，应先做好系列备份，以便能用系列还原把系统恢复过来。

（3）机床数据的修改还要注意小数点的位置、单位、生效方式等。

6.4 常用机床数据

正确的机床数据设置是数控机床正常运行必不可少的前提条件，数控系统维修也必须保证系统设置数据的完整无误。制造商根据机床的结构特点和系统控制要求，对机床数据进行了优化，数控机床在出厂时向用户提供了最终机床数据设置表。810D/840D 系统的机床数据较多，全面了解并熟悉所有的数据是很困难的，也是不现实的，但作为数控机床调试与维修人员，有必要清楚地了解一些常用数据的意义和用途，否则将无法对机床数据进行调整。

6·4·1 操作面板机床数据

常用操作面板机床数据见表 6-6，可以调整的数据有：

● 屏幕的显示方式，如显示语言的种类、显示分辨率及屏保时间等。

● 机床数据 MD9180～MD9226 是各种参数的保护级，其中包括刀具参数的写/读保护级、R 参数的更改保护级、用户变量的写/读保护级、零件程序编辑与循环程序的保护级、其他设置数据的保护级等，所有保护级的标准值为 7 级。

表 6-6 常用操作面板机床数据

数据号	数据标识	含义	标准值	类型
9000	LCD_CONTRAST	显示对比度	7	BYTE
9001	DISPLAY_TYPE	操作面板型号	0	BYTE
9002	DISPLAY_MODE（HMI EMB）	外部显示器（1：单色；2：彩色）	0	BYTE
9003	FIRST_LANGUAGE	显示语言	1	BYTE
9004	DISPLAY_RESOLUTION	显示分辨率	3	BYTE
9005	PRG_DEFAULT_DIR（HMI EMB）	程序目录基本设定	1	BYTE
9006	DISPLAY_BLACK_TIME	屏幕保护时间	0	BYTE

续表

数 据 号	数 据 标 识	含 义	标 准 值	类 型
9008	KEYBOARD_TYPE	键盘型号	0	BYTE
9010	SPIND_DISPLAY_RESOLUTION	主轴显示分辨率	3	BYTE
9011	DISPLAY_RESOLUTION_INCH	英制显示分辨率	4	BYTE
9014	USE_CHANNEL_DISPLAY_DATA	使用通道专用显示机床数据	0	BYTE
9015	DARKTIME_TO_PLC（OP 30）	传输信号：屏幕变暗－PLC	0	BYTE
9016	SWITCH_TO_AREA（OP 30）	可选的默认启动菜单	10	BYTE
9020	TECHNOLOGY	NC 编程与模拟技术	0	BYTE
9026	TEACH_MODE	激活示教模式（只用于 HT6）	1	BYTE
9027	NUM_AX_SEL	进给键的轴组数量（只使用 HT6）	6	BYTE
9033	MA_DISPL_INV_DIR_SPIND_M3	显示主轴旋转方向	0x0000	LONG

6·4·2　通用机床数据

通用机床数据用于机床的一般设置，包括机床控制轴数、系统的监控及响应时间、刀具管理的一般数据等，表 6-7 给出了常用的通用机床数据。这类数据是机床本身配置的数据，调整某些机床数据可能导致数据存储区的再分配，使机床数据遭到破坏，比如有关刀具数量的设置，因此只做一般了解，维修人员无须修改。

表 6-7　常用通用机床数据

数 据 号	数 据 标 识	含 义	标 准 值	类 型
10000	AXCOFN_MACHAX_NAME_TAB[n]	定义机床坐标轴名	—	STRING
10010	ASSIGN_CHAN_TO_MODE_GROUP[n]	方式组中有效通道数	—	DWORD
10240	SCALING_SYSTEM_IS_METRIC	公制基本系统	1	BOOLEAN
10700	PREPROCESSING_LEVEL	编程预处理级	1	BYTE
10704	DRYRUN_MASK	激活空运转进给率	0	BYTE
10720	OPERTING_MODE_DEFAULT	默认工作方式设置	7	BYTE
10731	JOG_MODE_KEYS_EDGETRIGGRD	JOG 键的功能	—	—
11100	AUXFU_MAXNUM_GROUP_ASSING	辅助组中分配的辅助功能数	1	DWORD
11110	AUXFU_GROUP_SPEC[n]	定义辅助功能组	1	BYTE
11210	UPLOAD_MD_CHANGES_ONLY	只备份修改的机床数据	0XFF	BYTE
18080	MM_TOOL_MANAGEMENT_MASK	刀具管理存储器保留	0X0	DWORD
18082	MM_NUM_TOOL	NCK 可管理的刀具数量	30	DWORD
18084	MM_NUM_MAGAZINE	NCK 可管理的刀库数量	3	DWORD
18086	MM_NUM_MAGAZINE_LOCATION	NCK 管理的刀库位置数量	30	DWORD

续表

数据号	数据标识	含义	标准值	类型
18088	MM_NUM_TOOL_CARRIER	最大可定义的刀架数量	0	DWORD
18105	MM_MAX_CUTTING_EDGE_NO	D 号的最大值	9	DWORD
18106	MM_MAX_CUTTING_EDGE_PERTOOL	每把刀 D 的最大数量	9	DWORD
18160	MM_NUM_USER_MACROS	宏的数量	10	DWORD

6.4.3　通道机床数据

通道机床数据对通道内的所有轴有效，通道数据定义了某通道内的机床配置情况，如通道内轴的名称、辅助功能及一些默认设置等。与通用机床数据一样，对这类机床数据只做一般了解，维修人员无须修改。常用基本通道数据见表 6-8。

表 6-8　常用基本通道数据

数据号	数据标识	含义	标准值	数据类型
20000	CHAN_NAME	通道名称（通道 1、通道 2……）	—	STRING
20050	AXCONF_GEOAX_ASSIGN_TAB[n]	定义通道内的几何轴	—	STRING
20060	AXCONF_GEOAX_NAME_TAB[n]	通道中几何轴名	X,Y,Z	STRING
20070	AXCONF_MACHAX_USED[n]	通道中有效的机床轴号	1～5	STRING
20080	AXCONF_CHANAX_NAME_TAB[n]	通道中通道轴名称	X,Y···	STRING
20094	SOIND_RIGID_TAPPING_M_NR	转换到控制轴模式的 M 功能	70	DWORD
20110	RESET_MODE_MASK	通电或复位后系统基本设置	0X0	DWORD
20112	START_MODE_MASK	程序启动后系统基本设置	0X400	DWORD
20150	GCODE_RESET_VALUES[n]	G 组的初始设置	0	BYTE
22550	TOOL_CHANGE_MODE	M 功能的新刀具补偿	0	BYTE
22560	TOOL_CHANGE_M_CODE	刀具交换的 M 功能代码	6	DWORD
22562	TOOL_CHANGE_ERROR_MODE	对刀具交换出错的响应		DWORD
27860	PROESSTIMER_MODE	激活程序运行时间计时器	0X00	BYTE
27880	PART_COUNTER	激活零件计数器	0X0	DWORD
27882	PATR_COUNTER_MCOMD[n]	用户定义的 M 指令计算零件	2,2,2	BYTE
28050	MM_NUM_R_PARAM	通道专用 R 参数数	100	DWORD
28080	MM_NUM_USER_FRAMES	可设定框架数	5	DWORD
28082	MM_SYSTEM_FRAME_MASK	系统框架数	0X21	DWORD

6·4·4 轴类机床数据

轴类机床数据是对机床进给坐标轴/主轴的设置，维修人员应当熟悉其中一些数据的意义和用途，以便在需要的时候调整它们。这类数据也是系统维修调整的重点，在调试维修过程中涉及的主要数据有：更换驱动模块后，重新调整进给轴/主轴的硬件配置数据；维修或更换测量部件后，对相应的机床数据进行调整；主轴的运行数据，如主轴定位控制、主轴最大或最小转速、主轴各挡转速、主轴摆动等；有关进给坐标轴的速度数据；位置及速度监控数据，如设置各种控制公差带；有关参考点设置数据，参考点位置、返参考点速度及方式等；系统补偿功能及补偿数据设置，如反向间隙补偿、螺距误差补偿、摩擦补偿、垂度补偿、温度补偿等；第一、第二软限位设置；伺服增益设置；其他有关进给坐标轴/主轴的设置数据，如固定点设置。

1．轴配置机床数据

常用轴配置机床数据如表 6-9 所示，系统配置完成后这类数据一般不允许调整，仅作为一般了解。

表 6-9　常用轴配置机床数据

数据号	数据标识	含　义	标准值	数据类型
30110	CTRLOUT_MODULE_NR[n]	定义轴设定值输出接口地址	1	BYTE
30130	CTRLOUT_TYPE[n]	设定值输出类型	0	BYTE
30220	ENC_MODULE_NR[n]	位置反馈端口地址	1	BYTE
30240	ENC_TYPE[n]	实际值编码器类型	0	BYTE
30250	ACT_POS_ABS[n]	断电时绝对编码器位置	0.0	DOUBLE
30260	ABS_INC_RATIO[n]	绝对与增量分辨率的比率	4	DWORD
30300	IS_ROT_AX[n]	旋转轴/主轴	0	BOOLEAN
30310	ROT_IS_MODULO	旋转进给轴/主轴模数转化	0	BOOLEAN
30320	DISPLAY_IS_MODULO	旋转轴模数轴 360° 显示	0	BOOLEAN
30330	MODULO_RANGE	模数范围大小	360.0	DOUBLE
30340	MODULO_RANGE_START	模数范围的起始位置	0.0	DOUBLE
30600	FIX_POINT_POS	带 G75 的轴固定值位置	0.0	DOUBLE
30800	WORKAREA_CHECK_TYPE	检查工作区域界限类型	0	BOOLEAN

2．编码器匹配数据

常用编码器匹配数据如表 6-10 所示，除更换不同型号的编码器后需要修改外，该类数据不需要进行调整。

表 6-10　常用编码器匹配数据

数据号	数据标识	含　义	标准值	数据类型
31000	ENC_IS_LINEAR[n]	直接测量系统（光栅尺）	0	BOOLEAN
31010	ENC_GRID_POINT_DIST	电子尺的分割点	0.01	DOUBLE
31020	ENC_RESOL[n]	编码器的每转脉冲数	2048	DWORD
31030	LEADSCREW_PITCH	丝杠螺距（mm）	10.0	DOUBLE
31040	ENC_IS_DIRECT[n]	编码器直接安装在车床上	0	BOOLEAN
31050	DRIVE_AX_RATIO_DENOM[n]	变速箱分母	1	DWORD
31060	DRIVE_AX_RATIO_NUMERA[n]	变速箱分子	1	DWORD
31070	DRIVE_ENC_RATIO_ DENOM[n]	编码器变速箱分母	1	DWORD
31080	DRIVE_ENC_RATIO_NUMERA[n]	编码器变速箱分子	1	DWORD

3．闭环控制机床数据

闭环控制机床数据见表 6-11，这类机床数据可根据机床的工作情况进行调整，比如伺服增益、轴最大加速度、轴最大速度、点动速度等。

表 6-11　常用闭环控制机床数据

数据号	数据标识	含　义	标准值	数据类型
32000	MAX_AX_VELO	最大轴速度	10000.0	DOUBLE
32010	JOG_VELO_RAPID	在点动方式下的快移速度	10000.0	DOUBLE
32020	JOG_VELO	点动轴速度	2000.0	DOUBLE
32040	JOG_REV_VELO_REPID	带进给修调点动旋转进给率	2.5	DOUBLE
32050	JOG_REV_VELO	点动中的旋转进给率	0.5	DOUBLE
32060	POS_AX_VELO	设置定位轴初始速率	10000.0	DOUBLE
32070	CORR_VELO	手轮修调轴速率（%）	50.0	DOUBLE
32074	FRAME_OR_CORRPOS_NOTALLOWED	旋转轴固定进给率	0	DWORD
32080	HANDWH_MAX_INCR_SIZE	手轮最大增量限制	0.0	DOUBLE
32084	HANDWH_STOP_COND	手轮的 VDI 信号控制	0XFF	DOUBLE
32090	HANDWH_VELO_OVERLAY_FACTOR	JOG 速率对手轮速率的比率	0.5	DOUBLE
32100	AX_MOTION_DIR	轴移动方向（无控制）	1	DWORD
32110	ENC_FEEDBACK_POL	实际位置反馈极性符号	1	DWORD
32200	POSCTRL_GAIN[n]	伺服增益（位置环）	1	DOUBLE
32250	RATED_OUTVAL[n]	额定输出电压	80.0	DOUBLE
32260	RATED_VELO[n]	额定电机速度	3000	DOUBLE
32300	MAX_AX_ACCEL	轴最大加速度	1	DOUBLE
32400	AX_JERK_ENABLE	轴突变限制有效	0	BOOLEAN

续表

数 据 号	数据标识	含 义	标 准 值	数据类型
32440	LOOKAH_FREQUENCY	前馈平滑频率	10.0	DOUBLE
32940	POSCTRL_OUT_FILTER_TIME	位置低通滤波器时间常数	0.0	DOUBLE
32950	POSCTRL_DAMPING	伺服回路阻尼	0.0	DOUBLE
32960	POSCTRL_ZERO_ZONE[n]	位置调节器零速区	0.0	DOUBLE
32990	POSCTRL_DEAVL_DELAY_INFO[n]	实际位置延迟	0.0	DOUBLE
33000	FIPO_TYPE	精细插补器类型	2	BYTE

4．有关系统补偿的机床数据

有关系统补偿的机床数据见表 6-12，包括反向间隙补偿、螺距误差补偿、前馈补偿、摩擦补偿、垂度补偿及温度补偿等。

表 6-12　有关系统补偿的机床数据

数 据 号	数据标识	含 义	标 准 值	数据类型
32450	BACKLASH[n]	丝杠反向间隙补偿	0.0	DOUBLE
32452	BACKLASH_FACTOR	间隙补偿加权因子	1.0	DOUBLE
32490	FRICT_COMP_MODE[n]	摩擦补偿类型	1	BYTE
32500	FRICT_COMP_ENAMLE	摩擦补偿有效	0	BOOLEAN
32510	FRICT_COMP_ADAPT_ ENAMLE[n]	自适应摩擦补偿有效	0	BOOLEAN
32520	FRICT_COMP_CONST_MAX[n]	最大摩擦补偿值	0.0	DOUBLE
32530	FRICT_COMP_CONST_MIN[n]	最小摩擦补偿值	0.0	DOUBLE
32540	FRICT_COMP_TIME[n]	摩擦补偿时间常数	0.015	DOUBLE
32610	VELO_FFW_WEIGHT[n]	速度前馈控制系数	1.0	DOUBLE
32620	FFW_MODE	前馈控制类型	1	BYTE
32630	FFW_ACTIVATION_MODE	由程序激活前馈控制	1	BYTE
32700	ENC_COMP_ENABLE[n]	插补补偿有效	0	BOOLEAN
32710	CEC_ENABLE	垂度补偿有效	0	BOOLEAN
32720	CEC_MAX_SUM	垂度补偿的最大值	1.0	DOUBLE
32750	TEMP_COMP_TYPE	温度补偿类型	0	BOOLEAN

5．主轴机床数据

常用主轴机床数据见表 6-13，包括主轴转速、主轴换挡及主轴控制方式等。

表 6-13　常用主轴机床数据

数据号	数据标识	含义	标准值	数据类型
35000	SPIND_ASSIGN_TO_MACHAX	指定主轴为机床轴	0	BYTE
35010	GEAR_STEP_CHANGE_ENABLE	主轴齿轮级变化有效	0	DWORD
35020	SPIND_DEFAULT_MODE	主轴的初始模式设置	0	BYTE
35035	SPIND_FUNCTION_MASK	主轴功能	0X100	DWORD
35040	SPIND_ACTIVE_AFTER_RESET	主轴复位后自动恢复	0	BOOLEAN
35100	SPIND_VELO_LIMIT	最大主轴速度	10000	DOUBLE
35110	GEAR_STEP_MAX_VELO[n]	主轴各挡最高转速	500	DOUBLE
35120	GEAR_STEP_MIN_VELO[n]	主轴各挡最低转速	50	DOUBLE
35130	GEAR_STEP_MAX_VELO_LIMIT[n]	主轴各挡最高转速限制	500	DOUBLE
35140	GEAR_STEP_MIN_VELO_LIMIT[n]	主轴各挡最低转速限制	50	DOUBLE
35150	GEAR_DES_VELO_TOL	主轴速度公差	0.1	DOUBLE
35160	SPIND_EXTERN_VELO_LIMIT	PLC 上主轴速度限制	1000.0	DOUBLE
35200	GEAR_STEP_SPEEDCTRL_ACCEL[n]	速度控制模式下各挡加速度	30	DOUBLE
35210	GEAR_STEP_POSCTRL_ACCEL[n]	位置控制模式下各挡加速度	30	DOUBLE
35220	ACCEL_REDUCTION_SPEED_POINT	降低加速度的速度限制	1.0	DOUBLE
35230	ACCEL_REDUCTION_FACTOR	降低加速度因子	0.0	DOUBLE
35240	ACCEL_TYPE_DRIVE	加速度类型	0	BOOLEAN
35242	ACCEL_REDUTION_TYPE	加速度降低类型	0	BYTE
35300	SPIND_POSCTRL_VELO	主轴位置控制速度	500	DOUBLE
35310	SPIND_POSIT_DELAY_TIME[n]	主轴定位延迟时间	0.05	DOUBLE
35350	SPIND_POSITIONNING_DIR	主轴定位转动方向	3	BYTE
35400	SPIND_OSCILL_DES_VELO	摆动速度（r/min）	500	DOUBLE
35410	SPIND_OSCILL_ACCEL	摆动过程中的加速度	16	DOUBLE
35430	SPIND_OSCILL_START_DIR	摆动过程中的起始方向	0	BYTE
35440	SPIND_OSCILL_TIME_CW	M3 方向的摆动时间	1.0	DOUBLE
35450	SPIND_OSCILL_TIME_CCW	M4 方向的摆动时间	0.5	DOUBLE
35500	SPIND_ON_SPEED_AT_IPO_START	主轴速度到达后激活进给	1	BYTE
35510	SPIND_STOPSPEED_AT_IPO_START	主轴停止后才能激活进给	0	BOOLEAN
35590	PARAMSET_CHANGE_ENABLE	参数改变有效	0	BYTE

6. 常用监控机床数据

常用监控机床数据见表 6-14，这类数据影响轴的定位特性，设置不当容易产生报警。这类机床数据在维修过程中经常需要调整，特别是软限位机床数据。

表 6-14 常用监控机床数据

数据号	数据标识	意义	标准值	数据类型
36000	STOP_LIMIT_COARSE	精确粗准停	0.04	DOUBLE
36010	STOP_LIMIT_FINE	精确精准停	0.01	DOUBLE
36012	STOP_LIMIT_FACTOR[n]	精/粗准停和零速因子	1.0	DOUBLE
36020	POSITTIONNIG_TIME	精准停延时时间	1.0	DOUBLE
36030	STANDSTILL_POS_TOL	零速位置公差	0.2	DOUBLE
36040	STANDSTILL_DELAY_TIME	零速控制延时	0.4	DOUBLE
36050	CLAMP_POS_TOL	夹紧公差	0.5	DOUBLE
36060	STANDSTILL_VELO_TOL	静止速度允差	5.0	DOUBLE
36100	POS_LIMIT_MINUS	第一软限位开关负向	—	DOUBLE
36110	POS_LIMIT_PLUS	第一软限位开关正向	—	DOUBLE
36120	POS_LIMIT_MINUS2	第二软限位开关负向	—	DOUBLE
36130	POS_LIMIT_PLUS2	第二软限位开关正向	—	DOUBLE
36200	AX_VELO_LIMIT[n]	速度监控门槛值	11500	DOUBLE
36210	CTRLOUT_LIMIT[n]	最大速度设定值限制（%）	110	DOUBLE
36220	CTRLOUT_LIMIT_TIME[n]	速度设定值监控延迟时间	0.0	DOUBLE
36300	ENC_FERG_LIMIT[n]	编码器极限频率	300000	DOUBLE
36400	CONTOUR_TOL[n]	轮廓监控公差带	1.0	DOUBLE
36500	ENC_CHANGE_TOL	位置实际值转换最大公差	0.1	DOUBLE
36510	ENC_DIFF_TOL	测量系统的同步公差	0.0	DOUBLE
38000	MM_ENC_COMP_MAX_POINTS[n]	插补补偿的最大点数	0	DWORD
38010	MM_QEC_MAX_POINTS[n]	象限误差补偿的点数	0	DWORD

6·4·5 机床设定数据

机床设定数据与前面所列举的数据不同，这类数据用户可以根据机床的情况进行修改，其中一些还可利用零件程序或在操作面板上的参数操作区域直接设置。表 6-15 给出了常用机床设定数据。常需调整的数据有：

- 有关手动操作方式下进给轴/主轴数据，如进给轴/主轴点动速度。
- 空运转进给速度及方式。
- 可编程工作区域限制。
- 可编程主轴速度限制。
- 有关轴的摆动数据。
- 与温度补偿有关的数据。

表 6-15　常用机床设定数据

数 据 号	数 据 标 识	意　　义	标 准 值	数 据 类 型
40010	JOG_VAR_INCR_SIZE	JOG 可变增量大小	0.0	DOUBLE
41050	JOG_CONT_MODE_LEVELTRIGGRO	JOG 连续：　JOG 方式 /连续	1	BOOLEAN
41100	JOG_REV_IS_ACTIVE	JOG 模式：旋转进给/进给率	0	BOOLEAN
41110	JOG_SET_VELO	JOG 方式中的轴速率	0.0	DOUBLE
41120	JOG_REV_SET_VELO	JOG 方式的轴旋转进给率	0.0	DOUBLE
41130	JOG_ROT_AX_SET_VELO	JOG 方式的轴旋转速率	0.0	DOUBLE
41200	JOG_SPIND_SET_VELO	主轴 JOG 方式下的速度	0.0	DOUBLE
41300	CEC_TABLE_ENABLE	补偿表有效	0	BOOLEAN
41310	CEC_TABLE_WEIGHT	补偿表系数	1.0	DOUBLE
42000	THREAD_STARR_ANGLE	螺纹的起始角	0	DOUBLE
42010	THREAD_RAMP_DISP	攻丝时坐标轴的加速度性能	1，1	DOUBLE
42100	DRY_RUN_FEED	空运转进给速率	5000.0	DOUBLE
42101	DRY_RUN_FED_MODE	空运转速度模式	0	BYTE
42110	DEFAULT_FEED	默认进给率	0	DOUBLE
42140	DEFAULT_SCALE_FACTOR_P	地址 P 下的默认比例系数	1	DWORD
42150	DEFAULT_SCALE_FACTOR_R	地址 P 下的默认旋转系数	0.0	DOUBLE
42160	EXTERN_FIXED_FEEDRATE	F1～F9 的固定进给率	0.0	DOUBLE
42400	PUNCH_DWELLTIME	单脉冲/步冲的暂停时间	1.0	DOUBLE
42402	NIBPUNCH_PRE_START_TIME	G603 的延时	0.02	DOUBLE
42440	FRAME_OFFSET_INCR_PROG	框架增量编程的零偏置移动	1	BOOLEAN
42442	TOOL_OFFSET_INCR_PROG	刀具增量编程的零偏置移动	—	BOOLEAN
42450	CONTPREC	轮廓精度	0.1	DOUBLE
42460	MINFEED	CPRECON 最小进给速率	1.0	DOUBLE
42465	SMOOTH_CONTUR_TOL	平滑时的最大轮廓公差	0.05	DOUBLE
42480	STOP_CUTCOM_STOPRE	刀具半径补偿和预处理停止的报警响应	1	BOOLEAN
42490	CUTCOM_G40_STOPRE	预处理停止时的 TRC 退回性能	0	BOOLEAN
42494	CUTCOM_ACT_DEACT_CTRL	刀具半径补偿的接近/退回性能	2222	DWORD
42500	SD_MAX_PATH_ACCEL	最大路径加速度	10000	DOUBLE
42600	JOG_FEED_PER_REV_SOURCE	JOG 中的控制旋转进给率	0.0	DOUBLE
42800	SPIND_ASSIGN_TAB	主轴变频器	0	BYTE
42900	MIRROR_TOOL_LENGTH	镜像加工的刀具长度符号变化	0	BOOLEAN
42910	MIRROR_TOOL_WEAR	镜像加工的刀具磨损符号变化	0	BOOLEAN
42930	WEAR_SIGN	磨损符号	0	BOOLEAN
42960	TOOL_TEMP_COMP	刀具温度补偿	0.0	DOUBLE
43120	DEFAULT_SCALE_FACTOR_AXIS	坐标轴默认比例系数 G51	1	DWORD

续表

数据号	数据标识	意义	标准值	数据类型
43200	SPIND_S	由VDI启动的主轴速度	0.0	DOUBLE
43202	SPIND_CONSTCUT_S	由VDI启动的主轴恒定速度	0.0	DOUBLE
43210	SPIND_MIN_VELO_G25	可编程主轴速度限制G25	0	DOUBLE
43220	SPIND_MAX_VELO_G26	可编程主轴速度限制G26	1000	DOUBLE
43230	SPIND_MAX_VELO_LIMS	主轴速度限制G96	100	DOUBLE
43240	M19_SPOS	用M19定位主轴的位置	0.0	DOUBLE
43250	M19_SPOSMODE	用M19定位主轴位置逼近	0	DWORD
43300	ASSIGN_FEED_PER_REV_SOURCE	定位轴/主轴的旋转进给率	0	DWORD
43340	EXTERN_REF_POSITION_G30_1	G301的参考点位置	0	DOUBLE
43400	WORKAREA_PLUS_ENABLE	正向工作区域限制有效	0	BOOLEAN
43410	WORKAREA_MINUS_ENABLE	负向工作区域限制有效	0	BOOLEAN
43420	WORKAREA_LIMIT_PLUS	工作区域限制正	10^8	DOUBLE
43430	WORKAREA_LIMIT_MINUS	工作区域限制负	-10^8	DOUBLE
43500	FIXED_STOP_SWITCH	选择移动到固定停止	0	BYTE
43510	FIXED_STOP_TORGUE	固定停止夹紧转矩	5.0	DOUBLE
43520	FIXED_STOP_WINDOW	固定停止监视窗口	1.0	DOUBLE
43700	OSCILL_REVERSE_POS1	摆动反转点1	0.0	DOUBLE
43710	OSCILL_REVERSE_POS2	摆动反转点2	0.0	DOUBLE
43720	OSCILL_DWELL_TIME1	摆动反转点保持时间1	0.0	DOUBLE
43730	OSCILL_DWELL_TIME2	摆动反转点保持时间2	0.0	DOUBLE
43740	OSCILL_VELO	摆动轴进给速度	0.0	DOUBLE
43760	OSCILL_END_POS	摆动结束位置	0.0	DOUBLE
43770	OSCILL_CTRL_MASK	摆动顺序控制	0	DWORD
43780	OSCILL_IS_ACTIVE	摆动动作有效	0	BOOLEAN
43900	TEMP_COMP_ABS_VALUE	与位置无关的温度补偿值	0.0	DOUBLE
43910	TEMP_COMP_SLOPE	与位置相关的温度补偿系数	0.0	DOUBLE
43920	TEMP_COMP_REF_POSITION	位置相关温度补偿的参考位置	0.0	DOUBLE

6.5 参考点调整

返参考点的目的是确定机床坐标原点的位置，建立起机床坐标系，同时也是软限位开关及各种补偿生效的前提条件。因此，数控系统在执行程序前必须进行返参考点操作。半闭环控制的数控机床，大都采用增量式脉冲编码器，每转产生一个零点脉冲信号，由于该信号在机床坐标系统中的位置是确定的，可以把某个零点脉冲的位置作为系统同步基准。对于闭环控制的数控机床，位置测量部件多采用光栅尺，利用与测量光栅相平行的参考标记，作为系统的同步基准。

6·5·1　参考点机床数据

常用参考点机床数据见表 6-16。

表 6-16　常用参考点机床数据

数据号	数据标识	含义
11300	JOG_INC_MODE_LEVELTRIGGRD JOG_INC 及返参考点触发方式	1：JOG_INC 和返参考点功能以点动方式进行 0：JOG_INC 和返参考点功能以连续方式进行
20700	REFP_NC__START_LOCK “NC 启动”返参考点	1：“NC 启动”需要各轴返参考点 0：“NC 启动”不需要各轴返参考点
34000	REFP_CAM_IS_ACTIV 坐标轴有返参考点挡块开关	1：有参考点挡块开关 0：无参考点挡块开关（利用零脉冲返参考点）
34010	REFP_CAM_DIR_IS_MINUS 负向返参考点	1：负向返参考点 0：正向返参考点
34020	REFP_VELO_SEARCH_CAM 返参考点速度	此参数设定的速度寻找参考点挡块，当寻找到参考点挡块后，坐标轴迅速制动停止
34030	REFP_MAX_CAM_DIST 到挡块开关的最大位移	监控寻找参考点挡块过程，只要寻找参考点挡块的实际距离超过了设定值，返参考点的过程将自动停止，并产生 20000 号报警
34040	REFP_VELO_SEARCH_MARKER[n] 搜索参考点标记的速度	坐标轴以此速度离开参考点挡块，寻找测量系统的第一个零点脉冲信号
34050	REFP_SEARCH_MARKER_REVERSE[n] 参考点挡块开关的上升沿或下降沿	1：检索参考点挡块信号的上升沿 0：检索参考点挡块信号的下降沿
34060	REFP_MAX_MARKER_DIST[n] 到参考标记的最大位移	监控寻找零点脉冲的过程，如果坐标轴移动量超过了这个距离，仍没有找到零点脉冲，返参考点的过程将自动停止，并产生 20004 号报警
34070	REFP_VELO_POS 参考点定位速度	系统检测到零点脉冲信号后，以此定位速度移动一段可设定距离后停止，返参考点过程结束
34080	REFP_MOVE_DIST[n] 参考点位移	在找到零点脉冲后以定位速度移动的距离由此参数确定。设置为负值表明是正向定位参考点；设置为正值则是负向定位参考点
34090	REFP_MOVE_DIST_CORR[n] 参考点偏置/绝对编码器偏置	机床零点与编码器零点的偏移量
34092	REFP_CAM_SHIFT[n] 电子挡块偏置	等距离零标记增量系统的电子挡块偏置

续表

数据号	数据标识	含义
34093	REFP_CAM_MARKER_DIST[n] 挡块与零标记间的距离	挡块与零标记间的距离
34100	REFP_SET_POS[n] 参考点位置	参考点的设定位置值
34110	REFP_CYCLE_NR 返参考点轴的次序	1～*n*：通道内各轴返参考点启动顺序 -1："NC 启动"不需要返参考点 0：本轴不能由通道特定返参考点功能启动
34200	ENC_REFP_MODE 返参考点方式	0：绝对编码器　1：带零脉冲的增量编码器 3：带距离编码的测量系统　5：用接近开关取代参考点挡块
34210	ENC_REFP_STATE[n] 编码器状态	0：编码器没调整　1：编码器使能调整 2：编码器已经调整
34230	ENC_SERIAL_NUMBER[n]	编码器序列号

6·5·2　增量式旋转测量系统返参考点

1. 有参考点挡块

增量式旋转测量系统多采用增量式脉冲编码器作为位置或速度反馈测量部件，为了具体确定参考点的位置，需要给每个坐标轴安装一个参考点挡块。数控系统返参考点操作，首先使坐标轴移动寻找参考点挡块，再寻找与其同步的零点脉冲信号，最后运动到参考点，图 6-10 给出了增量式编码器返参考点过程。

注意：

- 设计参考点挡块的长度，一定确保大于坐标轴减速移动的这段距离，否则坐标轴减速停止点就可能不在参考点挡块上，发生 20001 号报警，没有参考点挡块信号。
- 在寻找参考点挡块的过程中，进给倍率修调开关及进给启动/禁止使能按键有效。
- 如果坐标轴移动的距离大于 MD34030 设置的距离，仍没有找到参考点挡块，就会产生 20000 号（参考点挡块没有找到）报警，同时"参考点接近延迟"接口信号复位。

（1）在机床控制面板上选择返参考点功能，当按下轴移动键后，如果坐标轴位于参考点挡块的前面，坐标轴自动地按 MD34020 设定的返参考点速度，向 MD34010 设定方向移动，通常为坐标轴的正方向，寻找参考点挡块。如果坐标轴位于挡块之上，将不需要执行寻找参考点挡块的过程。当找到参考点挡块后，一方面坐标轴在减速信号控制下减速，并移动一小段距离后停止，这段距离与设置的返参考点速度和最大加速度有关；另一方面通过"参考点接近延迟"接口信号 DB31～DB61.DBX12.7 告诉系统，已经找到了参考点挡块，第一步工作结束。

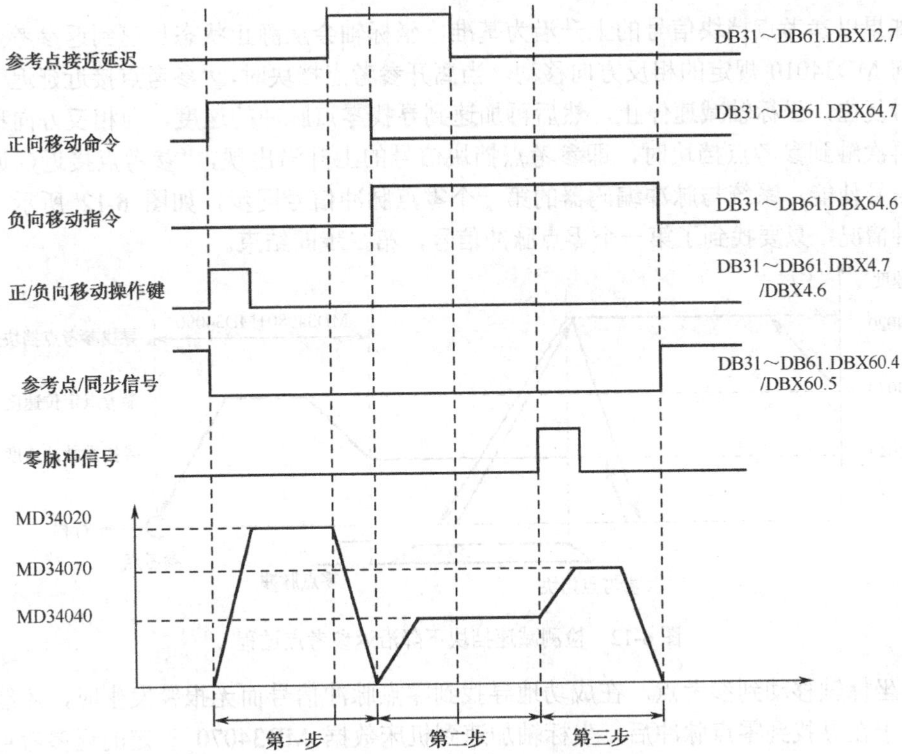

图 6-10　增量式编码器返参考点过程

（2）寻找零点脉冲信号，其控制方式取决于机床数据 MD34050 的设置。

- 如果以参考点挡块信号的下降沿为基准，坐标轴会从静止状态加速到机床数据 MD34040 设定的寻找零点脉冲速度，向 MD34010 规定的相反方向移动，寻找零点脉冲信号。当离开参考点挡块时，即参考点挡块信号的下降沿出现，“参考点接近延迟”接口信号复位，系统与脉冲编码器的第一个零点脉冲信号同步，如图 6-11 所示。

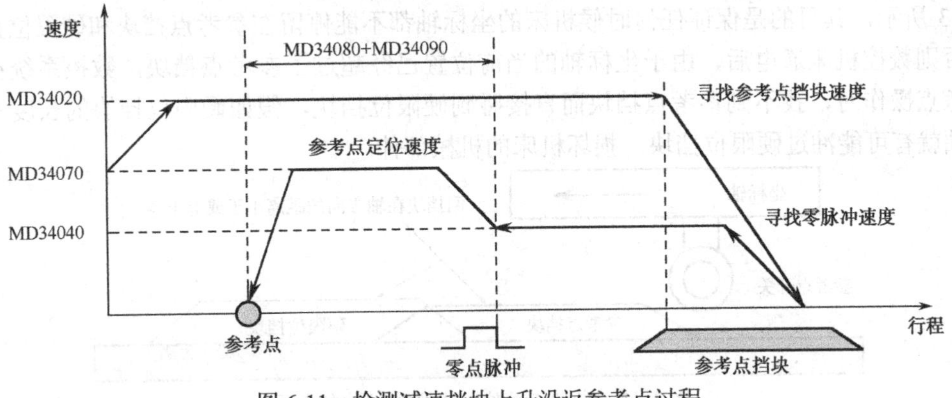

图 6-11　检测减速挡块上升沿返参考点过程

● 如果以参考点挡块信号的上升沿为基准，坐标轴会从静止状态加速到返参考点速度，向 MD34010 规定的相反方向移动。当离开参考点挡块时，“参考点接近延迟”接口信号复位，坐标轴减速停止，然后再加速到寻找零点脉冲的速度，向相反方向移动；当再次触到参考点挡块时，即参考点挡块信号的上升沿出现，“参考点接近延迟”接口信号使能，系统与脉冲编码器的第一个零点脉冲信号同步，如图 6-12 所示。无论哪种情况，只要找到了第一个零点脉冲信号，第二步即结束。

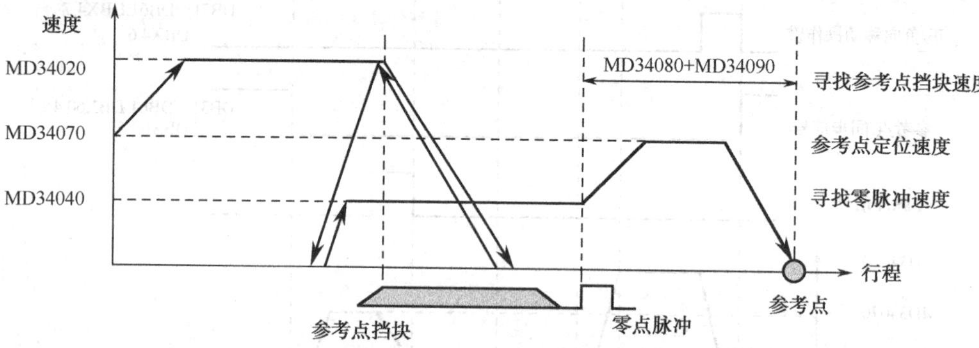

图 6-12　检测减速挡块下降沿返参考点过程

（3）坐标轴移动到参考点。在成功地寻找到零点脉冲信号而无报警发生时，才能执行第三步。由于在寻找到零点脉冲后，坐标轴加速到机床数据 MD34070 设定的返参考点定位速度，移动到参考点停止。从零点脉冲上升沿到参考点的移动距离，由机床数据 MD34080 和 MD34090 决定，这段距离就是两数据之和。在坐标轴到达参考点后，通过“参考点值”接口信号 DB31～DB61.DBX2.4～DBX2.7 的选择，把机床数据 MD34100 中的设定值赋给参考点，此时，参考点/同步接口信号 DB31～DB61.DBX60.4～60.5 使能，位置测量系统与控制系统同步有效，整个返参考点过程结束，机床可以正常工作了。

在实际应用中，参考点挡块通常设置在轴的一端，为了设计方便，一般在靠近坐标轴硬限位挡块的位置，这时要求参考点挡块与硬限位挡块之间的轴向距离应该小于或等于零，如图 6-13 所示，其目的是保证任何时候机床的坐标轴都不能停留在参考点挡块和硬限位挡块之间。否则数控机床通电后，由于坐标轴的当前位置已经超过了参考点挡块，数控系统在执行返参考点操作时，找不到参考点挡块而直接碰到硬限位挡块，假如硬限位挡块的长度不够，坐标轴就有可能冲过硬限位挡块，损坏机床的机械部件。

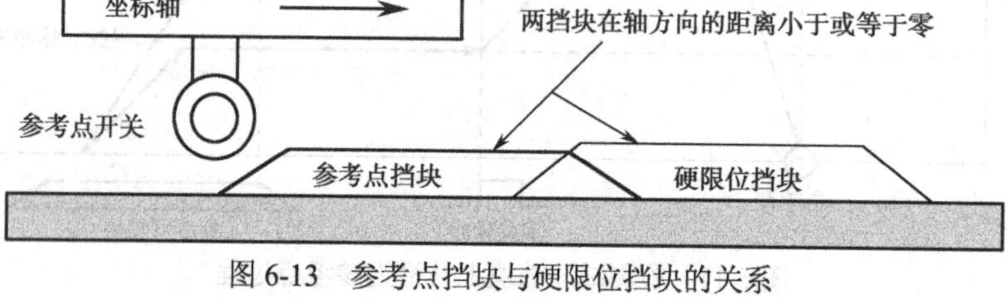

图 6-13　参考点挡块与硬限位挡块的关系

注意：

- 在寻找零点脉冲信号的过程中，进给倍率修调开关无效，NC 启动/停止按键也无效，但进给启动/禁止使能键有效，如果轴停止，将会发生 20005 号（返参考点中止）报警。
- 离开参考点挡块后，坐标轴移动的距离大于 MD34060 设置的距离，仍没有找到零点脉冲信号，就会产生 20002 号（零点脉冲没有找到）报警，同时“参考点接近延迟”接口信号复位。

2. 无参考点挡块

如果把 MD34000 设置为 0，则返参考点方式将是不带参考点挡块，这时的同步脉冲信号是编码器的零脉冲或接近开关信号 BERO。启动返参考点，轴将以 MD34040 设置的速度移动，寻找同步脉冲信号。一旦找到同步脉冲，就以参考点 MD34070 规定的定位速度移动到参考点，移动的距离等于机床数据 MD34080 与 MD34090 之和，如图 6-14 所示。

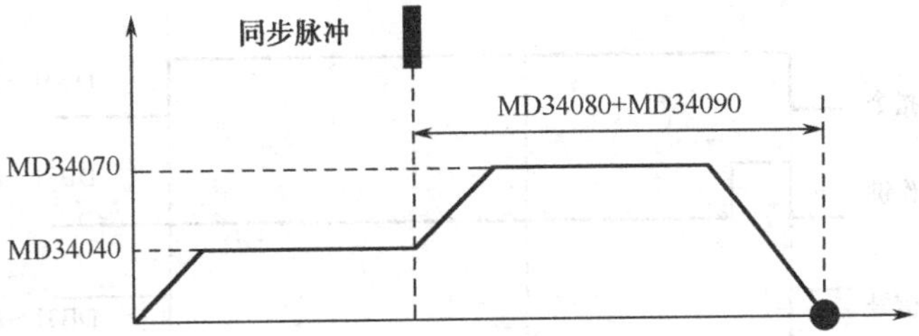

图 6-14　无参考点挡块返参考点过程

6·5·3　带距离编码的线性测量系统返参考点

810D/840D 采用的带距离编码的线性测量系统是直线光栅尺，这种线性测量系统返参考点不需要参考点挡块，利用的是光栅尺上相邻的参考标记，就能确定参考点的位置。图 6-15 所示是 HEIDHAIN 带距离的编码光栅尺，从第 1 个参考标记起，相邻奇数参考标记间的距离是 20mm，从第 2 个参考标记起，相邻偶数参考标记间的距离是 20.2mm，连续两个参考标记间的距离按一定规律变化，如参考标记 1、2 间的距离是 10.2mm，参考标记 3、4 间的距离是 10.4mm，以此类推，其变化量为 0.2mm，设置在机床数据 MD34310 中。系统在执行返参考点操作时，无论是正向移动还是反向移动，只需移动量跨过两个参考标记，系统根据相邻两个参考标记之间的变化量，就可以确定机床各坐标轴的位置，完成返参考点操作，建立起机床坐标系统。

采用带距离编码光栅尺的闭环控制系统返参考点过程分为两步，如图 6-16 所示，第一步是寻找光栅尺上两个相邻参考标记，作为系统的同步信号；第二步是确定参考点，建立机床坐标系。

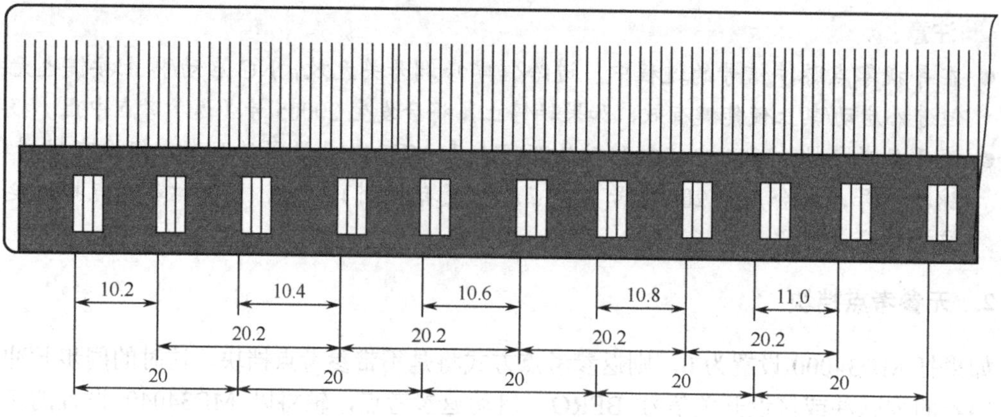

图 6-15　带距离编码的光栅尺

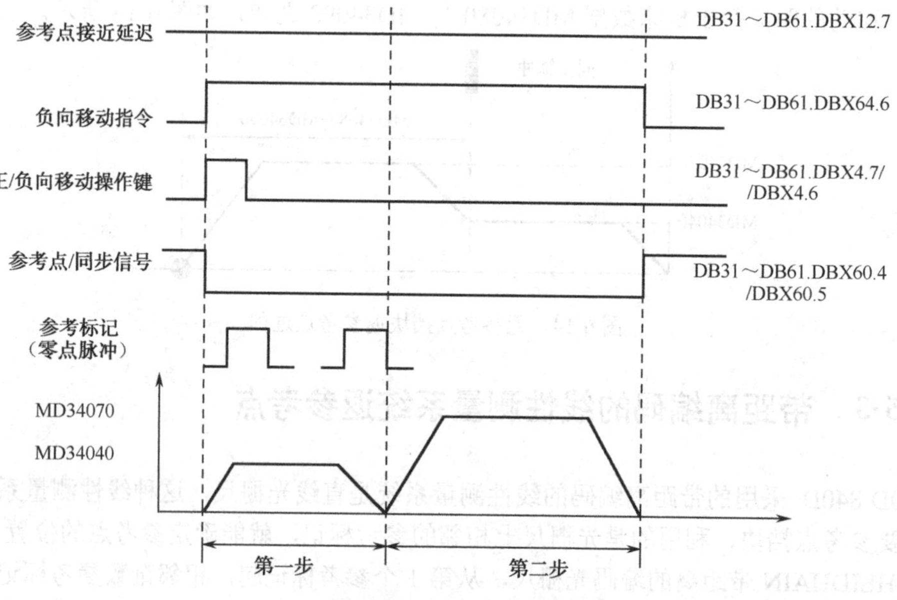

图 6-16　线性测量系统返参考点过程

（1）在返参考点操作方式下，按坐标轴移动键（正向或反向），由接口信号 DB31～DB61.DBX4.7 或 DBX4.6，启动系统寻找同步参考标记，同时参考点/同步信号 DB31～DB61.DBX60.4～DBX60.5 被复位，通道返参考点信号 DB21.DBX36.2 也被复位。坐标轴移动穿过两个相邻参考标记的过程中，如果移动的距离超过了机床数据 MD34300 的两倍，系统会以 MD34040 规定的一半速度向相反方向继续寻找两个参考标记。

（2）坐标轴穿过两个参考标记，而又没发生任何报警，就自动地进入第二步返参考点过程，移动到一个固定点，以便定位参考点。由于两个连续参考标记间的距离按一定值变化，系统能精确地识别参考标记和坐标轴在光栅上的实际位置，这个位置仅相对于光栅的第一个参考标记。为了设置参考点，需要在机床数据 MD34090 中输入机床原点与光栅上第一个参考标记间的距离，也称绝对偏移量。绝对偏移量的计算与测量系统相对于机床坐标系的方向（相同或相反）有关：

相同：所测得的位置+显示的实际位置；

相反：所测得的位置-显示的实际位置。

通过操作面板获得机床轴的实时位置，测量当前机床轴相对于机床零点的偏置值，计算出绝对偏移量并输入 MD34090 中，然后重新启动机床返参考点。系统会自动根据坐标轴在光栅尺上的位置和绝对偏移量，确定参考点的值。如果在 MD34330 中设置的是无目标点方式，当穿过两个参考标记后坐标轴停止，同时也就确定了参考点的位置，参考点/同步信号置 1，返参考点过程结束。如果选择了带目标点方式，坐标轴加速到 MD34070 中设定的速度，移动到 MD34100 设定的位置停止，参考点/同步信号置 1，返参考点过程结束。

注意：

- 轴反方向移动后，如果检测到的距离仍大于机床数据 MD34300 的两倍，坐标轴将停止移动并产生 20003 号测量系统错误报警。
- 坐标轴运动的距离达到了 MD34060 规定的数值而没有发现两个参考标记，返参考点过程中止，产生 20004 号参考标记丢失报警信息。

6.5.4 绝对式测量系统参考点调整

由于绝对编码器的编码与进给轴的位置是唯一对应的，在数控系统上电时且相应进给轴被识别后，系统自动执行返参考点功能，接收绝对编码器当前位置而不发生轴移动。自动返参考点必须满足两个前提条件，即进给轴使用绝对编码器控制位置；绝对值编码器已校正（MD34210 = 2)。带有绝对编码器的测量系统，无须通过返参考点挡块进行同步，只需采取校正的方式，就是移动待校正的进给轴到达给定位置，然后设定实际值作为参考点值。拆除/安装或更换绝对编码器，更换内部装有绝对编码器的电机，带有绝对编码器的电机与负载间的变速换挡改变，绝对编码器和负载间的连接被断开且还未重新连接，在这些情况下，都需要进行绝对编码器的调整。其调整的一般步骤为：

（1）设定 MD34200（绝对编码器）的值为 0 和 MD34210（编码器未调整）的值为 0。

（2）在 JOG 方式下，手动按照定义的方向，使轴缓慢地进给到已知的位置，确保该位置不被驱动系统中的间隙抵消，进给的方向必须符合 MD34010 中的规定。

（3）在 MD34100 输入需到达位置的实际值。该值可以是特定值（如固定停止)，或者使用测量系统计算。

（4）设定 MD34210 的值为 1，表示编码器使能“校正”功能。

（5）按复位键，使修改后的机床数据生效。

（6）切换到 JOG-REF 方式。

（7）按下第（2）步中使用的进给键，将当前偏移值设定到 MD34090，同时 MD34210 的值变为 2，即编码器已调整。

（8）如果按了相应的进给键，进给轴不能移动，MD34100 中输入的值将在进给轴实际位置中显示。

（9）退出 JOG-REF 方式，轴校正完毕。

6·5·5 参考点常见故障

数控机床返参考点出现故障时，针对具体情况应从以下几方面入手：

- 先检查参考点挡块是否松动，参考点触点开关是否松动或是否损坏；
- 检查反馈测量系统的测量电缆；
- 检查编码器电源电压和输出信号；
- 检查有关参考点机床数据的设置；
- 检查有关参考点内部数据接口信号及 PLC 接口信号。

坐标轴不能返参考点或找不到参考点故障产生的原因及处理措施见表 6-17。坐标轴返参考点时出现误差的原因及采取的措施见表 6-18。

表 6-17 不能返参考点故障

序　号	原　因	检查及处理
1	没有参考点挡块信号	检查接口信号：DB31～61.DBX12.7，确认减速信号正确输入。检查减速挡块及连接电缆，并根据 PLC 程序，检查信号的逻辑条件
2	操作方式选择不正确	诊断 DB21.DBX1.0 的状态； 检查操作方式是否处于返参考点的工作状态
3	返参考点轴的运动方向选择不正确	根据 CNC 参数 MD34010 设置的返参考点方向，正确选择轴的运动方向； 确认轴方向信号连接，根据 PLC 程序检查信号逻辑条件
4	返参考点的起点不正确	返参考点的起点距参考点太近，从返参考点的起点到参考点的距离至少相当于电机两转的移动量
5	脉冲编码器的电源连接不良	检查脉冲编码器电源，其电压必须大于 4.75V，电源电压要求（5.0±0.05）V，连接编码器电路上的压降不能超过 0.2V，否则应增加电源导线面积
6	脉冲编码器故障	利用示波器检查脉冲编码器信号，若有故障则更换脉冲编码器
7	减速开关故障	检查减速开关的工作情况，维修或更换减速开关
8	返参考点出现超程报警	轴在参考点挡块之外； 减速挡块有故障； 电机与丝杠间的相对连接位置发生了变化

表 6-18　返参考点偏差故障

序　号	原　因	检查及处理
1	减速挡块位置发生了变化	检查减速挡块是否松动，固定减速挡块
2	减速开关位置发生了变化	检查减速开关是否松动，是否损坏； 固定减速开关，若有故障则维修或更换
3	零脉冲信号受到干扰	检查反馈电缆屏蔽线连接是否正确，接地是否良好，布线是否合理； 采取必要的措施，减小零脉冲信号干扰
4	脉冲编码器的电源电压过低或波动	脉冲编码器电源电压必须大于 4.75V，即在 5.05～4.75V 之间
5	脉冲编码器信号不良	利用示波器检查编码器信号，确认全部信号输出正常，若有故障则更换脉冲编码器
6	电缆连接不良	检查电缆连接，确保连接可靠
7	接近参考点速度太快	检查机床数据 MD34070 设置的速度，减小接近参考点速度
8	参考点位置随机性大	脉冲编码器“零脉冲”不良； 丝杠与电机间的连接不良
9	参考点位置为固定偏差	重新调整参考点挡块位置，使得挡块放开点与“零脉冲”位置相差在半个螺距左右
10	参考点定位精度差	参考点减速速度、位置环增益设置是否正确； 测量编码器+5V 电压是否正常； 返参考点的动作过程是否正确； 编码器连接电缆的屏蔽线不良

6·5·6　参考点典型故障维修示例

【例 6-1】 零点脉冲引起的返参考点故障

故障现象： 某数控车床配置 810D 数控系统，在执行返参考点操作过程中有时找不到参考点。

分析与处理： 经多次检查发现在离开参考点“减速挡块”后，机床坐标轴有减速动作，移动方向也正确，但总找不到参考点，因此怀疑脉冲编码器的“零点脉冲”信号存在问题，系统检测不到“零点脉冲”信号。检查脉冲编码器的电源，正常情况下应是+5V，结果发现只有 4.5V，且有波动，因此可以判断故障可能是电源电压过低或波动引起的脉冲信号异常，有时就找不到参考点。电源电压波动的原因是线路接触不良，经重新连接后，机床返参考点恢复正常。

【例 6-2】 参考点发生一个螺距的偏移故障

故障现象：某数控车床配置 810D 数控系统，在执行返参考点后，执行程序发现 X 轴的位置产生了一个螺距的偏移。

分析与处理：在首次启动零件程序就发现某轴的定位位置产生一个固定的偏移量，一般与返参考点有关，也就是说参考点的位置发生了变化。当 X 轴的“减速挡块”位置调整不合适时，经常出现此故障。解决这一问题的最好方法，是使实际参考点与“减速挡块”开关动作点之间的间距大于 1/2 丝杠螺距，机床就能正确地返参考点。

【例 6-3】 参考点位置出现随机性偏差

故障现象：某数控铣床配置 840D 数控系统，每次返参考点动作虽然正常，但参考点位置出现随机性偏差，即每次定位都在不同的位置。

分析与处理：数控铣床每次返参考点动作正常，说明正确执行了机床返参考点的功能，由此可以排除数控系统、电缆连接等方面的原因。进一步检查发现，机床参考点位置虽然每次都在变化，但总是处在参考点“减速挡块”放开后的位置上，因此可以初步判断故障是由于脉冲编码器的“零点脉冲”不良或电机与丝杠连接存在问题引起的。该机床为半闭环控制，脱开连接电机与丝杠的联轴器，并通过手压参考点“减速挡块”，进行返参考点试验，结果每次返参考点后电机总是可以停在某一固定的位置上，说明编码器的“零点脉冲”信号无问题，故障应在电机与丝杠的连接上。进一步检查发现，连接电机与丝杠的联轴器内部“弹性胀套”配合松动，致使电机与丝杠连接不良。通过修整“弹性胀套”后，机床返参考点正常。

【例 6-4】 在执行反参考点时发生超程故障

故障现象：某机床配置 840D 数控系统，在执行返参考点操作时，结果发生超硬限位报警。

分析与处理：检查发现参考点“减速挡块”的位置发生了移动，几乎在硬限位开关之后，系统在返参考点的过程中，试图寻找参考点“减速挡块”，但未找到却碰到了硬限位开关。这是因为参考点“减速挡块”未能可靠地固定，在开关与参考点“减速挡块”长期多次接触后，位置产生了位移，导致了超程报警。重新固定“减速挡块”后，机床返参考点正常。

第 7 章　机床轴配置

810D/840D 系统对机床轴的功能，都是通过机床数据定义的，并按照一定规则进行配置，而且一旦配置完成，原则上不允许再进行修改，否则机床就不能启动了，本章主要介绍机床轴的配置方法。

7.1　机床轴的配置方法

7·1·1　机床轴的定义

810D/840D 系统对机床轴分别进行了定义，在进行机床数据设置时，需要根据机床的具体情况进行配置，包括机床轴、通道轴、几何轴、附加轴、路径轴、定位轴和同步轴等，图 7-1 给出了机床轴之间的关系。

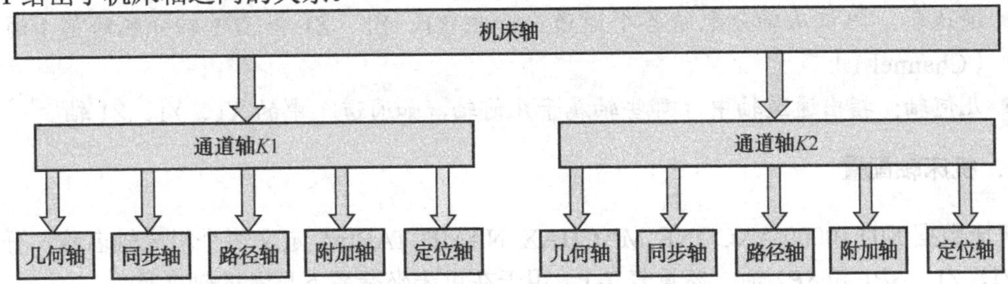

图 7-1　机床轴之间的关系

- 机床轴：机床轴是机床上所有实际存在的轴。
- 通道轴：分配给某一通道的几何轴、同步轴和附加轴等都是该通道的通道轴，如 X、Y、Z、A、B、C、U、V、W 轴等。
- 几何轴：又称为坐标轴或进给轴，其特点是具有几何关系且构成直角坐标系，如基本坐标系（BCS）中的 *X*、*Y*、*Z* 轴；工件坐标系中的轴通过坐标变换，如平移、旋转、比例、镜像等，可转换到基本坐标系。

- 附加轴：又称为辅助轴，附加轴之间不具有几何关系的轴，如旋转工作台、尾座等。
- 路径轴：能确定刀具运动的可编程轴，进给率对路径轴有效，其主要特点是它们一起完成插补。一个通道内的所有路径轴有共同路径插补器，具有共同的加速阶段、恒定的位移阶段和共同的减速阶段。
- 定位轴：定位轴的主要特点是它们分别完成插补，即每个定位轴有它自己的轴插补器。每个定位轴有它自己的进给速度和自己的加速特性曲线。典型的定位轴是零件的装载和卸载定位、刀具的装卸定位等，标识符为 POS、POSA、POSB。
- 同步轴：同步轴与路径轴一起完成插补，通道内的所有路径轴、同步轴具有共同的加速和减速阶段。
- PLC 轴：通过 PLC 控制的机床轴，它们的运动可以与其他所有的轴不同步，运动的产生与路径和同步运动无关。

7·1·2 轴配置规则

现以车床和铣床在系统第 1 通道内轴的配置为例，介绍其机床轴的配置方法。假定某车床为 3 轴，分别为进给轴 *X*、*Z* 和主轴 *SP*。铣床有 5 个轴，分别为进给轴 *X*、*Y*、*Z* 和主轴 *SP*1、*SP*2 轴。810D/840D 系统轴的配置分 3 个层次，即机床级、通道级和编程级，分别配置机床轴、通道轴、几何轴与附加轴。

轴配置顺序

- 机床轴：把实际存在的轴分配给机床，如坐标轴 *X*1、*Y*1、*Z*1，主轴 *SP*1、*SP*2 等；
- 通道轴：把机床轴分配给各个通道，如把 *X*1、*Y*1、*Z*1 和 *SP*1 轴分配给第 1 通道（Channel 1）；
- 几何轴：指出通道轴中，哪些轴属于几何轴，如通道 1 中的 *X*1、*Y*1、*Z*1 轴

1．机床轴配置

机床数据 MD 10000 AXCONF_MACHAX_NAME_TAB[n] 定义每个机床轴名称，分别为 *X*1、*Y*1、*Z*1、*SP*1 和 *SP*2 轴，参见表 7-1，用于在机床坐标系下显示的轴名称。

表 7-1　机床轴的配置

Generl 数据	车　床		铣　床	
	轴 名 称	说　明	轴 名 称	说　明
MD 10000[0]	*X*1	第 1 机床轴名 *X*1	*X*1	第 1 机床轴名 *X*1
MD 10000[1]	*Z*1	第 2 机床轴名 *Z*1	*Y*1	第 2 机床轴名 *Y*1

续表

Generl 数据	车床		铣床	
	轴名称	说明	轴名称	说明
MD 10000[2]	*SP*1	第 3 机床轴名 *SP*1（主轴）	*Z*1	第 3 机床轴名 Z1
MD 10000[3]			*SP*1	第 4 机床轴名 *SP*1（主轴 1）
MD 10000[4]			*SP*2	第 5 机床轴名 *SP*2（主轴 2）

2. 通道轴配置

通道轴的配置就是把机床轴分配到某个几何通道中，否则默认机床轴不存在，例如在机床数据 MD 10000 [4] 定义了机床轴 *SP*2，而在 MD 20070 [4]中没有定义 5，则无法显示机床轴 *SP*2。

利用通道机床数据 MD 20070AXCONF_MACHAX_USED[n]，把机床轴分配给各个通道。表 7-2 所示是把机床轴分配给了通道 1。

表 7-2 机床轴分配给通道 1

Generl 数据	车床		铣床	
	轴	说明	轴	说明
MD 20070[0]	1	*X*1 为第 1 个通道轴	1	*X*1 为第 1 个通道轴
MD 20070[1]	2	*Z*1 为第 2 个通道轴	2	*Y*1 为第 2 个通道轴
MD 20070[2]	3	*SP*1 为第 3 个通道轴	3	*Z*1 为第 3 个通道轴
MD 20070[3]			4	*SP*1 为第 4 个通道轴
MD 20070[4]			5	*SP*2 为第 5 个通道轴

在定义了通道轴之后，还必须给通道轴定义名称，以便对通道轴进行编程。通道轴的名称用通道机床数据 MD 20080 AXCONF_CHANAX_NAME_TAB[n]确定。表 7-3 给出了通道轴的名称。

表 7-3 定义通道轴名称

Generl 数据	车床		铣床	
	轴名称	说明	轴名称	说明
MD 20080[0]	*X*	该通道第 1 个轴名	*X*	该通道第 1 个轴名
MD 20080[1]	*Z*	该通道第 2 个轴名	*Y*	该通道第 2 个轴名
MD 20080[2]	*SP*	该通道第 3 个轴名	*Z*	该通道第 3 个轴名
MD 20080[3]			*SP*1	该通道第 4 个轴名
MD 20080[4]			*SP*2	该通道第 5 个轴名

3．几何轴配置

在定义通道轴中，必须指出哪些轴属于几何轴，哪些轴属于非几何轴，对于建立坐标系进行编程是必须明确的。因为几何轴的进给位移和速度是联动控制，而非几何轴的速度是单独控制。几何轴用通道机床数据 MD 20050 AXCONF_CHANAX_NAME_TAB[n]确定。表 7-4 给出了通道轴 1 中几何轴的配置。

表 7-4　通道轴 1 中几何轴的配置

Generl 数据	车　床		铣　床	
	轴	说　明	轴	说　明
MD 20050[0]	1	*X*1 为第 1 个几何轴	1	*X*1 为第 1 个几何轴
MD 20050[1]	0		2	*Y*1 为第 2 个几何轴
MD 20050[2]	2	*Z*1 为第 2 个几何轴	3	*Z*1 为第 3 个几何轴

通道中几何轴的名称用通道机床数据 MD 20060 AXCONF_CHANAX_NAME_TAB[n]确定。表 7-5 给出了通道轴中几何轴的名称。

表 7-5　通道轴中几何轴的名称

Generl 数据	车　床		铣　床	
	轴 名 称	说　明	轴 名 称	说　明
MD 20060[0]	*X*	第 1 个几何轴名 *X*	*X*	第 1 个几何轴名 *X*
MD 20060[1]			*Y*	第 2 个几何轴名 *Y*
MD 20060[2]	*Z*	第 2 个几何轴名 *Z*	*Z*	第 3 个几何轴名 *Z*

7·1·3　轴驱动配置

在操作屏幕上，依次按“Start up”（启动）→“Machine data”（机床数据）→“Drive config”（驱动设置）软键，显示驱动配置界面。配置完成后，相应的状态或数据被保存在对应的机床数据中，如图 7-2 所示。

驱动配置顺序

- 驱动类型：定义该驱动是主轴驱动 MSD 还是进给轴驱动 FDD；
- 选择驱动模块：根据电机电流大小选择驱动模块；
- 选择电机：按照电机铭牌选择相应电机；
- 定义槽号和驱动逻辑号：840D 从 NCU 开始选择 1～5，810D 从 CCU 开始选择 1～6；
- 激活驱动：选择 YES 或 NO；
- 保存驱动配置文件。

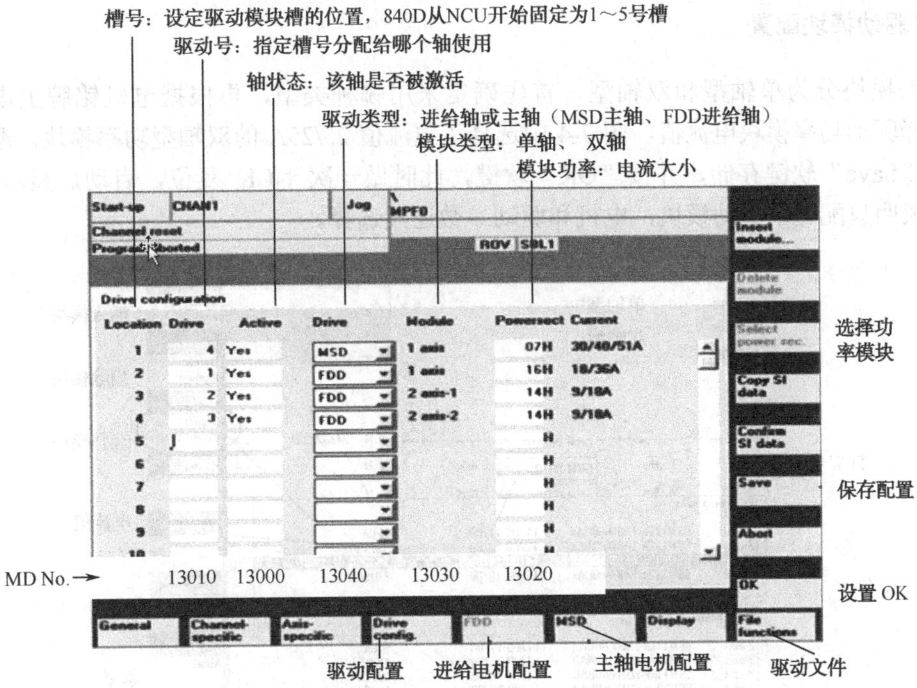

图 7-2　轴驱动配置界面

1．驱动配置

驱动配置就是配置驱动模块，确定是进给伺服驱动还是主轴驱动，如图 7-3 所示，在槽 1 中配置了主轴 MSD，对应的驱动器号为 4；在槽 2 中配置了进给轴 FDD，对应的驱动器号为 1。

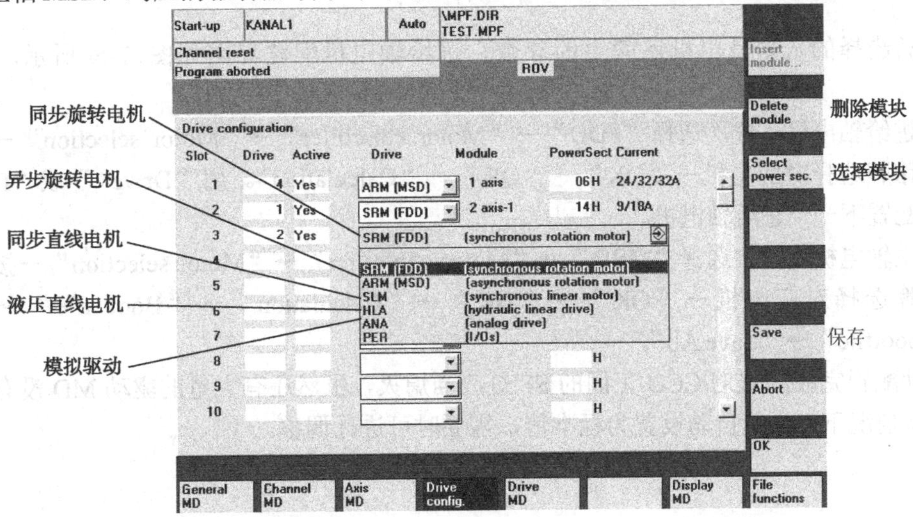

图 7-3　驱动配置

2. 驱动模块配置

驱动模块分为单轴型和双轴型，首先确定采用哪种类型，再根据电机铭牌上电流的大小，选择驱动功率模块电流值，图 7-4 中选择了电流值 25/25A 的双轴型功率模块。配置完成后，按“Save”软键存储，并按“OK”软键，此时做一次 NCK 复位，启动后显示 300701 报警，表明只配置了驱动模块，电机和驱动参数还没选择。

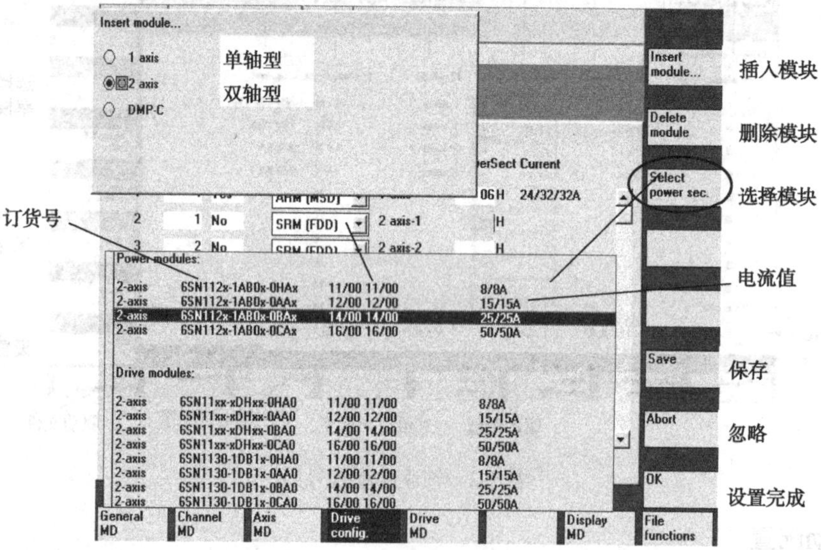

图 7-4 驱动模块配置

3. 电机配置

电机选择的依据是电机铭牌上的参数，进给轴电机配置界面如图 7-5 所示。操作步骤为：

- 进给轴电机：依次选择“FDD”→“Motor controller”→“Motor selection”→按电机铭牌选择对应电机→“OK”→“OK”→“Calculation”。用“Drive+”或“Drive-”配置下一个进给轴电机。
- 主轴电机：依次选择“MSD”→“Motor controller”→“Motor selection”→按电机铭牌选择对应电机→“OK”→“OK”→“Calculation”→“Boot file”→“Save bootfile”→“Save All”。

驱动配置完成，NCU/CCU 正面的 SF 灯应当熄灭，虽然还有大量的驱动 MD 没有设置，但在默认情况下，系统自动设置为标准值，需要时可进行调整。

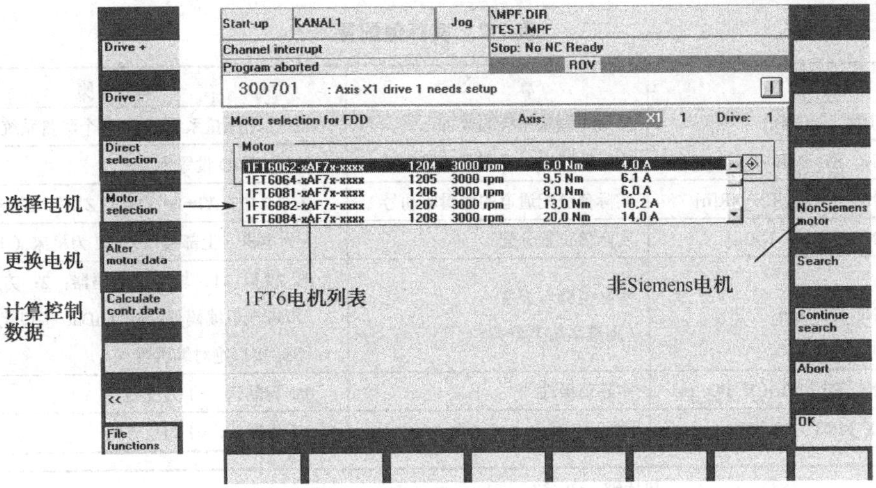

图 7-5　进给轴电机配置界面

7.2　设定值与实际值配置

810D/840D 系统对每个轴都要定义一个设定值通道和至少一个实际值通道，以构成位置或速度控制回路。设定值通道由机床数据 MD30110 指定逻辑驱动器号，而实际值通道由机床数据 MD30220[*n*]指定逻辑驱动器号，其中 *n* 是测量系统的选择，[0]用于第 1 测量系统，[1]用于第 2 测量系统。一般来说，作为电机的第 1 测量系统总是存在的，用于速度控制或位置半闭环控制。电机与其测量系统必须连接到同一个驱动模块上，如电机测量系统接口 X411 用于速度控制。图 7-6 和图 7-7 分别给出了 810D 和 840D 配置的实例。

设定值与实际值配置是通过机床数据完成的，表 7-6 和表 7-7 分别给出了设定值和实际值分配所用的主要机床数据。

表 7-6　设定值配置

机 床 数 据	意　义	说　明
MD30100 CTRLOUT_SEGMENT_NR[n]	设定值指定：设置驱动器类型	810D/840D 设置为 1
MD30110 CTRLOUT_MODULE_NR[n]	设定值分配通道的逻辑驱动号	图 7-7 中，*X*1=1，*Y*1=2，*Z*1=3，*SP*1=4
MD30120 CTRLOUT_NR[n]	设定值输出在子模块/模块	611D 设置为 1
MD30130 CTRLOUT_TYPE[n]	设定值输出类型	0 为虚拟轴，1 为设定值输出，2 和 3 为步进电机

表 7-7 实际值配置

机床数据	意 义	说 明
MD30200 NUM_ENCS[n]	某通道测量系统的数目	1：一个测量系统；2：两个测量系统
MD30210 ENC_SEGMENT_NR[n]	实际值指定：设置驱动器类型	810D/840D 设置为 1
MD30220 ENC_ MODULE_NR[n]	实际值分配通道的逻辑驱动号	图 7-7 中，*X*1=1，*Y*1=2，*Z*1=3，*SP*1=4
MD30230 ENC_INPUT_NR[n]	实际值位置分配	1 为电机（上部接口），2 为机床（下部接口）
MD30240 ENC_TYPE[n]	实际值输入类型（测量系统类型）	0：模拟；1：增量式编码器；2：方波编码器；3：步进电机编码器；4：EnDat 接口绝对编码器；5：SSI 接口绝对编码器
MD32110 ENC_FEEDBACK_POL[n]	实际值极性	0/1 为默认，-1 为变极性
MD32100 AX_MOTION_DIR	轴运动方向	0/1 为默认，-1 为反方向

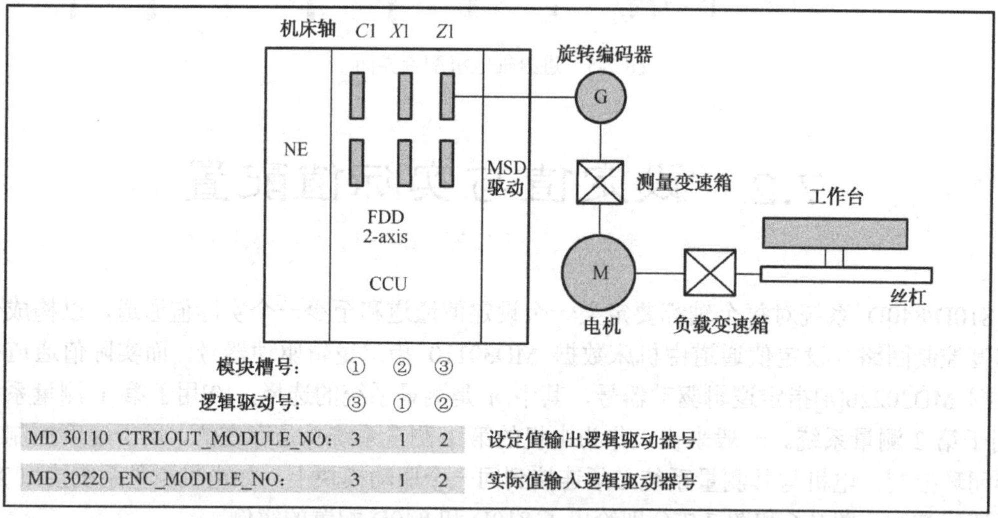

图 7-6 810D 设定值与实际值配置

配置参数

- 配置设定值逻辑驱动器号：指出设定值输出到哪个驱动模块上，参见图 7-6 与图 7-7；
- 配置实际值逻辑驱动器号：指出实际值输入到哪个驱动模块上，对于同一个驱动轴而言，应与设定值模块一致，参见图 7-6 与图 7-7；
- 配置设定值输出类型：指出是设定值输出还是步进电机输出；
- 配置实际值输入位置：实际值是输入到上部测量接口还是下部测量接口，参见图 7-6 与图 7-7；
- 配置实际值输入类型：是模拟输入还是其他输入（与测量系统类型有关）；
- 配置实际值输入极性；
- 配置运动方向。

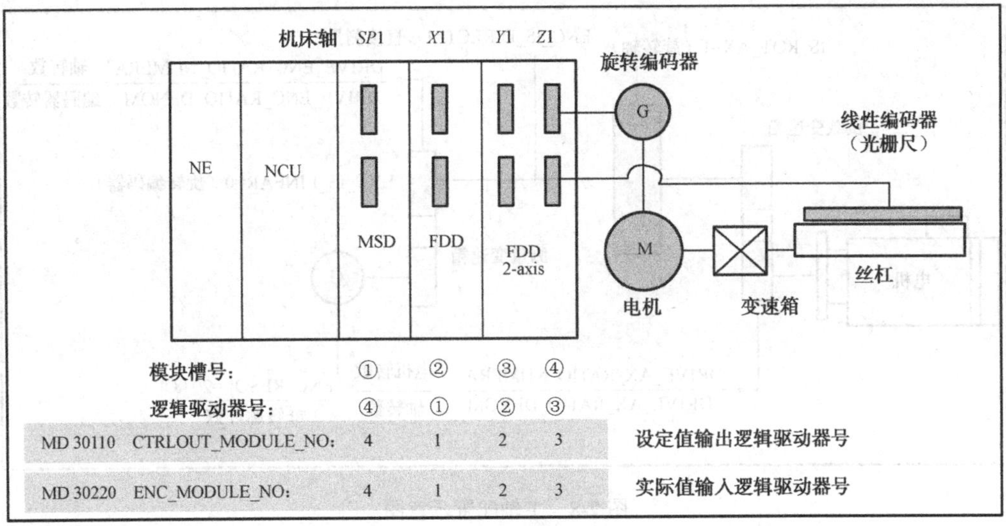

图 7-7　840D 设定值与实际值配置

7.3　轴的调整

7·3·1　主轴调整

1. 主轴机床数据配置

调整前提条件：

- 主轴轴配置完成；
- 主轴驱动配置完成；
- 设定值与实际值设置完成。

主轴作为旋转轴配置数据见表 7-8，配置示意图见图 7-8。

表 7-8　主轴配置机床数据

机床数据	数　值	说　明
MD 30300 IS_ROT_AX	1	设此轴为旋转轴，0 为直线轴
MD 30310 ROT_IS_MODULO	1	设此轴为模态轴，0 为非模态轴
MD 30320 DISPLAY_IS_MODULO	1	设此轴为模态显示，0 为非模态显示
MD 30330 MODULO _RANGE	360	模态值为 360°或 720°
MD 35000 SPIND_ASSIGN_TO_MACHAX	1	声明为第 1 主轴，“2”为第 2 主轴

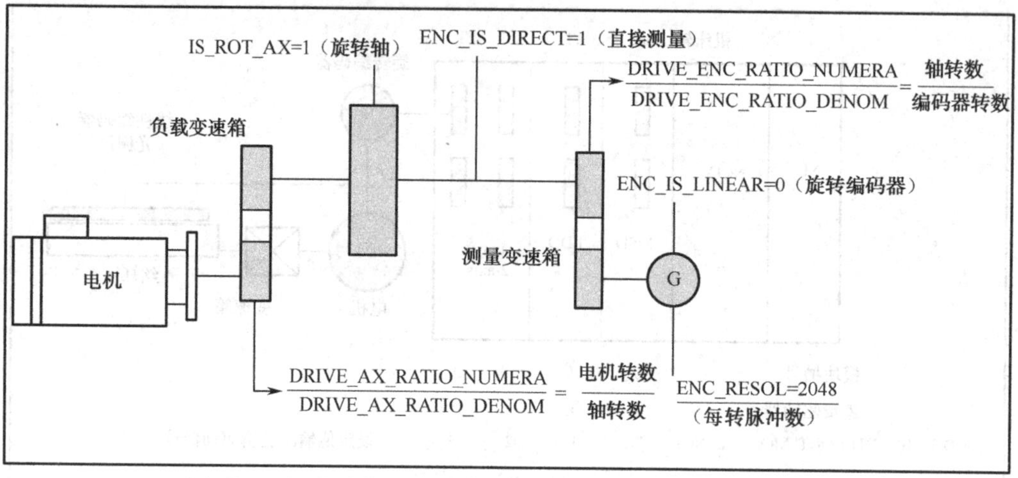

图 7-8　主轴配置示意图

2. 主轴挡位设置

主轴挡位设置机床数据见表 7-9，配置示意图见图 7-9。

表 7-9　主轴挡位设置机床数据

机床数据	说明
MD 35100 SPIND_VELO_LIMIT	主轴最高转速
MD 35110 GEAR_STEP_MAX_VELO[n]	第 *n* 挡最高速度，即用于自动换挡的本齿轮级的最高转速
MD 35120 GEAR_STEP_MIN_VELO[n]	第 *n* 挡最低速度，即用于自动换挡的本齿轮级的最低转速
MD 35130 GEAR_STEP_MAX_VELO_LIMIT[n]	第 *n* 挡最高速度极限，在本挡中此速度不能被超过
MD 35140 GEAR_STEP_MIN_VELO_LIMIT[n]	第 *n* 挡最低速度极限，编程中即使有较小值也不会低于此值
MD 35200 GEAR_STEP_SPEEDCTRL_ACCEL[n]	第 *n* 挡加速度，速度模式控制运行的加速度
MD 35210 GEAR_STEP_POSCTRLL_ACCEL[n]	第 *n* 挡加速度，位置模式控制运行的加速度
MD 36060: STANDSTILL_VELO_TOL	转速误差
MD 36200: AX_VELO_LIMIT[n]	第 *n* 挡速度监控

3. 主轴速度监控

主轴最高转速设置在机床数据 MD 35100: SPIND_VELO_LIMIT 中。系统把主轴速度限制为此值，若超出则发生报警。通过 MD 36200: AX_VELO_LIMIT[1...5]监控齿轮箱级主轴的转速。主轴速度监控如图 7-10 所示。

- 若实际速度超过 MD 36200 设置的极限值，则产生报警“25030 axis [Number] actual speed alarm limit”。
- 若速度低于 MD 36060:STANDSTILL_VELO_TOL 设定的转速误差，则接口信号“轴/

主轴静止”会有指示。

- 若主轴转速误差在 MD 35150:SPIND_DES_VELO_TOL 规定的允差范围内，则接口信号“Spindle in setpoint range”有输出。
- 如果主轴处于位控模式，则监控功能：轮廓误差 MD36400、零速位置误差 MD36030 和准确定位 MD36000、MD36010 都有效。

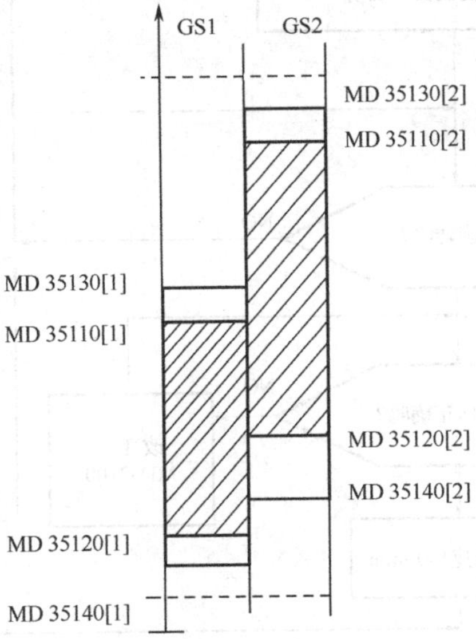

图 7-9 主轴挡位配置示意图

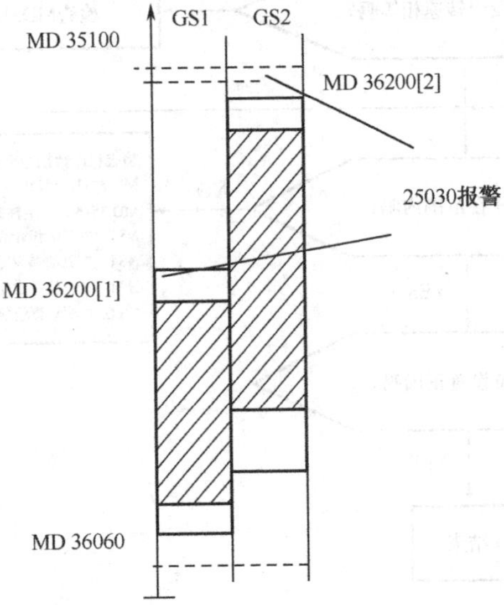

图 7-10 主轴速度监控

4. 主轴调整步骤

主轴调整步骤如图 7-11 所示。

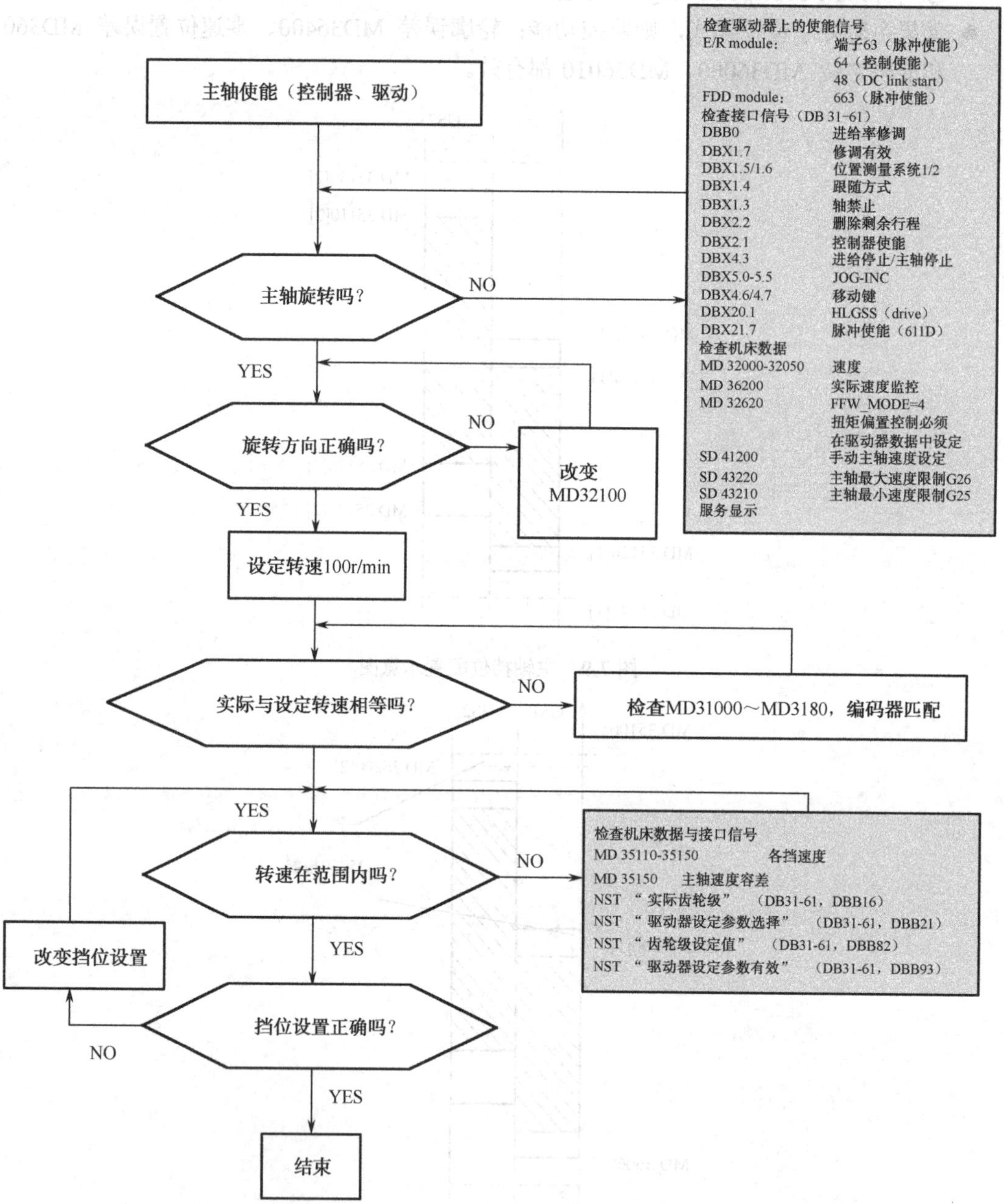

图 7-11 主轴调整步骤

7·3·2　进给轴调整

进给轴调整步骤如图 7-12 所示。

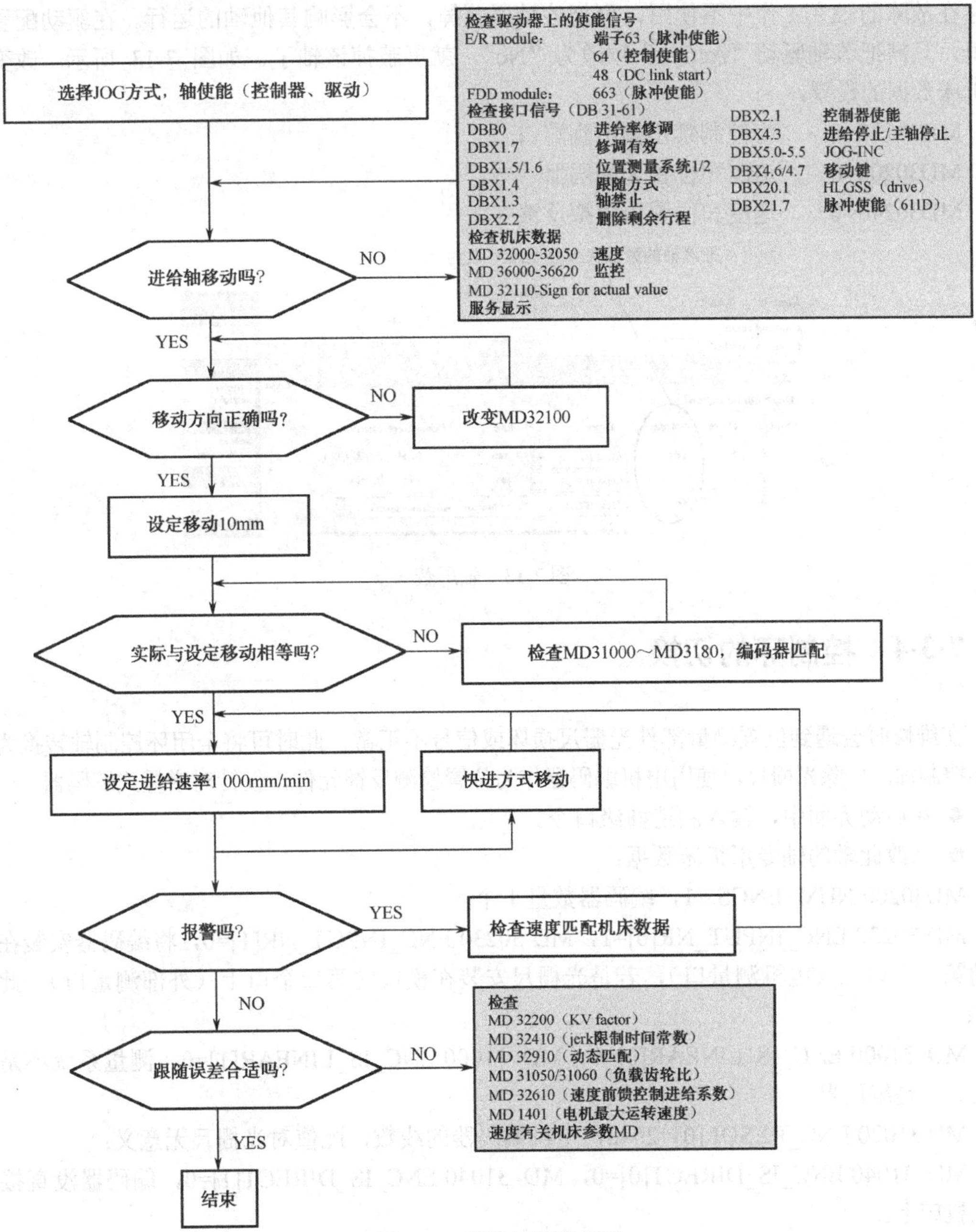

图 7-12　进给轴调整步骤

7·3·3 轴屏蔽

系统在启动时，要对硬件进行检测，当发现电机或电缆存在故障时，机床将无法工作，若存在故障的轴在工作中不使用，可把该轴屏蔽掉，不会影响其他轴的运行。在驱动配置画面里，只需把该轴驱动“Active”项改为“No”，就屏蔽掉该轴了，如图 7-13 所示。改变下面机床数据的设置：

MD30130=0　　将控制禁止输出到端口

MD30200=0　　速度和位置无编码器

MD30240=0　　速度和位置为模拟反馈

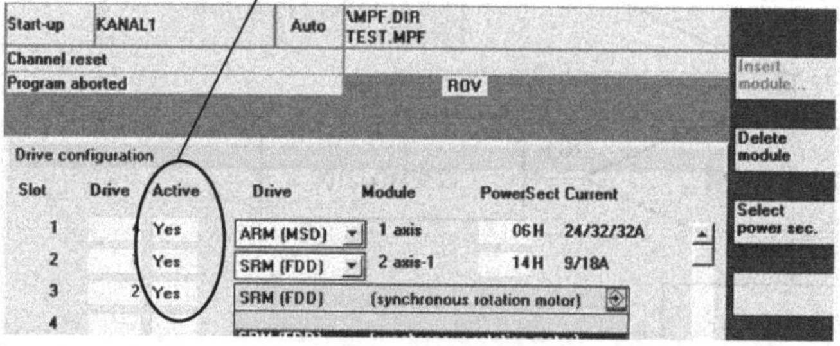

图 7-13　轴屏蔽

7·3·4 控制环的切换

在维修时会遇到位置测量部件光栅尺损坏或信号不正常，此时可将全闭环控制轴转换为半闭环控制轴，拆除光栅尺，使用电机编码器作为位置检测反馈元件，仅针对增量式编码器。

- 在启动界面中，输入制造商级口令。
- 修改此轴的轴专用机床数据：

MD30200 NUM_ENCS =1，编码器数量 1 个；

MD 30230 ENC_INPUT_NR[0]=1，MD 30230 ENC_INPUT_NR[1]=0，将编码器安装在模块的第一个口上（电机测量口），若是光栅尺安装在模块的第二个口上（外部测量口），此值为 2；

MD 31000 ENC_IS_LINEAR[0]=0，MD 31000 ENC_IS_LINEAR[1]=0，测量系统不是光栅尺，而是编码器；

MD 31020 ENC_RESOL[0]=2048，电机编码器的线数，此值对光栅尺无意义；

MD 31040 ENC_IS_DIRECT[0]=0，MD 31040 ENC_IS_DIRECT[1]=0，编码器没直接安装在机床上。

- 修改完上述机床数据后，需做 NCK RESET 操作。
- 若测量系统接口变化，还需修改 PLC 程序，如图 7-14 所示，由测量系统 2 改为测量系统 1。

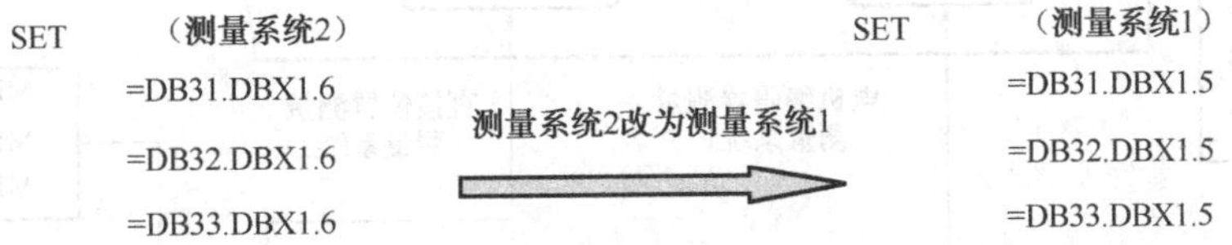

图 7-14　测量系统的 PLC 设置

7.4　测量系统配置

7.4.1　测量系统配置方法

选择测量系统 1 或 2 是通过接口信号 DB31.DBX1.5 和 DB31.DBX 1.6 来实现的，由 PLC 程序激活测量系统 1 或测量系统 2，其 PLC 编程方法如图 7-14 所示。

测量系统配置

- 测量系统的数目：由 MD30200 设置，1——一个测量系统；2——两个测量系统。
- 测量系统安装位置：由 MD31040 设置，0——编码器安装在电机上；1——编码器安装在机床上。
- 丝杠螺距：确定滚珠丝杠螺距，由 MD31030 设置。
- 测量系统的传动比。
- 负载系统的传动比。

在驱动模块上的每个驱动轴都有两个测量接口 X411 和 X421，当位置或速度控制回路没有对坐标轴进行直接测量时，编码器安装在电机或安装在有中间环节的机械转动装置上，如图 7-15 所示，就可以把编码器反馈信号直接连接到接口 X411 上，用于系统的半闭环控制。当位置或速度控制回路的电机与坐标轴之间有机械转动环节，但又要求对坐标轴进行直接测量时，可在坐标轴上安装位置测量部件，如测量光栅尺，直接把测量部件的测量信号连接到接口 X421 上，用于系统的全闭环控制。

可通过 PCU 对测量系统进行设置，选择电机并按“OK”软键，进入编码器设置界面，如图 7-16 所示。

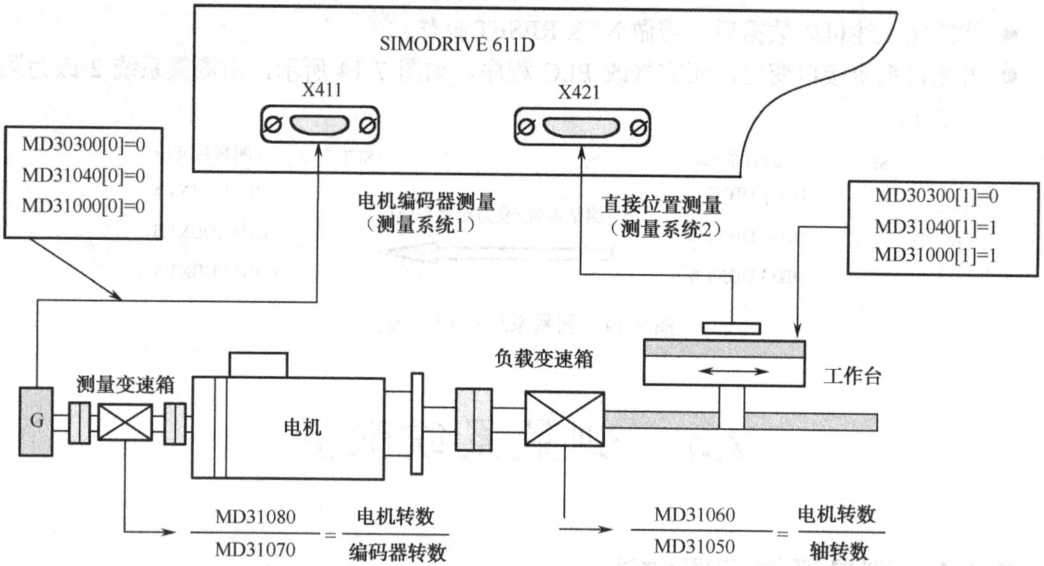

图 7-15　测量系统配置

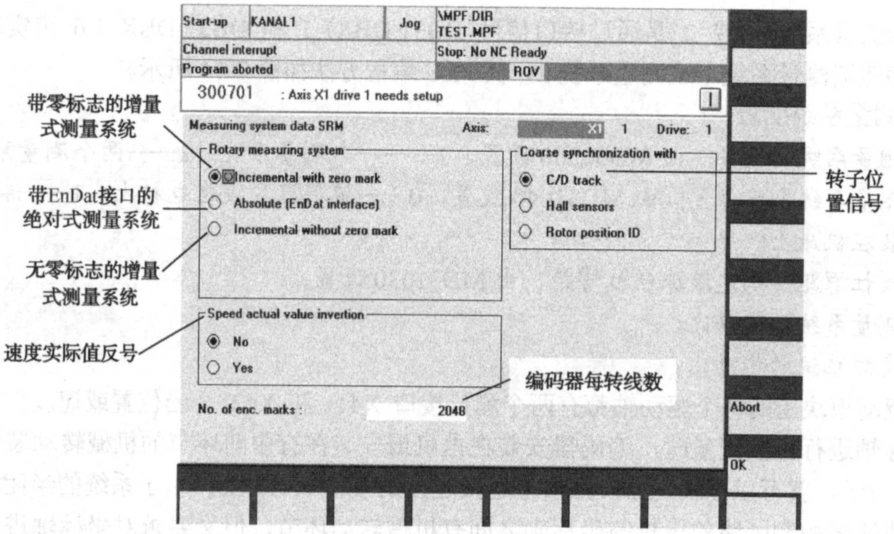

图 7-16　测量系统配置

7·4·2　增量式测量系统参数化配置

增量式测量系统的参数化配置，是指对安装有增量式测量系统的驱动系统，匹配其各传动链环节的机床数据。增量式测量部件一般采用旋转编码器，常用的有 5 种参数化情况，分别见图 7-17～图 7-21。表 7-10 给出了增量式旋转编码器需要匹配的机床数据。

表 7-10 增量式旋转编码器需要匹配的机床数据

轴数据	意义	线性轴		旋转轴	
		安装在电机上	安装在机床上	安装在电机上	安装在机床上
MD30300	测量对象为旋转轴	0	0	1	1
MD31000	线性编码器	0	0	0	0
MD31040	编码器直接测量	0	1	0	1
MD31020	编码器每转线数	Mark/rev.	Mark/rev.	Mark/rev.	Mark/rev.
MD31030	丝杠螺距	mm/rev.	mm/rev.		
MD31080	测量变速箱分子	Motor rev.	Load rev.	Motor rev.	Load rev.
MD31070	测量变速箱分母	Encoder rev.	Encoder rev.	Encoder rev.	Encoder rev.
MD31060	负载变速箱分子	Motor rev.	Motor rev.	Motor rev.	Motor rev.
MD31050	负载变速箱分母	Spindle rev.	Spindle rev.	Load rev.	Load rev.

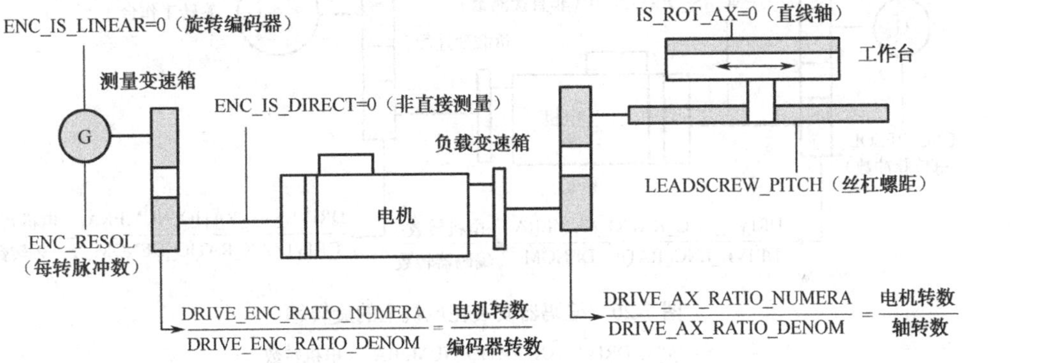

图 7-17 编码器安装在电机上的直线轴

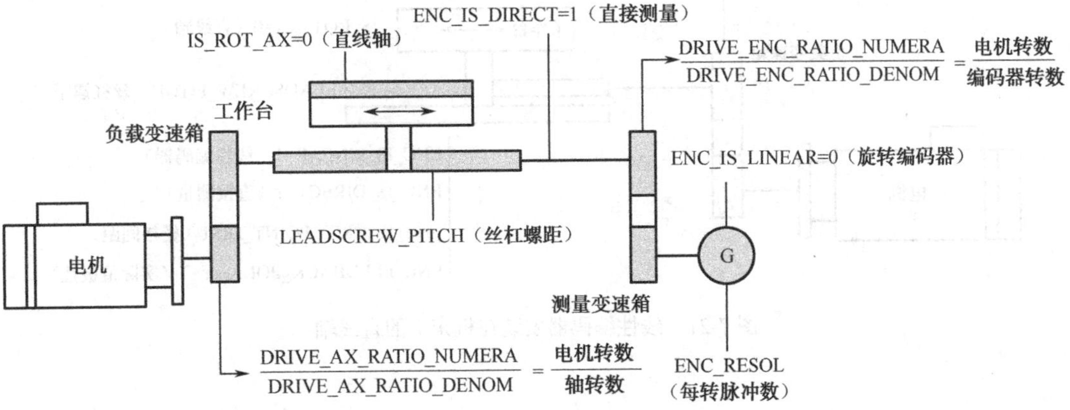

图 7-18 编码器安装在机床上的直线轴

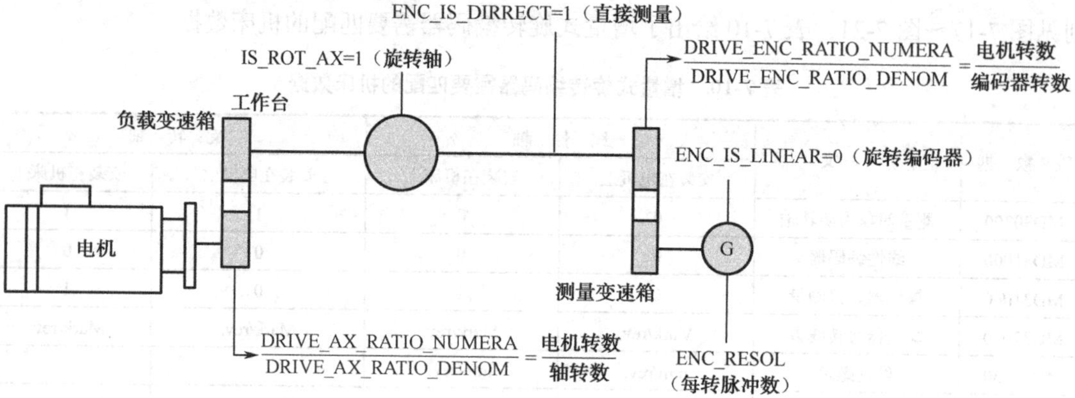

图 7-19　编码器安装在机床上的旋转轴

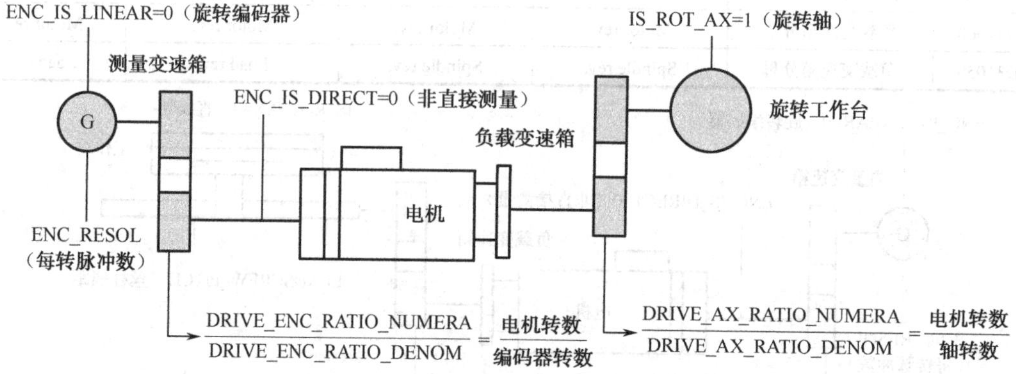

图 7-20　编码器安装在电机上的旋转轴

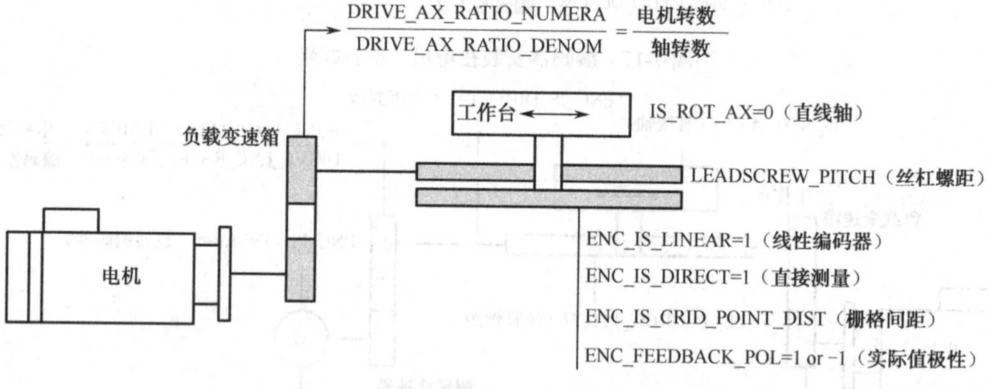

图 7-21　线性编码器安装在机床上的直线轴

7.4.3　绝对式测量系统参数化配置

绝对式测量系统的参数化配置，就是匹配其各传动链环节的机床数据。绝对式测量部件对进给轴而言，常采用绝对式光栅尺，对旋转轴而言采用绝对旋转编码器。除测量部件设置不同外，其传动链的设置与增量式测量系统参数化设置相同。表 7-11 给出了绝对编码器需要匹配的机床数据。

表 7-11　绝对编码器需要匹配的机床数据

轴 数 据	意 义	旋转式绝对编码器		线性绝对编码器
		安装在电机上	安装在机床上	安装在机床上
MD1005	电机测量系统每转线数	Mark/rev.	—	—
MD1007	直接测量系统每转线数	—	Mark/rev.	刻度（nm）
MD1011	实际值编码器类型	BIT3=1	—	—
MD1030	实际值直接测量类型		BIT3=1	BIT3=1， BIT4=1
MD34200	参考点模式	0	0	0
MD34220	旋转式绝对值编码器范围	多分辨率	多分辨率	

绝对式测量系统参数化配置步骤：

（1）设置 MD30240=4，带 EnDat 接口的绝对值编码器；

（2）设置 MD34200=0，不回参考点，接收参考点位置 MD34100 数据；

（3）NCK 复位；

（4）移动坐标轴到参考点，如果负方向回参考点，则设置 MD34010=1；

（5）设置参考点位置 MD34100 为实际值；

（6）设置 MD34210=1，使能编码器调整；

（7）在机床操作面板上选择坐标轴，然后按复位键 RESET；

（8）选择 JOG/REF 方式，等待轴移动指令；

（9）按“+”或“−”键，使坐标轴朝 MD34010 方向移动，同时调整参考点偏移与绝对位移编码偏移数据 MD34090，直到满意为止，最后把 MD34210 设置为 2，编码器已经调整。

第 9 章　系统监控与报警

现代数控系统具有较强的自诊断能力，通过系统自诊断，一方面了解系统的工作状态；另一方面，当系统发生故障时，能在屏幕上显示报警提示信息，数控调试维修人员根据报警提示信息，可以了解故障发生的原因及采取的对应措施。

9.1　轴监控

轴监控是指监控进给轴和主轴控制状态信息，在“Diagnosis”（诊断）区域，按“Service displays”（服务显示）软键，再按“Service axis”（轴服务）软键，就进入进给轴/主轴控制状态监测界面，如图 9-1 所示，在屏幕中可以看到有关进给轴/主轴的控制状态信息。

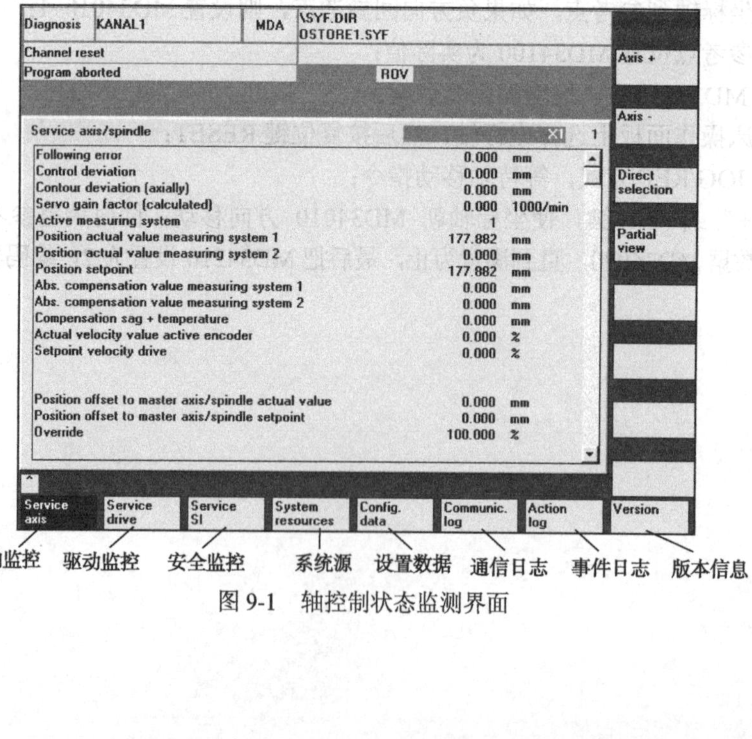

图 9-1　轴控制状态监测界面

9·1·1　轴控制信息

1. 控制误差

轴的控制误差反映了系统设定值与测量系统实际值之间的偏差，根据设定值输入信号的不同，主要分为跟随误差、控制误差及轮廓误差，从图 9-2 中可以看到这些误差的区别。控制误差诊断信号见表 9-1。

表 9-1　控制误差诊断信号表

诊 断 信 号	说　明
Following error （跟随误差）	跟随误差与系统插补器输出和实际测量值有关，是插补器输出的位置设定值与测量系统 1 或 2 检测的实际值之间的误差
Control deviation（控制误差）	位置调节器输入的位置设定值与测量系统 1 或 2 的实际值之间的误差
Contour deviation （轮廓误差）	根据位置设定值，通过控制模型预先计算的实际位置，与测量系统 1 或 2 的实际值之间的误差，就是当前的轮廓误差。轮廓误差与跟随误差密切相关，受跟随误差的影响，在加工过程中速度的改变或负载的变化都会影响轮廓误差
Servo gain factor （伺服增益因子）	伺服增益因子表明了速度设定值 v 与跟随误差 E 的关系，是一个实时变化量，伺服增益因子 K_v 由下式获得： $K_v = \frac{v}{E}$
Position offset to master axis/spindle actual value （相对于实际值的位置偏移）	相对于主动坐标轴/主轴实际值的位置偏移，为同步轴功能可编程的一个偏差
Position offset to master axis/spindle setpoint （相对于设定值的位置偏移）	相对于主动坐标轴/主轴设定值的位置偏移，为同步轴功能可编程的一个偏差

2. 测量系统

810D/840D 有两路实际值测量系统，测量系统 1 和测量系统 2，通过设置机床数据选择并激活它们。从图 9-2 中可以看出，测量系统 1、2 输出实际值包括了螺距误差补偿和反向间隙补偿。测量系统实时监控内容见表 9-2。

表 9-2　测量系统实时监控内容

诊 断 信 号	说　明
Active measuring system （有效测量系统）	表示已经生效的测量系统，显示 1 表示测量系统 1 生效，显示 2 表示测量系统 2 生效
Position actual value measuring system 1 or 2 （实际位置值测量系统 1 或 2）	在机床坐标系中显示的位置，是由测量系统 1 或 2 测量到的进给轴实际位置，包括了反向间隙补偿和螺距误差补偿，但不包括零点偏置和刀具偏置
Abs. Compensation value　measuring system 1 or 2 （测量系统 1 或 2 绝对补偿值）	显示测量系统 1 或 2 的绝对补偿值，它是当前坐标位置的反向间隙补偿和螺距误差补偿的累加结果
Compensation sag +temperature （垂度和温度补偿）	显示的补偿值是当前坐标位置的垂度补偿与温度补偿之和

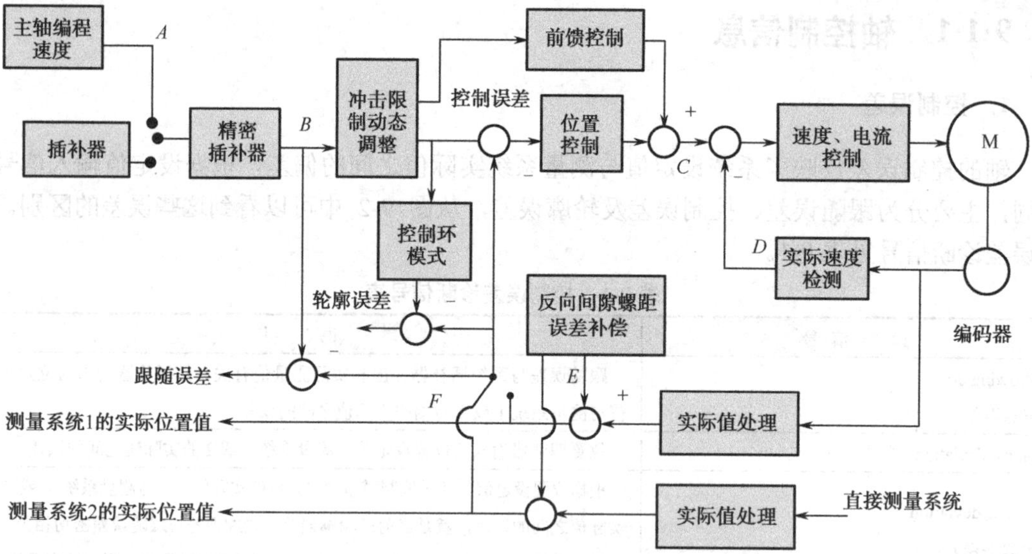

图 9-2　位置及速度闭环控制

3．设定值与实际值

系统的指令信号称为设定值或设定点（本书称为设定值），是系统控制器计算出的理论值。图 9-2 中 *A* 点是主轴速度设定值，*B* 点是位置设定值，*C* 点为速度设定值。实际值与测量值实时监控内容见表 9-3。

表 9-3　实际值与测量值实时监控内容

诊 断 信 号	说　明
Spindle speed set-point current（主轴转速当前设定值）	显示当前有效主轴转速的设定值，是经过主轴倍率修调选择开关调整后的值
Spindle speed set-point programmed（主轴转速编程设定值）	由用户程序设定的主轴转速，例如输入 S500，则显示：500r/min
Position setpoint（进给轴位置设定值）	由插补器输出到位置控制器的位置设定值
Speed setpoint（速度设定值）	速度设定值来自位置控制器和前馈控制器，输入到速度控制器作为速度控制信号。100%表示最大速度设定值，对于配 611D 数字驱动的系统，是指设置的最大速度
Overrid（倍率修调）	显示进给轴或主轴倍率修调开关的位置
Actual speed value（速度实际值）	根据编码器提供的脉冲信号，由 NC 计算并显示的速度是最高速度的百分比。100%表示最高速度，对于 611D 数字驱动的系统，电机的最高速度在机床数据 MD1401 中设置

9·1·2 轴状态信息

轴状态信息表明了轴当前所处的工作状态，实时监控内容见表 9-4。

表 9-4 轴状态实时监控内容

诊断信号	说明
Current actual gear stage（主轴当前挡位）	显示主轴当前实际挡位，如果把主轴分配给一个进给轴，则仅显示数值
Controller mode（调节器工作方式）	显示调节器当前的工作方式代码：0 代表位置控制，1 代表速度控制，2 代表保持，3 代表停止，4 代表跟踪，5 代表减速
Referenced status display（返参考点状态）	用 0 和 1 表示系统返参考点的状态：0 表示测量系统 1 或 2 没有返参考点；1 表示已经完成返参考点
Fixed stop reached（固定点停止）	当“到达固定点停止”接口信号（DB31～DB61.DBX62.5）有效时，表明进给轴已经满足了“固定点停止”条件

9.2 驱动监控

在“Diagnosis”（诊断）区域，按“Service displays”（服务显示）软键，再按“Service drive”（驱动服务）软键，就进入驱动状态监测界面，如图 9-3 所示，在屏幕中可以看到有关驱动的控制状态信息。

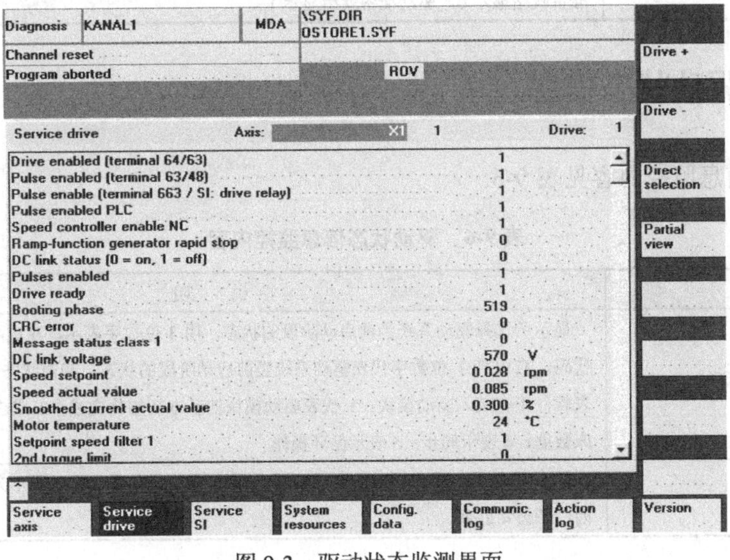

图 9-3 驱动状态监测界面

9·2·1　驱动控制信息

驱动控制信号监控内容见表 9-5。

表 9-5　驱动控制信号监控内容

诊 断 信 号	说　　明
Drive enable[64/63]（驱动使能）	显示 611D 电源模块上的端子 64/63 的状态：驱动使能为 1，驱动没有使能为 0
Pulse enable[63/48]（脉冲使能）	显示 611D 电源模块上的端子 63/48 的状态：脉冲使能为 1，没有脉冲使能为 0
Pulse enable[663/SI]（驱动模块脉冲使能）	显示驱动模块上的端子 663 的状态：模块脉冲使能为 1，模块没有脉冲使能为 0
PLC pulse enable（PLC 脉冲使能）	表明驱动模块上来自 PLC 的使能脉冲是否生效，显示依据 DB31～DB61. DBX21.7 的状态，驱动模块 PLC 使能脉冲没有生效为 0，驱动模块脉冲使能已经生效为 1
Speed controller enable NC（NC 速度调节器使能）	表明速度调节器是否已经通过 NC 使能：显示 1 为速度调节器使能关闭（OFF）；显示 0 为速度调节器使能打开（ON）
Ramp function generator rapid stop（斜坡函数发生器快速停止）	显示驱动系统的斜坡函数发生器快速停止状态，斜坡函数发生器快速停止没有被激活显示为 1，斜坡函数发生器快速停止被激活显示为 0
DC link status（ON/OFF）（直流母线状态）	显示直流母线电压下限警告信息：显示 1 表明直流母线电压低于给出的下限值；显示 0 表明直流母线电压高于给出的下限值。下限值在 MD1604（DC 连接电压下限）中设置
Enable pulses（使能脉冲生效）	这个信息根据“脉冲使能”接口信号 DB31～DB61.DBX93.7 显示，表明驱动模块脉冲使能是否已经生效。显示 0 说明驱动模块脉冲没有使能，进给轴/主轴不能运动；显示 1 说明驱动模块脉冲已经使能，进给轴/主轴可以运动
Drive ready（驱动准备就绪）	依据“驱动准备”接口信号 DB31～DB61.DBX93.5，显示当前驱动的状态，驱动没有准备就绪显示 0，驱动准备就绪显示 1

9·2·2　驱动状态信息

驱动状态信息监控内容见表 9-6。

表 9-6　驱动状态信息监控内容

诊 断 信 号	说　　明
Ramp-up phase（启动阶段）	显示所选择驱动系统当前启动阶段的状态，用 3 位数字表示，左边两位数字是系统内部代码，右边第 1 位数字代表驱动系统当前启动阶段的状态。当前状态用 1～5 表示，0 代表软件正在装入驱动模块；1 代表驱动模块的基本初始化完成；2 或 3 表示初始化驱动机床数据；4 表示同步；5 表示循环操作
CRC error（CRC 错误）	显示系统检测的 NC 与驱动之间硬件的通信错误，如果显示的是不为 0 的其他值，请与西门子公司联系

续表

诊断信号	说　明
DC link voltage （直流母线电压）	显示当前驱动组内直流母线电压，正常值应为 600V 或 625V
Speed setpoint （速度设定值）	速度设定值包括位置调节器的输出和速度前馈控制器的输出，而又未经过滤波器的总设定值，显示参考机床数据 MD1706（速度设定值）设置
Actual speed value （实际速度值）	实际速度值显示的是未经过滤波器的实际速度值，显示参考机床数据 MD1707（实际速度值）设置
Smoothed actual current value （平滑后实际电流）	平滑后实际电流值是通过一个 PT1 滤波器，平滑力矩发生器电流的实际值，100%是功率模块的最大电流。显示参考机床数据 MD1708（平滑实际电流值）的设置
Motor temperature （电机温度）	显示通过温度传感器检测到的电机温度，参考机床数据 MD1702（电机温度）
Speed setpoint filter 1 （速度设定值滤波器 1）	速度设定值平滑功能状态显示：0 表示没有激活速度设定值平滑功能；1 表示通过 PLC 用接口信号“速度设定值平滑”激活速度设定值平滑功能，把速度设定值滤波器 1 设置为低通滤波器。显示参考接口信号 DB31～DB61.DBX20.3（速度设定值平滑有效）
2nd torque limit （第二转矩限制）	激活的转矩限制：激活转矩限制 1 显示 0；激活转矩限制 2 显示 1，参考接口信号 DB31～DB61. DBX92.2（转矩限制 2 有效）
Integrator disable （积分器无效）	这个显示表明了速度调节器的积分器是否有效。显示 0 表示速度调节器的积分器有效，速度调节器作为一个 PI 调节器；显示 1 表示通过接口信号 DB31～DB61.DBX21.6（速度调节器积分无效），由 PLC 请求停止速度调节器的积分功能，使速度调节器从 PI 调节器变成 P 调节器。参考接口信号 DB31～DB61.DBX93.6（速度调节器的积分禁止）
Set-up mode （设置模式）	显示 611D 的工作模式：0 表示驱动系统正常工作方式；1 表示驱动系统设置方式。参考接口信号 DB31～DB61.DBX92.0（设定模式有效）
Parking axis （停用轴）	显示 611D 的工作方式：0 表示进给轴/主轴处在正常工作方式；1 表示进给轴/主轴在停用，也就是所有编码器的监视功能和判断都无效，拆除编码器也不报警
Setpoint parameter set （设定值参数设置）	显示 611D 驱动系统 8 个驱动参数中，被 PLC 激活的某个参数，显示参见接口信号：DB31～DB61.DBX21.0～DBX21.2（驱动系统参数设置选择 A、B、C）
Actual parameter set （实际值参数设置）	显示当前已经被激活的 611D 驱动系统 8 个驱动参数中的某个参数，显示参见接口信号 DB31～DB61.DBX93.0～DBX93.2（激活参数设置选择 A、B、C）
Operating mode （驱动工作方式）	显示当前驱动是作为主轴驱动还是进给驱动
Motor selection (start/delta) （电机接法选择：星形/三角形）	显示当前需由 PLC 激活的那组电机设置数据，显示参见 DB31～DB61.BX21.3～DBX21.4（电机选择），00 表示星形接法，01 表示三角形接法
Actual motor（start/delta) （实际电机连接：星形/三角形）	显示当前激活的电机设置数据，显示参见接口信号 DB31～DB61.DBX93.3～DBX93.4，00 表示星形接法，01 表示三角形接法

续表

诊断信号	说　明
Position actual value measuring system 1/2 （测量系统 1 或 2 位置实际值）	显示机床坐标系中，由测量系统 1 或 2 测量的位置实际值，不包括零点偏置和刀具偏置值
Heatsink temperature warning （散热器监控）	由驱动系统输出报警信号，0 表示散热器温度监视没有响应；1 表示散热器温度监视已经响应，显示参见接口信号 DB31～DB61.DBX94.1（散热温度报警）
Motor temperature warning （电机温度报警）	由驱动系统输出报警信号，0 表示电机温度低于报警阈门值；1 表示电机温度超过了定义的报警阈门值。报警阈门值在机床数据 MD1602（最高电机温度）中设置，显示参见接口信号 DB31～DB61.DBX94.0（电机温度报警）
Ramp-up completed （斜坡上升结束）	驱动系统的状态显示：0 表示在定义一个新的速度设定值后，斜坡上升仍然没有结束；1 表示在定义一个新的速度设定值后，实际速度值已经抵达速度公差带。速度公差带在机床数据 MD1426 中设置。显示参见接口信号 DB31～DB61.DBX94.2（斜坡上升结束）
Torque lower than threshold setting （转矩比设定的阈门值低）	显示驱动系统状态：0 表示在稳态条件下，此时斜坡上升结束，转矩设定值大于阈门值；1 表示在稳态条件下，转矩设定值低于转矩阈门值。转矩阈门值在机床数据 MD1428 中设置。显示参见接口信号 DB31～DB61.DBX94.3
Speed lower than minimum setting （速度实际值低于设定的最小值）	驱动系统的状态显示：0 表示速度实际值大于设定的最小值；1 表示速度实际值小于设定的最小值。最小速度值在机床数据 MD1418 中设置。显示参见接口信号 DB31～DB61.DBX94.4
Speed lower than threshold setting （速度实际值低于设定的阈门值）	驱动系统的状态显示：0 表示速度实际值大于设定阈门值；1 表示速度实际值小于设定阈门值（最大值）。速度阈门值在机床数据 MD1417 中设置。显示参见接口信号 DB31～DB61.DBX94.5
Actual speed =set speed （速度实际值等于设定值）	驱动系统的状态显示：0 表示在一个新的速度设定值后，速度实际值超出了速度公差带；1 表示在定义一个新的速度设定值后，速度实际值在速度公差带内。速度公差带在机床数据 MD1426 中设置。显示参见接口信号 DB31～DB61.DBX94.6

9.3　误差监控

810D/840D 系统提供了多种误差监控功能，以便使机床工作在最佳状态。这些监控功能包括轮廓监控、位置监控、零速监控、速度设定值监控、实际速度监控及编码器监控等。图 9-4 给出了 810D 系统各点的监控情况，所有这些监控都与机床数据的设置有关，当出现某种监控报警时，首先调整有关机床数据，再做进一步检查处理。监控报警的发生将导致相应的坐标轴或主轴快速制动停止，制动持续时间在机床数据 MD36610 中设置。如果该坐标轴或主轴的运动与其他插补轴有关，它们也将同时停止。

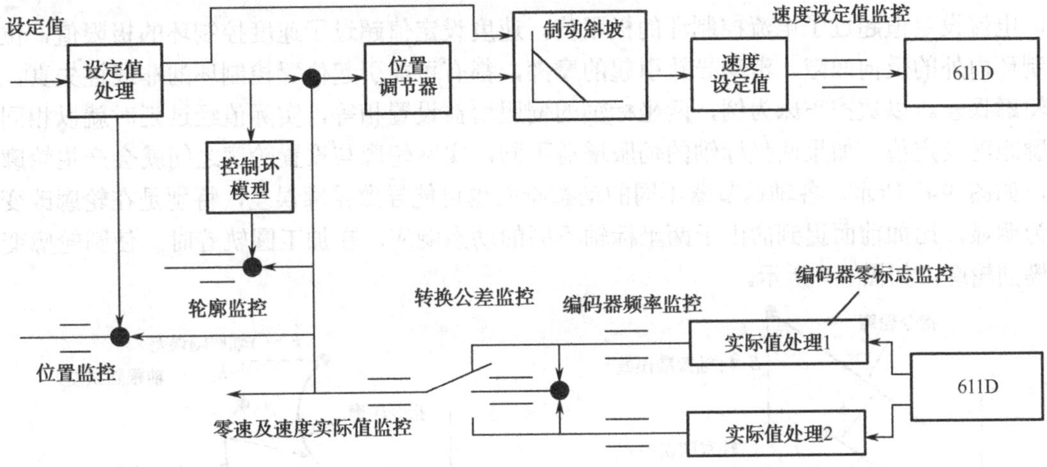

图 9-4 810D 的误差监控功能

9·3·1 轮廓监控

轮廓监控主要监控的是跟随误差和轮廓误差，轮廓监控公差带在机床数据 MD36400 中设置，如果系统检测出某坐标轴或主轴的跟随误差太大，超过了轮廓公差带设定值，将会发生 25050 号“轮廓监控”报警信息。

1. 跟随误差

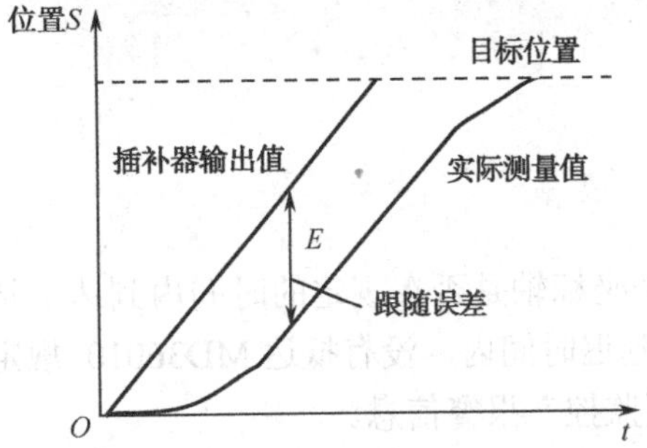

图 9-5 跟随误差

跟随误差是插补器输出值与机床实际测量值比较的结果，如图 9-5 所示，它的监控就是判断其差值是否大于规定的公差。跟随误差的监控功能在位置控制方式下生效，用于监控直线轴、旋转轴或主轴的位置控制，系统的加/减速过程和恒速过程，连续或不连续的轮廓加工过程。如果跟随误差超过了轮廓监控的公差带，将会发生报警信息。

2. 轮廓误差

轮廓误差是位置控制环的计算实际值与测量系统检测到的实际值之间的误差。为了能计算实际值，系统使用了包括前馈控制在内的一个数学模型，利用该模型来模拟位置控制的动态响应。轮廓误差是由位置控制环的信号失真引起的，包括线性失真和非线性失真。速度和位置调节器的数据没有优化，坐标轴的伺服增益设置不当，轮廓改变时坐标轴的不同动态响应都可能引起线性失真。产生非线性失真的原因很多，电流设定值超过了电流控制环的极限值，速度设定值超过了速度控制环的极限值，位置控制环内外的反向间隙，滑动导轨引起的摩擦，都有可能引起位置控制环的非线性失真，产生轮廓误差。以数控车床为例，两坐标轴的伺服增益设置相等，实际值经过延时就以相同的轮廓跟随设定值；如果两坐标轴的伺服增益不同，实际轮廓与设置轮廓之间就会产生轮廓误差，如图 9-6 所示。各轴调节器不同的动态响应也可能导致轮廓误差，特别是在轮廓改变时尤为明显，比如前面提到的由于两坐标轴不同的动态响应，在加工圆轨迹时，使圆轮廓变成了椭圆轮廓，如图 9-7 所示。

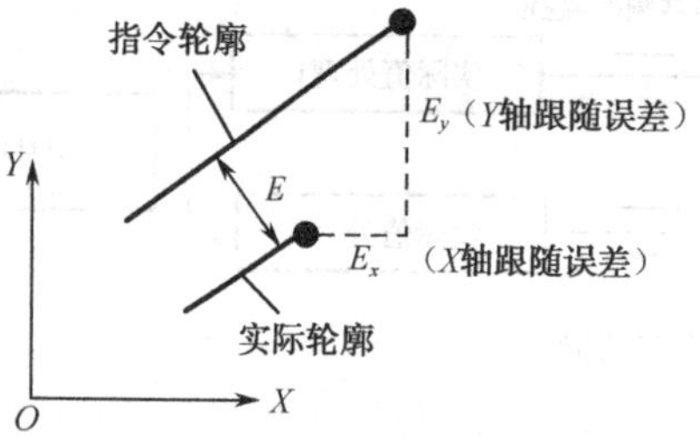

图 9-6　直线轮廓误差

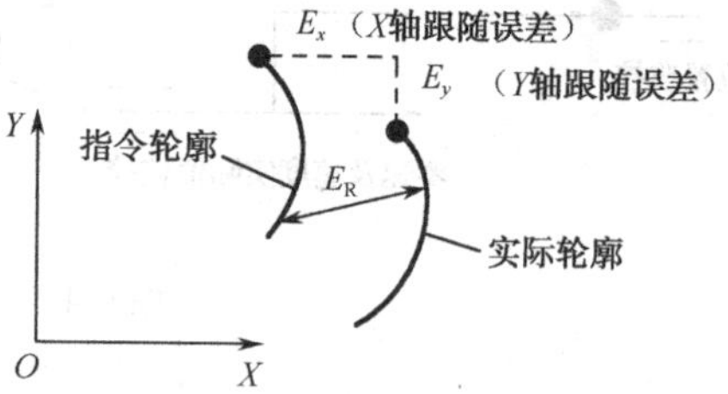

图 9-7　圆弧轮廓误差

注意：

- 较大的公差带设置难以响应由于负载的变化引起的速度波动，但较小的公差带又会使系统频繁报警，因此设置合理的轮廓监控公差带是必要的。
- 解决跟随误差报警问题，可以适当增大轮廓监控的公差带，调整伺服增益。
- 对速度调节器进行优化，检查各轴运行的平稳性，修改与轴运动有关的机床数据，如加速度、最大速度等。若在系统中加入了前馈控制，可检查速度控制前馈等效时间常数和转矩前馈等效时间常数。

9·3·2　位置监控

位置监控在运动程序段结束终止后生效，检查某个坐标轴是否在规定的时间内到达了指定位置。若坐标轴在机床数据 MD36020 规定的精准停延迟时间内，没有抵达 MD36010 规定的“精确精准停”位置范围，将会发生 25080 号“位置监控”报警信息。

位置监控应用于直线轴、旋转轴和主轴的位置控制，其监控功能与机床数据的设置如图 9-8 所示，纵坐标表示速度 V 和位置 S，横坐标表示时间。坐标轴已经到达了编程的“精确精准停”位置，或者是有不为零的新设定值输出，位置监控功能则是关闭的，由零速监控取代位置监控。对于数字驱动系统，产生位置监控报警的原因主要有以下两方面：

- 位置调节器的伺服增益设置得太小，实际值跟不上设定值的变化，引起较大的偏差。应该调整位置调节器的数据，在许可的范围内增大位置调节器的伺服增益，匹配动态响应时间常数 MD32910。

● 没有调整好精确精准停 MD36010 位置监控窗口、精确精准停延迟时间与位置控制伺服增益之间的关系。精确精准停延迟时间也称位置监控时间，根据位置监控窗口的大小或位置控制伺服增益的大小来修改，以达到较好的控制效果。

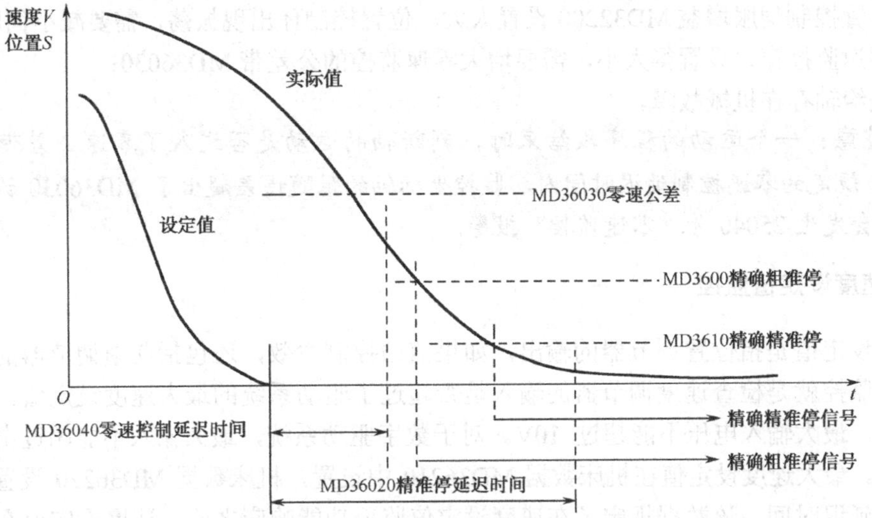

图 9-8 位置及零速监控

注意：

● 如果设置的位置监控窗口较大，可把位置监控时间缩短；如果设置的位置监控窗口较小，可相对增长位置监控时间。

● 如果伺服增益设置较小，则必须选择较长的位置监控时间；如果伺服增益设置较大，可选择较短的位置监控时间。

● 位置窗口的大小还影响着程序段的改变时间，选择的公差带越小，到达指定位置的时间就越长，说明从一个程序段转换到下一个程序段所用的时间就长。

9·3·3 速度监控

系统的速度监控功能包括零速监控、速度设定值监控和速度实际值监控，应用于直线轴和旋转轴的位置控制。

1. 零速监控

零速监控就是系统在程序段结束或位置控制结束时监测轴是否为零速，这里的零速并非是完全静止，是指其在零速控制延迟时间内，监控坐标轴的跟随误差是否在设置的零速公差内，参见图 9-8。机床数据 MD36040 中规定了“零速控制延迟时间”，机床数据 MD36030 中设置了“零速公差”。零速监控“零速控制延迟时间”到，虽然零速控制不再生效，但是，只要不执行新的轴移动命令，零速监控功能总是生效的。坐标轴到达了“精确精准停”范围内，系统自动地用零速监控取代位置监控，监测坐标轴是否超出了零速公差。产生零速监控报警的原因主要有以下 3 方面：

- 位置控制伺服增益 MD32200 设置太大，位置控制环出现振荡，需要减小伺服增益；
- 零速监控窗口设置得太小，需要增大零速监控的公差带 MD36030；
- 进给轴存在机械故障。

注意： 一个运动的程序段结束时，判断轴的运动是否进入了零速公差带。如果在 MD36040 规定的零速控制延迟时间内，监控坐标轴的跟随误差超出了 MD36030 设置的零速公差，将会发生 25040 号“零速监控”报警。

2．速度设定值监控

速度设定值是指位置调节器的输出，如果前馈控制生效，还包括前馈调节器的输出。速度设定值监控就是检查速度调节器的输入是否超过了驱动系统的最大速度设定值。对于模拟驱动系统，最大输入电压不能超过 10V。对于数字驱动系统，最大输入不能超过电机允许的最高转速。最大速度设定值在机床数据 MD36210 中设置，机床数据 MD36220 设置了设定值速度监控延迟时间，该数据规定了在速度设定值监控功能响应之前，速度设定值在极限位置能保持多长时间。值得注意的是，应用速度设定值限制，可能导致位置控制环的非线性，如果某个坐标轴保持在设定速度限制点上，将会引起轮廓误差。产生速度设定值报警的原因有：

- 驱动模块或测量系统故障；
- 速度、加速度、伺服增益等数据设置不当；
- 在轴运动的方向上遇到了障碍物（比如刀具碰到了工作台）。

注意： 系统一旦检测出速度设定值超过机床数据 MD36210 中设置的最大速度，且机床数据 MD36220 设定的速度值监控延迟时间到，就会产生 25060 号“设定速度限制”报警。

3．实际速度监控

如果发生实际速度监控报警，应检查速度设定值电缆（总线）及实际速度测量反馈电路，必要时修改机床数据 MD36200，在许可范围内增大实际速度监控门槛值。

注意： 实际速度监控是监测“位置测量系统 1”或“位置测量系统 2”提供的速度实际值，是否超过了机床数据 MD36200 中设置的实际速度监控门槛值。实际速度一旦超过了这个极限值，就会产生 25030 号“实际速度限制”报警。

9.3.4 编码器监控

系统的编码器监控功能，主要监测编码器的工作频率和零脉冲信号。如果机床与控制系统之间的位置同步丢失，就不可能进行正确的位置控制。系统断电后，对于增量式测量系统，必须重新返回参考点，才能执行零件程序。零脉冲信号监控功能需要用机床数据MD36310 激活，系统自动监测编码器的零脉冲信号。编码器监控报警的原因主要有：

- 对于零脉冲信号丢失，有可能是机床数据 MD36300 设置得太高；
- 对于极限频率报警，有可能是机床数据 MD36300 设置得太低；
- 编码器电缆损坏；
- 编码器存在故障。

注意： 如果测量系统的频率超过了机床数据 MD36300 中设置的编码器极限频率，将会发生 21610 号“编码器超过了频率”报警；如果零脉冲信号丢失，将产生 25020 号“零标志监控”报警。

9.3.5 夹紧监控

夹紧监控就是监控进给轴或主轴的夹紧位置。当进给轴或主轴在定位后又需要将其夹紧时，就必须利用“夹紧监控运行”接口信号激活夹紧监控功能，因为在夹紧过程中，轴可能被压到与设定点的距离超过零速公差的地方。偏离的距离就是夹紧误差，当 PLC 接口信号 DBB31～61.DBX2.3（夹紧过程）激活时，如果这个误差超过了机床数据 MD36050 规定的范围，就会产生 26000 号“某轴夹紧监控”报警。在夹紧过程中，夹紧监控取代了零速监控。

9.3.6 系统监控故障示例

【例 9-1】 840D 出现 300508 号报警

故障现象： 机床在工作过程中，有时 *X* 轴出现 300508 号“测量系统零脉冲监控”报警，即零点脉冲信号丢失。

分析与处理： 出现测量系统零点脉冲信号监控报警，表明系统检测不到编码器的零点脉冲信号，多数故障点在编码器或连接电缆上，用示波器分别检查电缆两头编码器的零点脉冲输出信号 R，可判断出故障的位置。如果编码器和连接电缆零点脉冲输出信号 R 正确，说明控制模块有问题，需更换控制模块。经检查，本例中是由于电机编码器的连接电缆中 R-线断路所致，修复断线，系统恢复正常。

【例 9-2】 坐标轴停止报警

故障现象：某数控铣床配置 840D 系统，在加工零件过程中，特别是在程序段转换时发生 25040 号零速监控报警。

分析与处理：系统的 25040 号报警是对坐标轴停止的零速监控，插补结束坐标轴停止时，在经过机床数据 MD36040（零速控制延迟时间）设定的时间后，系统对坐标轴进行零速监控，不断对坐标轴的位置进行检测，如果坐标轴没有停止在参数 MD36030（零速公差）设定的范围内，就会产生 25040 报警，可以通过以下方法处理：

- 检查机床数据 MD36040 与 MD36030，如果需要可增大参数值；
- 优化并增加位置控制环中的增益 MD32200；
- 检查机械负载、切削力是否太大，必要时可以设置较低的进给速度，如果进给与主轴有关，可提高主轴转速；
- 因为坐标轴受外力影响导致的坐标轴零速监控报警，可以通过提高夹紧力来解决。

本例是由于给定进给速度太快造成的，适当降低进给速度后，再启动零件程序，机床报警消除。

【例 9-3】 坐标轴定位监控报警

故障现象：某数控车床配置 810D 系统，在加工零件过程中，有时发生 25080 号位置监控报警。

分析与处理：对于“准停”生效的程序段，坐标轴在经过轴专用精确准停 MD36020 设定的延时之后，必须停止在精确粗准停 MD36000 或精确精准停 MD36010 规定的范围内，否则就会发生 25080 号报警。可以通过以下方法处理：

- 检查坐标轴的准停限制，包括精确粗准停和精确精准停是否符合轴的动态特性，可以适当增加精确粗准停或精确精准停的设定值，延长精确定位的延迟时间。
- 检查速度调节器的优化情况，尽可能选择较大的速度环比例增益。
- 检查位置调节器的增益 MD32200，如果需要可增加设定值。
- 在对上述机床数据进行认真修改后，如果报警仍然发生，则原因有可能是机械卡死、负载增大，或者是工作台移动速度太快导致工作台惯性太大。遇到这些情况可以检查轴的运行状态，分析可能产生的原因，通过诸如减小进给速度，增加主轴转速，更换易损部件或改善润滑等方法来排除故障。

本例是由于设定的精确定位延迟时间（MD36020）太短所致，延长精确定位的延迟时间后，再启动零件程序，机床报警消除。

【例 9-4】 坐标轴轮廓监控报警

故障现象：某数控车床配置 810D 系统，在加工零件过程中，发生 25050 号轮廓监控报警。

分析与处理：25050 号报警是坐标轴的轮廓监控报警，坐标轴在运行过程中计算坐标轴每个插补点的位置值，如果计算出的实际值与真实的机床实际值不同，其差值超出了轮廓监控公差带 MD36400 规定的范围，就会产生 25050 号报警。产生报警的原因可能有：

- 轮廓监控公差带 MD36400 中的设定值太小，可适当增加轮廓监控公差。
- 位置调节器没有很好地优化，调整机床数据 MD32200，或者改善速度调节器的优化曲线，减小速度环的比例增益。
- 检查坐标轴的最大加速度 MD32300，如果由于加速过大而超出了电源的限制，无法给驱动器、电机提供合适的加速电流，位置调节器有可能被关断引起轮廓监控报警。
- 检查输入电压是否在允许的范围内，检查驱动系统的连接有无故障点。
- 如果对机床数据进行优化后，报警并没有消失，说明故障原因可能在机械传动系统。此时应重点检查滚珠丝杠、轴承安装连接是否可靠，运行是否存在平滑冲击，还要检查负载是否过大，工作台移动速度是否太快导致工作台惯性太大等。

9.4 工作区域监控

9.4.1 软限位

如果说硬限位是数控系统的外部安全功能，那么软限位就是数控系统内部的安全功能。软限位是靠机床数据设定的，它的基准点就是机床坐标系的原点，在机床坐标系建立之前软限位是无效的。因此，要求机床启动后必须返参考点，建立机床坐标系，使设置的软限位生效。一旦软限位生效，无论是手动操作还是运行加工程序，数控系统都将实时监控各个坐标轴的移动速度和位置，以便坐标轴能在设置的软限位上停止。软限位应设在硬限位之前，坐标轴的运动首先要遇到软限位，再碰到硬限位，起到双保险作用。

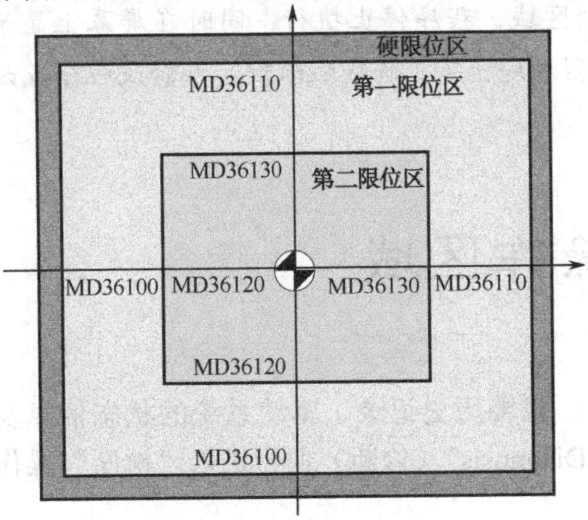

图 9-9　软限位监控

在 810D/840D 系统中提供了两组软限位，如图 9-9 所示。第一软限位在机床数据 MD36100 和 MD36110 中设置：

MD36100　在轴的负方向上设置软限位；

MD36110　在轴的正方向上设置软限位。

第二软限位需要由 PLC 程序激活，也就是由 PLC 程序控制第二软限位是否生效。第二软限位在机床坐标轴数据 MD36120 和 MD36130 中设置：

MD36120　在轴的负方向上设置软限位；

MD36130　在轴的正方向上设置软限位。

注意： 无论是在手动状态下还是在自动状态下，系统一旦检测到进给轴运动超过软限位，则轴移动停止或 NC 无法启动，同时在屏幕上显示 10620、10621 或 10720 号超软限位报警信息。提示操作者在那个方向超过了软限位。解除软限位的方法比较简单，只需利用手动操作超软限位的进给轴，向相反方向移动即可。

9.4.2　工作区域限制

工作区域限制也可以看做一种“软限位”，如图 9-10 所示，只不过它不仅可以通过机床数据或机床操作面板设置，而且还可以通过零件加工程序实现。

（1）通过机床操作面板设置工作区域限制：

（在参数区域　[设置数据]　子项中）

（2）通过机床数据设置工作区域限制：

SD 43420　　设置工作区域最小值

SD 43430　　设置工作区域最大值

（3）通过加工程序设置加工区域限制：加工区域限制用 WALIMON 激活，用 WALIMOF 取消。G26 设置工作区域最大值，G25 设置工作区域最小值。

如图 9-10 所示：

```
N20 WALIMON             ; 激活工作区限制
N30 G25 X100 Z120       ; 确定工作区下限
N40 G26 X340 Z450       ; 确定工作区上限
N50 L22                 ; 切削子程序
N70 WALIMOF             ; 取消工作区限制
```

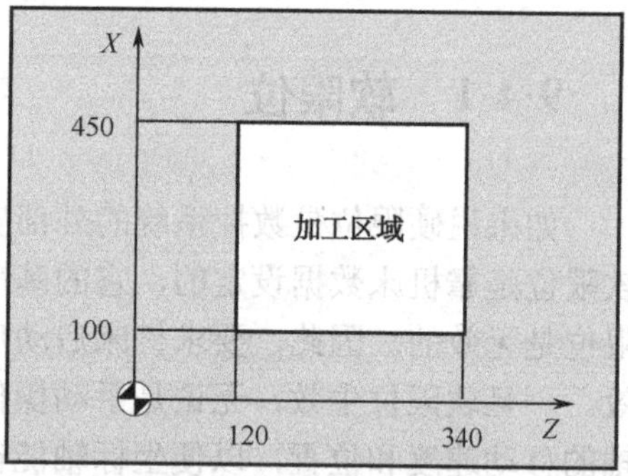

图 9-10　工作区域限制

注意： 如果零件加工程序超出了工作限制区域，程序停止执行，同时在屏幕上显示 10630、10631 或 10730 号报警信息。提示操作者程序超出了工作区域限制，可修改程序或改变工作区限制数据解除。

9.5　诊断操作区域

系统诊断信息包括故障报警信息、操作信息、报警历史记录、驱动系统的状态信息及 PLC 状态检测信息。在主菜单下选择水平软键“Diagnosis”（诊断）便可进入“诊断”操作区域，屏幕显示诊断界面如图 9-11 所示。

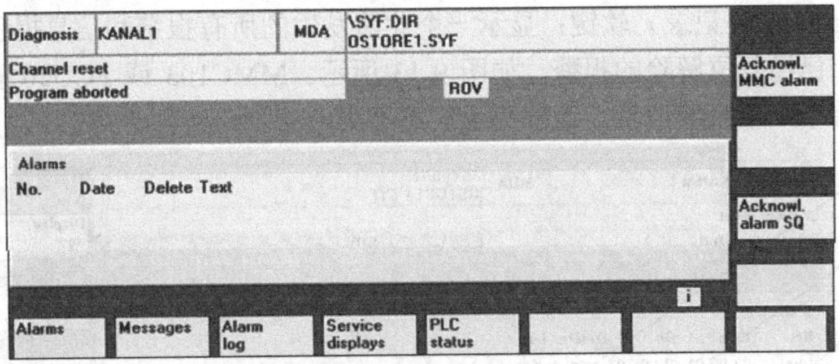

图 9-11 诊断界面

"Alarms"（报警）软键：当前全部有效的报警都显示在"Alarm overview"画面中，包括报警号、报警内容、报警时间、清除方法等。利用系统提供的在线帮助功能，可以得到报警产生的原因及消除方法，如图 9-12 所示。可以利用下列提示键做报警应答：

上电或 NCK 复位；

在机床控制面板按"复位"键；

按"报警应答"键；

按机床制造商定义的报警应答键；

按"NC—START"键；

按"返回"键。

"Messages"（信息）软键：主要显示 PLC 的用户操作信息，由机床制造商配置，如按时间顺序记录机床已经操作的动作，通过查看记录信息，便知道机床已经进行了哪些操作。这些提示信息不用应答。

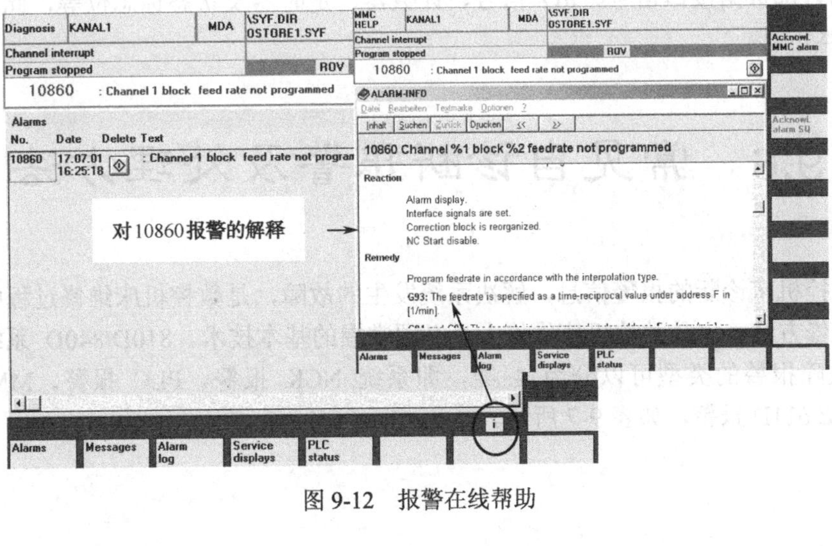

图 9-12 报警在线帮助

"Alarm log"（报警记录）软键：显示一个此前发生的所有报警和信息提示的记录，包括还存在的报警和已经复位解除的报警，如图 9-13 所示。MMC103 或 PCU50 有此功能，报警缓冲器默认存储 150 条报警信息。这些提示信息不用应答。

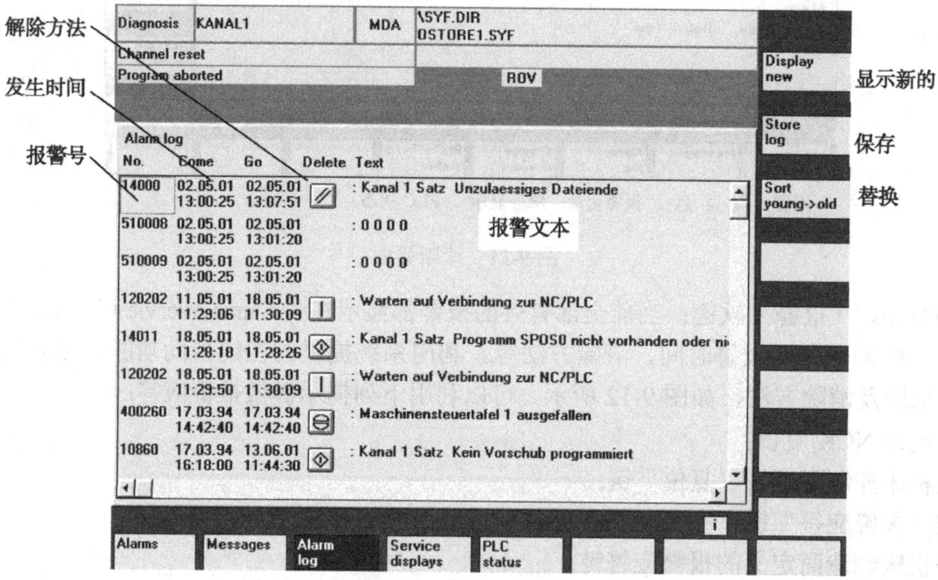

图 9-13　报警记录簿

"Service displays"（服务显示）软键：可以显示进给轴和主轴的状态信息、驱动系统的状态信息、安全集成信息等，通过这些信息实时了解驱动系统的运行情况。

"PLC status"（PLC 状态）软键：可以查看机床 PLC 的状态，检查 PLC 各种接口信号的情况，包括内部数据接口信号、I/O 信号、计数器、定时器及状态标志位等，此项内容将在第 14 章具体介绍。

9.6　常见自诊断报警及处理方法

根据数控机床诊断的报警信息，解决系统发生的故障，是数控机床维修过程中最常用和最基本的维修方法，也是数控机床维修人员必须掌握的基本技术。810D/840D 系统的报警信息，按照故障报警的类型可以分为 4 类，即系统 NCK 报警、PLC 报警、MMC 报警和 SIMODRIVE 611D 报警，如表 9-7 所示。

表 9-7　810D/840D 报警分类一览表

序　号	故障报警类别		报　警　号
1	NCK 报警	一般报警	0～9999
		通道报警	10000～19999
		进给轴/主轴报警	20000～29999
		功能报警	30000～39999
		循环报警（Siemens）	60000～64999
		循环报警（用户）	65000～69999
		编译循环及 OEM 报警	70000～79999
2	PLC 报警	一般报警	400000～499999
		通道报警	500000～599999
		进给轴/主轴报警	600000～699999
		用户报警	700000～799999
		定时器/图表报警	800000～899999 其中 810001～810009 是 PLC 发出的系统错误信息
3	MMC 报警	基本系统	100000～100999
		诊断	101000～101999
		维修	102000～102999
		机床	103000～103999
		参数	104000～104999
		编程	105000～105999
		备用	106000～106999
		OEM	107000～107999
		MMC100 信息	110000～110999
		MMC102 /103 信息	120000～120999
4	SIMODRIVE 611D 报警		300000～399999

9·6·1　NCK 一般故障报警

一般故障报警是指常见的 NCK 报警，其中一部分报警是由于操作或编程人员的操作不当引起的，只要更正错误的操作方法，修改带有错误的程序即可解除报警；另一部分是由于系统本身引起的，可以通过复位、断电再启动或者重新恢复出厂设置来消除故障，如果在采取了有效措施后故障仍然存在，则必须更换硬件，重新设置系统。

1. 一般故障报警

NCK 一般故障大都发生在数控系统的调试阶段，经常与设计或调试人员的错误操作有关。出现此类报警后，可以通过复位、修改错误的机床设置或重新启动系统来清除，也可以恢复系统出厂设置来清除。如果采取了一系列措施，比如重新启动系统或恢复系统的出厂设置后，故障没有消除，说明系统的硬件或软件出了问题，则必须由西门子公司处理，特别是100～1160号报警。有一部分故障报警用户是可以解决的，如机床急停报警、NC卡报警等。

2．机床急停报警

急停报警是机床使用过程中常发生的一般报警现象，急停报警号为3000。发生急停报警时并非全部都是由系统故障引起的，比如完成某项操作，为了安全起见，操作者自行按下了急停按钮所产生的报警；机床运动碰到了急停挡块，比如限位开关，或者机床发生了紧急情况，需要按下急停按钮开关，均可看做故障引起的急停报警。发生急停报警后，一般应做如下检查：

- 检查机床上的急停按钮开关是否未抬起复位，仍处于急停状态；
- 检查机床的运动部件是否碰到了限位开关，如进给轴的硬限位开关等；
- 检查输入电压、24V DC 电压是否正常，排除因电源电压的原因使继电器或接触器不能正常动作，造成机床急停；
- 检查伺服驱动模块、电源模块、进给电机、主轴电机、刀架电机及其他电机是否存在过载现象，导致急停报警；
- 检查外部与急停有关的连线是否存在断路；
- 检查与急停有关的接口信号：DB10.DBX56.1（急停信号）、DB10.DBX56.2（急停应答）和DB10.DBX106.1（急停有效）。

3001号为内部报警，不需要专门的解决方法，只需按复位键使系统复位即可消除报警。

3．机床配置数据报警

这些报警发生在机床的调试阶段，一般是由机床配置数据设置错误引起的，比如有关机床轴的定义错误，硬件配置不匹配，在机床设置中使用了无效的标识符，各种控制循环时间超过或低于设定值，刀具监控管理数据设置不当等。解决此类故障报警，一般只需修改机床数据后，复位系统或用报警清除键删除报警，无须其他操作。

4．存储器报警

一般在存储器的容量不能满足要求时产生报警信息，即装载的零件程序、系统文件及文件目录的数量超过了规定的上限。810D/840D 提供的 NC 存储器的容量是有限的，因此系统对文件的数量、文件目录的数量及每个目录中文件的数量都有严格规定，系统一旦检测出超出了某项限制，就会发出相应的报警信息。解决存储器报警的方法比较简单，只要删除不常用的零件程序或目录即可。

5．有关NC卡报警

810D/840D 都配备了 NC 卡插槽，用户可以方便地使用 PCMCIA 存储卡，进行机床的调试及用户零件程序的存储与传输，因而 NC 卡在机床制造厂或最终用户现场得到了广泛应用。使用 NC 卡产生报警的原因大多数是因损坏或使用不当造成的，只要认真阅读 NC 卡的使用说明书，按照 810D/840D 相关技术手册的要求操作，一般不会发生 NC 卡报警。

9·6·2 NCK 通道及轴报警

1．NCK 通道报警

通道报警通常是工艺人员或操作人员不熟悉 810D/840D 系统及机床的操作造成的，比如在编制新程序时采用了系统不支持的程序格式，试验新工艺使用了系统不支持的功能等。系统工作过程中常见的一些通道报警信息，绝大部分是由于编程错误、操作不当引起的报警。通道报警相对解决起来比较简单，只要按报警提示修改零件加工程序或者进行正确的操作即可，不需要对数控系统的硬件或软件进行维修。常见的通道报警有：

（1）NC 启动的报警：发生此类报警时 NC 无法启动，在查明故障原因，解决故障问题后，一般按复位键可消除报警信息，再按程序启动键，程序继续执行。

（2）通道操作报警：发生此类报警时 NC 停止或无法启动，在查明故障原因，解决故障问题后，一般按复位键再按报警清除键可消除报警信息。

（3）螺纹切削报警：修改零件程序，用复位键或报警清除键清除报警，重新启动零件程序。

（4）软件限位及工作区域限制报警：根据系统报警提示信息，分析产生报警的原因，如手轮的覆盖、零点偏置的设置、软限位数据的设置等，采取相应的纠正措施，最后用复位键清除报警。

（5）程序错误报警：这类报警大多与零件程序错误有关，根据报警的提示信息修改零件程序，无须进一步操作，用系统复位键或按报警清除键消除报警即可。常见的程序错误有：

- 零件程序中出现了系统不支持的功能；
- 零件程序的格式不符合要求；
- 零件程序中有非法字符存在；
- 零件程序中缺少必要的语句；
- 零件程序中存在计算错误。

2．NCK 进给轴/主轴报警

进给轴/主轴报警也是数控机床常见的报警，涵盖了系统的多类故障信息，与通道报警不同，处理起来比较困难。产生故障的原因涉及系统的硬件、软件及机床数据的设置等，基本上与操作人员的操作无关。当返参考点的速度、位置设定有误或者减速挡块信号发生了异常时，就会产生返参考点报警。当编码器测量信号发生异常情况，如信号不稳定，无测量信号，无零标志信号等时，就会产生编码器监控报警。进给轴/主轴报警还包括速度监控报警、补偿设置错误报警、有关轴的设置错误报警及 NCK 连接报警等。常见进给轴/主轴报警见表 9-8。

表 9-8 常见进给轴/主轴报警

报警号	原因	检查及处理
20000	在执行参考点功能后，没有找到减速挡块	1．机床数据 MD34030（寻找减速挡块最大距离）中的值太小 2．挡块信号未输入到 PLC，检查电缆及插头 3．参考点开关未动作
20001	没有减速挡块信号	1．降低寻找减速挡块速度 MD34020 2．检查 DB31～DB61.DBX12.7 信号（延迟返参考点） 3．检查硬件连接是否短路或断路
20002	找不到参考点，零点脉冲信号不在规定的区间内	1．检查挡块与零点脉冲信号之间的距离 2．增加机床数据 MD34060 中的设定值，但对于 Heidenhain 光栅尺不要选择大于两个参考标记之间的距离
20003	在带有参考标记的测量系统中，两标记之间的距离大于机床数据 MD34300 的两倍	检查距离编码的参考标记位移 MD34300 设定值，Heidenhain 光栅尺为 20.000mm
20004	在光栅测量系统中，在规定的检索距离内找不到两个参考标记	检查两个参考标记之间的最大位移 MD34060 中的设定值，Heidenhain 光栅尺为 20.000mm
20005	返参考点被中止	1．检查挡块信号 DB31～DB61.DBX2.1 2．测量系统转换信号 DB31～DB61.DBX1.5～DBX1.6 3．进给方向键信号 DB31～DB61.DBX8.6～DBX8.7 4．进给倍率修调不为零
20006	没有达到寻找零点脉冲信号的速度	1．减小寻找零点脉冲信号速度 MD34040 2．增大速度公差 MD35150
20070	编程的终点位置超出了软限位开关	1．修改零件程序，改变坐标值 2．增加软限位机床数据 MD36100、MD36110 中的设定值 3．用 PLC 程序激活第 2 软限位，设置机床数据 MD36130、MD36140
21612	轴运动期间，VDI 信号“驱动使能”被复位	检查接口信号 DB31～DB61.DBX2.1
21614	到达硬件限位开关	1．检查硬限位接口信号 DB31～DB61.DBX12.0～ DBX12.1 2．在硬限位之前设置软限位 3．手动操作离开硬件限位开关
22062	达不到零点脉冲信号的搜索速度（主轴）	1．配置较低的零点脉冲信号搜索速度 MD34040 2．检查实际速度允差范围 MD35150 3．设置不同的参考方式 MD34200=7
22064	零点脉冲信号的搜索速度太大（主轴）	1．配置较低的零点脉冲信号搜索速度 MD34040 2．检查编码器的频率设置 MD36300 3．设置不同的参考方式 MD34200=7

续表

报警号	原　因	检查及处理
22100	主轴的实际速度大于设置的最大转速	1．检查驱动系统的设置与优化数据 2．增加MD35100（最大转速）和MD35150（转速公差带）
22101	超过了编码器的极限频率	1．检查编码器是否为有效状态：DB31～DB61.DBX1.5～ DBX1.6 2．编码器的最高频率设置MD36300 3．检查最大主轴速度设置MD35130 4．利用G26 S…限制主轴速度
22270	用于螺纹切削的主轴速度太高	修改零件程序，减速
25000	编码器的硬件故障	1．检查电缆接头和编码器信号，若编码器有故障则更换 2．检查当前有效测量系统 1/2 选择信号 DB31～DB61.DBX1.5 或DBX1.6是否为1
25010	位置调节器使用的编码器带有干扰信号	检查测量系统
25020	编码器零点脉冲信号监控，在两个零点脉冲信号之间是否总是发出相同的脉冲数，若不同则报警	1．查测传输电缆、编码器 2．有无电磁干扰信号 3．检查编码器电源电压 4．若有必要则更换编码器 5．用MD36310关闭零点脉冲信号监控
25030	实际速度报警，实际速度大于MD36200（速度监控阈值）规定的值	1．检查速度设定值电缆（总线） 2．实际值与位置的控制方向 3．如果轴运动不受控应改变位置控制方向 4．增加MD36200的设定值
25040	零速监控，跟随误差大于零速公差带，即跟随误差大于 MD36030的设定值	1．增加零速公差MD36030设定值 2．对位置环进行优化 3．提高增益MD32200设定值 4．增加钳位压力
25050	轮廓监控，轮廓误差大于轮廓监控公差带，即轮廓误差大于MD36400设定值	1．增大轮廓监控公差带MD36400设定值 2．对位置环和速度环进行优化 3．减小伺服增益MD32200设定值 4．减小加速度MD32300设定值 5．检查机械部分
25060	速度设定值点限制，指令速度大于最大速度设定值，即速度设定值大于MD36210中的数值	1．检查速度的实际值是否受到机械部件运动的影响 2．检查速度设定值电缆（总线） 3．修改最大速度MD36210和设定值监控延迟时间MD36220
25070	轴的漂移太大	通过关闭自动补偿，调节偏移补偿，直到位置滞后为零，然后再恢复自动补偿以便平衡动态漂移变化

续表

报 警 号	原　　因	检查及处理
25080	轴的位置监控，跟随误差大于精确精准停设定值，即跟随误差大于MD36010的设定值	1．适当增加精确准停限制MD3600、MD36010 2．增加精准停时间MD36020 3．优化速度/位置调节器，提高伺服增益MD32200
26000	轴的夹紧监控，跟随误差大于夹紧监控公差带，即跟随误差大于MD36050的设定值	1．确定与设置点的位置误差 2．增大夹紧监控公差MD36050 3．提高机械夹紧（夹紧压力）
26003	丝杠螺距设置不正确	检查机床数据MD31030，设置的螺距应与实际一致

3．PLC 报警

系统监控程序对其内部的 PLC 进行实时监控，一旦发现 PLC 工作状态、内部连接及程序运行出现错误，就产生一般 PLC 报警。多数报警发生在 PLC 程序的设计和调试阶段，比如 PLC 操作数错误，定义了错误的程序块等，修改 PLC 程序就可排除报警。也有少数涉及的硬件问题，如缺少 I/O 模块、模块连接故障、模块损坏等。

数控系统在出厂时，提供了一些基本 PLC 程序块，但这些程序并不能满足一般机床的设计要求，数控机床制造商需要根据每台机床的实际情况及所需要的功能，对 PLC 基本程序进行增加和修改。PLC 用户报警就是机床制造商根据机床控制需要，自己编写的报警信息，比如刀架未到位报警、刀架未夹紧报警、液压系统启动故障等。西门子公司为用户 PLC 报警提供的报警号在 700000～799999 之间，在 PLC 信息数据块 DB2 中，定义了 PLC 用户报警区域 DB2.DBB180～DB2.DBB379。

9·6·3　驱动系统报警

系统监控软件对驱动系统的工作情况进行实时监控，一旦发生异常情况便立即产生报警信息，驱动和 NC 立即停止。驱动系统的报警信息几乎涵盖了它涉及的全部内容，常见的有：

- 驱动系统的相关参数设置错误引起的故障报警：解决这类故障只需修改机床数据即可，不需要对硬件进行检查。
- 驱动系统电源故障：属系统硬件故障，在无法进行维修的情况下，只能更换驱动系统的电源。
- 驱动总线故障：检查驱动总线的连接，包括驱动总线电缆有无短路、断路或接触不良。
- 驱动数据文件错误：先删除旧的驱动数据文件，重新安装新的驱动数据文件。
- 驱动电流/电压的监控报警：首先应检查相关电流/电压机床数据的设置，在确定无误的情况下，检查系统的控制电路。

- 电机温度监控报警：当电机温度超过一定值后，就会产生电机超温报警。
- 驱动系统的位置、速度、电流循环时间监控报警：此类故障只需修改对应的机床数据即可。
- 驱动系统、电机、测量系统间的匹配报警：关联参数之间设置不匹配，或者是设定值与实际不匹配，都会发生此类报警信息。
- 驱动系统硬件故障：驱动系统硬件故障包括电源模块故障、驱动模块故障、电机故障及测量装置故障等，这类故障解决比较困难，在无法对故障部件进行维修的情况下，只能更换相应的硬件。
- 接触不良引起的故障：驱动模块与电机之间或驱动模块与编码器之间的连接电缆，若存在接触不良，也可能引起故障报警。

常见驱动系统报警见表 9-9。

表 9-9　常见驱动系统报警

报警号	原因	检查及处理
300000	驱动启动时 DCM（NCU 模块 ASIC 控制总线）未发出信号	多数为硬件故障，更换 NCU 模块
300200	驱动总线硬件故障或辅助硬件故障	1．检查驱动总线端子 2．检查驱动总线与驱动模块之间的所有连接，电缆是否断路或短路 3．辅助硬件故障
300400	驱动系统错误	1．内部软件错误可通过硬件复位解决，或再次启动系统 2．可根据故障代码与西门子公司联系
300402	驱动接口中的故障	1．内部系统软件错误可通过硬件复位解决 2．增加 MD10140 驱动子任务运行时间设定值，减小 MD10150 设定值 3．若故障依旧，可根据故障代码与西门子公司联系
300403	驱动版本号与驱动软件及机床数据不匹配	驱动软件（FDD/MSD）的版本必须与驱动机床数据版本匹配，更换驱动软件后，旧版本的 MD 不能再使用
300500	某轴的驱动系统故障，显示故障代码	1．重新预置驱动数据 2．NC 复位 3．根据故障代码，查找故障原因，与西门子公司联系寻求支持
300501	某轴驱动系统的滤波电流大于或等于 1.2 倍的 MD1107	1．检查电机数据、电机代码是否正确 2．强电控制电路故障 3．实际电流检测是否有误 4．增大晶体管限制电流 MD1107 5．增加电流检测时间常数 MD1254 中的值 6．若有必要更换 611D 驱动模块

续表

报警号	原　因	检查及处理
300502	某轴驱动的相电流 R 大于或等于 1.05 倍的 MD1107（晶体管限制电流）	除要检查各调节器的数据外，其余解决方法同上
300503	某轴驱动的相电流 S 大于或等于 1.05 倍的 MD1107（晶体管限制电流）	检查处理方法同上
300504	某轴驱动的电机编码器信号错误或信号太弱	1．检查编码器及其连接 2．驱动模块故障 3．检查电机及其屏蔽连接 4．若有必要更换 611D 控制模块、电机或编码器
300508	电机测量系统的零点脉冲信号出现问题	1．检查编码器及其连接 2．驱动模块硬件故障，则更换 3．检查驱动模块前板上的屏蔽连接 4．如果使用 BERO 开关，检查 BERO 信号 5．对于齿轮编码器，检查齿轮与编码器之间的距离 6．若有必要，更换 611D 控制模块、电机或编码器
300510	电流零平衡期间实际电流值超出最大允许值	检查实际电流测量中的错误，若有必要，更换 611D 控制模块
300515	驱动系统强电部分温度过高	1．可能是环境温度太高、安装温度超标，增加空气流通散热 2．脉冲频率过大 3．驱动模块及风扇故障等 4．修改零件程序避免大的加/减速操作
300607	某轴驱动的电流调节器处于极限状态	1．检查电机的连接及保护 2．检查直流母线电压是否正确，连接是否可靠 3．检查 611D 强电部分或驱动模块 4．检查是否激活 Uce 监控线路，通过开关电源复位
300608	某轴驱动的速度调节器处于极限状态	1．检查电机的连接、电机电阻及保护 2．检查编码器的分辨率、连接和屏蔽 3．检查电机和编码器是否可靠接地 4．检查直流母线电压是否正确，连接是否可靠 5．检查是否激活 Uce 监控线路，通过开关电源复位 6．若有必要，更换 611D 强电部分或驱动模块
300609	某轴实际速度值超出了编码器测量的上限	1．检查电机使用的编码器的连接及屏蔽情况 2．检查编码器是否正确，是否与机床数据匹配 3．若有必要，更换电机、编码器或驱动模块
300610	某轴驱动的位置信号不能识别	1．增加 MD1019 设置 2．检查电机的连接及保护 3．直流母线电压及连接 4．检查是否激活 Uce 监控线路，通过开关电源复位 5．若有必要，更换 611D 强电部分或控制模块

续表

报警号	原 因	检查及处理
300612	某轴驱动的转子位置识别时的电流大于 1.5 倍的 MD1107 或大于 MD1104 中的值	减小 MD1019
300613	某轴驱动的电机温度太高，超出了机床数据 MD1607 中所规定的温度	1. 检查电机数据，设置不正确将引起电流过大 2. 检查温度传感器 3. 检查电机编码器电缆 4. 电机风扇故障 5. 电机过载 6. 电机频繁加/减速 7. 转矩限制 MD1230 或功率限制 MD1235 设置太高 8. 电机内部转动故障，编码器故障 9. 使用高性能电机 10. 若 611D 模块故障，则更换
300614	某轴驱动的电机长时间超温，即温度超过 MD1602 规定，时间超过 MD1603 规定	检查同上

9.7 电池报警

810D/840D 系统为电池报警提供了 3 个报警信息：

- 当电池电压降到 2.7～2.9V 时，发生 2100 号报警，此时机床数据及用户程序还没有丢失，应在 6 周内更换电池。
- 电池电压再降低，低到 2.4～2.6V，若在机床运行期间发生 2101 号报警，应该立即更换电池，否则一旦断电，机床数据和用户数据将全部丢失。
- 如果不及时更换电池，就会发生 2102 号报警，此时说明机床数据和用户数据已经全部丢失，必须回装已备份的机床数据和用户数据。

9·7·1 810D 后备电池更换

810D 的 CCU 模块后备电池的寿命一般为 5 年，安装在 CCU 模块后部上侧，如图 9-14 所示。后备电池的订货号为 6FC5247-0AA18-0AA0，系统专用电池如图 9-15 所示。系统监控电路监测电池电压，一旦监测到电池电压过低，便输出一个监测报警信号，此时可按下面步骤更换后备电池：

图 9-14　810D 电池的更换

图 9-15　系统专用电池

（1）关闭系统电源。

（2）遵守模块更换注意事项，主要是防止静电击毁模块。因为 CCU 模块印制电路板含有电子敏感器件，在触摸电子模块之前，必须放掉身体上的静电，简单的方法是直接触摸一个导体或接地物体。

（3）拔下全部电缆连接插头，并进行标注，以便事后安装。

（4）卸下 CCU 模块上的 4 个固定螺钉，拔出 CCU 模块。

（5）卸下旧电池，拔出电池插头，此时 CCU 模块上的数据靠一个电容保持大约 15min，应在这个规定的时间内完成电池的更换，否则将会丢失机床数据。

（6）在保证电池极性正确的情况下，安上新电池。

（7）安装 CCU 模块并固定好。

（8）插上全部卸下的电缆插头。

（9）系统上电成功启动后，应无电池报警信息。

9·7·2　840D 后备电池更换

840D NCU 模块上的机床数据在断电的情况下，与 810D 一样靠后备电池保持，后备电池的寿命至少为 3 年。与 810D 不同的是，后备电池与 NCU 冷却风扇安装在一起，构成一个电池/风扇专用模块，如图 9-16 所示，位于直流母线排的下面，订货号为 6FC5247-0AA06-0AA0，其中电池的订货号与 CCU 模块中的相同。NCU 盒中的电池/风扇可以在系统断电情况下更换，因为内部的电容可以支持 15min，使 SRAM 中的内容不会丢失。电池/风扇专用模块的更换步骤如下：

图 9-16　840D 电池的更换

（1）关闭系统电源。

（2）取出电池/风扇专用模块：模块下面有一个棘轮，把棘轮向上抬，同时向前拔即可取出模块。

（3）在 15min 内安装上新的模块。

（4）系统上电成功启动后，应无电池报警信息。

9·7·3 MMC 后备电池更换

操作部件控制单元 MMC101/102/103 或 PCU50 主板上有一个后备电池，订货号与 810D 相同，用于给硬件时钟提供电源，同时保持 BIOS 设定数据。如果电池电压过低，控制单元主板上的数据就会丢失。由于时钟耗电较少，而锂电池的容量又大，因此一块锂电池可使用 8～10 年。后备电池的更换步骤如下：

（1）关闭电源，取下电源电缆，松开所有内部连接电缆。

（2）打开操作面板箱体，注意静电敏感电子器件，防止静电击毁电子器件。

（3）松开电池固定件，从主板上拔出电池插头，取下电池。

（4）安装上新电池，注意电池的极性。

（5）恢复操作面板箱体，电池更换完毕。

第 8 章　机床数据备份与回装

在数控机床调试或维修过程中，经常遇到包括零件程序在内的机床数据备份与回装，特别是数控机床 NC 数据和 PLC 数据的备份，因为一旦机床数据因故丢失或造成破坏，就必须利用备份数据进行回装，否则机床就无法启动。熟练掌握机床数据的输入与输出方法，是数控机床调试维修人员必备的基本操作技能。

8.1　数据文件

8·1·1　数据备份必要性

810D/840D 数控系统采用只读存储器（ROM）存储数控系统的系统软件；动态存储器（DRAM）用于存储系统的临时数据；用静态存储器（SRAM）存储用户数据，如机床数据、设置数据、PLC 程序、刀具数据、各种循环、补偿程序及数据、零件加工程序等。静态存储器中的数据在系统断电时靠电池保持，一旦因电池电压过低，或发生系统软硬件故障，造成机床数据丢失，假如没有备份数据，就需要机床制造商到现场进行数据回装，势必对用户的使用造成影响。数控系统的机床数据与所配置机床的功能有关，数控机床间机床数据不能互换，就是配置同样的数控系统，或者是同一种型号的机床也是如此，因此在数控机床调试完毕后，进行数据备份是必要的。数控机床在使用过程中发生软硬件故障，或因其他情况导致机床数据的丢失，利用备份数据就可以快速地恢复数控机床的工作状态。

注意： 下列情况下需要进行数据备份:

- 机床轴配置和 PLC 程序完成后。
- 对机床数据进行配置或优化后。
- 系统维修服务前。
- 需要重新配置系统之前。

8·1·2　数据文件的类型

810D/840D 系统对机床数据的管理是按数据文件进行的，数据的输入与输出也是以文件的形式传输的，为此系统定义了多种数据文件类型。系统对各类数据文件定义了不同扩展名，以便区分不同的数据类型，用户不能更改文件扩展名，否则在向系统传入数据时，将会发生错误。表 8-1 给出各类文件的扩展名，这些文件的显示和编辑与所采用的操作单元 MMC 有关。

表 8-1　810D/840D 系统常见数据文件

文件类型	扩展名	文件类型	扩展名	文件类型	扩展名
零件主程序	.MPF	局部用户数据	.LUD	显示说明	.AWB
零件子程序	.SPF	工件目录	.WPD	显示表	.CST
刀具偏置	.TOA	系统文件	.SYF	档案文件	.ARC
零点偏置	.UFR	选择	.OPT	配置表显示	.KLB
NC 机床数据	.TEA	611D 引导文件	.BOT	转矩控制回路参数	.MCC
R 参数	.RPA	目录	.DIR	D/A 转换配置数据	.DAC
NC 设置机床数据	.SEA	定义数据	.DEF	功能发生器配置	.FGC
注释文件	.COM	垂度/斜度	.CEC	速度控制回路参数	.MSC
初始化数据	.INI	象限误差补偿	.QEC	PLC 操作数屏幕	.PLC
全局用户数据	.GUD	螺距误差补偿	.EEC	刀具管理窗口文件	.WMF

8·1·3　数据文件的格式

810D/840D 数据文件的格式有两种，穿孔带和二进制/PC 格式（简称二进制格式），一般零件程序采用穿孔带格式，其他数据文件采用二进制格式。

1. 穿孔带格式

穿孔带格式的文件能够在文本编辑器中显示，可读性强，利用文本编辑器还可以对文件进行编辑，如零件加工程序、螺距补偿程序等。在文本编辑器中编辑的文件一般都保存为穿孔带格式。如果人工输入穿孔带格式文件，必须以%<name>开始第一行，第二行紧跟文件路径，%为文件名的标识符，书写在第一行的第一列。例如，Flange3 零件程序名为：%Flange3_MPF。

穿孔带格式文件可以外部安装，存入内部 NC 存储器的文件名必须以“_N_”开始。例如：

```
%_N_WHB_MPF                        ；零件程序文件名 WHB
;$PATH=/_N_WKS_DIR/_N_AQW_WPD       ；文件存放路径
```

```
N10 G90 G0 G53 X280 Z80 D0 DIAMON            ；文件内容
N20 G96 S250 M4 LIMS=4000
N30 T502 D1 M8
N40 Z0
N50 G1 X-3 F.5
...
N490 M30
```

%_N_WHB_MPF 等于零件程序 WHB。“;$PATH”为路径识别符，后跟路径“/_N_WKS_DIR/_N_AQW_WPD”，表示零件程序 WHB 存放在目录 WKS 下的工件目录 AQW 中。路径名以“/_N”开始，以_DIR 或_WPD 结束，DIR 可对任何目录，而 WPD 针对工件目录。ISO 穿孔带格式与西门子穿孔带格式不同，主要表现在程序名的规定上，ISO 穿孔带格式程序名后不需要紧跟路径名，首段是文件名的标识符%，第二段为<标题>，标题由字母 O 和数字组成，如 O1234。利用 ISO 穿孔带格式，可以传输 FANUC 系统编制的零件程序。

2. 二进制格式

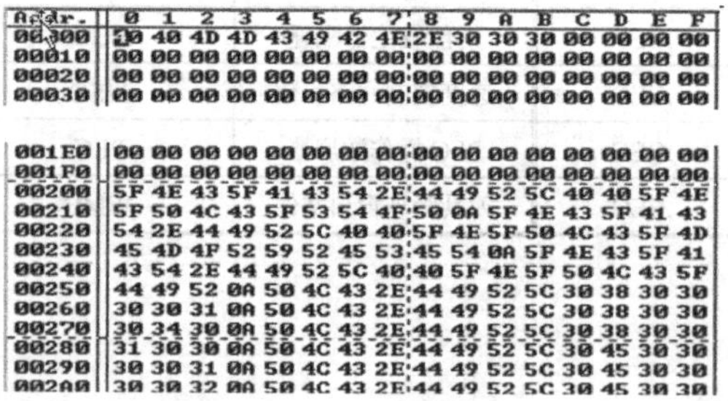

图 8-1　二进制文件格式

某些文件含有不可显示的字符或文件本身是二进制格式，如图 8-1 所示，就只能采用二进制格式处理，例如，档案文件*.ARC，611D 驱动文件*.BOT，显示说明文件*.AWB 等就是二进制格式。二进制格式可读性较差，文件不能使用文本编辑器进行编辑，任何强制性编辑都会导致文件破坏。为了确保二进制格式文件读写的正确性，一般在进行文件输入与输出时，都要进行“校验”操作。

8.2　数据备份形式及内容

数据备份的形式有两种，即系列备份和分区备份，分别有着不同的用途和特点。系列备份用于回装相同软件版本的系统，而分区备份可以回装不同软件版本的系统。无论是系列备份还是分区备份，都需要在“服务”操作区域内进行操作，进入“服务”操作区域后，可以看到数据输入与输出操作屏幕。

8·2·1　系列数据备份

系列数据备份（Series Start-up）就是指依次可以按类别选择所有区域的数据进行备份，用于回装和启动相同软件版本的 810D/840D 系统。系列备份有以下特点：

- 只能回装相同软件版本的系统；
- 备份文件是二进制格式（或 PC 格式），这类数据文件不能用 ASCⅡ文本编辑器编辑，数据不允许修改，具有较强的数据安全性；
- 数据全面，文件少，且备份文件为二进制档案文件（*.arc）。

在不同的系统上需要的系列数据备份文件如图 8-2 所示。

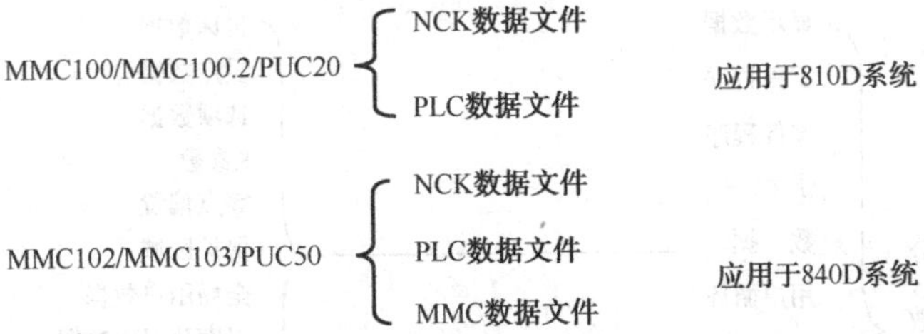

图 8-2　系列数据备份文件

NCK 数据、PLC 数据和 MMC 数据是系统的“启动数据”，也是数控机床工作的基本数据，可以这么讲，一台数控机床回装了启动数据，它就能处于正常工作状态。“启动数据”所包括的数据内容如图 8-3 所示。

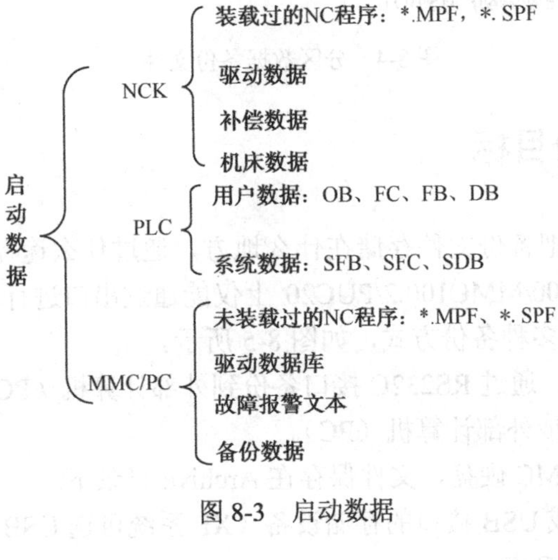

图 8-3　启动数据

8·2·2　分区数据备份

分区数据备份是指对各区的数据分别进行备份，也就是对不同的数据逐个进行备份，比如零件程序、补偿参数、R 参数等，回装时也要逐个地装。分区备份的特点是：

- 可以回装不同软件版本的 810D/840D 系统。
- 备份文件大多数采用纸带格式（或文本格式），数据文件可以用 ASCⅡ文本编辑器修改。
- 数据多，一种数据一个文件，容易遗漏。
- 可以只备份感兴趣或修改过的机床数据，如零件程序、螺距补偿数据等。

在系统上需要备份的分区数据备份文件如图 8-4 所示。

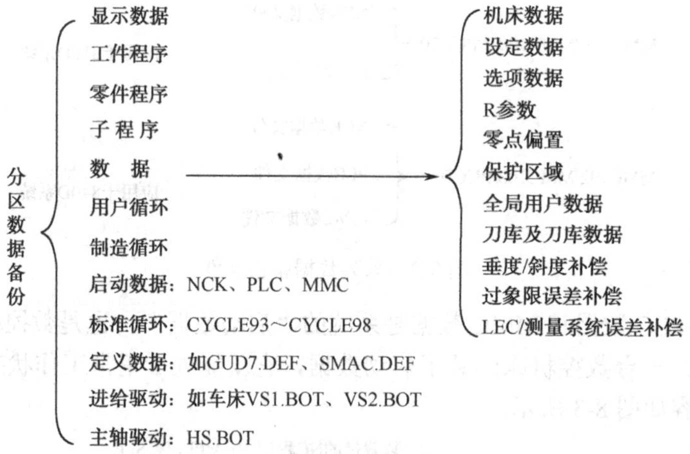

图 8-4　分区数据备份文件

8·2·3　数据备份目标

数据备份目标也就是把备份文件存储在什么地方，通过什么途径进行备份。系统提供了多种备份途径，在 MMC100/MMC100.2/PUC20 上仅能通过串口进行备份，而在 MMMC102/MMC103/PCU50 上提供了多种备份方式，如图 8-5 所示。

“V24” 或 “RS232C”：通过 RS232C 接口备份到外部计算机（PC）。

“PG”：备份到编程器或外部计算机（PC）。

“Archive”：备份到 MMC 硬盘，文件保存在 Archive 目录下。

“Disk”：备份到软盘或 USB 接口的存储设备（XP 系统可选 USB，但也只能二选一）。

“NC Card”：备份到 NC 卡。

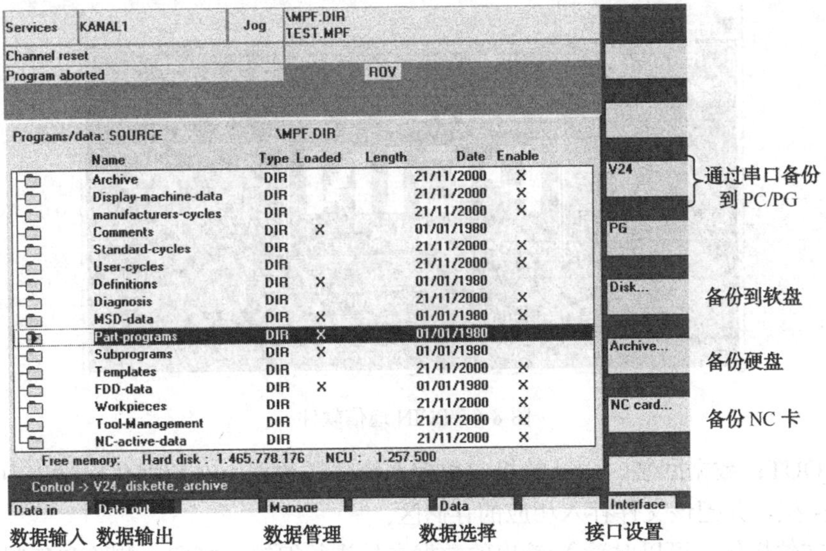

图 8-5　PCU50 上的数据备份目标

8.3　常用通信软件

对大多数用户来说，一般都采用个人计算机进行数据备份或回装，采用的通信软件是 PCIN 或 WINPCIN，这两种软件是西门子数控系统的专用通信软件，能保证数据传输的可靠性。下面简要介绍这两种软件的使用方法。

8·3·1　PCIN 通信软件

PCIN 是计算机与数控装置的专用通信软件，在 DOS 环境下运行。PCIN 软件除不能传输用 STEP 7 编程的 PLC 程序外，其他所有数据都可以进行传输。当 PLC 程序转换成二进制数据文件后，也可通过 PCIN 传输。运行 PCIN 后，会弹出 8 项功能菜单，如图 8-6 所示。

V24_INI：通信接口设置，在此项菜单中设置通信参数，分为二进制格式和穿孔带格式，如图 8-7 所示，两种格式的具体设置见表 8-2。菜单中的 WIRELAYOUT 子项给出了通信接口的连线图。

DATA_IN：数据输入，备份机床数据，由数控系统向计算机传送数据，为了回装数据，定义数据文件名时，要符合表 8-1 中的规定。

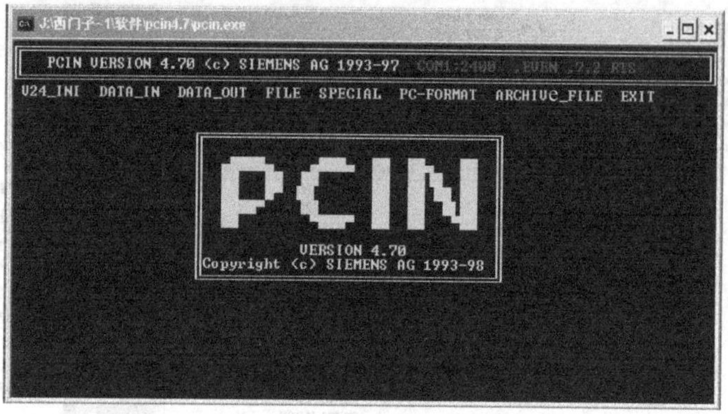

图 8-6 PCIN 通信软件

DATA_OUT：数据回装，由计算机向数控系统传送数据，在数据传输过程中，系统会自动识别文件类型，并把该文件存入相应的存储区。

FILE：文件操作，可以对输入/输出的数据文件进行编辑、打印、删除和复制等。

SPECIAL：传输数据文件的特征设置。

PC-FORMAT：PC 格式，数据文件的传输格式设置。

ARCHIVE_FILE：有关档案文件的操作，如建立档案文件，编辑档案文件等。

EXIT：退出 PCIN。

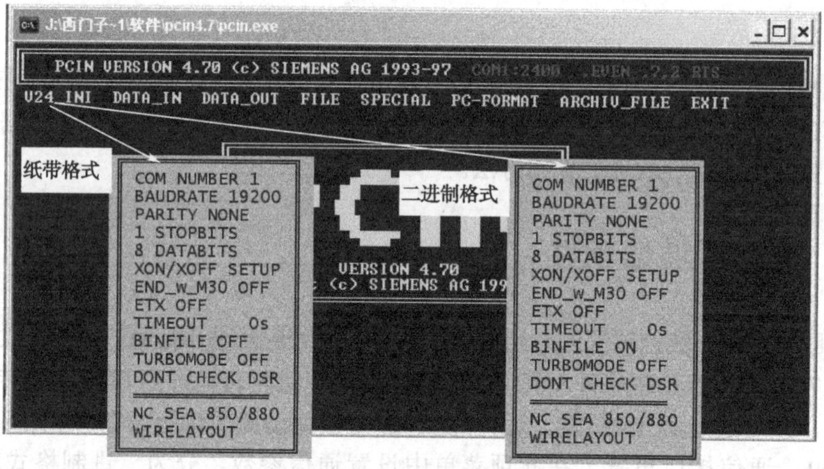

图 8-7 PCIN 接口设置

表 8-2 PCIN 软件的通信参数设置

接口参数	PC（二进制）格式	穿孔带格式	备注
通信口号（COM NUMBER）	1	1	根据 PC 选择
波特率（BAUDRATE）	4 800/9 600/19 200	4 800/9 600/19 200	设置太高可能出错

续表

接口参数	PC（二进制）格式	穿孔带格式	备　注
校验选择（PARITY）	NONE	NONE	
停止位（STOPBITS）	1	1	
数据位（DATA BITS）	8	8	
XON/XOFF 设置	11/13	11/13	
传输结束（END_W_M30）	OFF	OFF	PC 格式必须设为 OFF
ETX 设置（ETX）	OFF	ON 1A(hex)	
时间监控（TIMEOUT）	1s	1s	
BINFILE（二进制文件）	ON	OFF	
TURBOMODE	OFF	OFF	
DSR 信号测试	DON'T CHECK DSR	DON'T CHECK DSR	

8.3.2　WINPCIN 通信软件

西门子 WINPCIN 也是计算机与数控系统的专用通信软件，只不过是在 Windows 环境下运行的，如图 8-8 所示。与 PCIN 软件相比，WINPCIN 无论是参数设置还是数据输入/输出的操作都更加方便。810D/840D 系统所有数据都可以利用 WINPCIN 进行数据的输入或输出。WINPCIN 通信软件共有两个操作界面：主界面和通信参数设置界面。主界面进行数据的输入和输出，运行 WINPCIN 后，首先进入主界面，显示的各功能项目说明如下：

"RS232 Config"：通信接口参数设置。

"Receive Data"：备份机床数据，即数控系统向计算机传输数据。

"Send Data"：回装机床数据，即计算机向数控系统传输数据。

图 8-8　WINPCIN 通信软件

"Abort Transfer"：结束传输或中断传输。

"Edit File"：编辑数据文件。

"About"：有关 WINPCIN 信息。

"Binary Format"：二进制格式。

"Text Format"：文本格式。

"USER 1、USER 2"：利用用户 1 或用户 2 接口参数。

"Show V24 Status"：显示接口状态，其中有 DSR/DTR、RTS/DTS、TX/RX 等。

"Edit Single Archive File"：编辑单个档案文件。

"Split Archive"：分离档案文件。

在主界面里选择"RS232 Config"，就会弹出参数设置界面，如图 8-9 所示。主要设置的参数有：通信接口号（Comm Port）、波特率（Baudrate）、校验选择（Parity）、数据位（Data bits）、停止位（Stop bits）、传输控制（Flow Control）等。Upload 设置备份文件的存放目录，默认设置为当前目录；download 为回装文件所在的目录。完成参数设置后，要选择保存"Save"或保存并激活"Save&Activate"该组参数，否则新设置的参数不会生效。

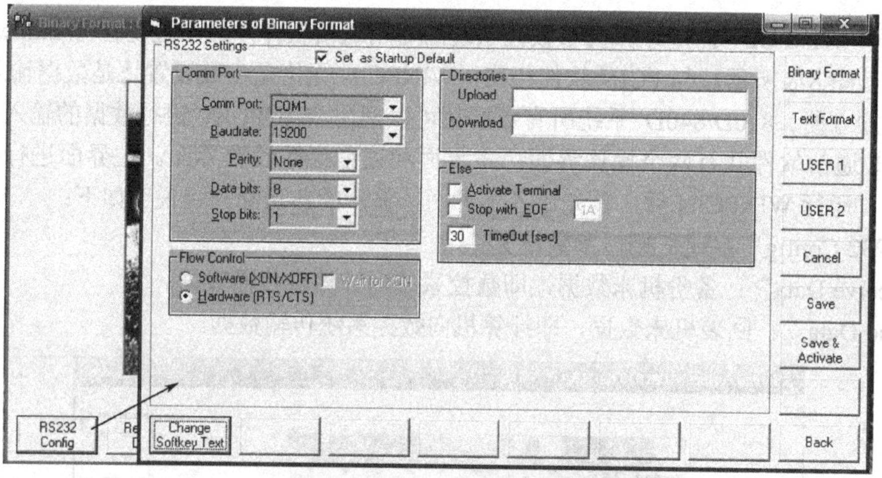

图 8-9 WINPCIN 接口设置

8·3·3 RS232C 电缆

RS232C 或 V24 通信接口有 25 芯和 9 芯之分，图 8-10 给出了几种 RS232C 电缆的连接方式，图中实线必须连接，而虚线是否连接可根据数据传输要求决定。TxD 为系统输出信号，系统向外部设备输出数据。RxD 为系统输入信号，由外部设备向系统输入数据。DTR 为外部设备准备就绪信号，可以向外部设备传送数据。DSR 是系统准备就绪信号，告诉外部设备系统可以接收数据。RTS 为系统发送请求信号，CTS 为允许发送使能信号。

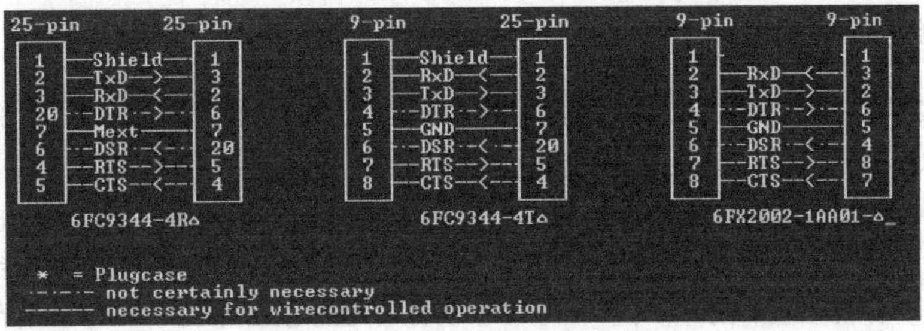

图 8-10　几种 RS232C 电缆的连接方式

8.4　系统上的通信接口设置

8·4·1　MMC100·2/PCU20 上的 RS232C 接口设置

1. 接口参数设置

进入"服务"操作区域，在屏幕的垂直菜单中有"RS232C 用户"、"RS232C 打印机"和"RS232C PG/PC"选项，传输机床数据选择"RS232C 用户"，接着按水平菜单中的软键"设定"，可以看到如图 8-11 所示的屏幕，在此屏幕上完成接口通信参数设置后，按"存储设定"软键保存新设置的通信参数，并使其生效。

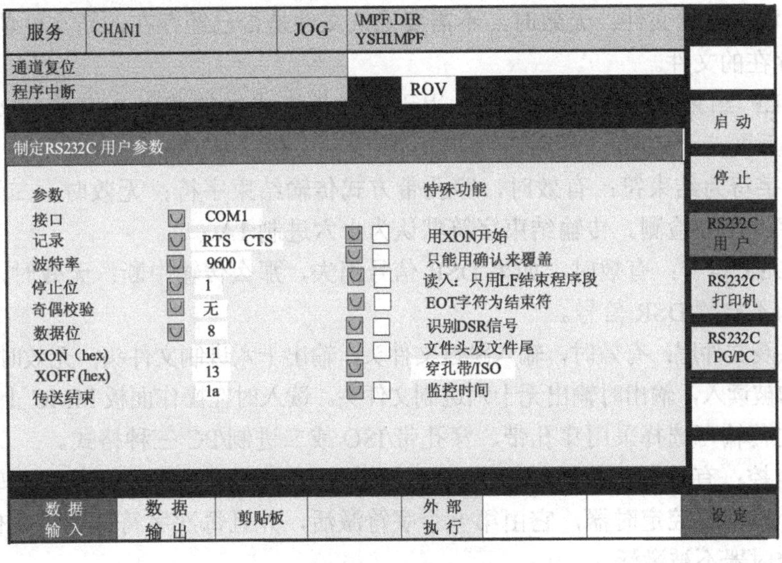

图 8-11　接口参数设置界面

2．通信参数设置说明

- 通信接口：选择 RS232C 通信接口 COM1 或 COM2，操作面板上的接口一般为 COM1。
- 波特率：数据传输的速率（bps），可以选择的波特率有 300、600、1 200、2 400、4 800、9 600、19 200 等，系统默认为 9 600。采用哪种波特率取决于传输设备、通信电缆及工作环境等因素。用 WINPCIN 软件可选择波特率为 19 200。若传输出错可降低波特率。
- 数据位：用于异步传输的数据位数，可以选择的数据位数有 7 位或 8 位，系统默认为 8 位。
- 停止位：用于异步传输的停止位数，可以选择的停止位数有 1 位或 2 位，系统默认为 1 位。读入二进制 FDD、MSD 可设置为 2 位。
- 奇偶校验：用于检测传输错误，可以选择有无奇偶校验，默认为无校验。
- RTS/CTS：硬件传输控制。RTS 为请求发送信号，CTS 为允许发送信号。
- XON/XOFF：软件传输控制。XON 为可以发送数据，XOFF 为停止发送数据。比如计算机向数控系统发送数据，当系统向计算机发出 XON 指令时，计算机可以向系统发送数据；一旦系统向计算机发出 XOFF 指令，计算机便停止数据发送，直到系统向计算机发出 XON 指令，才恢复数据发送。默认设置 XON 为 11H，XOFF 为 13H。
- 用 XON 开始：有效时，等待 XON 字符开始；无效时，XON 字符无效，或无 XON 字符。
- 只能用确认来覆盖：有效时，检验文件是否已在 NC 中，需要确认才能使新文件覆盖 NC 中已存在的文件；无效时，不需要确认文件是否已经存在，新文件就可以覆盖 NC 中已存在的文件。
- 只用 LF 结束程序段：有效时，用于穿孔带格式中的读入，字符 CR 不插在每行“LF”后面；无效时，不检测“LF”。
- EOT 字符为结束符：有效时，穿孔带方式传输结束字符；无效时，二进制方式传输结束字符不被检测。传输结束字符默认为十六进制 1A。
- 识别 DSR 信号：有效时，如果 DSR 信号消失，那么传输中断；无效时，DSR 信号无效，即不检测 DSR 信号。
- 文件头及文件尾：有效时，输入跳过文件头，输出十六进制文件头；无效时，文件头和文件尾均被读入，输出时输出无十六进制文件头。读入时在操作面板 MMC 上自动识别。
- 数据的传输可选择采用穿孔带、穿孔带/ISO 或二进制/PC 三种格式。
- 时间监控：有效时，如果传输错误或传输结束，那么等待 5s 后停止传输，系统设置了一个时间监控定时器，它由第一个字符激活，并且每次字符传输时复位；无效时，监控定时器不被激活。

8·4·2 MMC102/MMC103/PCU50 上的 RS232C 接口设置

在 MMC102/MMC103/PCU50 上的 V24 接口设置操作与在 PCU20 上的相同，进入"Start up"（启动）区域后只需在输入/输出屏幕下，按"Password"（口令）键输入制造商级口令，转到"Service"区域，在屏幕的右下角找到"Interface"（接口）软键，如图 8-12 所示，就可以对 V24 参数进行设置了。其中档案文件格式（Arch. format）有二进制格式（Binary format）、纸带格式（Punch tape）、带 CR+LF 的纸带格式（Punch tape with CR+LF）3 种。

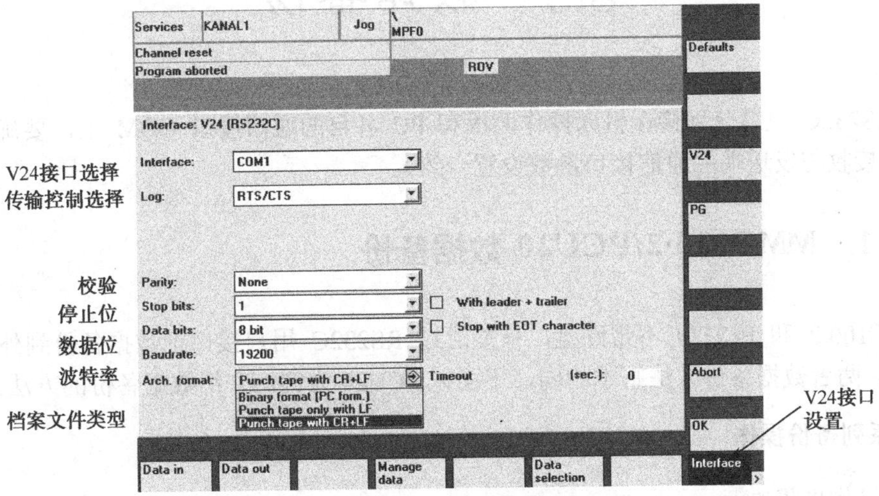

图 8-12 V24 接口设置

8·4·3 机床操作面板与 PC 通信连接

机床操作面板与 PC 通过 RS232C 电缆，分别接在各自的通信接口 COM 上，如图 8-13 所示。要求在断电的情况下连接 RS232C 电缆，以免烧坏通信接口。当外部连接稳定后，就可以开机设置接口参数并按一定顺序进行数据备份或回装了。无论是数据备份还是数据回装，都是在进行数据的传送，其传送的原则是：

- 两端口的参数设定一致；
- 永远是准备接收数据的一方先准备好，处于接收状态。

图 8-13　RS232C 电缆的连接

8.5　数据备份

用 RS232C 电缆分别接在机床操作面板和 PC 各自的通信接口 COM 上，要确保连接可靠，而且接收与发送端的通信接口参数设置一致。

8·5·1　MMC100·2/PCU20 数据备份

MMC100.2 和 PCU20 不带硬盘，只能通过 RS232C 用户接口把数据备份到外部计算机（PC）上。两者数据备份方法基本相同，下面以 PCU20 为例，介绍数据备份的方法。

1．系列备份操作

具体操作步骤如下。

（1）在 PCU 上操作：在主菜单中，依次选择“Service”（服务）→“RS232C 用户”→“Settings”（设定）进行 V24 参数设置，存储设置或激活“Active”（激活），此步将 V24 设定为 PC 格式。

（2）在计算机上选择下面方法之一：

- 启动 PCIN→选择“DATA IN”（数据输入）→给文件起名，同时确定目录，回车，使计算机处于等待状态，在此之前，PCIN 的 V24_INI 中已设定为 PC 格式。
- 启动 WINPCIN→选择“Receive Data”（接收数据）→给文件起名，同时确定目录，回车，使计算机处于等待状态，在此之前 WINPCIN 的 RS232 Config 中已设定 PC 格式。

（3）进行备份：在 PCU 上选择“Data Out”（数据输出）→移光标至“Start-up Data”（启动数据）→按“INPUT”键（黄色键位于 NC 键盘上）→移动光标选择 NCK 或 PLC，如图 8-14 所示。

（4）在 PCU 上按垂直菜单上的“Start”（启动）软键。

（5）在传输时，会有字节数变化以表示正在传输进行中，可以用“Stop”（停止）软键停止传输。传输完成后在“Error log”（错误记录）查看通信记录。

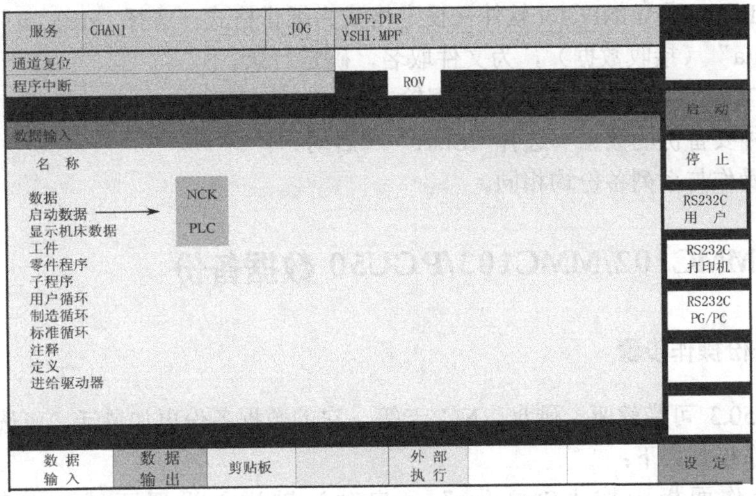

图 8-14　从 PCU20 上系列备份到 PC

2．分区备份操作步骤

分区备份与系列备份不同的是：将 RS232C 参数一般设定为纸带格式（驱动数据除外），数据源不再是“启动数据”而是“数据”，如图 8-15 所示。

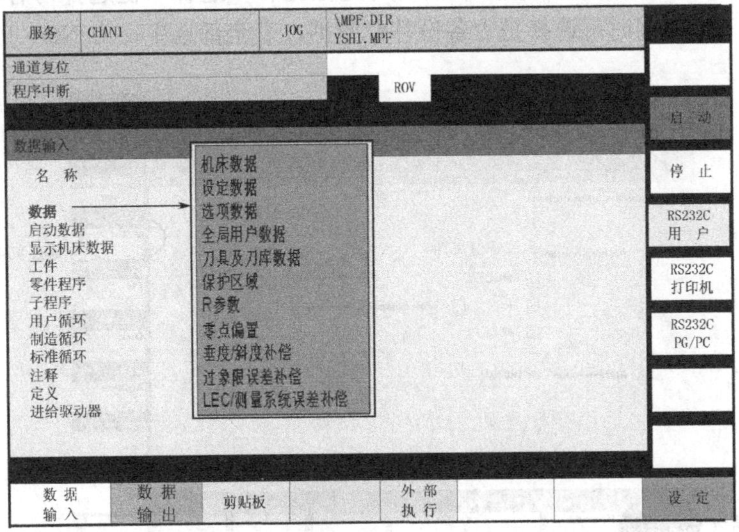

图 8-15　从 PCU20 上分区备份到 PC

具体操作如下：

（1）在 PCU 上选择“Service”（服务）→“RS232C 用户”→“Settings”（设定），设定 V24 为纸带格式。

（2）启动 PCIN 或 WINPCIN 软件→设定格式为纸带格式→选择“data in”（数据输入）或“Receive data”（接收数据），为文件取名，确定目录。

（3）在 PCU 上按“Data out”（数据输出）→移光标至“Data”（数据）→按“Input”键→选择某一种要备份的数据→选择“Start”（启动）。

其余各步操作与系列备份均相同。

8.5.2　MMC102/MMC103/PCU50 数据备份

1. 系列备份操作步骤

由于 PCU50.3 可带软驱、硬盘、NC 卡等，它的数据备份更加灵活，可选择不同的存储目标，具体操作步骤如下：

（1）在操作面板上按“Start up”（启动）键进入设置区域，在垂直菜单上按“Password”（口令）键，输入机床制造商级口令。

（2）按“Interface”（接口）软键，设定接口通信参数，注意设置为二进制/PC 格式。

（3）在主菜单中选择“Service”（服务）操作区。

（4）在水平菜单栏中按扩展键“〉”，再按“Series start_up”（系列调试）软键，可以看到如图 8-16 所示的系列备份显示屏幕，利用光标键和“选择”键选择内容：NC、PLC 或 MMC，在备份 NC 数据时可选择是否备份补偿数据，若全部选中，为 NC、PLC 与 MMC 的打包备份。

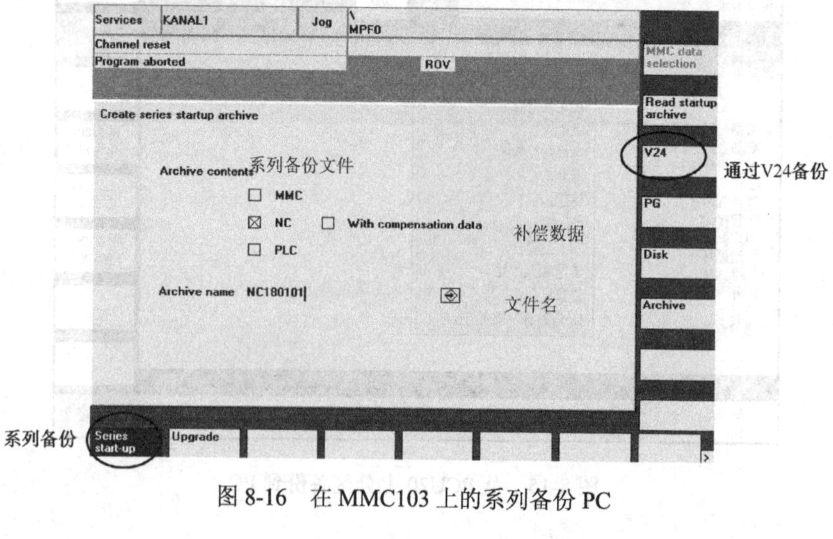

图 8-16　在 MMC103 上的系列备份 PC

（5）按垂直软键“V24”，便可通过 V24 接口把该文件输出到外部 PC 上。
（6）按“OK”键开始备份数据。

2．分区备份

一般在 MMC102/MMC103/PCU50 上通过 V24 分区备份数据，需要有选择性地备份数据，也就是建议只备份以后需要重新回装的数据，否则备份文件较多。分区备份与系列备份不同的是无须按扩展键，而直接按“Data out”（数据输出）键即可，其操作步骤如下：

（1）在主菜单中按“Service”（服务）软键进入服务操作区域，按“Data out”（数据输出）软键选择数据输出。
（2）选择要备份的数据文件，如图 8-17 中的 Part-programs（零件程序）。
（3）从垂直菜单中选择备份目标：“V24”。
（4）在垂直菜单按“Start”（启动）软键。
（5）确定目录，输入文件名。
（6）按“OK”键，备份开始，若中途停止备份按“Stop”（停止）键。

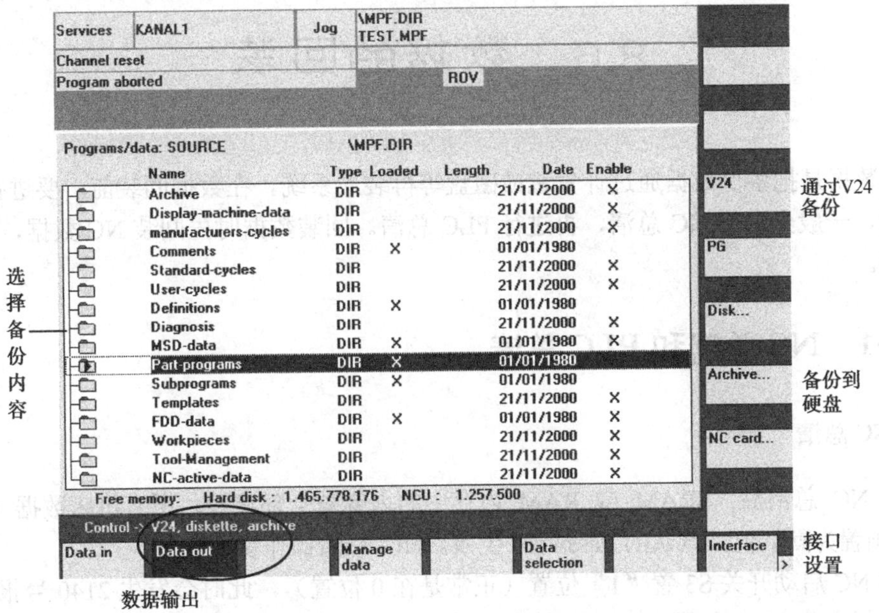

图 8-17　在 MMC103 上分区备份 PC

8·5·3　数据备份到硬盘

MMC102/MMC103/PCU50 上带有硬盘，可以直接在硬盘上备份文件。在硬盘上既可做系列备份也可做分区备份，其操作步骤与 RS232C 备份相比，备份目标由“RS232C”或“V24”改为“Archive”即可。

1．系列备份操作步骤

依次选择“Service”（服务）→“>”→“Series start_up”（系列调试）→选择 NCK、PLC、MMC→输入文件名→“Archive”。

2．分区备份操作步骤

（1）依次选择“Service”（服务）→“Data selection”（数据选择）→NC Acative Data 文件夹→“OK”。

（2）依次选择“Service”（服务）→“Manage data”（数据管理）→按 INPUT 显示分区文件 →选择备份文件→“COPY”（复制）→将光标移至硬盘→“INSERT”（粘贴）→输入文件名及路径→“OK”。

8.6　数据的回装

回装数据是把备份数据通过计算机或磁盘等再装入系统。在数据回装前，要进行 NC 或 PLC 总清，一般先进行 NC 总清，再进行 PLC 总清。回装数据时先回装 NC 数据，然后回装 PLC 数据。

8·6·1　NC 总清和 PLC 总清

1．NC 总清

执行 NC 总清后，SRAM 或 RAM 内存中的内容被全部清掉，所有机床数据（Machine data）被预置为默认值，默认的 Password 生效。NC 总清操作步骤如下：

- 将 NC 启动开关 S3 置“1”位置（正常是在 0 位置），此时会发生 2140 号报警。
- 重新启动 NC，如果 NC 已经启动，可按一下复位按钮 S1 或执行 NCK RESET（热启动）。
- 待 7 段数码管 H3 显示“6”，说明 NC 启动成功，再将 S3 旋到“0”位置，提示 4060 Standardmachine data loaded（装载了标准机床数据），NC 总清执行完成。

2．PLC 总清

PLC 总清的操作步骤如下：

- 将 PLC 启动开关 S4 置“2”位置（正常是在 0 位置），PS 灯会亮。
- 将开关 S4 旋到“3”位置并保持约 3s，等到 PS 灯再次亮，慢闪两次（2Hz 闪烁频率）。
- 在 3s 之内，快速执行下述操作 S4：“2”→“3”→“2”；PS 灯先闪，后又亮，PF 灯亮，但有时可能 PF 灯不亮。
- 等 PS 和 PF 灯亮了，S4 置“0”位置，PS 和 PF 灯灭，而 PR 灯亮，PLC 总清执行完成。PLC 总清后，屏幕上若有报警可做一次 NCK 复位（热启动）。

8·6·2　通过 RS232C 回装系列备份数据

用 RS232C 电缆分别接在机床操作面板和 PC 各自的通信接口 COM 上，要确保连接可靠，而且接收与发送端的通信接口参数设置一致。若用 WINPCIN 软件备份，则选择“Send data”，即发送数据；若用 PCIN 软件备份，则选择“Data out”，即数据输出。

系列备份数据是系统的启动数据，用 PCU20 备份的数据包含两个启动数据文件 NCK 和 PLC，而 MMC103/PCU50 还多一个启动数据文件 MMC。选择要回装的系列备份文件时，其回装的顺序一般为 NCK、PLC。

回装 PLC 数据时，S4 一般置“2”位置，数据传输完毕，等待 1～2min，使系统处理新装入的数据，屏幕无任何提示后，把 S4 回装到 0 位，断电再通电或按 S1 使系统复位，7 段显示器显示“6”，+5V、PR 灯亮，表示 PLC 数据回装成功。

回装系列备份数据操作步骤如下：

（1）在 PCU 上，依次选择“Service”（服务）→“Data in”（数据输入）→“RS232C 用户”→“Settings”（设定）→“Start”（启动）→等待接收数据。

（2）在计算机上：

利用 WINPCIN→设定传输格式→“Send data”（数据发送）→选择要回装的文件（NCK、PLC）→单击“OK”→回装开始。

利用 PCIN→设定传输格式→“Data out”（数据输出）→选择要回装的文件（NCK、PLC）。

8·6·3　从硬盘上回装系列备份数据

从硬盘上回装系列备份数据相对比较简单，不需要 PC，也不需要通信接口设置，直接在 MMC103/PCU50 上操作即可，参见图 8-16，其操作步骤如下：

（1）依次选择“Start up”（启动）→“Password”（口令）→输入制造商级口令。

（2）依次选择“Service”（服务）→“>”→“Series start_up”（系列备份）→“Read start_up archive”（回装备份文档）→系统自动打开 Archive 文件夹→选择要回装的文件*.ARC（NCK、PLC、MMC）→“Start”（开始）→“Yes”。

8·6·4 分区备份数据的回装

分区数据的回装一般用于把某类数据文件回传给系统，其操作与数据分区备份不同的是选择数据输入方式，如在系统上按“Data in”（数据输入）软键，再选择要回装的数据文件，通过“RS232C”或“V24”接口即可回装。

分区数据的回装比系列数据的回装烦琐，特别是系统的启动数据文件，不像系列数据，在回装的过程中边回装边设置，系统自动完成；而分区数据在回装的过程中，系统的设置根据提示信息，需要人工干预。因此，分区备份数据的回装常用在零件加工程序、补偿数据和刀具偏置、零点偏置、R 参数的回装上。以硬盘分区回装为例，回装操作步骤如下：

（1）依次选择“Service”（服务）→“Data selection”（选择数据）→选择 Saving of NC Data 文件夹→“OK”。

（2）依次选择“Service”（服务）→“Manage data”（数据管理）→选择要回装的文件→“Load”（装入）。

无论是数据输入还是输出，如果在数据传输过程中发生错误，请检查：

（1）当前的数据保护级别、口令设置是否正确。

（2）通信接口参数设置是否正确，波特率是否设置太高。

（3）在读补偿文件时出现错误，检查机床数据 MD32710 和 MD32500 是否设置为 0。

（4）机床数据 MD11220 是否设置为 1 或 2，设置为 0 是 INI 文件禁止读入。

第 10 章　误差补偿

数控系统提供了多种误差补偿功能，来弥补因机床机械部件制造或装配工艺问题引起的误差，提高机床的加工精度。常见的误差补偿功能主要包括反向间隙误差补偿、螺距误差补偿、跟随误差补偿、温度补偿、垂度补偿及摩擦补偿等，本章主要介绍各种误差补偿功能的原理及方法。

10.1　反向间隙误差补偿

反向间隙是坐标轴或主轴运动方向改变时产生的误差，比如坐标轴在换向时，伺服电机已经按系统指令旋转了一定角度，而实际上工作台并未移动，实际位置与显示位置就出现了偏差，就是所谓的反向间隙误差。尽管在数控机床制造过程中采取了一系列减小反向间隙的措施，如滚珠丝杠螺母增加了消除反向间隙机构，伺服电机与滚珠丝杠直连等，也只能相对减小反向间隙，很难完全消除传动系统中的反向间隙。利用数控系统提供的反向间隙补偿功能，对机床传动链进行补偿，就能进一步减小反向间隙误差，改善轴的定位精度，但也不能从根本上完全消除反向间隙误差。滚珠丝杠的任何一个位置既有螺距误差，在反向时又有反向间隙，而且每个位置的反向间隙各不相同，原则上应采用激光干涉仪进行多点测量，所选取的测量点要基本反映丝杠反向间隙情况。但实际上很难做到，一般只取进给轴在丝杠上某点反向时测量到的反向间隙作为补偿值。

如果编码器的运动先于工作台运动，见图 10-1，系统在反向时，编码器已经向系统发出了移动脉冲，工作台可能还没有移动，这样通过编码器获得的位置将大于工作台移动的实际位置，在这种情况下，就必须给 MD32450 输入正的补偿值。

如果工作台先于编码器运动，如图 10-2 所示，系统在控制反向时，工作台已经产生了移动，编码器可能没有向系统发出移动脉冲，这样通过编码器获得的位置将小于工作台移动的实际位置，在这种情况下，就必须给 MD32450 输入负的补偿值。

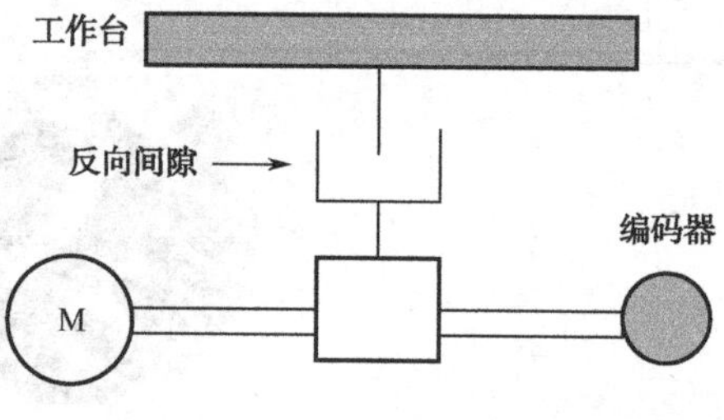

图 10-1　补偿值为正时的情况

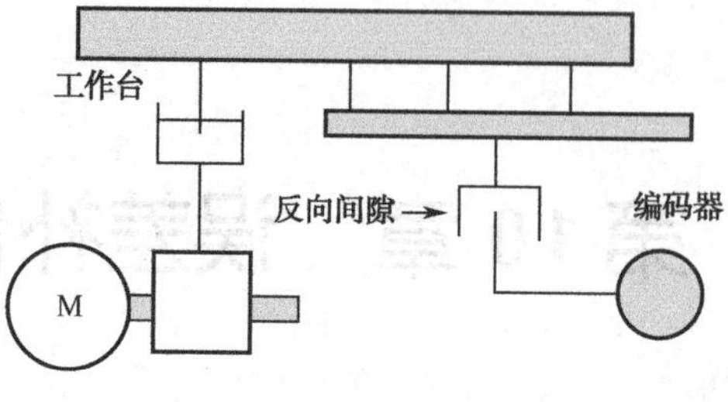

图 10-2　补偿值为负时的情况

若数控机床的坐标轴/主轴存在第二测量系统，它与第一测量系统的传动链不可能完全相同，当然反向间隙也与第一测量系统不同，必须对第二测量系统单独进行补偿。在测量系统转换时，自动激活对应的补偿值。值得注意的是，两个测量系统间的实际值误差，不能超过机床数据 MD36500 中设定的位置实际值转换的最大公差。

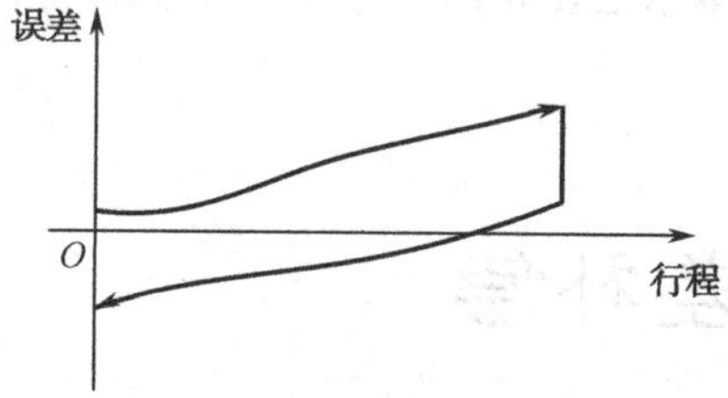

图 10-3　反向间隙对定位精度的影响

坐标轴的反向间隙情况可以由定位精度曲线反映出来，在理想情况下，正向定位曲线和反向定位曲线在垂直坐标轴上很均匀地拉开一段距离，近似平行曲线，如图 10-3 所示，这段距离反映了该坐标轴的反向间隙，这时可以用反向间隙补偿功能，补偿坐标轴的反向间隙，使得正、反向曲线接近，达到较好的定位精度。

有时正、反向曲线并不是近似平行的曲线，而是呈喇叭形或交叉形，这两类曲线除受定位精度影响外，反向间隙也是主要的影响因素。反向间隙不均匀现象还表现在全程内丝杠一头松一头紧，结果得到喇叭形的正、反向曲线，如图 10-4 所示，这种情况利用反向间隙补偿已经达不到要求，必须对机械部分进行调整，否则由于补偿不当，可能导致曲线交叉，如图 10-5 所示。

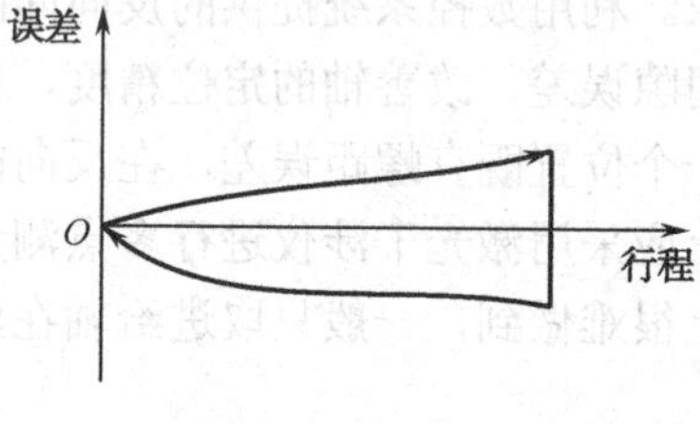

图 10-4　喇叭形曲线

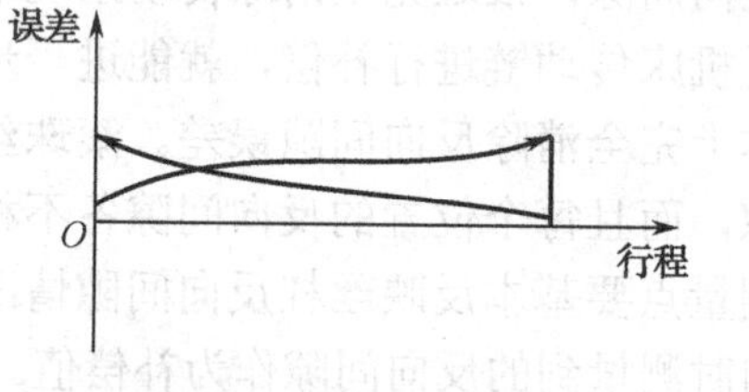

图 10-5　形成的交叉曲线

注意： 反向间隙补偿值输入到机床数据 MD32450 中，只有在数控机床返参考点后才能生效。屏幕上轴位置显示窗口显示的实际值未包含反向间隙补偿值，是“理想”的坐标位置。在系统的“诊断”区域坐标轴服务项目中看到的当前实际值，包括了反向间隙补偿值与螺距误差补偿值之和。

10.2 螺距误差补偿

数控机床大都采用滚珠丝杠作为机械传动部件，伺服电机带动滚珠丝杠，将电机的旋转运动转化为直线运动。如果滚珠丝杠没有螺距误差，丝杠转过的角度与对应的直线位移存在线性关系，比如丝杠螺距为 6mm，丝杠转动一周（360°）对应的直线位移应当是 6mm。实际上，由于滚珠丝杠制造工艺的原因，达不到理想的螺距精度，其螺距并不完全相等，存在螺距误差，反映在直线位移上也存在一定误差，即丝杠转动一周其直线位移并不是 6mm。螺距误差的存在降低了机床的加工精度。利用系统提供的螺距误差补偿功能，可以减小或部分消除螺距误差，使坐标轴的实际位移更加接近指令值，达到提高机床加工精度的目的。

1．螺距误差补偿特点

图 10-6 给出了某滚珠丝杠实际螺距误差曲线与理想螺距误差曲线，系统螺距误差补偿采用的是线性补偿方法，而实际上螺距误差是非线性的，线性和非线性之间的矛盾将影响螺距误差补偿的效果，使得在坐标轴有效行程范围内不可能完全消除螺距误差。

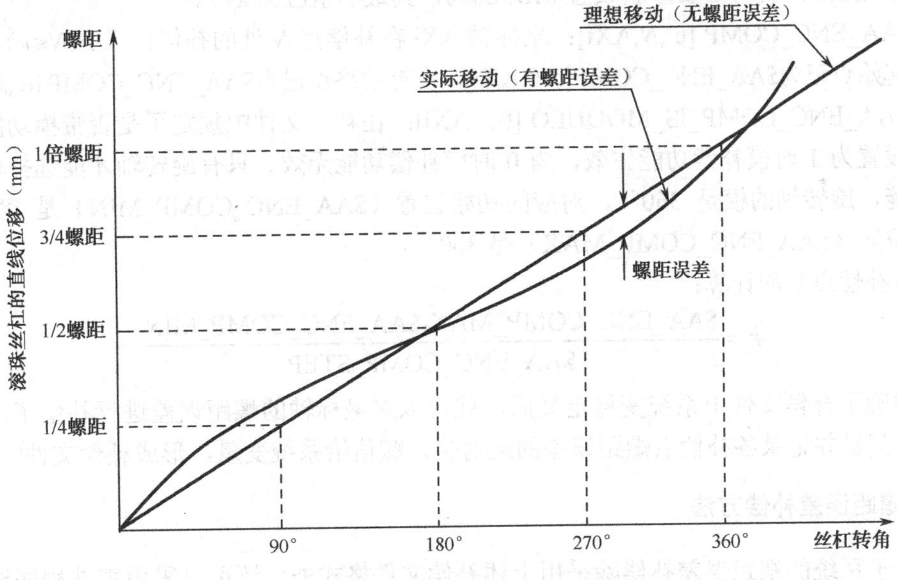

图 10-6 实际螺距误差曲线与理想螺距误差曲线

螺距误差按轴进行补偿，各坐标轴之间的补偿值互不影响。从理想角度应该对每个螺距误差进行补偿，而实际上是没有必要的，只需在坐标轴行程范围内，补偿点（又称插补点）选取要合适，就能达到较好的补偿效果。根据坐标轴的工作范围和精度要求，确定螺距误差补偿的区间和间隔，以便计算实际误差补偿的点数。810D/840D 系统按绝对误差补偿，某点的补偿值是相对于机床原点的综合螺距误差。

机床数据 MD38000 中设置螺距误差补偿的最大点数，实际补偿点数应当小于该参数的规定。在进行螺距误差补偿前，检查 MD38000 中的设置，一般系统的默认设置能够满足要求，不必修改 MD38000 中的数据，否则会引起 NCK 内存的重新分配，丢失有关数据，如零件程序、R 参数、刀具参数及驱动数据等。

2．螺距误差补偿系统变量

螺距误差补偿值通过系统变量，以补偿文件（又称为补偿表）的格式赋给系统，使系统在插补周期内，根据当前的坐标位置，自动地把补偿值加到位置调节器。螺距误差补偿用到的系统变量有：

- $AA_ENC_COMP_STEP [e , AXi]：坐标轴 AXi 螺距误差补偿间隔，也就是两个补偿点之间的距离。其中 e 代表测量系统，e=0 表示第 1 测量系统，e=1 表示第 2 测量系统。
- $AA_ENC_COMP_MIN [e , AXi]：坐标轴 AXi 螺距误差补偿起始点。
- $AA_ENC_COMP _MAX[e , AXi]：坐标轴 AXi 螺距误差补偿终点，也就是最大实际补偿点数 *k* 的坐标位置。根据补偿的起始点、终点及补偿间隔，就可以计算出实际补偿点数 *k*：若有必要重新设置 MD38000，其最小值应为 *k*+1。
- $AA_ENC_COMP [e ,*N*,AXi]：坐标轴 AXi 在补偿点 *N* 处的补偿值（0≤*N*≤*k*）。在补偿起始点记为$AA_ENC_COMP[e,0,AXi]，在补偿终点记为$AA_ENC_COMP [e ,*k*,AXi]。
- $AA_ENC_COMP_IS_MODULO [0，AXi]：在补偿文件中规定了是否带模功能补偿，设置为 1 时模补偿功能生效，为 0 时模补偿功能无效。只有旋转轴才能选择模补偿功能，旋转轴的模是 360°，对应的初始位置（$AA_ENC_COMP_MIN）是 0°，结束位置（$AA_ENC_COMP_MAX）是 360°。

实际补偿点数的计算：

$$k=\frac{\text{\$AA\_ENC\_COMP\_MAX-\$AA\_ENC\_COMP\_MIN}}{\text{\$AA\_ENC\_COMP\_STEP}}$$

在明确了补偿文件中系统变量定义后，就可以对坐标轴的螺距误差进行补偿了。采用激光干涉仪测量并记录各补偿点螺距误差的绝对值，赋值给系统变量，形成补偿文件。

3．螺距误差补偿方法

西门子系统的螺距误差补偿除采用上述补偿文件格式外，还可以采用零件程序格式的输入补偿值。在生成补偿文件后，将补偿文件格式改为加工程序，从工件目录中可以看到这个用于螺距补偿的零件程序。通过 OP 单元将补偿值输入到程序中，运行该零件程序即可将补偿值写入系统。因此螺距误差补偿有两种方法，补偿文件法和零件程序法，前者每次上电自动执行一次补偿文件，后者只需执行一次零件程序。

● 补偿文件法的文件头为：

%_N_AXIS 3_EEC_INI

● 零件程序法的文件头为：

%_N_BUCHANG_MPF:$PATH=/_N_MPF_DIR

4．螺距误差补偿操作步骤

图 10-7 所示就是某数控机床 Z 轴螺距误差补偿曲线，编辑的补偿文件见表 10-1，以此为例说明其补偿操作步骤。

- 在系统上打开零件程序格式的补偿文件，如果该补偿文件已传到 PC 上，可在 PC 上打开。
- 根据坐标轴的工作区间，确定补偿轴的补偿范围，如图 10-7 中的补偿起始位置 100mm，补偿终点位置 1 200mm。
- 根据机床坐标轴特点，参照有关规定和标准，确定补偿轴的补偿间隔，如图 10-7 中的补偿点间隔 100mm。
- 根据测量结果，确定各点的补偿值，在系统上编辑补偿文件或在 PC 上编辑补偿文件。
- 如果在 PC 上编辑补偿文件，用 PCIN 或 WINPCIN 通信软件将补偿文件传至系统。
- 把机床数据 MD32700 设置为 0，补偿文件作为零件程序执行一次。
- 把机床数据 MD32700 设置为 1，螺距误差补偿使能生效，保护补偿文件。
- 系统复位“NCK Reset”，新的补偿值生效。

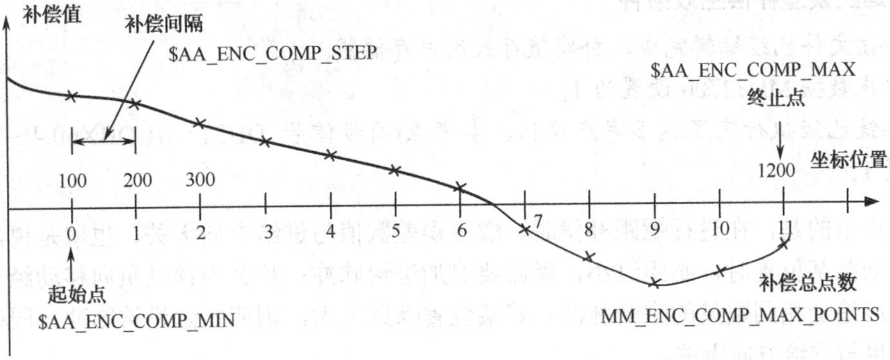

图 10-7　螺距误差补偿曲线

表 10-1　螺距误差补偿文件

	零件程序格式	补偿文件格式
文件头	%_N_BUCHANG_MFP；$PATH=/_N_MPF_DIR	%_N_AXIS 3_EEC_INI
补偿点 0	$AA_ENC_COMP[0,0,AX3]=0.024	$AA_ENC_COMP[0,0,AX3]=0.024
补偿点 1	$AA_ENC_COMP[0,1,AX3]=0.020	$AA_ENC_COMP[0,1,AX3]=0.020

续表

	零件程序格式	补偿文件格式
补偿点 2	$AA_ENC_COMP[0,2,AX3]=0.015	$AA_ENC_COMP[0,2,AX3]=0.015
补偿点 3	$AA_ENC_COMP[0,3,AX3]=0.014	$AA_ENC_COMP[0,3,AX3]=0.014
补偿点 4	$AA_ENC_COMP[0,4,AX3]=0.011	$AA_ENC_COMP[0,4,AX3]=0.011
补偿点 5	$AA_ENC_COMP[0,5,AX3]=0.009	$AA_ENC_COMP[0,5,AX3]=0.009
补偿点 6	$AA_ENC_COMP[0,6,AX3]=0.004	$AA_ENC_COMP[0,6,AX3]=0.004
补偿点 7	$AA_ENC_COMP[0,7,AX3]=−0.010	$AA_ENC_COMP[0,7,AX3]=−0.010
补偿点 8	$AA_ENC_COMP[0,8,AX3]=−0.013	$AA_ENC_COMP[0,8,AX3]=−0.013
补偿点 9	$AA_ENC_COMP[0,9,AX3]=−0.015	$AA_ENC_COMP[0,9,AX3]=−0.015
补偿点 10	$AA_ENC_COMP[0,10,AX3]=−0.009	$AA_ENC_COMP[0,10,AX3]=−0.009
补偿点 11	$AA_ENC_COMP[0,11,AX3]=−0.004	$AA_ENC_COMP[0,11,AX3]=−0.004
补偿间隔	$AA_ENC_COMP_STEP[0,AX3]=100	$AA_ENC_COMP_STEP[0,AX3]=100
补偿起始点	$AA_ENC_COMP_MIN[0,AX3]=100	$AA_ENC_COMP_MIN[0,AX3]=100
补偿结束点	$AA_ENC_COMP_MAX[0,AX3]=1200	$AA_ENC_COMP_MAX[0,AX3]=1200
模数	$AA_ENC_COMP_IS_M0DULO[0,AX3]=0	$AA_ENC_COMP_IS_M0DULO[0,AX3]=0
文件结束	M17	M17

可通过依次选择“Diagnosis”（诊断）→“Service display”（服务显示）→“Service axis”（轴调整），观察“绝对补偿值”（Absolute compensate value）生效情况。

螺距误差补偿生效条件

- 补偿文件已经编辑完成，补偿值存入用户存储器；
- 机床数据 MD32700 设置为 1；
- 系统已经执行完了返参考点操作，参考点/同步信号 DB31～61.DBX60.4～DBX60.5 置 1。

需要指出的是，在进行螺距补偿时，螺距误差数值与进给方向无关，也就是说，当坐标轴正向移动到某位置时，螺距过小，就需要追加进给脉冲；那么当该轴负向移动经过同一位置时，也应追加相同数量的进给脉冲。若某位置螺距过大，则应扣除进给脉冲，同样所扣除的脉冲数也与进给方向无关。

10.3 温度补偿

温度对数控机床的影响，表现为机床金属机械部件的热胀冷缩，使机械部件产生不同的热变形。对于高精度数控机床，为了保证零件的加工精度，温度的影响是必须考虑的因素。

数控系统提供了温度补偿功能，用于补偿因温度变化导致机械部件的变形而产生的实际位置误差，减小温度变化对数控机床加工精度的影响，从而保证机床加工零件的质量。

温度变化的来源及影响

一是机床本身驱动部件产生的热量，特别是驱动装置，如伺服电机线圈绕组产生的热量，传导到滚珠丝杠或工作台，使滚珠丝杠或工作台产生变形，影响坐标轴的实际位置，结果将降低工件的加工精度；二是数控机床的环境温度发生了变化，也会使机床的机械部件产生变形，最终同样导致机床的精度降低。一般数控机床环境温度变化不大，主要的影响是来自机床本身产生的热量。

1．温度补偿特点

为了实现温度补偿，需要知道位置误差与温度的对应关系，即获得一个误差特性曲线，如图 10-8 所示，此曲线就是在给定温度为 T 的条件下，坐标位置与其对应误差间的关系。首先，在坐标轴上选取一点 P_0 作为参考位置，当温度变化时，测出该位置的偏差 K_0，此值称为位置无关温度补偿值。坐标轴上的其他不同位置 P_X 是相对于参考位置 P_0 而言的，对应的偏差 ΔK_X 称为位置相关温度补偿值。由于机械部件的材质与结构不同，实际上误差曲线并不是一条直线，但可以利用直线逼近，只要求出误差曲线的斜率 $\tan\beta$（又称位置相关温度补偿系数），利用式（10-1）即可求出坐标轴某位置上的偏差 ΔK_X。

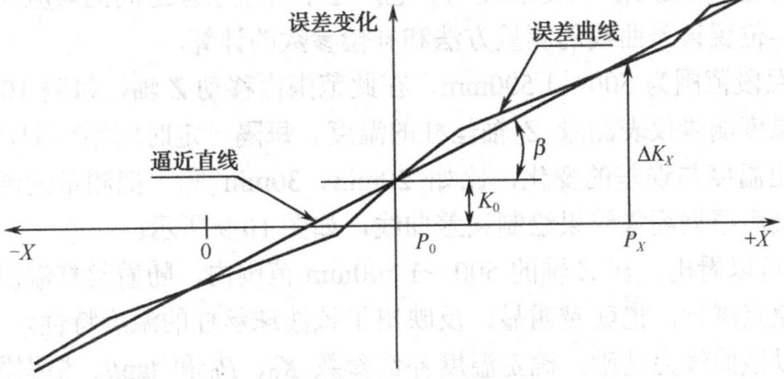

图 10-8　在温度 T 下不同位置的误差曲线

$$\Delta K_X = K_0(T) + \tan\beta(T) \times (P_X - P_0) \tag{10-1}$$

由于在不同的温度条件下，参考位置的偏移量和误差曲线的斜率都有所不同，因此这两个参数都是温度的函数。图 10-8 所示的位置误差曲线仅对应于一个温度点，实际上数控机床机械部件的温度是变化的，温度上升或下降，与温度相关的参数 K_0、$\tan\beta$ 也要发生改变。

系统需要在一个插补周期内计算温度补偿值，修正位置调节器的设定值，比如计算出的温度补偿值为正，坐标轴将向负方向运动；计算出的温度补偿值为负，坐标轴将向正方向运动，只有不断地把新补偿值送到 NCK，才能达到温度补偿效果。

2．温度补偿机床数据

温度补偿常用到的机床设置数据有：

SD 43900 TEMP_COMP_ABS_VALUE ；位置无关温度补偿值 K_0

SD 43910 TEMP_COMP_SLOP ；位置相关温度补偿系数 $\tan\beta$

SD 43920 TEMP_COMP_REF_POSITION ；位置相关温度补偿参考位置 P_0

MD 32750 TEMP_COMP_TYPE ；温度补偿方式

3．温度补偿方式

机床数据 MD32750 为温度补偿设置不同的补偿方式：

当设置为 0 时，表明坐标轴不进行温度补偿；

当设置为 1 时，位置无关温度补偿方式生效，仅需确定 SD43900 即可；

当设置为 2 时，位置相关温度补偿方式生效，需要确定 SD43910 和 SD43920；

当设置为 3 时，位置无关和位置相关两种温度补偿方式同时生效，需要确定 SD43900、SD43910 和 SD43920。

4．温度补偿方法

设置机床数据需要从温度误差补偿曲线中得到，因此实现某轴的温度补偿，就必须首先得到温度—位置误差补偿曲线，确定温度与因它产生的位置误差之间的对应关系。下面以 Z 轴为例，说明温度—位置误差曲线的测量方法和补偿参数的计算。

设 Z 轴的恒温段范围为 500～1 500mm，在此范围内移动 Z 轴，每隔 100mm 测量轴的实际位置，同时用温度测量仪表测量 Z 轴丝杠的温度。每隔一定时间循环测量一次，相隔的时间间隔要能反映出温度与误差的变化，比如 20min、30min 等，把测量的温度与对应的误差变化记录下来，最后根据测量结果绘制误差曲线，如图 10-9 所示。

从图 10-9 中可以看出，在 Z 轴的 500～1 500mm 范围内，随着丝杠温度的升高，误差逐渐增大，位置距原点越远，也就越明显，反映出了该滚珠丝杠的温度特性。为了对 Z 轴进行温度补偿，需要以该曲线为基础，确定温度补偿参数 K_0、P_0 和 $\tan\beta$。根据图 10-9 所示有两种方法确定参考位置参数 P_0：

位置无关温度补偿值 $K_0\neq0$ 时，$P_0=0$；

位置无关温度补偿值 $K_0=0$ 时，$P_0\neq0$，从图中可以得到 $P_0=320$mm。

如果采用位置相关补偿方式，位置无关的地方温度补偿值总是 0，因此温度补偿值仅包含位置相关的部分。其相关的参数设置为：

MD 32750 TEMP_COMP_TYPE=2 ；仅位置相关补偿有效

SD 43920 TEMP_COMP_REF_POSITION=320 ；位置相关温度补偿参考位置 P_0

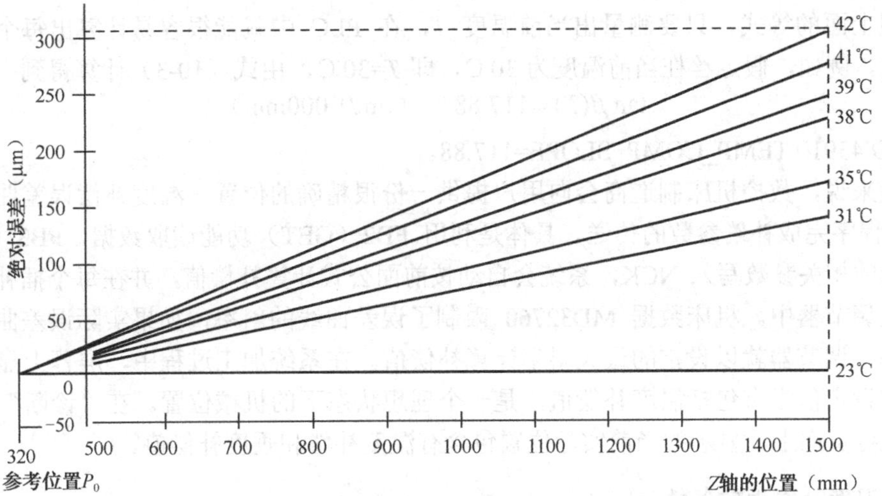

图 10-9　测量误差曲线

在确定了温度补偿的参考位置后，就要确定相关补偿系数 $\tan\beta$。根据图 10-9 绘制的温度系数曲线如图 10-10 所示，该曲线反映了某一温度下，最大补偿位置对应的最大误差。如果用直线逼近曲线，那么补偿系数 $\tan\beta$ 由下式获得：

$$\tan\beta(T)=(T-T_0)\times\frac{TC_{\max}}{T_{\max}-T_0} \tag{10-2}$$

式中，T_0 是位置相关点误差等于 0 所对应的温度；$T_{\max}$ 为测量的最大温度；$TC_{\max}$ 为 $T_{\max}$ 对应的温度系数，表示在某一温度下，滚珠丝杠每 1 000mm 所对应的最大误差。由图 10-10 可知

$$T_0=23℃\quad T_{\max}=42℃\quad TC_{\max}=320$$

所以

$$\tan\beta(T)=(T-23)\times16.84 \tag{10-3}$$

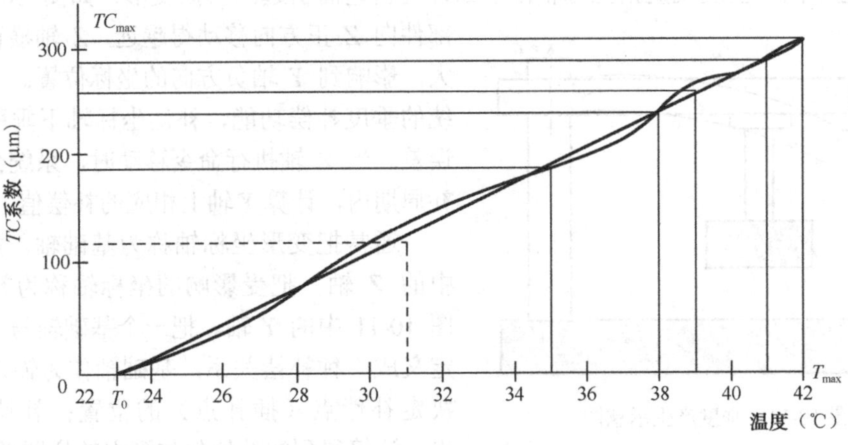

图 10-10　温度系数曲线

按照上面的等式，只要测量出当前温度 T，在 PLC 中就能很容易计算出每个温度下的 $\tan\beta$ 系数。例如，假定丝杠当前温度为 30℃，即 T=30℃，由式（10-3）计算得到

$$\tan\beta(T)=117.88 \qquad (\mu m/1\,000mm)$$

则有：SD 43910 TEMP_COMP_SLOPE=117.88。

一般来说，数控机床制造商会向用户提供一份很精确的位置—温度补偿误差曲线，由用户 PLC 程序完成补偿参数的传送。具体是利用 FB2（GET）功能读取数据，FB3（PUT）把温度补偿的相关参数写入 NCK，系统会自动按前面公式计算补偿值，并在每个插补周期里补偿到位置调节器中。机床数据 MD32760 限制了误差曲线的斜率，如果实际误差曲线超过了最大斜率，调节器就以设定的最大斜率计算补偿值。在系统加工过程中，屏幕上显示的位置实际值和设定值没有包括温度补偿值，是一个理想状态下的机械位置。在“诊断”操作区的坐标轴服务页面上，显示的当前实际位置包含有温度补偿和垂度补偿值。

温度补偿生效条件

- 在机床设置数据 MD32750 中，设置了温度补偿方式，激活了温度补偿功能；
- 温度补偿的相关数据已经写入机床设置数据，即 SD43900、SD43910 或 SD43920 中；
- 已经完成返参考点操作，参考点/同步信号 DB31～DB61.DBX60.4～DBX60.5 为 1。

10.4 垂度补偿

某些数控机床有坐标轴伸出时，由于其自重会产生下垂现象，例如立卧镗铣床，卧轴伸出时，在立轴头重量的作用下，使卧轴产生一定的下垂变形，而且随着伸出长度的不同，下垂变形量也不同。垂度就是指坐标轴由于部件的自重而引起的弯曲变形，如图 10-11 所示，部件向 Z 正方向移动得越远，Z 轴横臂弯曲也越大，影响到 Y 轴负方向的坐标位置。可以利用系统的垂度补偿功能，补偿坐标轴下垂引起的位置误差。当 Z 轴执行命令移动时，系统会在一个插补周期内，计算 Y 轴上相应的补偿值。

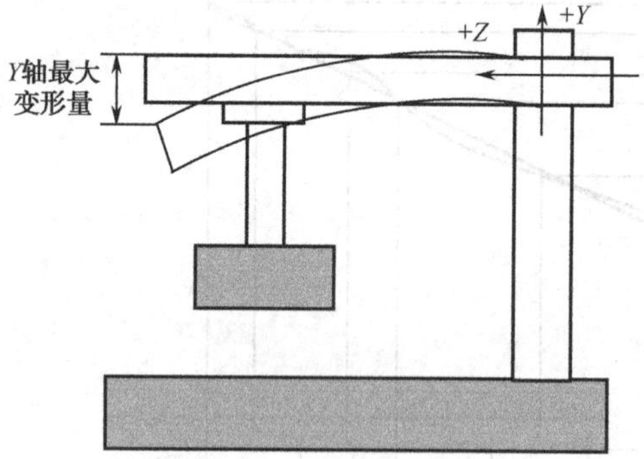

图 10-11　垂度产生示意图

通常把变形坐标轴称为基础轴，如图 10-11 中的 Z 轴；把受影响的坐标轴称为补偿轴，如图 10-11 中的 Y 轴。把一个基础轴与一个补偿轴定义成一种补偿关系，基础轴作为输入，由此轴决定补偿点（插补点）的位置；补偿轴作为输出，计算得到的补偿值加到它的位置调节器中。

注意： 垂度补偿与螺距误差补偿不同，螺距误差补偿是对单个坐标轴进行补偿，坐标轴之间的补偿相互独立，互不影响；而垂度补偿是“坐标轴间的补偿”，为了补偿一个坐标轴的垂度，将会影响到另外的坐标轴。

基础轴与补偿轴的补偿关系称为垂度补偿表，由系统规定的变量组成，以补偿文件的形式存入内存中，文件头是：%_N_NC_CEC_INI。具有两个以上坐标轴的数控机床，由于一个坐标轴的垂度可能影响到其他几个坐标轴，需要为一个基础轴定义几个补偿关系。

为了编制垂度补偿表，在定义基础轴和补偿轴后，应确定基础轴的坐标补偿范围，即补偿的位置起点和终点，还要确定两补偿点间的距离，以便计算垂度补偿点数。给出基础轴的补偿方向。如有必要还可引入补偿加权因子或补偿的模功能。每个补偿关系最大补偿点数量设置在机床数据 MD18342 中，由下式决定的实际补偿点数应小于 MD18342 中的设定值。

$$k=\frac{\text{\$AN\_CEC\_MAX[t]-\$AN\_CEC\_MIN[t]}}{\text{\$AN\_CEC\_STEP[t]}}$$

垂度补偿表包含下列系统变量：

- $AN_CEC_STEP [t]：在补偿表 t 中，两个相邻补偿点之间的距离。
- $AN_CEC_MIN [t]：在补偿表 t 中，基础轴补偿点的起始位置。
- $AN_CEC_MAX [t]：在补偿表 t 中，基础轴补偿点的结束位置。

若 k=MD18342−1，则进行全范围补偿；

若 $k\leqslant$MD18342−1，则进行全范围补偿，但比 k 大的补偿点无效；

若 $k>$MD18342−1，则应考虑增大 MD18342 设置或减小补偿点数，否则在给定的范围内得不到完全补偿。

- $AN_CEC [t，*N*]：在补偿表 t 中，基础轴补偿补点 *N* 对应补偿轴的补偿值，一般取 $0\leqslant N\leqslant k$。
- $AN_CEC_INPUT_AXIS[t]：定义垂度补偿的基础轴，作为补偿输入。
- $AN_CEC_OUTPUT_AXIS[t]：定义需要补偿的补偿轴，作为补偿值的输出。
- $AN_CEC_DIRECTION[t]：基础轴的补偿方向，具体如下。

  0：基础轴的两个方向补偿都有效；

  1：仅在基础轴的正方向补偿有效；

  −1：仅在基础轴的负方向补偿有效。
- $AN_CEC_MULT_BY_TABLE[t1]= t2：定义一个表的补偿值与另一个表相乘，其积作为附加补偿值累加到总补偿值中。t1 为补偿坐标轴表 1，t2 为补偿坐标轴表 2，一般 t1= t2+1。
- $AN_CEC_IS_MODULO[t]：带模补偿功能，等于 0 表示无模补偿功能；等于 1 表示激活模补偿功能。

下面是数控机床垂度补偿的一个实例，*Z* 轴的位置变化影响 *Y* 轴的实际坐标位置，*Z* 轴作为基础轴，*Y* 轴作为补偿轴，测得的补偿值如图 10-12 所示。

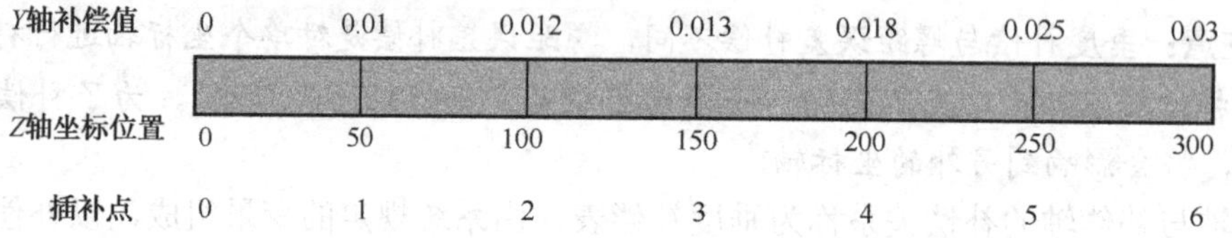

图 10-12　垂度补偿实例

```
%_N_NC_CEC_INI                        ；垂度补偿文件头
CHANDATA(1)
$AN_CEC[0,0]=0                        ；补偿点 0 的 Y 轴补偿值
$AN_CEC[0,1]=0.010                    ；补偿点 1 的 Y 轴补偿值
$AN_CEC[0,2]=0.012                    ；补偿点 2 的 Y 轴补偿值
$AN_CEC[0,3]=0.013                    ；补偿点 3 的 Y 轴补偿值
$AN_CEC[0,4]=0.018                    ；补偿点 4 的 Y 轴补偿值
$AN_CEC[0,5]=0.025                    ；补偿点 5 的 Y 轴补偿值
$AN_CEC[0,6]=0.030                    ；补偿点 6 的 Y 轴补偿值
$AN_CEC_INPUT_AXIS[0]=Z1              ；基础轴为 Z 轴
$AN_CEC_OUTPUT_AXIS[0]=Y1             ；补偿轴为 Y 轴
$AN_CEC_STEP[0]=50                    ；相邻补偿点间的距离 50mm
$AN_CEC_MIN[0]=0                      ；补偿点起始位置 0mm
$AN_CEC_MAX[0]=300                    ；补偿点结束位置 300mm
$AN_CEC_DIRECTION[0]=1                ；Z 轴正向垂度补偿有效
$AN_CEC_IS_MODULO[0]=0                ；模功能无效
M17
```

系统能对垂度补偿值进行监控，若计算的总垂度补偿值大于机床数据 MD32720 中设定的垂度补偿最大值，将会发生 20124 号总补偿值太高报警，但程序不会被中断，此时以设置的最大值作为补偿值。系统还对补偿值的变化进行监控，限制补偿值的改变。当发生 20125 号报警时，说明当前的补偿值改变太快，超过了机床数据 MD32730 设定的垂度补偿值最大变化量。

垂度补偿生效条件

- 激活了坐标轴垂度补偿功能，即 MD32710=1；
- 相应的补偿表已经赋值使能生效 SD41300 =1；
- 基础轴和补偿轴已经完成返参考点操作，参考点/同步信号 DB31～DB61.DBX60.4～DBX60.5 为 1。

10.5 跟随误差补偿

跟随误差是插补器输出的位置设定值与有效测量系统 1 或 2 检测的位置实际值之间的误差。跟随误差主要与速度变化有关，特别是在加工曲线轮廓，如圆弧、倒角加工等时，由联动轴的加/减速不同步引起的轮廓误差。利用系统提供的前馈控制功能，具体讲是借助于速度前馈控制或转矩前馈控制使系统的跟随误差几乎减小到 0，因此把前馈控制称为跟随误差补偿。前馈控制的作用是为了减小或消除跟随误差，为了做到这一点，设置的前馈补偿器必须使位置指令到实际位置反馈的转移函数，在输入频宽内尽量为 1，才能达到理想的补偿效果。机床数据 MD32620 设置前馈控制方式：

- 设置为 0，表明不使用前馈控制；
- 设置为 1，速度前馈控制方式；
- 设置为 2，速度与转矩两种前馈控制方式。

机床数据 MD32630 设置为 1，零件程序中 FFWON 为开启前馈控制指令，FFWOF 为关闭前馈控制指令。

注意：

- 实际应用中是采用速度前馈控制还是采用转矩前馈控制，取决于数控机床本身的特性，一般先选择速度前馈控制，观察系统控制效果，即跟随误差的变化情况，若不满足要求再进行转矩前馈控制。
- 在使用系统的前馈控制功能时，必须先完成电流环、速度环及位置环优化。

10.5.1 速度前馈控制

速度前馈控制的原理如图 10-13 所示，是把前馈控制器输出的速度设定值直接加到速度调节器。速度前馈控制需要设置两个机床数据，速度闭环控制等效时间常数 MD32810、速度前馈控制因子 MD32610。等效时间常数需要通过测量速度控制环的阶跃响应来确定，也可以从位置控制环获得，但最好的方法是利用 611D 的调试工具。如果坐标轴/主轴速度控制环经过了优化，且正确地获得了等效时间常数，那么前馈控制因子大约等于 1，因此机床数据 MD32610 的默认设置通常为 1。

速度前馈数据的调整

- 以恒定的速度移动坐标轴或旋转主轴，在“诊断”操作区域的轴服务项目里，通过观察实际“控制误差”的大小，判断速度前馈控制的调整是否达到最佳状态，“控制误差”为零时参数最佳。

- 如果在坐标轴/主轴正方向运动时，显示的“控制误差”是一个正值，则说明速度控制环的等效时间常数或前馈控制因子设置得太小。
- 如果在坐标轴/主轴正方向运动时，显示的“控制误差”是一个负值，则说明速度控制环的等效时间常数或前馈控制因子设置得太大。

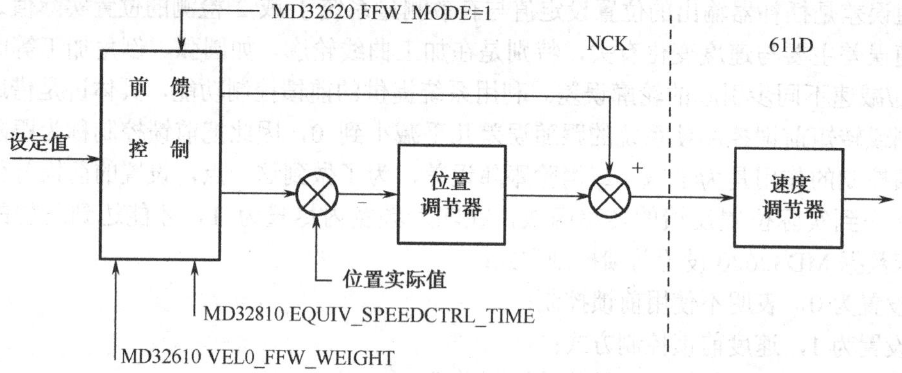

图 10-13　速度前馈控制的原理

在调整机床数据过程中，为了能够在“诊断”操作区域的轴服务项目中，容易准确读出“控制误差”，需要一个较长的加速过程，应在机床数据 MD32300 中设置较小的加速度和在 MD32000 中设置较大的进给速度，如以 *X* 轴为例：

MD 32300 MAX_AX_ACCEL[x1]=0.1 m/s^2

MD 32000 MAX_AX_VELO[x1]=20000.0 mm/min

对于有特殊精度要求的零件，为了达到其轮廓精度，可在零件程序中激活或关闭前馈补偿功能，例如：

```
N30 FFWON                     ；激活速度前馈控制
N40 G01 X…．  Z…．F900
…..     …..
N80 FFWOF                     ；关闭速度前馈控制
```

10·5·2　转矩前馈控制

在动态要求高的地方，为得到较好的轮廓精度，需要运用转矩前馈控制。转矩前馈控制原理如图 10-14 所示，转矩前馈控制是把一个与转矩成比例的电流附加设定值直接输入到电流调节器，该附加设定值与轴的加速度和惯性转矩有关。转矩前馈控制仅用于带数字驱动的系统。正确设置控制参数，即使在高加速期间，也能使跟随误差得到较好补偿。为了正确地完成转矩前馈控制设置，与速度前馈控制一样，需要精确地获得前馈控制器的等效时间常数。

转矩前馈控制常用到的机床数据除 MD32620 外，还有坐标轴的惯量 MD32650、电流控制环的等效时间常数 MD32800 和激活转矩前馈控制 MD1004，机床数据 MD1004 的 bit0 设置为 1，激活 611D 的转矩前馈控制。通过测量电流控制环的阶跃响应，决定电流闭环控制的等效时间常数大小。测定轴的总惯量设置在机床数据 MD32650 中，总惯量等于驱动的惯量与负载到电机传动轴的惯量之和。调整机床系统的等效时间常数和惯量，以便使相应坐标轴/主轴达到最佳动态响应。在实际调试过程中，由于坐标轴/主轴加速过程非常快，很难通过服务显示来精细调整参数，建议使用西门子公司提供的调试工具。

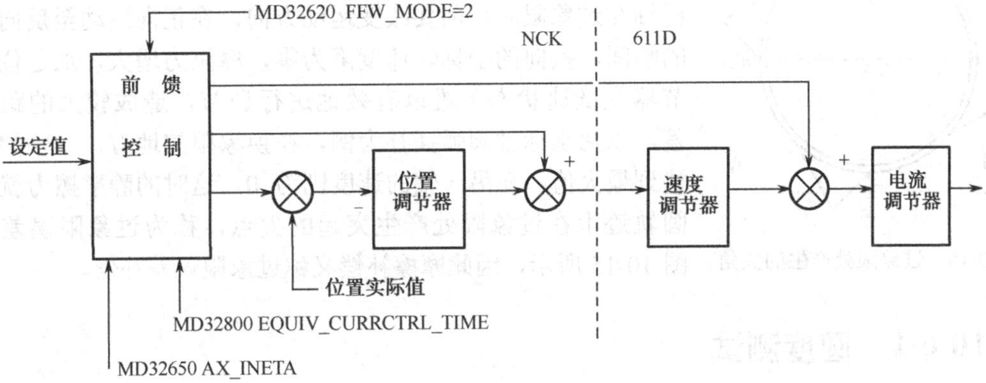

图 10-14　转矩前馈控制原理

转矩前馈数据的调整

- 转矩前馈控制调整机床数据的标准，是看坐标轴/主轴的“跟随误差”是否近似等于零；
- 如果在坐标轴/主轴正方向运动时，显示的“跟随误差”是一个正值，则说明电流控制环的等效时间常数或惯量设置得太小，应适当增大等效时间常数或惯量；
- 如果在坐标轴/主轴正方向运动时，显示的“跟随误差”是一个负值，则说明电流控制环的等效时间常数或惯量设置得太大，应适当减小等效时间常数或惯量。

机床每个插补轴的前馈控制参数都是不同的，也要进行优化。在速度和转矩前馈控制中，两个等效时间常数的变化会影响轮廓监控，因此在改变等效时间参数值后，应随即检查轮廓监控。在速度（转矩）前馈控制中，系统响应设定值的变化与速度（电流）控制环一样是动态的。前馈控制功能生效后，在服务显示中看到伺服增益因子的计算值非常大，显然与跟随误差的减小有关。速度前馈补偿不会造成系统的不稳定，也不能减小干扰对系统的影响。

10.6 摩擦补偿

摩擦补偿主要是补偿因机械部件的摩擦而产生的误差，特别是坐标轴的静摩擦。坐标轴摩擦主要发生在移动装置与导轨之间，由于坐标轴在开始运动时的摩擦力比连续运动时的滑动摩擦力大，导致开始运动时的跟随误差比连续运动时的大，其结果使零件轮廓产生误差。坐标轴在过象限时，需要改变运动方向，在正向运动至反向运动的瞬间，换向的坐标轴速度降为零，摩擦力增大，加之位置调节器在低速状态下难以有效地进行调节，造成较大的跟随误差。以两坐标轴圆弧插补为例，在换象限的地方，一轴的速度达到最大值，而另一轴的速度则为 0，这时的静摩擦力就会使圆轨迹上在过象限处产生突起的尖点，称为过象限误差，如图 10-15 所示，因此摩擦补偿又称过象限误差补偿。

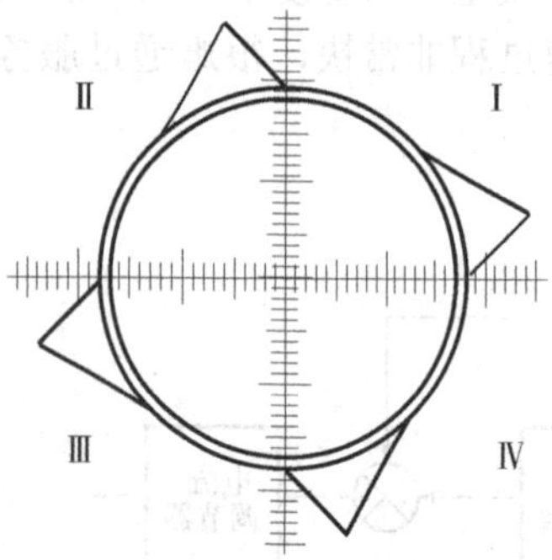

图 10-15 过象限处产生的尖角

10·6·1 圆度测试

圆度测试功能用于对速度和位置控制器的优化及误差分析，设置并评价轴插补的动态特性，摩擦补偿所达到的过象限处圆形轮廓精度。在圆度测试主画面，选择圆弧插补轴、进给率、测量圆半径、放大倍数等，如图 10-16 所示。而显示的“测量时间”是由“半径”和“进给率”数值所计算出的圆周运行时间，用于记录位置实际值的测量持续时间。利用圆度测试结果，可以看出插补轴在过象限时的情况，得出与速度控制器相关的结论，以便对相应的摩擦补偿参数进行修改。

在 MDA 工作方式下，编一个可连续执行的圆弧程序，如：

ANF：G91 G64 G2 X0 Y0 I20 J0 F2000；半径 20mm，进给 2 000mm/min

GOTOB ANF

在“Representation”（显示画面）选择中，选项“Mean radius”（平均半径）显示用于调整速度控制器的优化，选项“Programmed radius”（编程半径）显示用于调整位置控制器和预控制器的优化。

圆度测试步骤：

- 选择圆度测试：依次选择“Start-up”→“Drives/Servo”→“Circularity test”。
- 设置圆度测试参数：见图 10-16。

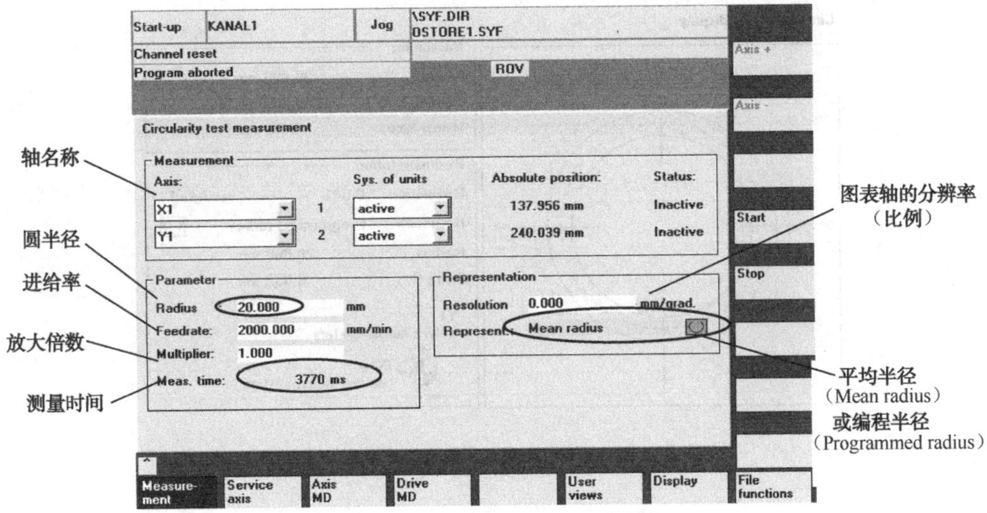

图 10-16 圆度测试中的参数设置

- 选择测量类型：在“Represent”项中选择“Mean radius”（平均半径）测试或“Programmed radius”（编程半径）测试。
- 调整摩擦补偿参数：参见 10.6.2 节。
- 启动测量：按“Start”软键。
- 按软键“Display”（显示）显示测量结果，图 10-17 所示是“Mean radius”圆度测试图，图 10-18 所示是“Programmed radius”（编程半径）圆度测试图。
- 重复调整摩擦补偿参数，达到满意结果。

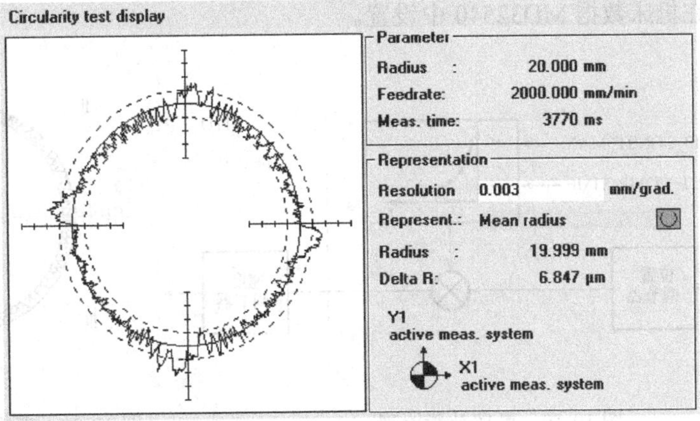

图 10-17 平均半径圆度测试显示

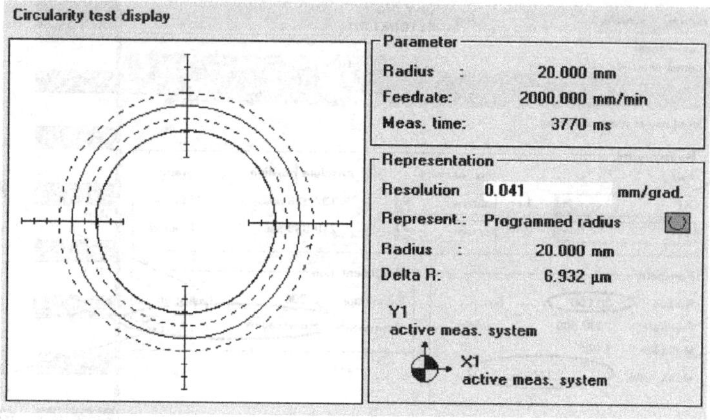

图 10-18 编程半径圆度测试显示

10·6·2 摩擦补偿方法

1. 摩擦补偿原理

系统提供了摩擦补偿功能，以便减小过象限误差，其补偿原理如图 10-19 所示。它给速度控制环输入附加设定值脉冲，来有效地补偿因静摩擦引起的轮廓误差。补偿脉冲的幅度 Δv 和补偿时间 t 是摩擦补偿的两个重要参数，必须进行精确的整定。获取这两个补偿参数的最佳方法，是利用圆度测试功能，测量圆运动轨迹的特征曲线，不断改变参数值，观察特征曲线的变化，以达到理想的补偿效果，如图 10-20 所示。补偿脉冲幅值在机床数据 MD32520 中设置，补偿时间在机床数据 MD32540 中设置。

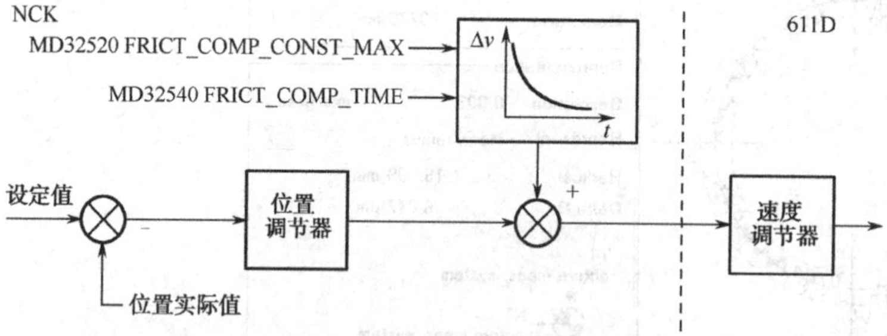

图 10-19 摩擦补偿原理

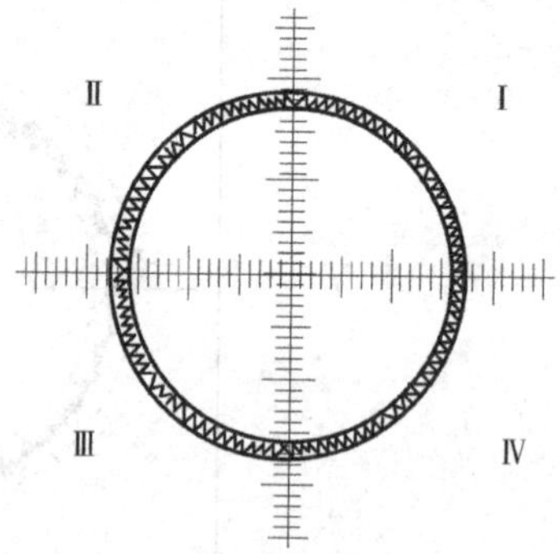

图 10-20 理想的过象限补偿效果

补偿参数与坐标轴的加速度有关，不同的加速度其补偿参数是不同的。在获得不同加速度时的圆轨迹特征曲线后，把对应的补偿参数输入到机床数据中，调节器会自动地按照加工时的加速度变化，在过象限时进行补偿。

2. 摩擦补偿模式设置

机床数据 MD32490 设置为 1 时，分为“与加速度无关”和“与加速度相关”两种补偿方法。所谓“与加速度无关”，就是补偿值与坐标轴运动的加速度无关，加速度的变化不会影响补偿值；“与加速度相关”，表示补偿值的大小是随加速度变化的，这种补偿方法适用范围广，补偿效果优于“与加速度无关”。

- 设置摩擦补偿有效 MD32500=1，自适应摩擦补偿无效 MD32510=0，则补偿值“与加速度无关”，在速度调节器输入端，输入的是与加速度无关的恒定脉冲幅度值；
- 设置机床数据 MD32500=1 和 MD32510 =1，补偿值“与加速度有关”，也就是说输入的脉冲幅度值是一个与加速度有关的变值；
- 在实际的补偿参数调整过程中，先进行“与加速度无关”补偿，若达不到理想效果，再采用“与加速度相关”的补偿方法。

3. 摩擦补偿方法

机床数据 MD32490 决定摩擦补偿方法：

- 机床数据 MD32490 设置为 1 时，为传统手动人工调整补偿参数，传统手动人工调整补偿方式，依据加速度的大小设置补偿脉冲的幅度，在圆轨迹启动测试期间，就决定了加速度的数值，但是获得加速度的过程相当复杂，而且需要丰富的经验；
- 机床数据 MD32490 设置为 2 时，为神经网络调整补偿参数，系统能够自动学习摩擦补偿特征曲线模式，决定补偿参数的大小；
- 机床数据 MD32490 设置为 0 时，摩擦补偿无效。

尽管利用神经网络获取的特征曲线的精度优于传统人工调整，但在机床安装调试现场，多数仍采用传统的人工调整方法。

4. 摩擦补偿参数的调整

调整坐标轴的摩擦补偿参数，首先要得到无补偿情况下的过象限误差，此时设置机床数据 MD32500=0，利用圆度测试功能，测量圆运动轨迹的过象限轮廓情况，随后进入“与加速度无关”调整，确定补偿脉冲幅值和时间常数。由于此方式下补偿脉冲幅值是一个与加速度无关的定值，设置在机床数据 MD32520（最大摩擦补偿值）中，获得的时间常数设置在机床数据 MD32540（摩擦补偿时间常数）中。两个机床数据就决定了摩擦补偿的效果，如果参数设置得当，可以大幅度减小过象限误差，理想的补偿效果如图 10-20 所示。若两个参数设置不当，根据圆轨迹在过象限处误差变换情况，判断两参数的调整方向。

（1）如果输入的补偿幅值太小，在过象限处不能完全补偿半径偏差，如图 10-21 所示。反之，如果输入的补偿幅值太大，在过象限处就会发生半径补偿过剩，如图 10-22 所示。

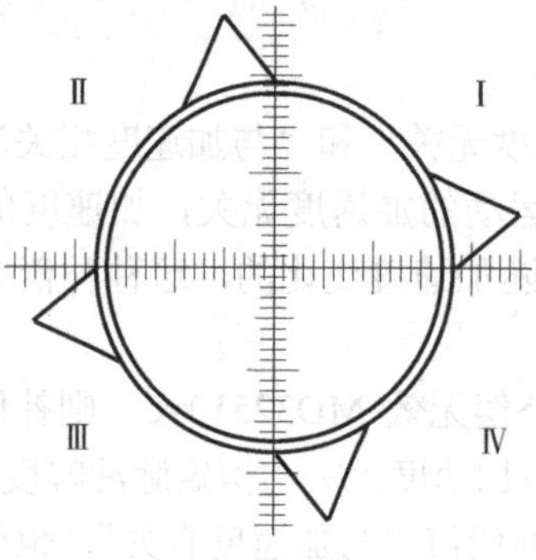

图 10-21　补偿幅值过小

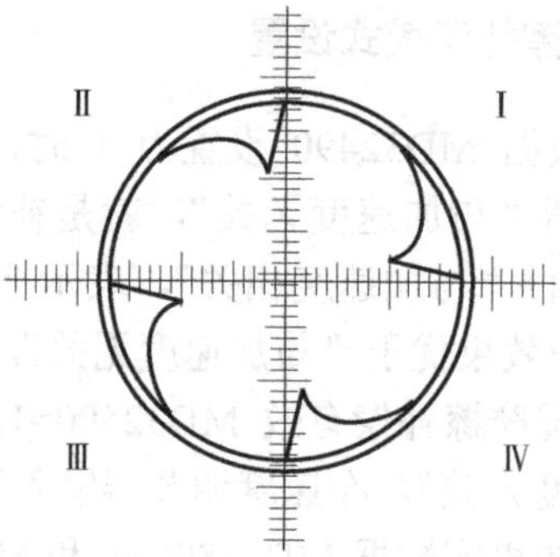

图 10-22　补偿幅值过大

（2）如果输入的补偿时间常数太小，在进行象限转换时，可以暂时补偿半径偏差，但随即半径偏差会再次变得更大，如图 10-23 所示。反之，如果输入的补偿时间常数太大，在进行象限转换时补偿了半径偏差，但是在象限转换后，产生补偿过剩，会加大半径偏差，如图 10-24 所示。

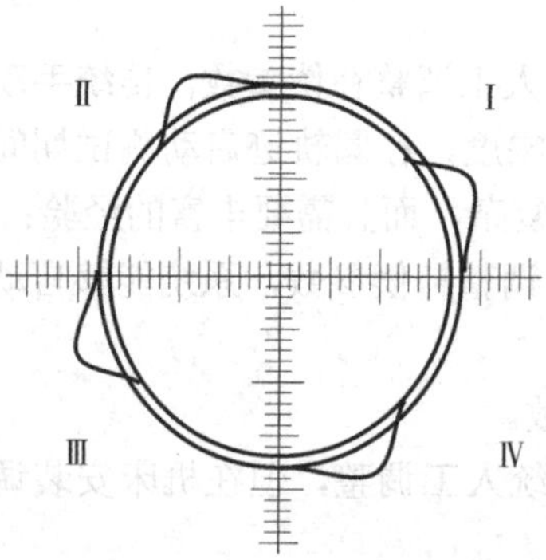

图 10-23　补偿时间常数过小

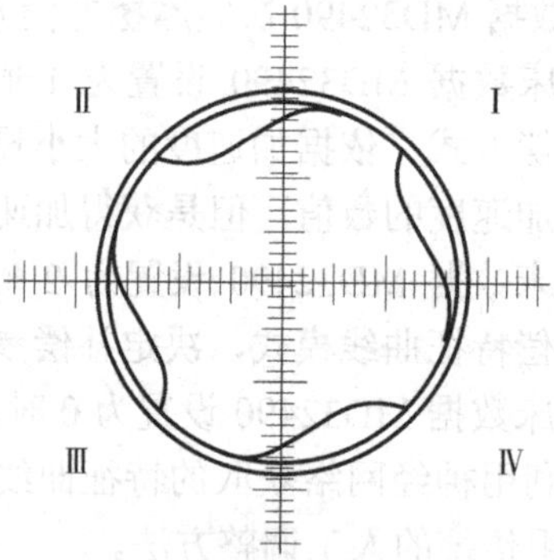

图 10-24　补偿时间常数过大

（3）若用“与加速度无关”补偿方法进行参数调整时，发现摩擦补偿参数并非定值，而随加速度改变，则摩擦补偿的调整就必须用“与加速度相关”方法，摩擦补偿的幅值不完全由 MD32520 决定，而是必须视加速度的大小加以调整，如图 10-25 所示。把整个加速度范围分为 B_1、B_2、B_3 和 B_4 四个区域，由分界点 a_1、a_2 与 a_3 决定，并把 3 个加速度值分别设置在机床数据 MD32550、MD32560 和 MD32570 中，补偿最小幅值设置在 MD32530 中。

- B_1：加速度小于 a_1，摩擦补偿值为线性插补，加速度越大，补偿值也就越大，补偿的幅值：$\Delta A=A_{max}\times a/a_1$。
- B_2：加速度介于 a_1～a_2 之间，补偿值为定值，由设置数据 MD32520 决定最大幅值，补偿的幅值：$\Delta A=A_{max}$。
- B_3：加速度介于 a_2～a_3 之间，摩擦补偿值为线性插补，加速度越大，补偿值也就越小，补偿的幅值：$\Delta A=A_{max}\times[1-(a-a_2)/(a_3-a_2)]$。

- B_4：加速度大于 a_3，补偿值为最小的定值，由设置数据 MD32530 决定最小幅值，补偿的幅值：$\Delta A=A_{min}$。

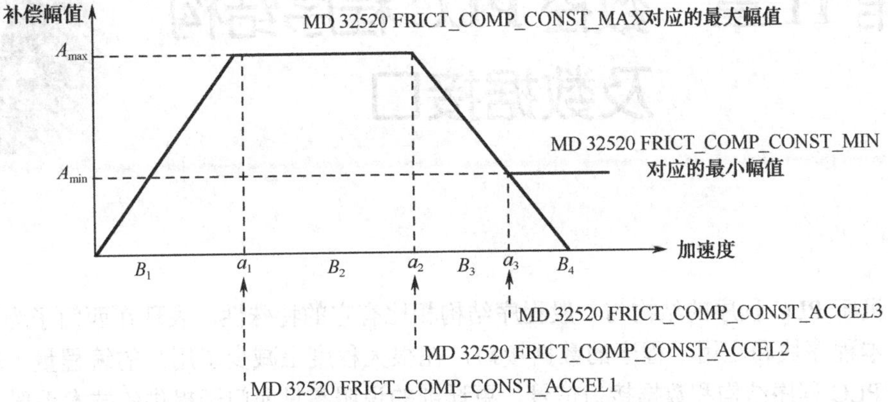

图 10-25 加速度与补偿幅值的关系曲线

使用“与加速度相关”补偿方法，必须确定加速度 a_1、a_2 和 a_3，在整个加速度允许的范围内正确划分 4 个加速区域。

第 11 章　数控 PLC 程序结构及数据接口

数控机床 PLC 程序的结构与一般程序结构相比有它的特殊性，表现在西门子为数控系统提供了基本程序块和应用于程序的数据接口，在很大程度上减少了用户的编程量。本章重点介绍数控 PLC 程序结构和数据接口信号，更详细的说明参见西门子提供的技术手册。

11.1　数控 PLC 程序

11.1.1　PLC 程序组成

PLC 主要由源程序（Sources）、程序块（Blocks）及符号表（Symbols）组成，如图 11-1 所示，其中机床 PLC 程序块包括基本程序和用户程序。基本程序是根据系统的控制功能，由西门子设计的数控机床专用程序块。根据机床的功能设计要求，机床制造商在基本程序块的基础上，利用 STEP7 设计的专用程序块称为用户程序，用户程序可以调用这些基本程序，以便简化用户 PLC 程序设计。数控机床制造商设计的主要工作是在程序块（Blocks）项目中添加 PLC 用户程序块。基本程序需要用户程序调用才能执行，主要承担 PLC 用户程序与 NCK、HMI、MCP 之间的数据和信号交换任务，包括 PLC 到 NCK 的循环信号、NCK 与 PLC 之间的事件信号及提示消息等。由于基本程序提供了很多用于实现数控系统中的功能，用户在定义自己的功能设计 PLC 程序块时，不能与基本程序冲突，否则有可能导致系统运行不正常或无法启动。

西门子 PLC 采用模块化编程，由不同程序块组成应用程序，包括组织块 OB、系统功能块 SFB、系统功能 SFC、功能 FC、功能块 FB、背景数据块 DI 和共享数据块 DB 等，如表 11-1 所示。其中，组织块 OB、功能 FC、功能块 FB 称为逻辑块。用户程序块使用类似子程序的调用方法调用基本程序块，也可以在用户程序块之间直接调用。在数控机床的 PLC 程序中，用户所关心的是组织块 OB、功能 FC、功能块 FB 及共享数据块 DB 等。

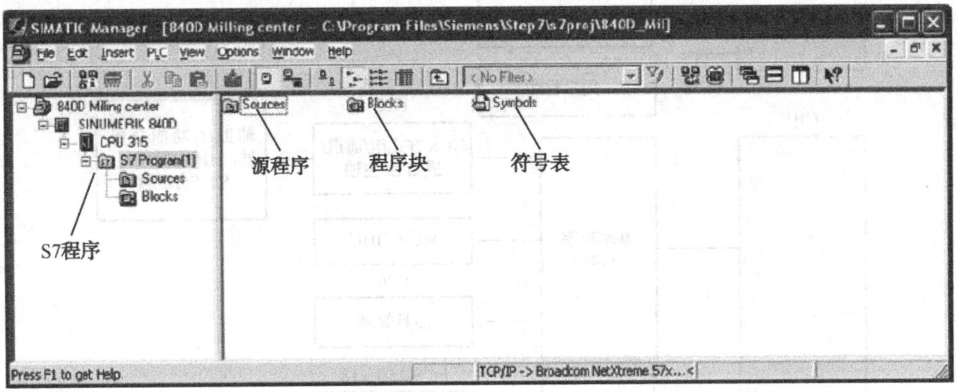

图 11-1 STEP7 程序

表 11-1 S7-300 PLC 程序块

程序块	名 称	用 途
OB	组织块	控制系统与用户程序的接口，决定用户程序的结构
SFB	系统功能块	PLC 系统提供的一些重要的系统功能，有自己的存储区
SFC	系统功能	PLC 系统提供的一些重要的系统功能，无存储区
FB	功能块	用户编写的功能程序，有自己的存储区
FC	功能	用户编写的功能程序，无存储区
DB	共享数据块	存储用户数据的数据区，供所有的块调用
DI	背景数据块	调用 SFB 和 FB 时，用于传递参数的数据块

11·1·2 PLC 程序结构

在 810D/840D 中，由程序块组成的数控机床 PLC 程序结构如图 11-2 所示。用户程序之间的数据交换或调用，用户程序与基本程序之间的数据交换，是通过组织模块 OB1、OB40 和 OB100 进行的。PLC 程序的结构取决于 OB1 和 OB100。由 OB1、OB40 和 OB100 调用功能 FC 或功能块 FB，完成数控系统的 PLC 控制。组织块跟普通的 PLC 程序一样，操作系统根据不同的触发事件主动到内存中寻找相应的 OB 块执行，而不需要用户调用。用户程序 FC 和 FB 一般在组织块中调用，CPU 在执行 OB 块的过程中按照调用的顺序执行 FB 和 FC，同时 FB 和 FC 也能实现子程序的嵌套。在 OB1、0B100 中必须调用基本的 PLC 程序，用于 MCP 控制、刀具管理及机床辅助功能等。

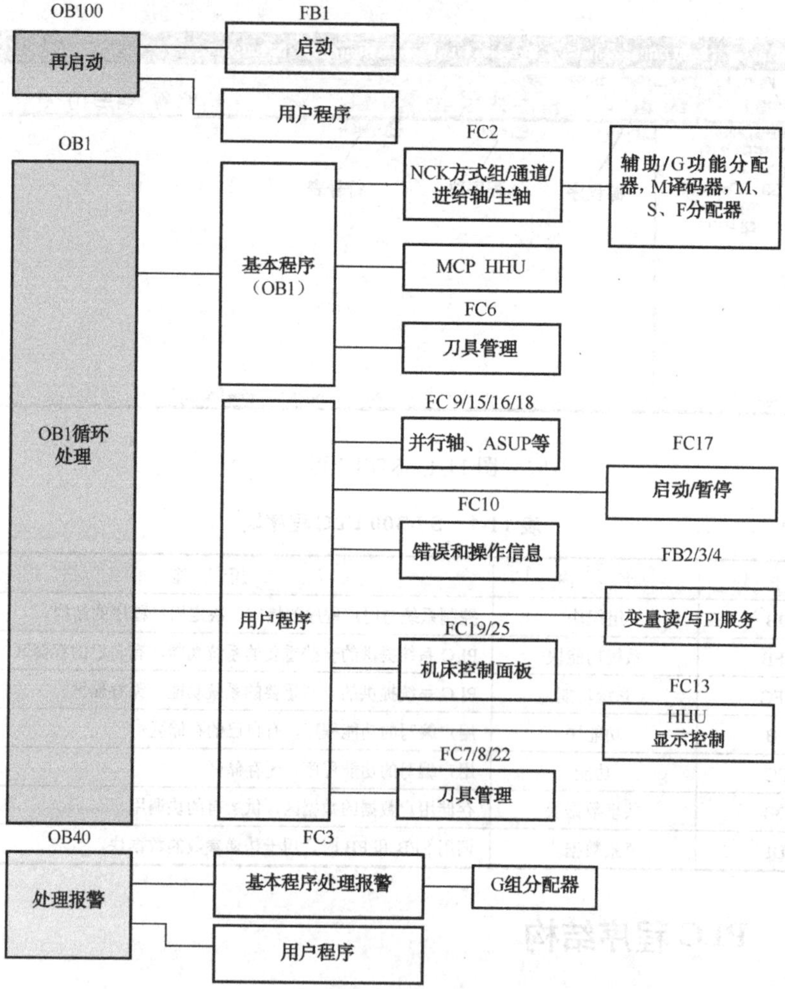

图 11-2 PLC 程序结构

11.2 组织块 OB

组织块 OB 是操作系统与用户程序的接口，由操作系统调用，用于控制扫描循环、程序中断及错误处理。数控系统用到的组织块有 OB1、OB35、OB40 及 OB100，其中最常用的是 OB1、OB40、OB100。

1. 组织块 OB1

OB1 用于循环处理，是用户主程序，设计的机床 PLC 控制程序作为子程序供 OB1 调用。操作系统在每一次循环中调用一次组织块 OB1，执行一次 PLC 机床控制程序，完成信号的输入/输出、数据的读写和程序运行等任务。OB1 可以调用其他程序块，如 FB、FC、SFB 等。OB1 具有很低的优先级，数控系统 PLC 中的其他组织块或事件都可中断 OB1，并保护断点，执行 OB40。执行一次 OB40，然后返回断点，再继续执行 OB1。

OB1 扫描循环开始，一般首先执行 PLC 基本的程序，然后执行用户程序，目的是要先建立起与 NCK 的通信联系，并进行数据交换。为了减少 OB1 的循环时间，仅把与系统控制和状态相关的接口信号传输到循环程序中，其他的辅助功能、G 功能仅在需要时由 NCK 触发。

2．组织块 OB40

OB40 是触发事件的组织块，一旦有中断事件发生，则立即执行 OB40。一般 OB40 调用基本程序功能 FC3，处理系统报警。

3．组织块 OB100

OB100 是系统暖启动（完全再启动）模式，上电时执行一次的组织块。暖启动时，除过程映像，非保持的标志存储器、定时器及计数器被清除外，保持的标志存储器、定时器、计数器及数据块当前值将被保持。系统上电 CPU 会自动调用 OB100 一次，然后循环程序 OB1 开始执行，如图 11-3 所示。在 NC 工作过程中，由于有的 DB 块数据需要保存，所以只能是执行 OB100 暖启动，而不可能执行冷启动，因为冷启动将清除保持和非保持的所有过程映像、标志存储器、定时器和计数器，当然 DB 数据也无法保存。比如刀库换刀之后，刀库映像保存在 DB 块中，执行换刀指令后，要刷新 DB 块，使之与实际刀库一致，断电之后刀库数据不能丢失，否则无法正确换刀。

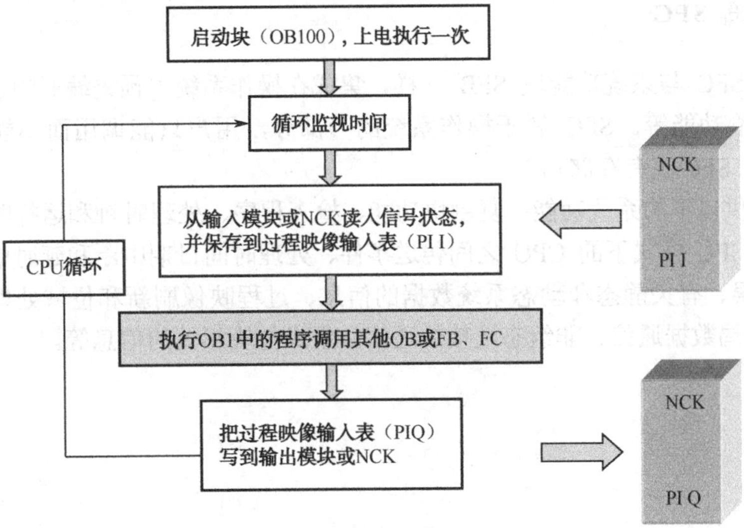

图 11-3　机床 PLC 程序执行过程

上电启动组织块 OB100 就默认调用功能块 FB1（对应的背景数据块 DB7），该功能块是基本引导程序，用于实现 PLC 与 NCK 在启动过程中的同步，也正是由于在启动过程中 PLC 与 NCK 之间同步，整个系统才能够正常工作运行。另外，调用功能块 FB1，建立 PLC 和 NCK 之间的数据交换接口，完成 PLC 与 NCK 接口配置文件和接口参数配置，其参数设置存放在 DB7 数据块中。

11.3 系统功能块 SFB 及系统功能 SFC

系统功能块 SFB 和系统功能 SFC 都是为用户提供的已经编好程序的块，是 PLC 操作系统的一部分，可以在用户程序中直接调用这些块，但不能在 STEP7 中进行编辑，这些块不占用存储空间。

1. 系统功能块 SFB

系统功能块 SFB 是系统完成某种特定功能的程序块，在提供系统程序时作为基本程序块一并提供给用户，用户不能修改它们。SFB 作为操作系统的一部分，不占用控制程序存储空间，在设计 PLC 程序时，只需给出接口参数就可以直接调用这些块，执行某种功能操作。SFB 有数据存储功能，其变量保存在指定的背景数据块中。需要指出的是，一般在机床数控系统中很少用到系统功能块 SFB，除非有特殊要求的地方。

2. 系统功能 SFC

系统功能 SFC 与系统功能块 SFB 一样，集成在操作系统中预先编好的逻辑块，如时间功能、块的传输功能等。SFC 属于操作系统的一部分，用户只能调用而不能修改它们。与 SFB 不同的是，SFC 没有存储功能。

STEP7 提供以下的系统功能：复制块功能、检查程序、处理时钟和运行时间计数器、数据传输、在多 CPU 模式下的 CPU 之间传送事件、处理时间日期中断和延时中断、处理同步错误和异步错误、有关静态和动态系统数据的信息、过程映像刷新和位域处理、模块寻址、分布式 I/O、全局数据通信、非组态连接的通信、生成与块相关的信息等。

11.4 功能块 FB 和功能 FC

11·4·1 功能块 FB

与系统功能块不同，功能块 FB 一般是由用户根据机床控制特点设计的 PLC 程序块。用户把某些常用子功能完成逻辑设计后进行封装，作为子程序调用。功能块有它自己的存储区，PLC 控制程序每次调用功能块时，需要各种类型的接口数据提供给功能块，经功能块处理后，把结果再提供给调用它的其他程序块。对于机床数控系统，由于机床控制有其共同特点，因此系统提供了一些基本功能块，如表 11-2 所示，每个基本功能块都有确切的定义，完成特定的功能。下面介绍几个常用的功能块。

表 11-2 基本功能块 FB 一览表

FB 号	名 称	用 途	FB 号	名 称	用 途
1	RUN-UP	基本程序引导	4	PI-SERV	PI 服务
2	GET	读 NC 变量	5	GETGUD	读 GUD 变量
3	PUT	写 NC 变量	7	PI-SERV2	通用 PI 服务
36～127		用户分配用于 810DE	36～255		用户分配

1. 功能块 FB1

FB1 是基本引导程序，启动组织块 FB100 默认调用 FB1，实现 PLC 与 NCK 在启动过程中的同步。也正是由于在启动过程中 PLC 与 NCK 之间同步，整个系统才能够正常工作，系统调整人员有必要清楚 FB1 的各项参数和用途。

```
FUNCTION_BLOCK   FB 1
    VAR INPUT
    MCPNum ：=1                              // 机床操作面板 MCP 的数量
     MCP1IN ：=P# I0.0                       // 第一机床操作面板的输入起始地址
    MCP1 OUT ：=P#Q0.0                       // 第一机床操作面板的输出起始地址
    MCP1 StatSend ：=P#Q8.0                  // 第一机床操作面板发送状态双字
    MCP1 StatRec ：=P#Q11.0                  // 第一机床操作面板接收状态双字 MCP1
    BUS Adr ：=6                             // 第一机床操作面板的总线地址
    MCP1 Timeout ：=S5T#700MS                // 第一机床操作面板循环扫描监控时间
    MCP1 Cycl ：=S5T#200MS                   // 第一机床操作面板循环扫描时间
    MCP2IN ：=                               // 第二机床操作面板的输入起始地址
    MCP2 OUT ：=                             // 第二机床操作面板的输出起始地址
```

```
MCP2 StatSend ：=                  // 第二机床操作面板发送状态双字
MCP2 StatRec ：=                   // 第二机床操作面板接收状态双字
MCP2 BUS Adr ：=                   // 第二机床操作面板的总线地址
MCP2 Timeout ：=                   // 第二机床操作面板循环扫描监控时间
MCP2 Cycl ：=                      // 第二机床操作面板循环扫描时间
MCPMPI ：=                         // 所有机床操作面板通过 MPI 连接
MCP1Stop ：=                       // =0: 传送第一面板信号；=1: 停止传送第一面板信号
MCP2Stop ：=                       // =0: 传送第二面板信号；=1: 停止传送第二面板信号
MCP1NotSend ：=                    //=0: 发送、接收第一面板信号；=1: 只接收，不发送信号
BHG      :=                        //=0: 没有手持单元 =1: 手持单元通过 MPI 连接（SDB210）
BHGIn ：=                          // 手持单元输入起始地址
BHGOut  ：=                        // 手持单元输出起始地址
BHGStatSend ：=                    // 手持单元发送状态双字
BHGStatRec ：=                     // 手持单元接收状态双字
BHGInLen ：=                       // 手持单元输入的数据长度
BHGOutLen ：=                      // 手持单元输出的数据长度
BHGCycl ：=                        // 手持单元循环扫描时间
BHGRecGDNo ：=
BHGRecGBZNo ：=
BHGRecObjNo ：=
BHGSendGDNo ：=
BHGSendGBZNo ：=
BHGSendObjNo ：=
BHGMPI      :=                     //=1：手持单元通过 MPI 连接
BHGStop ：=
BHGNotSend  ：=
NCCyclTimeout ：=S5T#200MS
NCRunupTimeout  ：=S5T#50S
ListMDecGrp INT:=0;                // 扩展 M 译码的数量
NCKomm      BOOL：= FALSE          // 允许 NC 和 PLC 之间交换数据
MMCToIF     BOOL：=TRUE            // 传送 MMC 信号到接口
HWheelMMC   BOOL：=TRUE            //=1, 通过 MMC 选择手轮
MsgUser      INT：=10              // 在 DB2 中用户信息区的数量
UserIR      BOOL:= FALSE           // 在 OB40 中的用户程序
IRAuxfuT    BOOL:= FALSE           // 在 OB40 中评价 T 功能
IRAuxfuH    BOOL:= FALSE           // 在 OB40 中评价 H 功能
IRAuxfuE    BOOL:= FALSE           // 在 OB40 中评价 E 功能
```

```
    UserVersion    Pointer                // 字符串变量指针
  END_VAR
  VAR OUTPUT
    MaxBAG    :=                          // 方式组数
    MaxChan   :=                          // 通道数
    MaxAxis   :=                          // 轴数
    ActivChan :=                          // 当前生效的通道
    ActivAxis :=                          // 当前生效的轴
    UDInt :=                              // PLC 机床数据，整数格式
    UDHex :=                              // PLC 机床数据，十六进制格式
    UDReal :=                             // PLC 机床数据，实数格式
  END_VAR
```

2．功能块 FB2

功能块 FB2 用于从 NCK 读取变量，其接口参数如图 11-4 所示。当调用 FB2 时，需要一个上升沿的请求任务信号 Req，可使用键盘启动任务信号。

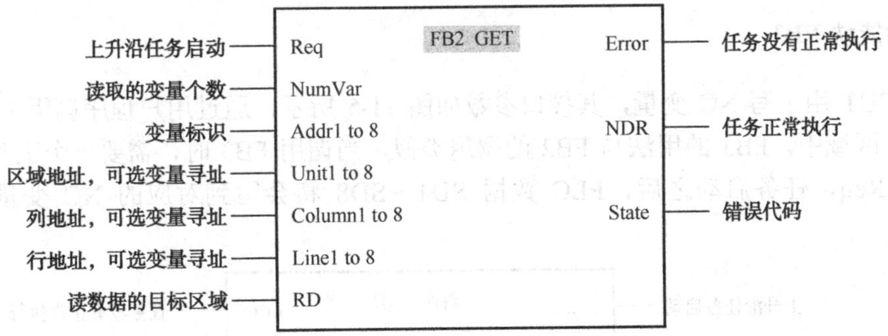

图 11-4　FB2 输入与输出接口参数

以程序执行为例说明 FB2 的用法，调用 FB2 读出当前正在执行程序的行号，并写到 R 参数中，记录下来。这样，用户可以在突然断电后根据 R 参数中的数值，便知道程序执行到哪里了，然后利用程序段搜索功能，继续从被中断的程序段开始加工。

例如，利用 NC 变量选择器生成数据块 DB120，并为数据块 DB120 在符号表中编辑一个符号 NCVAR，从中读取已定义的 3 个 NC 变量 C1AxConfMachAxUsed1、C1AxConfMachAxUsed2 及 SpindDefMasterSpind。其 PLC 程序如下：

```
DATA_BLOCK    DB 120                     //用户为 FB2 定义的数据块
FB 2
BEGIN
END_DATA_BLOCK
```

```
Function FC "Variable Call" : VOID
    I       7.7;                                   // MCP 上用户定义键
    S           M 100.0;                           //激活 Req
    O           M100.1;                            // NDR 信息存储位
    R           M 100.0;                           //结束
Call  FB 2, DB 120 (
    Req ：= M 100.0,
    NumVar ：= 3,                                  //读 3 个变量
    Addr1：= NCVAR.C1AxConfMachAxUsed,             //变量 1
    Addr2：= NCVAR.C1AxConfMachAxUsed2,            //变量 2
    Addr3：= NCVAR.C1SpindDefMasterSpind,          //变量 3
    Error ：= M102.0,                              //任务执行异常错误标志存放存储位
    NDR ：= M100.1,                                //任务正常执行标志存放存储位
    State ：= MW104,                               //错误代码存储位
    RD1 ：=
    RD2 ：=
    RD3 ：=)
```

3．功能块 FB3

FB3 PUT 用于写 NC 变量，其接口参数如图 11-5 所示，通过用户程序调用 FB3 把变量写到 NCK 区域中。FB3 的用法与 FB2 的调用类似，当调用 FB3 时，需要一个上升沿的请求任务信号 Req，任务启动之后，PLC 数据 SD1～SD8 将会写到对应的 NC 变量 Addr1～Addr8 中。

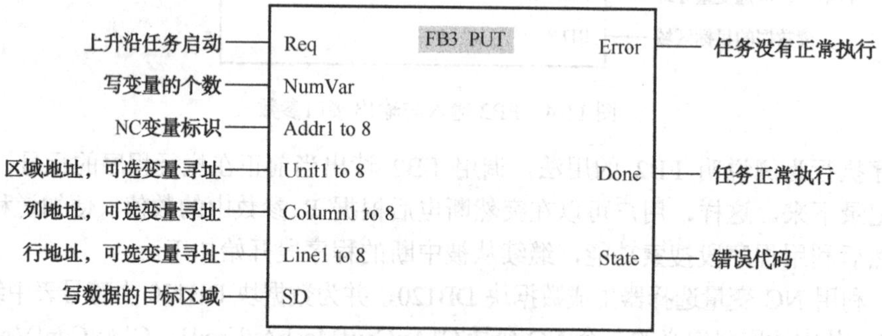

图 11-5　FB3 输入与输出接口参数

4．功能块 FB4

功能块 FB4（PI_SERV）可以用于在 NCK 区域中启动一个程序任务服务，其接口参数如图 11-6 所示。某些程序需要实现特殊的功能，如建立一个新刀具，搜索一个空刀位，删除刀

沿等，都可以在 NCK 中通过 PI 服务来实现启动，表 11-3 给出了 PI 服务任务。调用 FB4，通过上升沿信号 Req 启动一个任务，任务执行正常且没有错误，则参数 Done 输出为 1，否则可以查看错误代码确定错误类型。在某些机床上，生效异步子程序功能，就是在执行加工程序的同时监控某个外部条件，当条件满足后调用 FC9 触发中断，调用相应的处理子程序，这个功能也可以通过 FB4 来实现。

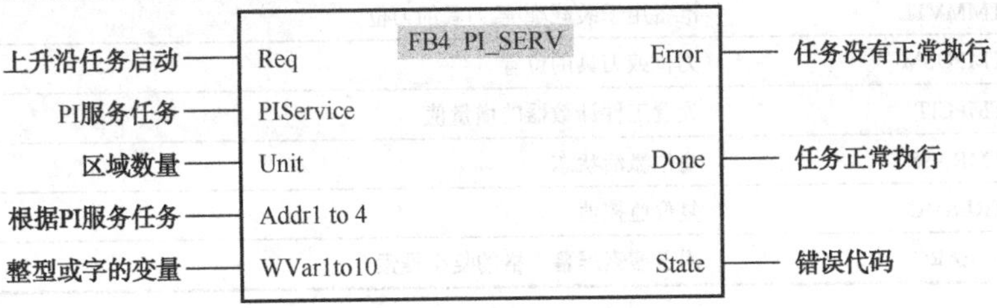

图 11-6　FB4 输入与输出接口参数

FB7 PI_SERV2 功能的详细说明可以参照 FB4，FB7 与 FB4 的区别在于 WVar1 的数量及参数序列，所有的 FB4 的功能都可以通过 FB7 实现。

表 11-3　PLC 启动的 PI 服务任务

PI 服务	功 能 描 述
ASUB	分配中断任务
CANCEL	执行取消任务
CONFIG	重新配置机床数据 MD 的值
DIGION	在指定的通道激活数字化
DIGIOF	在指定的通道取消数字化
FINDBL	激活段搜索功能
LOGIN	激活密码服务
LOGOUT	触发 NC RESET
NCRES	选择通道中的加工程序
SELECT	程序调用
SETUDT	激活用户坐标变换功能
PI 服务	刀具管理服务
CRCEDN	通过指定刀沿号建立新刀沿
CREACE	建立下一个未分配的刀沿号
CREATO	通过指定 T 号建立刀具
SETUFR	激活用户坐标变换
DELECE	删除刀沿
DELETO	删除刀具
MMCSEM	各种 PI 服务的信号指示，用于 MMC 和 PLC

续表

PI 服务	功 能 描 述
TMCRTO	建立刀具
TMFDPL	搜索用于装刀的空刀位
TMFPBP	搜索空刀位
TMMVTL	准备用于装载/卸载刀具的刀位
TMPOSM	刀位或刀具的位置
TMPCIT	设置工件计数器的增量值
TMRASS	复位激活状态
TRESMO	复位监控值
TSEARC	用于搜索屏幕表格的复杂搜索

例如，在第 1 通道中调用一个零件程序 WHB.MPF，其 PLC 程序如下：

```
CALL FB4     DB126(
    Req :=, I7.7,                     //MCP 上用户自定义键
    PIService := PI.SELECT,           //主程序选择
    Unit := 1,                        //选择通道 1
    Addr1 := _N_MPF_DIR,              //程序路径
    Addr2 := _N_WHB_MPF,              //程序名称
    WVar1:=W#16#1,                    //中断号 1
    WVar1:=W#16#1,                    //优先级 1
    Error := M1.0,                    //任务没有正常执行置 1
    Done := M 1.1,                    //任务正常执行置 1
    State := MW2);                    //错误代码
```

5．功能块 FB5

通过 FB5 GETGUD 程序，在 PLC 用户程序中可以从 NCK 中读取 GUD 用户自定义的变量，其接口参数如图 11-7 所示。如果 FB5 正常执行，参数 Done 输出为 1，否则通过参数 State 输出错误代码。

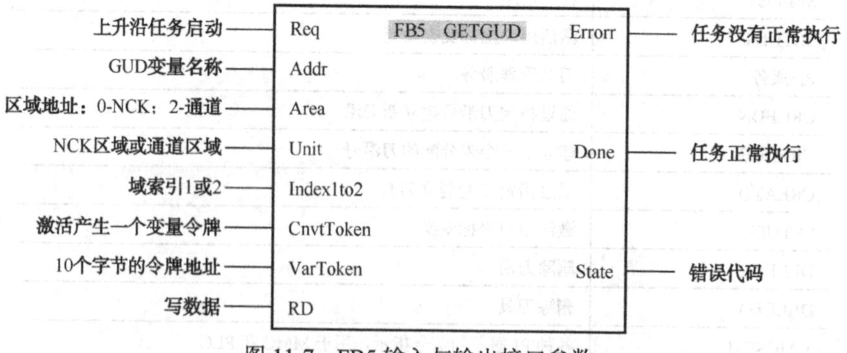

图 11-7 FB5 输入与输出接口参数

11·4·2　功能 FC

功能 FC 是为系统完成机床某一功能而设计的 PLC 逻辑控制程序，例如换刀控制、冷却控制、液压控制等。在 810D/840D 系统的 PLC 程序中，FC 由基本程序和用户程序组成。基本程序是一些标准模块，如表 11-4 所示，由系统自动调用；FC 用户程序是由用户编写的，可以说数控机床 PLC 程序设计的主要任务，就是设计 FC 程序块。FC 没有固定的存储区，执行 FC 时，其临时变量存储在局域数据堆栈中，功能执行结束后，这些数据丢失。

表 11-4　基本功能 FC 一览表

FC 号	名　称	用　途	FC 号	名　称	用　途
0		西门子预留	16	PART_AX	分度轴
2	GP_HP	循环处理部分	17		Y—D 切换
3	GP_PRAL	报警控制部分	18	SpinCtrl	PLC 主轴控制
5	GP_DIAG	诊断报警（FM-NC）	19	MCP_IFM	操作/面板（铣床）
7	TM_REV	圆盘刀库换刀的传送块	21		PLC 与 NCK 传送数据
8	TM_TRANS	刀具管理的传送块	22	TM_DIR	选择方向
9	AUSP	异步子程序	24	MCP_IFM2	传送 MCP 信号至接口
10	AL_MSG	报警/信息	25	MCP_IFT	操作/控制面板（车床）
12	AUXFU	用户辅助功能的接口	30～35		ManualTur 或 Shopmill
13	BHG_DISP	手持单元的显示控制	36～127	用户分配用于 FM-NC、810DE	
15	POS_AX	定位轴	36～255	用户分配用于 810D/840D、810DE	

FB 与 FC 的区别在于变量声明表中所定义的参数类型不同，并且当 FC 或 FB 程序执行完成后，FC 的参数不能被保存，而 FB 的参数能被保存。在 OB1 中调用 FC 时，只需直接调用，如：CALL FC1；而调用 FB 时，必须为其分配一个背景数据块，用来保存 FB 的参数，如：CALL FB1，DB7。背景数据块的数据格式与相应 FB 的变量声明表的数据格式相同，不允许用户进行修改。

FC 基本程序块较多，下面仅给出有关异步子程序 FC9 ASUB、PLC 轴控制 FC18 SpinCtrl、机床控制面板 FC19_MCP_IFM 与 FC25_MCP_IFT 的输入与输出接口参数，其他 FC 基本程序的接口参数及应用参见西门子手册。

1．FC9 ASUB 异步子程序

调用 FC9 触发中断，FC9 ASUB，用于从 PLC 中启动一个异步子程序，FC9 的接口参数如图 11-8 所示。

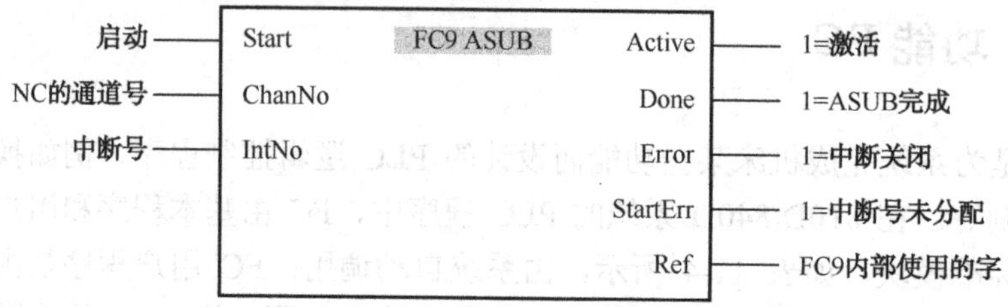

图 11-8　FC9 ASUB 输入与输出接口参数

例如，结合 FB4 的例子，WHB.MPF 作为一个子程序，FC9 在通道 1 中利用中断号 1 启动这个子程序，其 PLC 程序如下：

```
CALL FC 9 (
        Start := I7.5,          //MCP 上用户自定义键启动
        ChanNo := 1,            //选择通道 1
        IntNo := 1,             //中断号 1（一旦中断成功便去执行 FB4 的 PI.SELECT 程序调用）
        Active := M204.0,       //激活
        Done :=M204.1,          //调用完成
        Error :=M204.4,         //中断出错
        StartErr := M204.5,     //中断号未分配
        Ref := MW 200);
```

2．FC18 SpinCtrl PLC 轴控制

FC18 SpinCtrl 用于控制 PLC 控制轴或主轴，支持主轴定位、主轴旋转、主轴摆动、索引轴及定位轴。FC15 POS_AX 和 FC16 POS_AX 在系统软件版本 SW3.6 以后都集成在 FC18 中，不再需要 FC15 和 FC16。

（1）FC18 用于主轴定位的输入与输出接口参数见图 11-9。

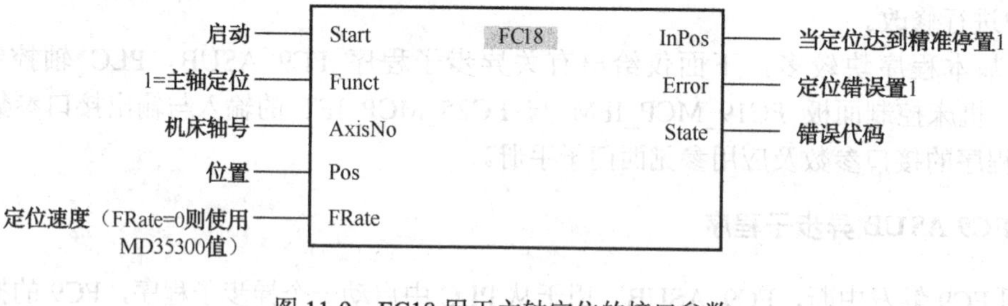

图 11-9　FC18 用于主轴定位的接口参数

（2）FC18 用于主轴旋转的输入与输出接口参数见图 11-10。

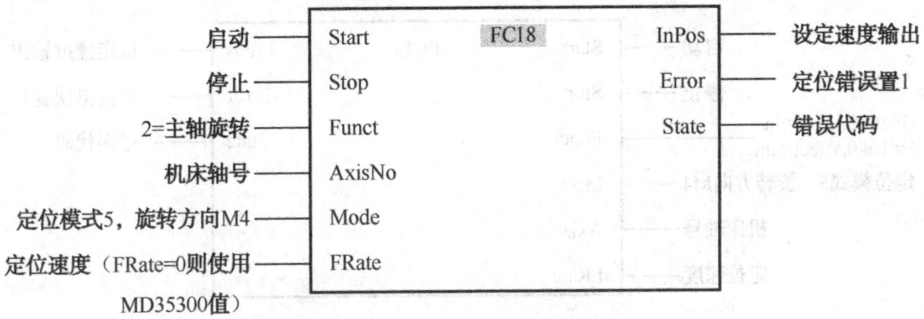

图 11-10　FC18 用于主轴旋转的接口参数

（3）FC18 用于主轴摆动的输入与输出接口参数见图 11-11。

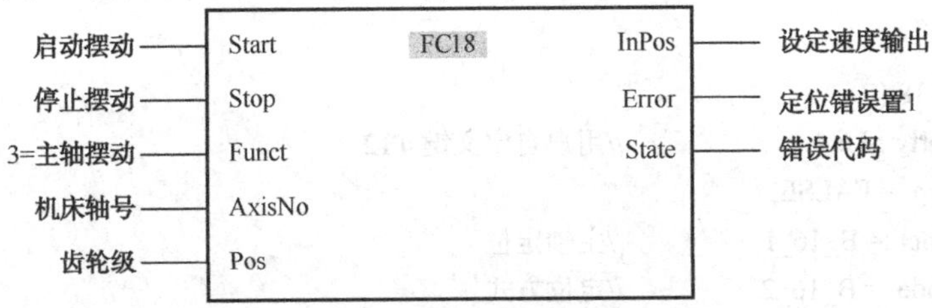

图 11-11　FC18 用于主轴摆动的接口参数

（4）FC18 用于定位轴的输入与输出接口参数见图 11-12。

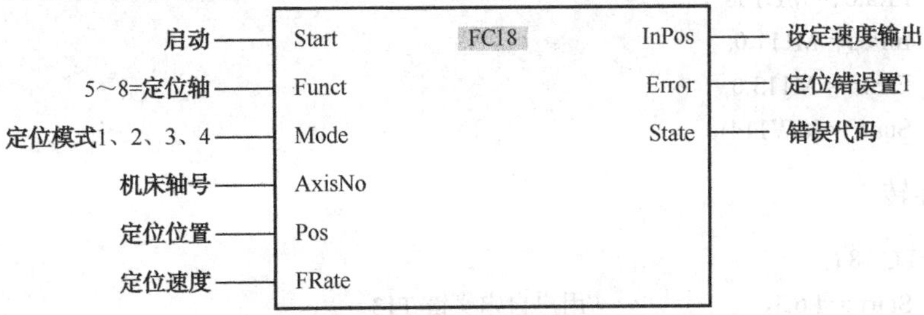

图 11-12　FC18 用于定位轴的接口参数

（5）FC18 用于自动挡位选择的主轴输入与输出接口参数见图 11-13。

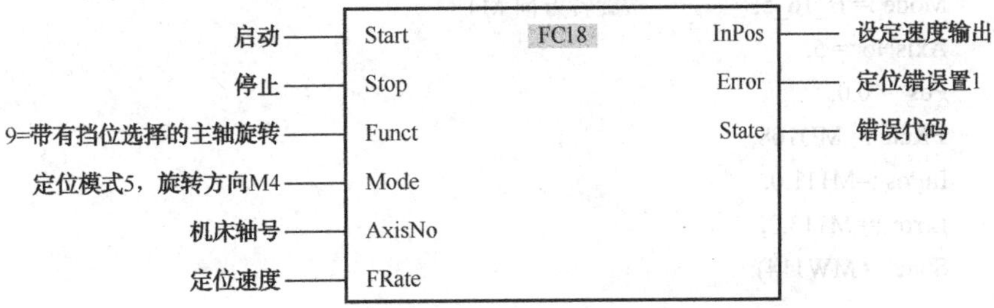

图 11-13　FC18 用于自动挡位选择的主轴接口参数

（6）FC18 用于具有恒定切削速率的主轴输入与输出接口参数见图 11-14。

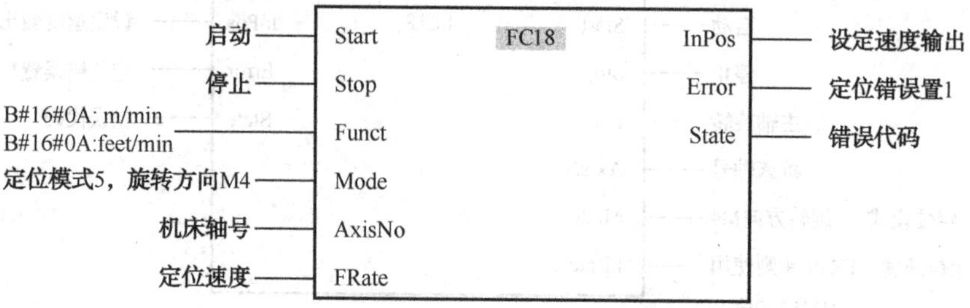

图 11-14　FC18 用于具有恒定切削速率的主轴接口参数

以 FB18 控制 PLC 轴的定位和旋转为例，说明 FC18 的应用，其 PLC 程序如下：

● 主轴定位

```
CALL FC 18 (
        Start := I 6.4,              //用户自定义键 T12
        Stop := FALSE,
        Funct := B_16_1,             //主轴定位
        Mode := B_16_2,              //定位方式
        AxisNo := 5,                 //机床轴号
        Pos := MD104,
        FRate := MD108,
        InPos :=M111.0,
        Error := M113.0,
        State := MW114);
```

● 主轴旋转

```
CALL FC 18 (
        Start := I 6.3,              //用户自定义键 T13
        Stop := FALSE,
        Funct := B_16_2,             //主轴旋转
        Mode := B_16_5,              //旋转方向 M4
        AxisNo := 5,
        Pos := 0.0,
        FRate := MD108,
        InPos :=M111.0,
        Error := M113.0,
        State := MW114);
```

PLC 轴属于非插补轴，通常用于刀库的控制、工作台的交换、分度工作台及其他的外围装置等，从而提高生产效率。PLC 轴可以在加工中同时运动，但一般并不参与实际的加工过程，运动位移的产生与路径和同步无关。在任何操作模式下，PLC 轴运动的方式、位移的距离及位移的速度可以通过 PLC 直接处理，而不受 NC 程序的控制。

3．FC19_MCP_IFM、FC25_MCP_IFT 机床控制面板接口参数

FC19_MCP_IFM 和 FC25_MCP_IFT 是机床控制面板分配接口，其中 FC19 用于数控铣床，FC25 用于数控车床，其接口参数见图 11-15。

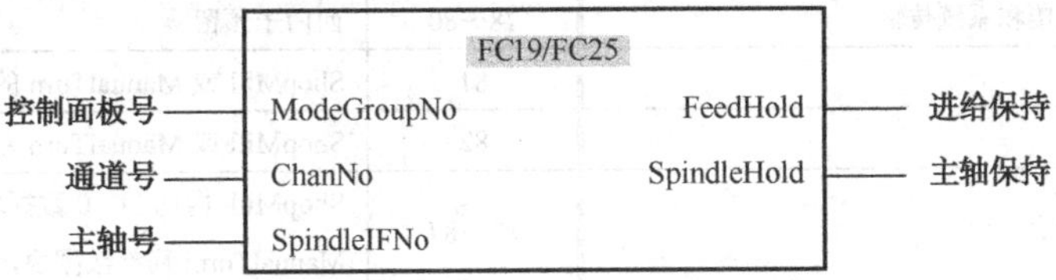

图 11-15　FC19/FC25 用于机床控制面板接口参数

```
CALL FC 19(                           //机床控制面板铣床接口
      ModeGroupNo := B#16#1,          //第 1 机床控制面板号，大于此值为第 2 机床控制面板
      ChanNo := B#16#1,               //第 1 通道
      SpindleIFNo := B#16#4,          //主轴接口，主轴号为 4
      FeedHold := M22.0,              //进给停止信号（模态）1
      SpindleHold := DB2.DBX151.0);   //在信息数据块里的主轴停止模态
```

11.5　共享数据块 DB

共享数据块 DB 是用于存放执行程序时所需要的变量数据区，通常把某类数据定义为一个数据块。DB 与 OB、FC、FB 等逻辑块不同，不存在 STEP7 指令对数据块进行编程，系统按数据生成顺序自动地为数据块中的变量分配地址。数据块分为共享数据块 DB 和背景数据块 ID。共享数据块是全局数据，所有逻辑块 OB、FB 及 FC 都可以从共享数据块中读取数据，或将数据写入共享数据块。逻辑块执行结束后，其局域数据区中的数据丢失，而共享数据块中的数据不会丢失，但可以被系统或其他程序块修改。810D/840D 系统提供了一些标准共享数据块（基本数据块），如表 11-5 所示，从中可以看出每个共享数据块都有明确的含义，用户 PLC 程序可以直接读写数据块中的数据。背景数据块中的数据是自动生成的，主要用于传递参数，它是功能块变量声明表中的数据，先有功能块，然后再生成背景数据块，因此背景数据块只能被指定的功能块访问。

表 11-5 基本数据块 DB 一览表

DB 号	用 途	DB 号	用 途
1	西门子预留	21～30	NC 通道接口
2～4	PLC 到 MMC 的信息 PLC MSG	31～61	坐标轴/主轴接口信号
5～8	基本程序	62～70	用户备用
9	NC 编译循环接口 NC COMPILE	71～74	用户刀具管理
10	到 NCK 信号，MMC 与 NCK 信号	75～76	M 组译码
11	工作方式组接口 BAG 1	77	刀具管理缓冲器
12	计算机连接和系统传输	78～80	西门子预留
13～14	预留	81	ShopMill 或 ManualTurn 的 MMC 数据块
15	基本程序	82	ShopMill 或 ManualTurn 专用接口数据块
16	PI 服务定义	83～87	ShopMill 内部 FC30 数据块 ManualTurnl 局部数据块，由 FC30 调用
17	系统软件版本号	88	ShopMill 的 FB4 参数块
18	SPL 接口（安全集成）	90～127	用户分配用于 FM-NC、810DE
19	操作面板 MMC 接口（MMC⇔PLC）	90～399	用户分配用于 810DE、810D、840D
20	PLC 机床数据（PLC→操作者）		

11.6 PLC 与 NCK 接口信号

PLC 与 NCK 之间信息交换是通过数据接口和功能接口进行的，以 840D 为例，PLC 与 NCK 的接口连接如图 11-16 所示。从图中可以看出，PLC 与 NCK 之间通过双口存储器 DPR 进行数据交换，把这个 DPR 称为数据接口。图中 P 总线连接 PLC 的 I/O 设备，如 PLC 接口模块 IM361、单 I/O 模块 EFP 等。840D 配置的操作面板、机床控制面板和手持单元通过操作面板接口 OPI 或多点接口 MPI 交换信息，而对于 810D 系统，仅能通过多点接口 MPI 交换信息。在 PLC 内部 MPI 与 K 总线相连，编程设备经过 MPI 接口连接到 PLC。在 810D/840D 数控系统中，NCK 与 PLC 数据接口信号分为两部分：一部分是从 PLC 至 NCK 的接口信号，另一部分是 NCK 反馈给 PLC 的接口信号。绝大部分信号以位的形式定义在全局数据块中，如需要生效某个系统或轴的功能，只需利用 PLC 程序对数据块的某个功能位进行置位即可。

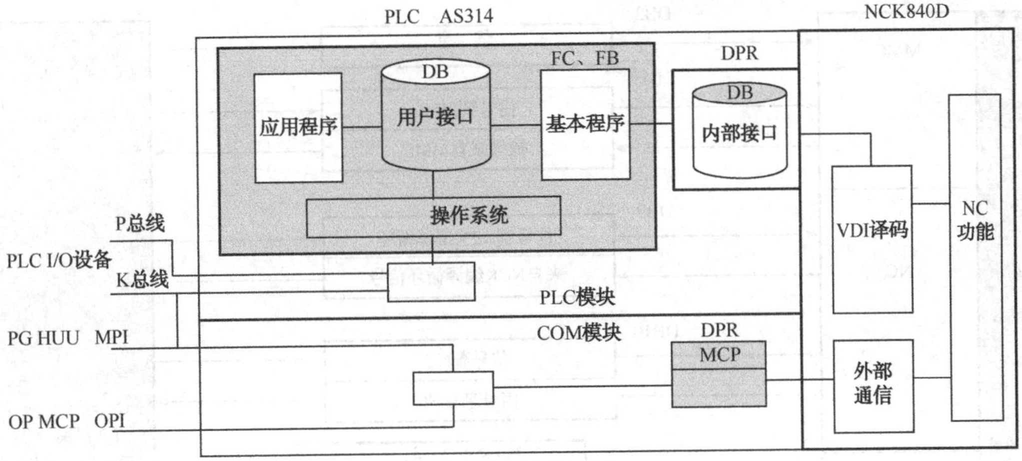

图 11-16 840D 上 PLC/NCK 接口

PLC 与 NCK 之间的数据接口是数据块 DB，由基本数据块和用户数据块组成，控制信息和状态信息都在对应的 DB 中交换。基本数据块由西门子公司提供，程序在执行过程中，NCK 通过基本数据块中规定的数据块接口与 PLC 交换信息。系统数据接口包括 MMC 数据接口、NC 数据接口、方式组数据接口、NC 通道数据接口、刀具管理接口，以及进给轴和主轴驱动数据接口等。在各个内部数据接口中，定义了系统与 PLC 的相关信息，用户程序只能按照数据块中每一位规定的内容进行读写，而不能修改数据块中内部数据接口的定义。内部数据接口中定义的每个信号都具有方向性，由 NCK 到 PLC 的信号，表示数控系统的内部状态，这些信号对于 PLC 是只读的。由 PLC 到 NCK 的信号，是 PLC 向数控系统发出的控制请求，由 NCK 对这些接口信号进行译码，得出系统所要执行的功能，如数控系统的控制方式、坐标轴使能、进给倍率、手轮选择、点动控制等。用户数据块是应用程序与基本程序之间的数据接口，NCK 与 PLC 用户程序的信息，经过用户数据接口、内部数据接口和基本逻辑块进行交换。内部数据接口里的各数据块与 PLC 用户程序的信号连接关系如图 11-17 所示。

熟悉 PLC 与 NC 之间的内部数据接口对调整维修工作是非常重要的，机床进行的某项操作是否生效，可以通过相应的数据接口查看对应位的状态，比如工作方式信号中的点动 JOG、手动数据输入 MDI、自动 AUTO、返参考点 REF、再定位 REPOS 及示教 TECH IN 方式等，都可以在数据接口中找到。从图 11-17 中可以看出，PLC 用户程序与 NCK 数据交换，分别通过不同的数据块 DB 进行，维修中经常用到的是 NC 通道数据块和坐标轴/主轴（驱动）数据块。PLC 与 NC 通道之间的数据接口 DB21～DB30，DB21 对应通道 1，DB22 对应通道 2，以此类推，主要包括轴控制和状态信号、MMC 程序控制选择信号、NC 通道状态信号、辅助功能/G 功能信号、刀具管理信号、NC 功能信号等。执行 OB1 组织块时，循环传送轴控制信号、状态信号和 MMC 的信号，并直接输入到通道指定的数据接口。

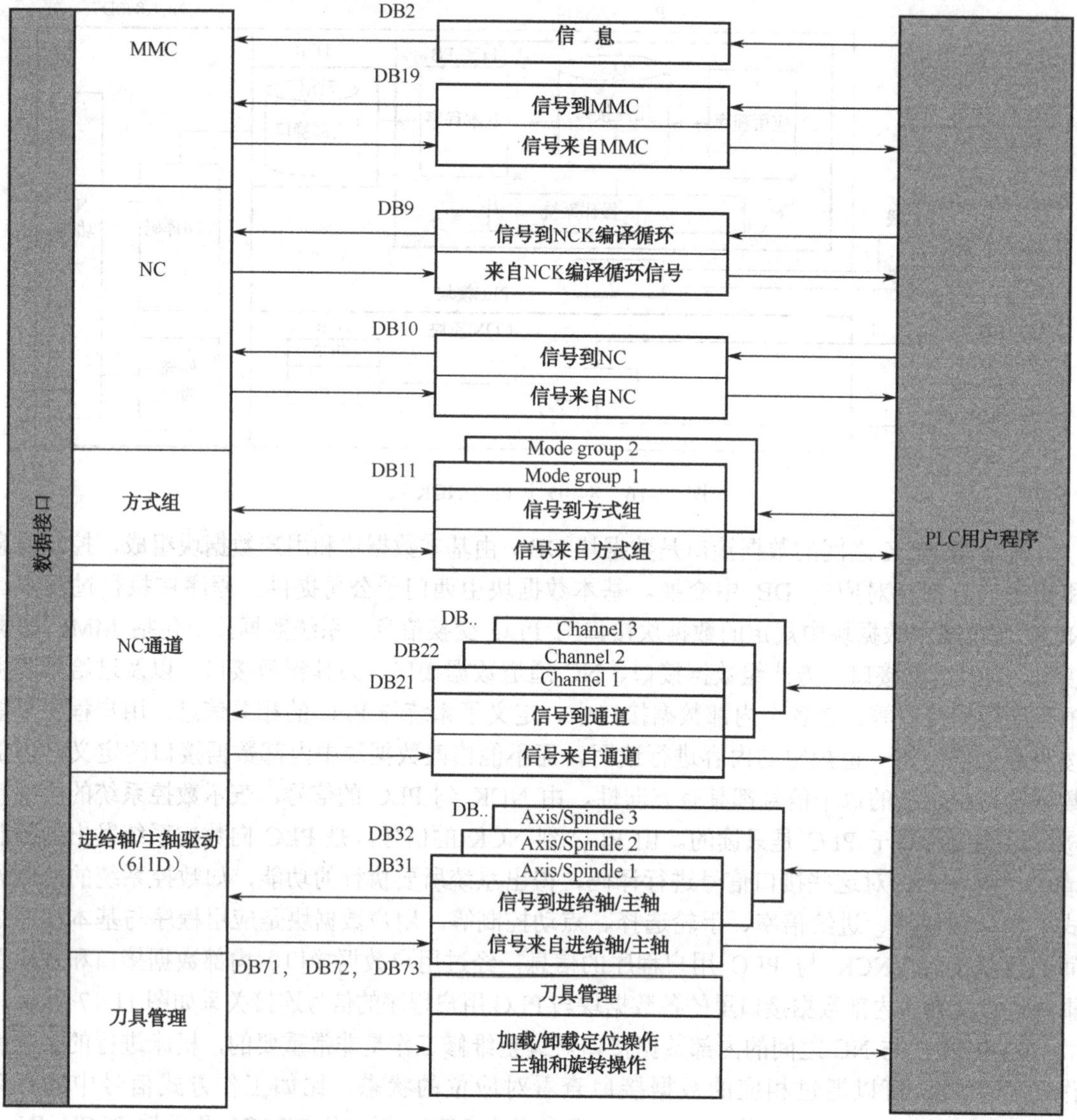

图 11-17　PCL/NCK 数据接口

PLC 与机床操作面板 MMC 之间的数据接口是数据块 DB19 和 DB2，DB19 与 MMC 的操作有关，DB2 与 PLC 状态信息有关，PLC 程序把操作信号直接从 MMC 送到接口数据块，由基本程序译码操作信号，以便响应操作者在 MMC 上执行的操作。

机床控制面板 MCP 与 PLC 的信息交换是通过功能接口进行的，具体由基本程序块 FC19 或 FC25 完成。在系统内部有一个标准 I/O 信号位存储区，来自机床控制面板的按键信号和键功能响应信号送到这个位存储区。按键信号主要包括工作方式、INC 方式、进给/主轴倍率修调、坐标轴及方向选择、键钥匙及用户定义的功能键。键功能响应信号是反馈的机床控制面板 LED 信号，LED 点亮表明当前选择的操作有效。值得注意的是，要区别 NC 定义的键信号与用户定义的键信号，通常由 FC19 或 FC25 把 NC 定义的键信号分配给方式组、NCK 和坐标轴/主轴定义的接口，用户定义的键信号，需要设计用户 PLC 控制程序执行其功能。机床控制面板与系统的信息交换如图 11-18 所示。

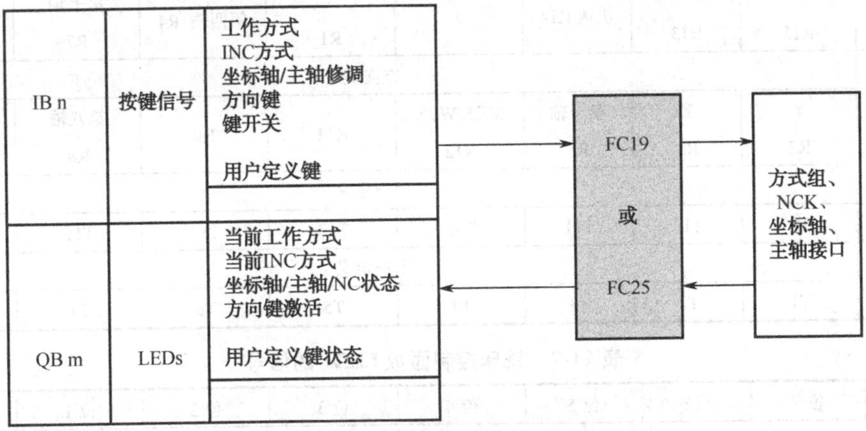

图 11-18 机床控制面板与系统的信息交换

11.7 常用接口信号

11·7·1 机床控制面板（MCP）信号

机床控制面板信号分为铣床和车床控制面板信号，分别见表 11-6～表 11-9。手持单元 HHU 输入的信号见表 11-10 和表 11-11。

表 11-6 铣床控制面板的信号

字 节	位 7	位 6	位 5	位 4	位 3	位 2	位 1	位 0
IBn+0	主轴速度修调				工作方式			
	D	C	B	A	JOG	TEACH	MDA	AUTO
IBn+1	机床功能							
	REPOSE	REF	Var INC	10000INC	1000INC	100INC	10INC	1INC
IBn+2	按键开关位 0	按键开关位 2	主轴启动使能	主轴启动禁止	进给启动使能	进给启动禁止	NC 启动	NC 停止

续表

字　节	位 7	位 6	位 5	位 4	位 3	位 2	位 1	位 0
IBn+3	复位	按键开关位 1	单程序段	进给修调				
				E	D	C	B	A
IBn+4	方向键			按键开关位 3	方向键			
	+ R15	− R13	快速 R14		X R1	第四轴 R4	第七轴 R7	R10
IBn+5	方向键							
	Y R2	Z R3	第五轴 R5	MCS/WCS R12	R11	R9	第八轴 R8	第六轴 R6
IBn+6	用户定义							
	T9	T10	T11	T12	T13	T14	T15	
IBn+7	用户定义							
	T1	T2	T3	T4	T5	T6	T7	T8

表 11-7　铣床控制面板 LEDs 的信号

字　节	位 7	位 6	位 5	位 4	位 3	位 2	位 1	位 0
QBn+0	机床功能				工作方式			
	1000INC	100INC	10INC	1 INC	JOG	TEACH	MDA	AUTO
QBn+1	进给启动使能	进给启动禁止	NC 启动	NC 停止	机床功能			
					REPOSE	REF	Var INC	10000INC
QBn+2	进给轴选择					单程序段	主轴启动使能	主轴启动禁止
	方向− R13	X R1	第四轴 R4	第七轴 R7	R10			
QBn+3	进给轴选择							
	Z R3	第五轴 R5	MCS/WCS R12	R11	−Y/R9	第八轴 R8	第六轴 R6	方向＋ R15
QBn+4	用户定义							Y R2
	T9	T10	T11	T12	T13	T14	T15	
QBn+5	用户定义							
	T1	T2	T3	T4	T5	T6	T7	T8

表 11-8　车床控制面板的信号

字　节	位 7	位 6	位 5	位 4	位 3	位 2	位 1	位 0
IBn+0	主轴速度修调				工作方式			
	D	C	B	A	JOG	TEACH	MDA	AUTO
IBn+1	机床功能							
	REPOSE	REF	Var INC	10000INC	1000INC	100INC	10INC	1INC

续表

字　节	位 7	位 6	位 5	位 4	位 3	位 2	位 1	位 0
IBn+2	按键开关位 0	按键开关位 2	主轴启动使能	主轴启动禁止	进给启动使能	进给启动禁止	NC 启动	NC 停止
IBn+3	复位	按键开关位 1	单程序段	进给修调				
				E	D	C	B	A
IBn+4				按键开关位	方向键			
	R15	R13	R14	3	+Y / R1	−Z /R4	−C/R7	R1O
IBn+5	方向键							
	+X/R2	+C/R3	快速/R5	MCS/WCS R12	R11	−Y/R9	−X/R8	+Z/R6
IBn+6	用户定义							
	T9	T10	T11	T12	T13	T14	T15	
IBn+7	用户定义							
	T1	T2	T3	T4	T5	T6	T7	T8

表 11-9　车床控制面板 LEDs 的信号

字　节	位 7	位 6	位 5	位 4	位 3	位 2	位 1	位 0
QBn+0	机床功能				工作方式			
	1000INC	100INC	10INC	1INC	JOG	TEACH	MDA	AUTO
QBn+1	进给启动使能	进给启动禁止	NC 启动	NC 停止	机床功能			
					REPOSE	REF	Var INC	10000INC
QBn+2	方向键					单程序段	主轴启动使能	主轴启动禁止
	R13	+Y / R1	−Z /R4	−C/R7	R10			
QBn+3	方向键							
	R3	R5	MCS/WCS	R11	−Y/R9	−X/R8	+Z/R6	R15
QBn+4	用户定义							方向键
	T9	T10	T11	T12	T13	T14	T15	+X/R2
QBn+5	用户定义							
	T1	T2	T3	T4	T5	T6	T7	T8

表 11-10　手持单元 HHU 输入的信号

字　节	位 7	位 6	位 5	位 4	位 3	位 2	位 1	位 0
IBn+0	保留							
IBn+1	保留							
IBn+2	T8	T7	T6	T5	T4	T3	T2	T1
IBn+3	T16	T15	T14	T13	T12	T11	T10	T9

续表

字　节	位 7	位 6	位 5	位 4	位 3	位 2	位 1	位 0
IBn+4	T24	T23	T22	T21				
IBn+5	响应数字显示	按键开关	E	D	C	B	A	

表 11-11　手持单元 HHU 输出的信号

字　节	位 7	位 6	位 5	位 4	位 3	位 2	位 1	位 0
QBn+0	始终 1							
QBn+1	所选行新数据							
QBn+2	L8	L7	L6	L5	L4	L3	L2	L1
QBn+2	L16	L15	L14	L13	L12	L11	L10	L9
QBn+3	所选行的第 1 字符（右）							
QBn+3	所选行的第 2 字符							
…								
QBn+15	所选行的第 15 字符（左）							
QBn+16	所选行的第 16 字符（左）							

对于 SINUMERIK840D，由 GP 参数将机床控制面板分为输入/输出区；作为标准值，输入/输出区的初始地址设为 0。

11.7.2　PLC 信息

PLC 报警接口信号见表 11-12～表 11-15。

表 11-12　DB2 中报警接口信号

字　节	位 7	位 6	位 5	位 4	位 3	位 2	位 1	位 0
	通道 1　进给禁止（报警号 510000～510015）							
0	510007	510006	510005	510004	510003	510002	510001	510000
1	510015	510014	510013	510012	510011	510010	510009	510008
2～5	进给和读入禁止字节 1～4（报警：510100～-510131）							
6～9	读入禁止字节 1（报警号：510200～510231）							
10	NC 启动禁止字节 1（报警号：510300～510307）							
11	NC 启动禁止字节 2（报警号：510308～510315）							
12	进给停止几何轴 1 字节 1（报警号：511100～511107）							
13	进给停止几何轴 1 字节 2（报警号：511108～511115）							

续表

字　节	位 7	位 6	位 5	位 4	位 3	位 2	位 1	位 0
14	进给停止几何轴 2 字节 1（报警号：511200～511207）							
15	进给停止几何轴 2 字节 2（报警号：511208～511215）							
16	进给停止几何轴 3 字节 1（报警号：511300～511307）							
17	进给停止几何轴 3 字节 2（报警号：511308～511315）							
	通道 2　进给禁止（报警号 520000～520015）							
18	520007	520006	520005	520004	520003	520002	520001	520000
19	520015	520014	520013	520012	520011	520010	520009	520008
20～35	参见通道 1							
	通道 3　进给禁止							

表 11-13　DB2 中的通道区域

区　域	地　址	信 号 号 码
通道 1	DBX0.0～DBX 11.7	510.000～510.231
通道 1，几何轴	DBX11.0～DBX 17.7	511.100～511.315
通道 2	DBX18.0～DBX 29.7	520.000～520.231
通道 2，几何轴	DBX30.0～DBX 35.7	521.100～521.315
…	…	…
通道 7	DBX108.0～DBX 119.7	570.000～570.231
通道 7，几何轴	DBX120.0～DBX 125.7	571.100～571.315
通道 8	DBX126.0～DBX 137.7	580.000～580.231
通道 8，几何轴	DBX138.0～DBX 143.7	581.100～581.315
通道 8、通道 10 在软件版本 5 中未实现		

表 11-14　DB2 中的轴区域

字　节	位 7	位 6	位 5	位 4	位 3	位 2	位 1	位 0
	进给轴/主轴：进给停止/主轴停止（报警号：600100～600015）用于进给轴/主轴 1							
144	600107	600106	600105	600104	600103	600102	600101	600100
145	600115	600114	600113	600112	600111	600110	600109	600108
146～147	停止进给/主轴停止（报警号：600200～600215）用于进给轴/主轴 2							
148～149	停止进给/主轴停止（报警号：600300～600315）用于进给轴/主轴 3							
150～151	停止进给/主轴停止（报警号：600400～600415）用于进给轴/主轴 4							
152～153	停止进给/主轴停止（报警号：600500～600515）用于进给轴/主轴 5							
154～155	停止进给/主轴停止（报警号：600600～600615）用于进给轴/主轴 6							
156～157	停止进给/主轴停止（报警号：600700～600715）用于进给轴/主轴 7							
158～159	停止进给/主轴停止（报警号：600800～600815）用于进给轴/主轴 8							

续表

字　节	位 7	位 6	位 5	位 4	位 3	位 2	位 1	位 0
160～161	停止进给/主轴停止（报警号：600900～600915）用于进给轴/主轴 9							
162～163	停止进给/主轴停止（报警号：601000～601015）用于进给轴/主轴 10							
164～	轴 11～轴 31							

表 11-15　DB2 中的用户区域

字　节	位 7	位 6	位 5	位 4	位 3	位 2	位 1	位 0
	用户区域 0 字节 1～8：（报警号：700000～700063）							
180	700007	700006	700005	700004	700003	700002	700001	700000
…	…	…	…	…	…	…	…	…
187	700063	700062	700061	700060	700059	700058	700057	700056
188～195	用户区域 1 字节 1～8：（报警号：700100～700163）							
…	…							
372～379	用户区域 24 字节 1～8：（报警号：702400～702463）							

11.7.3　NCK/MMC 信号

NCK 与 MMC 交换信号 DB10 见表 11-16。

表 11-16　NCK/MMC 接口信号

字　节	位 7	位 6	位 5	位 4	位 3	位 2	位 1	位 0
来自 NCK 的板载输入/输出信号（NCK→PLC）								
DBB60					NCK 数字输入实际值　板载输入			
					输入 4	输入 3	输入 2	输入 1
DBB64	NCK 无硬件数字输出设定值				NCK 板载输出设定值			
	输入 8	输入 7	输入 6	输入 5	输入 4	输入 3	输入 2	输入 1
DBB68	手轮 1 移动							
DBB69	手轮 2 移动							
DBB70	手轮 3 移动							
DBB71	修改计数器英制/公制单位系统							
来自 MMC 选择/状态信号（MMC→PLC）								
DBB97					手轮 1 通道号/H1/（SW2 和更高）			
					D	C	B	A
DBB98					手轮 2 通道号/H1/（SW2 和更高）			
					D	C	B	A

续表

字节	位 7	位 6	位 5	位 4	位 3	位 2	位 1	位 0
来自 MMC 选择/状态信号（MMC→PLC）								
DBB99					手轮 3 通道号/H1/（SW2 和更高）			
					D	C	B	A
DBB100	机床轴	选择的手轮	轮廓手轮	手轮 1 轴号				
				E	D	C	B	A
DBB101	机床轴	选择的手轮	轮廓手轮	手轮 2 轴号				
				E	D	C	B	A
DBB102	机床轴	选择的手轮	轮廓手轮	手轮 3 轴号				
				E	D	C	B	A
DBB103	MMC 电池报警	MMC 湿度限	AT 盒就绪					
机床控制面板接口信号 来自 NCK 通用信号（NCK→PLC）								
DBB104	NCK CPU 就绪					HHU 就绪	MCP 2 就绪	MCP 1 就绪
DBB105							急停有效	
DBB106	英制系统	NCU 连接有效					测头激活	
DBB107							探头 2	探头 1
DBB108	NC 就绪	驱动器就绪	驱动在循环操作中		MMC-CPU 就绪（MMC 到 OPI）	MMC-CPU 就绪（MMC 到 MPI）	MMC2 CPU 就绪 MMC2	
DBB109	NCK 电池报警	空气湿度报警	散热湿度报警	PC 操作系统故障				NCK 报警存在
DBB110～DBB113	软件挡块负值（SW2 和更高）							
DBB114～DBB117	软件挡块正值（SW2 和更高）							

11·7·4 方式组信号

方式组信号 DB11 见表 11-17。

表 11-17 方式组信号

到达方式组 1 信号（PLC→NCK）								
字节	位 7	位 6	位 5	位 4	位 3	位 2	位 1	位 0
DBB0	方式组复位	方式组停止轴	方式组停止	禁止方式改变		JOG	MDA	AUTO-MATIC

续表

到达方式组 1 信号（PLC→NCK）								
DBB1	类型 A	类型 B				REF	REPOS	TEACH IN
DBB2			Var. INC	10000 INC	1000 INC	100 INC	10 INC	1 INC
DBB3								
来自方式组 1 信号（NCK→PLC）								
DBB4 MMC→PLC						滤波方式		
						JOG	MDA	AUTOM
DBB5 MMC→PLC						滤波机床功能		
						REF	REPOS	TEACH IN
DBB6	通道复位状态				方式组就绪	有效操作方式		
						JOG	MDA	AUTOM
DBB7					数字化	有效机床功能		
						REF	REPOS	TEACH IN

11·7·5 操作面板信号

机床操作面板信号 DB19 见表 11-18。

表 11-18 操作面板信号

DB19	到达操作面板信号（PLC→MMC）							
字节	位 7	位 6	位 5	位 4	位 3	位 2	位 1	位 0
DBB0	WCS 中实际值 0=MCS /A2/	备份行程记录器	MMC 关闭（用于 OEM 用户）	清除调用报警（只用于 MMC103）	清除删除报警（只用于 MMC103）	禁止键 /A2/	屏幕变暗 /A2/	屏幕变亮 /A2/
DBB1	保留							
DBB2	Higraph 第一错误显示							
DBB4	Higraph 第一错误显示							
DBB6	模拟主轴 1，容量百分比							
DBB7	模拟主轴 2，容量百分比							
DBB8	机床控制面板到 MMC 通道号							
DBB9	为选择保留					自动刀具测量	OEM2	OEM1
DBB10	ShopMill 控制信号	为选择保留				选择刀具偏移	选择报警区	选择程序区

续表

DB19	到达操作面板信号（PLC→ MMC）							
DBB11	保留用于硬键功能扩展							
DBB12	RS-232 接通/A2/	RS-232 断开/A2/	RS-232 外部 al/A2/	RS-232 停止/A2/	COM1 /A2/	COM2 /A2/	保留	保留
DBB13	选择 /A2/	载入零件程 序/A2/	卸载 /A2/	保留				
DBB14	0=act. FS 1=pas. FS	RS-232 act. FS：标准列表中待传输文件的索引 RS-232 pass. FS：用于用户文件名的控制文件数						
DBB15	RS-232 act. FS：定义轴、通道或刀具号索引 RS-232 pass. FS：用户列表中待传输的文件索引							
DBB16	1=pas FS	零件程序处理：用于用户文件名的控制文件数						
DBB17	零件程序处理：用户列表中待传输文件的索引							
DBB18 ～ DBB19	TO comp. 保留（信号计数器）							
DB19	来自操作面板信号（MMC→PLC）							
字节	位 7	位 6	位 5	位 4	位 3	位 2	位 1	位 0
DBB20	/A2///MCS/ WCS 转换	模拟有效 /A2/		调用报警清除 MMC103/A2/	删除报警清除 MMC103/A2/	删除激活 /A2/	屏幕变黑 /A2/	
DBB21								
DBB22	显示来自 MMC 的通道号/A2/							
DBB23							计数主轴内部电压	主轴内部电压
DBB24	从 PLC 的 RS-232 状态							
	RS-232 接通/A2/	RS-232 断开/A2/	RS-232 外部/A2/	RS-232 停止/A2/	Com1 有效/A2/	Com2 有效/A2/	正常/A2/	错误 /A2/
DBB25	错误 Error RS-232/A2/							
DBB26	零件程序处理状态/A2/							
	选择	载入	卸载		有效	错误 MMC	正常	错误
DBB27	错误程序处理/A2/							
DBB28	“扩展用户接口”隐藏号/IAM/，BE1							
DBB30	控制位 PLC→MMC							
							退出隐藏	要求隐藏

续表

DB19	来自操作面板信号（MMC→PLC）							
DBB31	控制位 PLC→MMC							
	无效位			错误不能要求隐藏	隐藏已退出	隐藏有效	要求隐藏	隐藏要接收

11·7·6　NCK 通道信号

NCK 通道信号见表 11-19。

表 11-19　常用 NCK 通道信号（DB21～DB30）

到 NCK 的通道信号（PLC→NCK）								
字节	位 7	位 6	位 5	位 4	位 3	位 2	位 1	位 0
DBB0		激活空转进给率	激活 M01	激活单程序段	激活 DRF			
DBB1	激活程序测试	PLC 作用完成	CLC 修调	CLC 停止	激活刀具时间监控	同步作用关闭	使能保护区	激活回参考点
DBB2	跳跃程序块:							
	/7	/6	/5	/4	/3	/2	/1	/0
DBB3				冲击延迟	未冲击	冲击抑制	使能手动冲程	未使能冲程
DBB4	进给率修调							
	H	G	F	E	D	C	B	A
DBB5	快速进给修调							
	H	G	F	E	D	C	B	A
DBB6	进给率修调有效	快速进给修调有效		程序级退出	删除通过的子程序	删除剩余行程	禁止读入	禁止进给
DBB7	复位			停止主轴和进给轴	NC 停止	在程序极限处停止	NC 启动	禁止 NC 启动
几何轴控制信号								
几何轴 1								
DBB12	进给键+	进给键-	快进修调	禁止进给	停止进给	激活手轮		
DBB13			Var INC	10000	1000INC	100INC	10INC	1INC
几何轴 2								
DBB16	进给键+	进给键-	快进修调	禁止进给	停止进给	激活手轮		
DBB17			Var INC	10000	1000INC	100INC	10INC	1INC

续表

几何轴控制信号								
几何轴 3								
DBB20	进给键+	进给键-	快进修调	禁止进给	停止进给	激活手轮		
DBB21			Var INC	10000	1000INC	100INC	10INC	1INC
来自 MMC 操作信号/来自 NC 通道状态信号 （NCK→PLC　MMC→PLC　PLC→NCK）								
字节	位 7	位 6	位 5	位 4	位 3	位 2	位 1	位 0
DBB24 MMC-PLC		选择的空转进给率	M01 已经选择		DRF 已经选择			
DBB25 MMC-PLC	选择程序测试			REPOS MODE	选择的快进率修调	REPOSPATH　MODE		
DBB26	选择程序跳跃 0～7							
DBB27 MMC-PLC							选择程序跳跃	选择程序跳跃
DBB28	PLC-NCK　OME 通道信号							
DBB29 PLC-NCK	不要禁止刀具	关闭磨损监控	关闭工件计数器	激活 PTP 运动	激活固定进给 4	激活固定进给 3	激活固定进给 2	激活固定进给 1
DBB30 PLC-NCK				轮廓手轮负向模拟	打开轮廓手轮模拟	激活手轮 3	激活手轮 2	激活手轮 1
DBB31 PLC-NCK	跳跃程序块有效	跳跃程序块有效		REPOS MODE		REPOS_PATH　MODE		
DBB32 NCK-PLC		程序块后作用有效	M00/M01 有效	接近程序块有效	作用程序块有效			从外部执行有效
DBB33 NCK-PLC	程序块测试有效	传输有效	M02/M30 有效	程序块搜索有效	手轮修调有效	旋转进给率有效		回参考点有效
DBB34	OEM 通道信号反馈							
DBB35 NCK-PLC	通道状态		程序状态					
	复位	中断	有效	中止	中断	停止	等待	运行

续表

来自 MMC 操作信号/来自 NC 通道状态信号（NCK→PLC　MMC→PLC　PLC→NCK）								
DBB36 NCK-PLC	停止 NCK 报警	通道专用 NCK 报警	通道操作就绪	处理中断有效	所有轴停止	要求轴回参考点		
DBB37 NCK-PLC	停止：段末尾，SBL 被抑制	读入：忽略使能	CLC 上限停止	CLC 下限停止	CLC 有效	轮廓手轮 3 有效	轮廓手轮 2 有效	轮廓手轮 1 有效
DBB38 NCK-PLC	步冲或单冲	手动冲程使能响应	手动冲程使能有效					
几何轴的状态信号 （来自 NCK 的通道信号： NCK→PLC）								
几何轴 1								
DBB40	进给命令正向	进给命令负向				手轮 3 有效	手轮 2 有效	手轮 1 有效
DBB41			Var INC	10000	1000INC	100INC	10INC	1INC
几何轴 2								
DBB46	进给命令正向	进给命令负向				手轮 3 有效	手轮 2 有效	手轮 1 有效
DBB47			Var INC	10000	1000INC	100INC	10INC	1INC
几何轴 3								
DBB52	进给命令正向	进给命令负向				手轮 3 有效	手轮 2 有效	轮 1 有效
DBB53			Var INC	10000	1000INC	100INC	10INC	1INC
定向轴 1								
DBB320	进给键+	进给键-	快进修调	禁止进给	停止进给	激活手轮（位置编码）		
定向轴 2								
DBB324	进给键+	进给键-	快进修调	禁止进给	停止进给	激活手轮（位置编码）		
定向轴 3								
DBB328	进给键+	进给键-	快进修调	禁止进给	停止进给	激活手轮（位置编码）		
来自 NCK 通道的定向轴信号（NCK→PLC）								
定向轴 1								
DBB332	正向进给	负向进给				手轮有效（位置编码）		
DBB333			Var INC	10000	1000INC	100INC	10INC	1INC
定向轴 2								
DBB336	正向进给	负向进给				手轮有效（位置编码）		
DBB337			Var INC	10000	1000INC	100INC	10INC	1INC

续表

来自 NCK 通道的定向轴信号（NCK→PLC）								
	定向轴 3							
DBB340	正向进给	负向进给				手轮有效（位置编码）		
DBB341			Var INC	10000	1000INC	100INC	10INC	1INC
NC 通道刀具管理功能（NCK→PLC）								
DBB344					最后更换的刀具	转为新更换刀具	达到刀具极限值	达到刀具报警限值

11·7·7 进给轴/主轴信号

进给轴/主轴信号见表 11-20。

表 11-20 进给轴/主轴信号（DB31～DB61）

到达进给轴/主轴信号（PLC→NCK）								
字节	位 7	位 6	位 5	位 4	位 3	位 2	位 1	位 0
DBB0	进给率修调							
	H	G	F	E	D	C	B	A
DBB1	修调有效	位置测量系统 2	位置测量系统 1	跟随方式	轴禁止使能	传感器固定停止	到达响应固定停止	驱动测试动作使能
DBB2	参考点值				夹紧过程	删除剩余行程	控制器使能	挡块激活
	4	3	2	1				
DBB3		轴速度限制	激活固定进给率 4	激活固定进给率 3	激活固定进给率 2	激活固定进给率 1	使能移动到固定停	接收外部 ZO
DBB4	进给键+	进给键-	快进修调	禁止进给	停止进给	激活手轮 1、2.3		
DBB5			Var INC	10000	1000INC	100INC	10INC	1 INC
DBB6	OEM 几何轴 2							
DBB8	请求 PLC 进给主轴			激活字节改变信号	NC 轴分配给通道			
					D	C	B	A
DBB9					锁定 NC 参数组	控制参数块		
						C	B	A
DBB10								REPOS DELAY
DBB12	延迟返参考点				第二软件限位开关		硬件限位开关	
					正	负	正	负

续表

到达进给轴/主轴信号（PLC→NCK）								
DBB16	删除S值	改变齿轮级无监控	重新同步主轴1	重新同步主轴2	齿轮级已改变	实际齿轮级		
						C	B	A
DBB17		转换M3/M4	位置2处主轴同步	位置1处主轴同步				进给修调主轴有效
DBB18	主轴CCW	主轴CW	摆动速度	由PLC产生摆动				
DBB19	主轴修调							
	H	G	F	E	D	C	B	A
DBB20					速度设定值平滑	转矩限制	产生斜坡功能接口	运行转换模式
DBB21	脉冲使能	积分禁止	选择电机	电机选择		驱动器参数设置选择		
				B	A	C	B	A
DBB22				速度极限位置1	速度极限位置0		取消安全暂停	取消安全速率暂停
DBB23	激活测试停止			激活末端位置2	位置2传输		位置1传输	位置0传输
DBB26磨床				使能从动轴覆盖	补偿控制开通			
DBB28摆动	PLC检查轴	停止	下一个反转点停止	改变反转点	设置反转点			
DBB29磨床			无自动同步	启动构台同步运行				
DBB30				主轴定位	自动更换齿轮级	启动主轴反转	启动主轴正转	主轴停止
DBB32安全				取消外部停止D	取消外部停止C	取消外部停止A		
DBB33安全	选择修调							
	位置3	位置2	位置1	位置0				
来自进给轴/主轴信号（NCK→PLC）								
DBB60	到达位置		参考点/同步2	参考点/同步1	编码器超频限制2	编码器超频限制1	NCU_Lnk轴有效	主轴/无进给轴
	用精准停	用粗准停						
DBB61	当前控制器有效	速度控制器有效	位置控制器有效	进给轴/主轴固定	AC跟随方式有效	进给轴就绪		进给请求
DBB62		强制固定停止	到达固定停止	激活到固定点停止	测量有效	旋转进给率有效	手轮叠加有效	软件挡块有效

续表

来自进给轴/主轴信号（NCK→PLC）								
DBB64	进给命令					手轮有效		
	正	负				3	2	1
DBB65			Var INC	10000INC	1000INC	100INC	10INC	1INC
到达进给轴/主轴信号（PLC→NCK）								
DBB66	OEM 轴信号							
DBB68	PLC 进给轴/主轴	中性进给轴/主轴	可以更换进给轴	PLC 要求新类型	通道中 NC 进给轴/主轴			
					D	C	B	A
DBB69	NCU 网络连接中 NCU 号				控制参数块			
到达进给轴/主轴信号（PLC→NCK）								
DBB72								REPOS DELAY
DBB76	回转轴到位	索引轴到位	定位轴					擦除脉冲
DBB78			用于定位轴的 F 功能（REAL 格式）					
DBB82					齿轮级转换	齿轮级设定值		
						C	B	A
DBB83	主轴实际旋转方向	主轴速度监控	主轴在设置值范围	超出支持区域限制	几何轴监控	设置速度增加	设置速度极限	超出速度极限
DBB84	有效主轴运行方式				无补偿夹具攻丝	CLGON 有效	SUG 有效	恒定切削速度有效
	控制方式	摆动方式	定位方式	同步方式				
DBB86	用于主轴的 M 功能（二进制）							
DBB86	用于主轴的 S 功能（浮点）							
DBB92					速度设定值平滑	转矩限值有效	HLGSS 有效	设定模式有效
DBB93	脉冲使能	控制器积分器禁止	驱动器就绪	电机有效		有效驱动器参数组		
				B	A	C	B	A
DBB94	不同信号系数	$N_{act}=n_{set}$	$\|n_{act}\|<n_x$	$\|n_{act}\|<n_{min}$	$Md<Mdx$	斜坡上升结束	温度预热	
							散热	电机
DBB95								U_{DC}-link<报警门槛
DBB96	主机/从机有效							步进电机错误监控

续表

到达进给轴/主轴信号（PLC→NCK）								
DBB98 同步主轴	紧急退回有效	到达加速度报警门槛	到达速度报警门槛	叠加动作		实际值耦合	同步粗	同步精
DBB99 同步主轴	使能紧急退回	到达最大加速度	到达最大速度	同步运行	轴加速		从主轴有效	主轴
DBB100 磨削	振荡有效	振荡动作有效	无火花磨削有效	振荡错误	不启动振荡			
DBB101 龙门架	龙门架轴	龙门架引导轴	龙门架轴	龙门架分组同步	龙门架同步准备	超出龙门架报警限		

第12章 常用S7-300编程指令

S7-300 PLC 采用 STEP7 的编程语言，功能强大，指令非常丰富。限于篇幅，本章仅介绍数控机床 PLC 程序中常用的编程指令，其余指令将以表格的形式给出，供调试维修人员进行 PLC 程序编程时参考。

12.1 PLC 编程基础

12.1.1 编程语言

标准的 STEP7 软件包括 3 种基本编程语言：梯形图、语句表和功能块，如果需要也可以采用其他语言编程，如顺序图、图形编程等。梯形图、语句表和功能块是应用较为广泛的 3 种 PLC 程序设计语言。

1. 梯形图 LAD

梯形图 LAD 是电气维修人员最容易接受的 PLC 编程语言，具有直观易懂的优点，特别适合数字逻辑控制电路。梯形图与继电器电路图很相似，可以借助于分析继电器控制电路的方法来分析梯形图控制逻辑。梯形图由触点、线圈和用方框表示的指令框组成。触点代表逻辑输入条件，如开关、按钮及内部条件等。线圈代表逻辑运算结果，常用来控制外部的接触器、继电器、指示部件和内部标志位。指令框用来表示完成规定功能的指令组合，如定时器、计数器和算术运算指令。

在 STEP7 梯形图编程中，把能够独立完成某个功能动作的控制逻辑称为网络（Network），由触点、线圈或指令框组成。一个网络只能完成一个逻辑控制功能，如果把两个或两个以上具有独立功能的控制逻辑放在一个网络中，将会发生错误。在设计 PLC 控制程序时，STEP7 会自动给网络编号。为了增强网络的可读性，可以给网络定义名称，并在它的下面加入注释。

图 12-1 所示是用梯形图编程控制电机启停逻辑的一个网络，I33.1 相当于启动按钮，I33.2 相当于停止按钮，线圈 Q40.1 相当于接触器。当触点 I33.1 闭合时，线圈 Q40.1 接通，就有“能流”通过线圈。利用能流的概念，从左向右较方便地分析梯形图。图中 I33.1、I33.2 和 Q40.1 称为 PLC 的物理地址。执行 PLC 程序时，如果没有跳转指令，按从上到下的顺序逐一执行每一个网络，执行完 FC 块中的网络后，在下一次循环返回到第一个网络又重新执行。

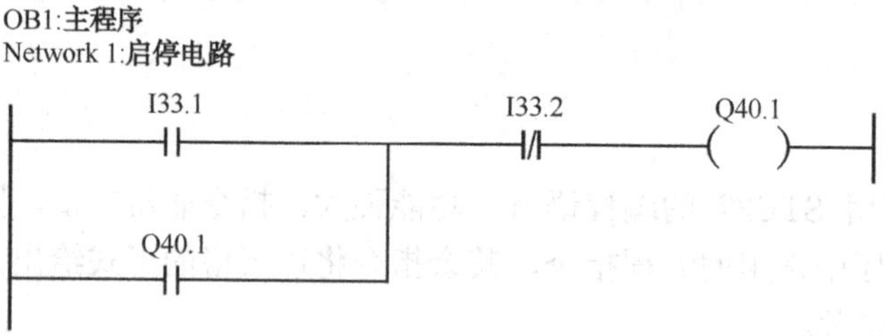

图 12-1　启停电路梯形图

2．语句表 STL

语句表由逻辑控制语句组成，而逻辑控制语句是用助记符表示的，类似于计算机中的汇编语言。采用语句表编程可读性较差，但逻辑控制能力强，可以实现某些不能用梯形图或功能块表示的功能，因此，语句表比较适合有经验的程序设计人员使用。图 12-2 所示是梯形图 12-1 的语句表。

3．功能块图 FBD

功能块是用图形逻辑符号来表示的控制逻辑。用与门、或门等方框来表示逻辑运算关系，方框的左侧为逻辑运算的输入变量，右侧为输出变量，方框被“导线”连接在一起，信号自左向右流动。采用功能块图编程的最大优点是信号之间的逻辑关系明确，可读性介于梯形图与语句表之间。图 12-3 所示是梯形图 12-1 的功能块图。

```
NetWork1
A(
O  I 33.1
O  Q 40.1
)
AN  I 33.2
=   Q 40.1
```

图 12-2　语句表

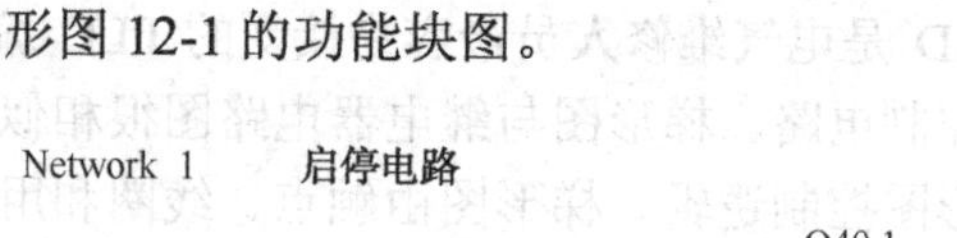

图 12-3　功能块图

12·1·2　数据类型

1．位（bit）

位数据类型为 BOOL（布尔）型，只有 1 和 0 两个变量值，也可用 TURE（真）和 FALSE（假）表示。位的存储单元地址由字节地址和位地址组成，例如 Q40.1，Q 表示输出，字节地址为 40，位地址为 1。

2．字节（Byte）

8 位二进制数组成一个字节，其中第 0 位是最低位，第 7 位是最高位。例如 MB206 就表示一个字节，MB 是存储器字节的标识符，数字 206 是该字节的地址。

3．字（Word）

相邻的两个字节组成一个字，字用来表示无符号数，例如 MW200 由 MB200 和 MB201 字节组成，MB200 为低字节，MB201 为高字节。位、字节与字的关系参见图 12-4。

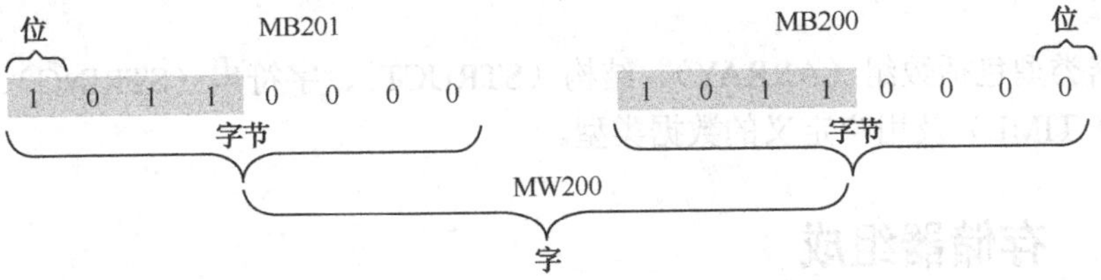

图 12-4　位、字节与字的关系

4．双字（Double Word）

双字由两个字组成，双字用来表示无符号数，例如 MD200 由 MW200 和 MW202 字组成，包含 MB200、MB201、MB202 和 MB203 共 4 字节。

5．16 位整数（INT）

整数是有符号数，最高位为符号位，0 为正数，1 为负数，取值范围为-32 768～32 767。

6．32 位整数（DINT）

32 位整数最高位为符号位，0 为正数，1 为负数，取值范围为-2 147 483 648～2 147 483 647。

7．32 位浮点数

浮点数又称实数（REAL），取值范围为$\pm 1.175\,495\times10^{-38}$～$\pm 3.402\,823\times10^{38}$。

8．常数

常数值可以是字节、字或双字、整数或浮点数。常数也可以用十进制数、十六进制数、浮点数或二进制数表示，但在系统内部是以二进制的形式存储常数的。各类常数的表示方法如表 12-1 所示。

表 12-1　常数表示法

符　号	说　明	符　号	说　明
B#16#	十六进制字节	T#	时间常数
W#16#	十六进制字	S5T#	S5 时间常数（16 位）
DW#16#	十六进制双字	TOD#	实时时间常数（16 位/32 位）
D#	日期常数	C#	计数器常数（BCD 码）
L#	32 位整数常数	2#	二进制常数
P#	地址指针常数	B（b1,b2）	常数 2B

9．复合数据类型

复合数据类型包括数组（ARRAY）、结构（STRUCT）、字符串（STRING）、日期和时间（DATA_AND_TIME）及用户定义的数据类型。

12·1·3　存储器组成

S7-300 的存储器有 3 个基本存储区，即装载存储器、工作存储器和系统存储器。

装载存储器

装载存储器可以是RAM也可以是PEPROM，用于保存不包含符号地址和注释的用户程序和系统数据，如硬件组态、连接和模块参数。装入用户程序时，其逻辑控制块和数据块存入装载存储器，并把可执行部分复制到工作存储器中。

工作存储器

工作存储器是运行PLC程序的RAM存储器，具有高速存取的特点。只有与运行有关的程序块才装入工作存储器，如组织块OB、功能块FB、功能FC和数据块DB等。

系统存储器

系统存储器是CPU为运行用户程序提供的数据存储区，用于存放用户程序的操作数据。系统存储器按地址划分为若干存储区域，如过程映像输入和输出、位存储器、定时器、计数器、块堆栈、中断堆栈及诊断缓冲区域等，使用指令可以在对应的地址区内对数据直接进行寻址。表12-2给出了系统存储器的分区情况。

表 12-2　系统存储区

存储区	访问单位	标识符	说明
输入过程映像（I）	输入位 输入字节 输入字 输入双字	I IB IW ID	在每次执行 OB1 扫描循环开始之前，CPU 把输入模块的信号状态复制到输入过程映像输入表。在扫描循环中，将用户程序逻辑运算结果作为输出值，存入过程映像输出表，并在下一次 OB1 循环开始时，将过程映像输出表的内容写入数字量输出模块。用户程序访问 PLC 的输入（I）和输出（Q）地址时，不是取读写数字模块的信号状态，而是访问 CPU 中的过程映像区。过程映像表可以保证在 OB1 循环周期内，即使外部信号发生了变化，过程映像表的状态始终保持不变，直到下一个循环被刷新
输出过程映像（Q）	输出位 输出字节 输出字 输出双字	Q QB QW QD	
位存储器（M）	存储位 位存储字节 位存储字 位存储双字	M MB MW MD	该区用于存储用户程序的中间运算结果或标志
定时器（T）	定时器	T	该区提供定时器的存储区，时间值可以用二进制数或 BCD 码读取
计数器（C）	计数器	C	该区提供计数器的存储区，计数值可以用二进制数或 BCD 码读取
外设输出（PQ）	外设输出字节 外设输出字 外设输出双字	PQB PQW PQD	通过该区用户程序直接访问输出模块，无须经过映像区，不能以位为单位存取 PQ
外设输入（PI）	外设输入字节 外设输入字 外设输入双字	PIB PIW PID	通过该区用户程序直接访问输入模块，无须经过映像区，不能以位为单位存取 PI
共享数据块（DB）	数据块 数据位 数据字节 数据字 数据双字	DB DBX DBB DBW DBD	共享数据块可以供所有逻辑块使用
背景数据块（DIB）	数据块 数据位 数据字节 数据字 数据双字	DI DIX DIB DIW DID	背景数据块与某一功能块或系统功能相关联
局域数据（L）	局域数据位 局域数据字节 局域数据字 局域数据双字	L LB LW LD	在处理组织块、功能块和系统功能块时，相应块的临时数据保存到该块的局域数据区

S7-300 除存储器外，还有寄存器，如累加器，状态字寄存器、数据块寄存器等。对存储器或寄存器操作数的寻址有多种方式，有立即寻址，直接寻址、存储器间接寻址、寄存器间接寻址等。

12.2 基本逻辑指令

12·2·1 触点和线圈

在基本逻辑指令中使用 BOOL 数据类型，只有 1 和 0 两个数字，1 通常表示激活状态，电路接通；0 表示未被激活，电路断开。由 1 和 0 组合的运算结果称为逻辑运算结果 RLO。

1. 触点

常开触点如图 12-5 所示，触点为 1 时处于闭合状态，能流通过触点，逻辑运算结果 RLO=1；触点为 0 时处于断开状态，能流不通过触点，逻辑运算结果 RLO=0。

常闭触点如图 12-6 所示，触点为 1 时处于断开状态，能流不通过触点，逻辑运算结果 RLO=0；触点为 0 时处于闭合状态，能流通过触点，逻辑运算结果 RLO=1。

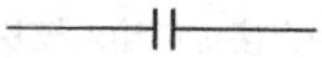

图 12-5 常开触点

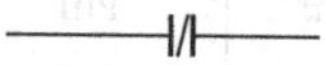

图 12-6 常闭触点

2. 线圈

线圈如图 12-7 所示，输出指令一般与线圈对应，其作用类似于继电器中的线圈。如果有能流通过，RLO=1，线圈被置位 1；如果没有能流通过，RLO=0，线圈被复位 0。

中线输出如图 12-8 所示，中线输出用指定的地址保存左边的逻辑运算结果 RLO，串联在电路中就像一个插入的触点一样。

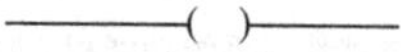

图 12-7 线圈

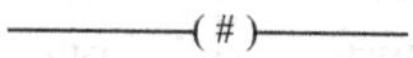

图 12-8 中线输出

12·2·2 位指令

1. 逻辑运算结果 RLO 的操作指令

逻辑运算结果 RLO 的操作指令有：取反、清除、置位、保存及 BR 指令等。

1）取反（NOT）

NOT 是对 RLO 取逻辑反的指令，指令格式如图 12-9 所示。如果 NOT 前面的逻辑运算结果 RLO=0，那么取反后 RLO=1；相反地，如果 NOT 前面的逻辑运算结果 RLO=1，那么取反后 RLO=0。

2）清除（CLR）

清除指令 CLR 使逻辑运算结果 RLO=0，指令格式如图 12-9 所示。

3）置位（SET）

置位指令 SET 使逻辑运算结果 RLO=1。

4）保存（SAVE）

保存指令使 RLO 中的内容存放在二进制位（BR）中，指令格式如图 12-9 所示。

5）BR 指令

使用 BR 指令，所存储的 RLO 可以被再次调用，指令格式如图 12-9 所示。

图 12-9　逻辑运算结果 RLO 的操作指令

2．置位和复位指令

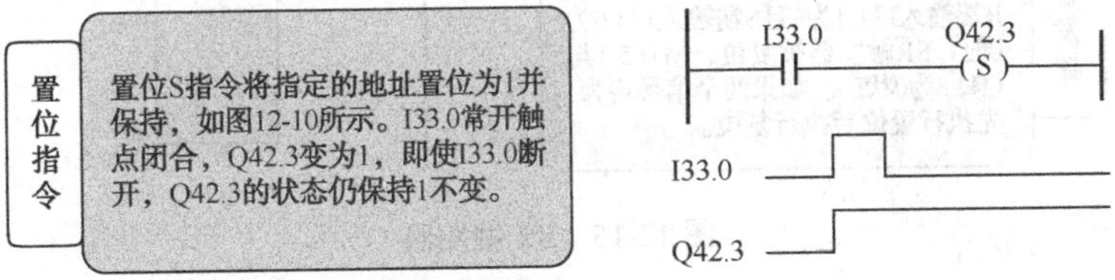

图 12-10　置位指令

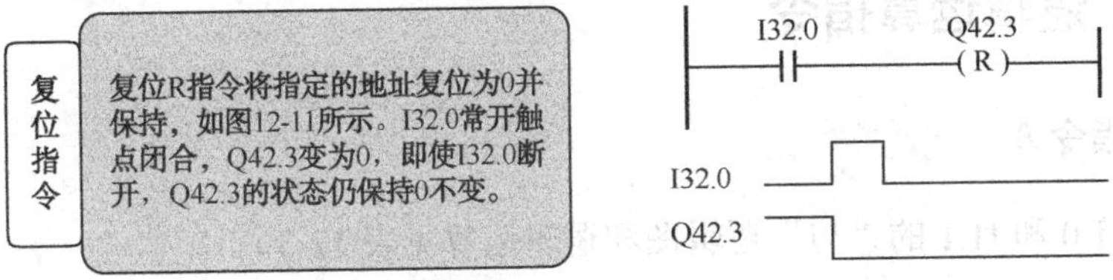

图 12-11　复位指令

3．边沿检测指令

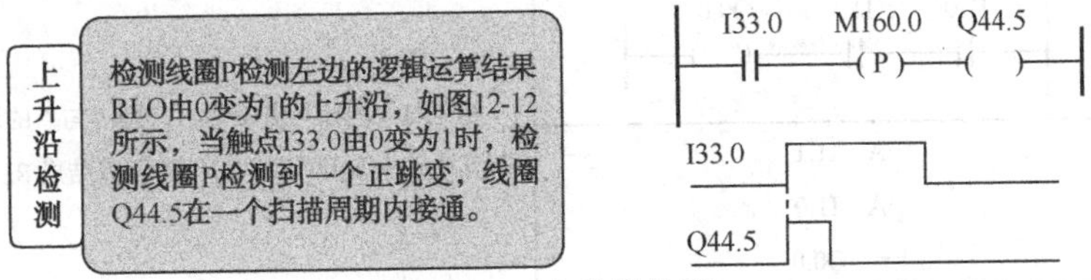

图 12-12　上升沿检测

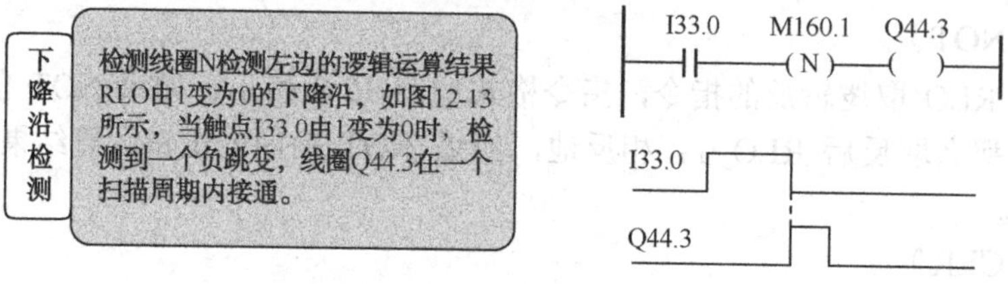

图 12-13　下降沿检测

4. RS 触发器和 SR 触发器

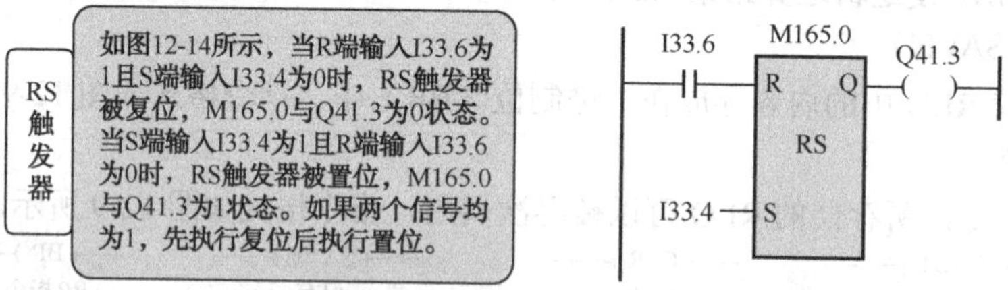

图 12-14　RS 触发器

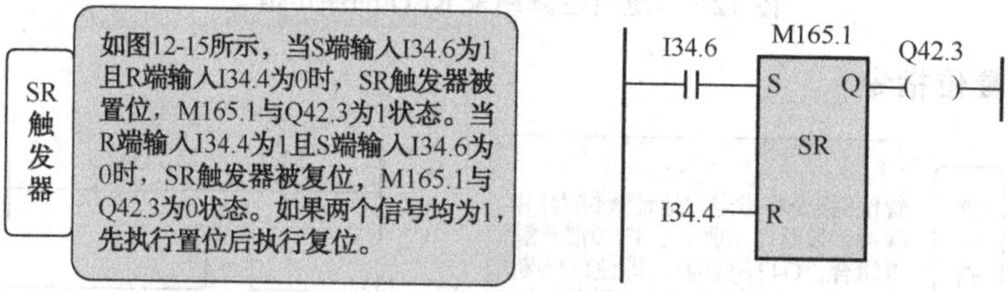

图 12-15　SR 触发器

12·2·3　逻辑运算指令

1. "与"指令 A

两个信号 I1.0 和 I1.1 的"与"逻辑图和逻辑运算见表 12-3。

表 12-3　"与"操作的逻辑表达

语　言	逻 辑 图	逻 辑 运 算
LAD	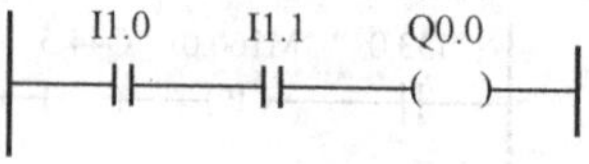	相"与"的信号若都为 1，则"与"的运算结果 RLO=1；若其中一个为 0，则"与"的运算结果 RLO=0
STL	A　I1.1 A　I1.0 =　Q0.0	

续表

语　言	逻 辑 图	逻辑运算			
		I1.0	I1.1	RLO	Q0.0
FBD	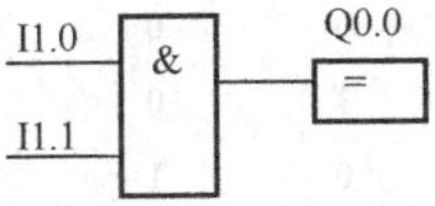	0	0	0	0
		1	0	0	0
		0	1	0	0
		1	1	1	1

2. “或”指令 OR

两个信号 I1.0 和 I1.1 的“或”逻辑图和逻辑运算见表 12-4。

表 12-4　“或”操作的逻辑表达

<table>
<tr><th>语　言</th><th>逻 辑 图</th><th>逻 辑 运 算</th></tr>
<tr><td>LAD</td><td>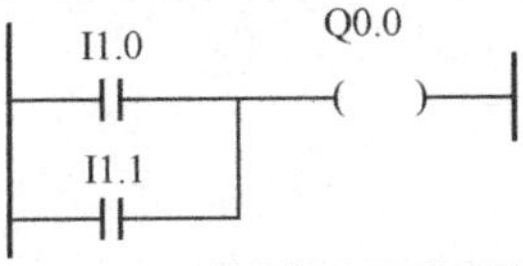</td><td rowspan="3">相“或”的信号只要其中一个为 1，则“或”的运算结果 RLO=1；只有全为 0 时，“或”的运算结果才为 RLO=0

I1.0　I1.1　RLO　Q0.0
0　0　0　0
1　0　1　1
0　1　1　1
1　1　1　1</td></tr>
<tr><td>STL</td><td>O　I1.1
O　I1.0
=　Q0.0</td></tr>
<tr><td>FBD</td><td>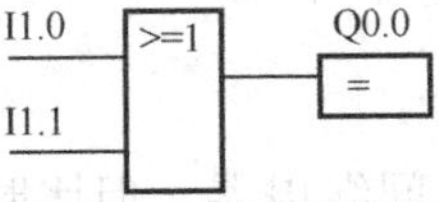</td></tr>
</table>

3. “异或”指令 XOR

两个信号 I1.0 和 I1.1 的 “异或”逻辑图和逻辑运算见表 12-5。

表 12-5　“异或”操作的逻辑表达

<table>
<tr><th>语　言</th><th>逻 辑 图</th><th>逻 辑 运 算</th></tr>
<tr><td>LAD</td><td>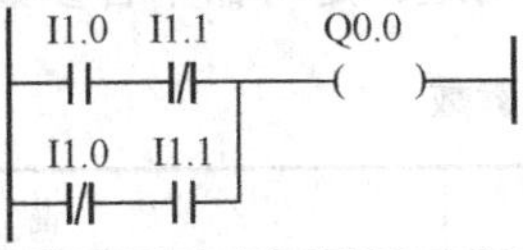</td><td rowspan="2">若信号相同，即全为 1 或全为 0，则“异或”的运算结果 RLO=0；若信号不同，则“异或”的运算结果 RLO=1</td></tr>
<tr><td>STL</td><td>X　I1.1
X　I1.0
=　Q0.0</td></tr>
</table>

续表

<table>
<tr><th>语　言</th><th>逻 辑 图</th><th colspan="4">逻 辑 运 算</th></tr>
<tr><td rowspan="5">FBD</td><td rowspan="5">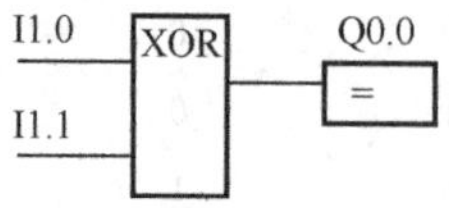
</td><td>I1.0</td><td>I1.1</td><td>RLO</td><td>Q0.0</td></tr>
<tr><td>0</td><td>0</td><td>0</td><td>0</td></tr>
<tr><td>1</td><td>0</td><td>1</td><td>1</td></tr>
<tr><td>0</td><td>1</td><td>1</td><td>1</td></tr>
<tr><td>1</td><td>1</td><td>0</td><td>0</td></tr>
</table>

4．逻辑运算嵌套表达方式

- A（：“与”运算嵌套开始。
- AN（：“与非”运算嵌套开始。
- O（：“或”运算嵌套开始。
- ON(：“或非”运算嵌套开始。
- X（：“异或”运算嵌套开始。
- XN（：“异或非”运算嵌套开始。
- ）：嵌套闭合（结束）。

12.3 定时器

S7-300 定时器的功能相当于继电器电路中的时间继电器，但比时间继电器使用方便灵活。定时器分为脉冲定时器（S_PULSE）或线圈（SP）、扩展脉冲定时器（S_PEXT）或线圈（SE）、接通延时定时器（S_ODT）或线圈（SD）、保持型接通延时定时器（S_ODTS）或线圈（SS）、断开延时定时器（S_OFFDT）或线圈（SF）。每个定时器有一个 16 位字和一个二进制位，字用来存放它当前的定时时间值，位决定了定时器触点的状态。在梯形图中不仅可以用指令框表示定时器，还可以用与其功能相同的线圈来表示定时器，在叙述定时器指令框时，包含了定时器线圈的内容，因此定时器线圈不再另述。定时器中各参数的意义见表 12-6。

表 12-6　定时器参数

参　数	数 据 类 型	存 储 区	说　明
Tn	TIMER	T	T 为定时器符号，n 为定时器编号
S	BOOL	I、Q、M、L、D	预置时间输入
TV	S5TIMER	I、Q、M、L、D	预置的时间值，常数格式 S5T#
R	BOOL	I、Q、M、L、D	复位

续表

参　数	数据类型	存 储 区	说　明
Q	BOOL	I、Q、M、L、D	定时器状态
BI	WORD	I、Q、M、L、D	剩余时间值，输出十六进制整数格式，剩余时间值等于 TV 端的预置值减去启动后的时间值
BCD	WORD	I、Q、M、L、D	剩余时间值，输出 BCD 码格式，剩余时间值等于 TV 端的预置值减去启动后的时间值

定时器采用 S5T 预置时间格式：S5T#_H_M_S，例如 S5T#4H32M40S 表示 4h32min40s。如果设置定时时间 20s，则表示为 S5T#20S。

1．S5 脉冲定时器

S5 脉冲定时器 T2 如图 12-16 所示。

（1）在 S 端 I33.0 信号的上升沿，脉冲定时器 T2 开始定时，输出端 Q 状态变为 1，Q41.3 接通；定时器的定时 2s 时间到，T2 及输出端 Q 的状态变为 0。

（2）在定时期间，若 S 端 I33.0 信号由 1 变为 0，或者 R 端的 I33.1 由 0 变为 1，定时器 T2 和 T0 被复位，输出端 Q 的状态变为 0，Q41.3 断开，同时剩余时间值和时间标志被清 0。

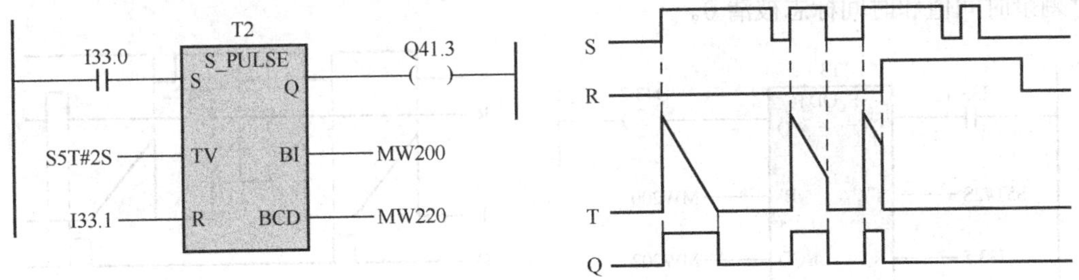

图 12-16　S5 脉冲定时器

2．S5 扩展脉冲定时器

S5 扩展脉冲定时器 T1 如图 12-17 所示。

（1）在 I34.0 信号的上升沿，脉冲定时器 T1 启动，T1 及输出端 Q 的状态变为 1，Q41.5 接通；定时 2s 时间到，T1 及输出端 Q 的状态变为 0，Q41.5 断开。

（2）定时期间，若 S 输入由 1 变为 0，不影响定时器工作，直到定时结束；若在定时期间，I34.0 由 0 变为 1，定时器 T2 将被重新启动。

（3）定时期间，若 I34.1 由 0 变为 1，定时器 T1 和 T0 被复位，输出端 Q 的状态变为 0，同时剩余时间值和时间标志被清 0。

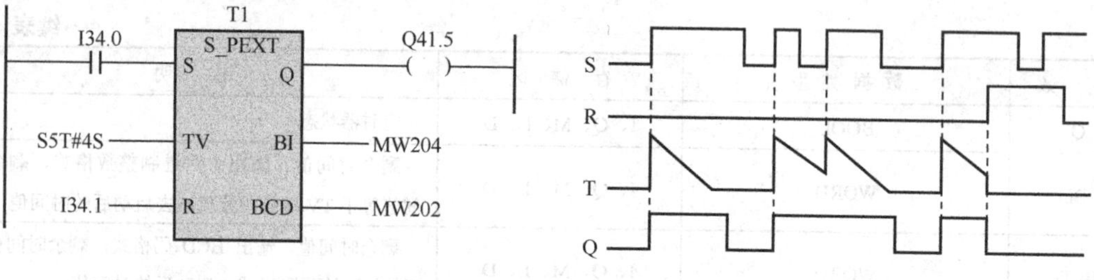

图 12-17　S5 扩展脉冲定时器

3. S5 接通延时定时器

S5 接通延时定时器 T3 如图 12-18 所示。

（1）在 I33.4 设置信号的上升沿，定时器 T3 开始定时，若定时期间 I33.4 的状态一直为 1，定时 2s 时间到，T3 及输出端 Q 变为 1 状态，Q43.2 接通，当前时间清 0。此后若 S 输入端由 1 变为 0，则定时器 T3 的输出状态也变为 0。

（2）在定时期间，若 I33.4 由 1 变为 0，剩余时间值保持不变，但定时器 T3 停止，T3 输出端 Q 仍为 0 状态。I33.4 再变为 1 时，又从预置时间开始定时。

（3）无论 S 是什么状态，只要复位输入端 R 的 I33.5 由 0 变为 1，定时器 T3 都被复位，同时剩余时间值和时间标志被清 0。

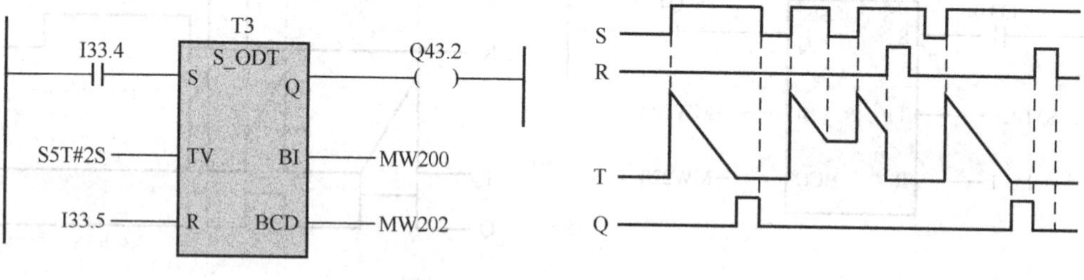

图 12-18　S5 接通延时定时器

4. S5 保持型接通延时定时器

S5 保持型接通延时定时器 T1 如图 12-19 所示。

（1）在设置 I33.0 信号的上升沿，定时器 T1 开始定时，定时 6s 时间到，T1 及输出端 Q 变为 1 状态，Q42.3 接通。

（2）在定时期间，若 I33.0 的状态变为 0，仍继续定时，状态不变。但当 I33.0 由 0 再变为 1 时，定时器重新启动。

（3）不管 I33.0 是什么状态，只要 I33.7 由 0 变为 1，定时器 T1 都被复位，T1 输出端 Q 的状态变为 0，Q42.3 断开，同时剩余时间值和时间标志被清 0。

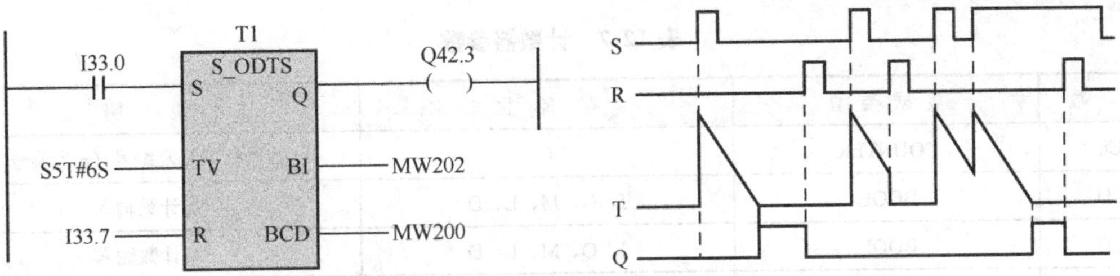

图 12-19　S5 保持型接通延时定时器

5．S5 断开延时定时器

S5 断开延时定时器 T4 如图 12-20 所示，。

（1）如果是设置信号 I35.0 的上升沿，定时器 T4 输出端 Q 变为 1 状态，线圈 40.3 接通；在 S 输入下降沿，定时器开始定时，7s 定时时间到，定时器 T4 复位，T4 输出端 Q 变为 0 状态。

（2）如果在定时期间，I35.0 由 0 变为 1，则定时器 T4 状态不变，但停止定时。如果 I35.0 重新变为 0，则定时器从预置值重新启动。

（3）无论 I35.0 是什么状态，只要 I35.1 由 0 变为 1，定时器 T4 都被复位，T4 输出端 Q 变为 0 状态，同时剩余时间值和时间标志被清 0。

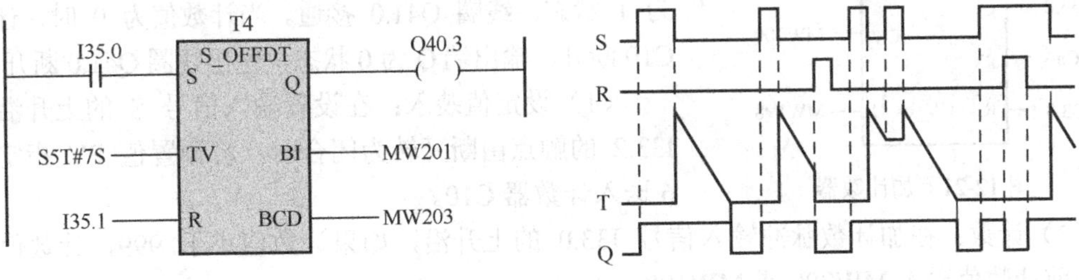

图 12-20　S5 断开延时定时器

12.4　计数器

S7-300 为计数器分配了计数器存储区，每个计数器有一个 16 位的字和一个二进制位，字用来存放它的当前计数值，计数器触点的状态由它的二进制位状态决定。常用的计数器有加法计数器（S_CU）或线圈（CU）、减法计数器（S_CD）或线圈（CD）、加减计数器（S_CUD）。在梯形图计数器指令框中，各符号的意义见表 12-7。

表 12-7　计数器参数

参　　数	数据类型	存储区	说　　明
Cn	COUNTER	C	计数器标识符及编号（n 为编号）
CU	BOOL	I、Q、M、L、D	加计数输入
CD	BOOL	I、Q、M、L、D	减计数输入
S	BOOL	I、Q、M、L、D	预设计数值设置输入
PV	WORD	I、Q、M、L、D 或常数	预设计数值，常数格式 C#<值>
R	BOOL	I、Q、M、L、D	复位输入
Q	BOOL	I、Q、M、L、D	计数器状态
CV	WORD	I、Q、M、L、D	当前计数器值，十六进制数格式
CV_BCD	WORD	I、Q、M、L、D	当前计数器值，BCD 码

1. 加计数器（S_CU）

加计数器 C10 如图 12-21 所示，加计数器对输入信号进行增量计数，每次计数就在当前值的基础上加 1。从 CV 端或 CV_BCD 端获得当前计数器的计数值。计数值大于 0 时，计数器 C10 接通，输出端 Q 为 1 状态，线圈 Q41.0 接通。当计数值为 0 时，计数器 C10 断开，输出端 Q 为 0 状态，输出线圈 Q41.0 断开。

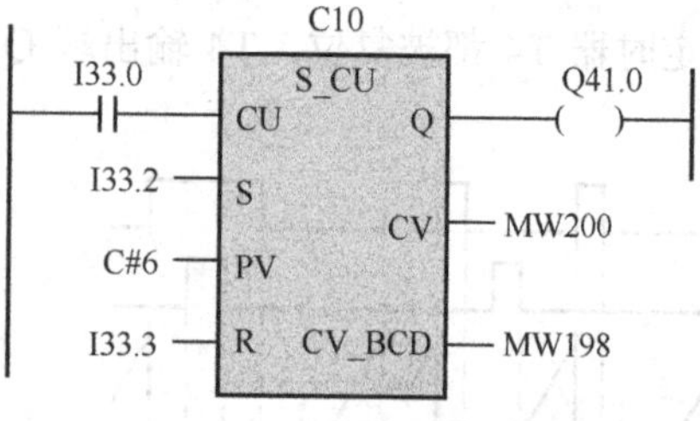

图 12-21　加计数器

（1）设定值装入：在设置输入信号 S 的上升沿，即 I33.2 的触点由断开转为闭合时，将预置值 PV 指定的值 6 送入计数器 C10。

（2）计数：在加计数脉冲输入信号 I33.0 的上升沿，如果计数值小于 999，计数值就加 1。当前计数值送入 MW200 或 MW198。

（3）复位：复位输入信号 I33.3 为 1 时，计数器复位，计数值被清 0。

（4）如果已设置计数器，并且 CU 输入为 1，即使信号没有上升沿或下降沿的变化，计数器也会在下一个扫描周期进行加 1 计数。

2. 减计数器（S_CD）

减计数器如图 12-22 所示，减计数器对输入信号进行减 1 计数，即每次计数就在当前值的基础上减 1。从 CV 端或 CV_BCD 端获得当前计数器的计数值。计数值大于 0 时，计数器 C8 接通，输出端 Q 为 1 状态，线圈 Q42.0 接通。当计数值为 0 时，计数器 C8 断开，输出端 Q 为 0 状态，线圈 Q42.0 断开。

（1）设定值装入：在设置输入信号 S 的上升沿，即 I34.2 的触点由断开转为闭合时，将预置值 PV 指定的值 6 送入计数器 C8。

（2）计数：在减计数脉冲输入信号 I34.0 的上升沿，如果计数值大于 0，计数值就减 1。当前计数值送入 MW200 或 MW202。

（3）复位：复位输入信号 I34.3 为 1 时，计数器复位，计数值被清 0。

（4）如果已设置计数器，并且 CD 输入为 1，即使信号没有上升沿或下降沿的变化，计数器也会在下一个扫描周期进行减 1 计数。

3．加减计数器（S_CUD）

加减计数器如图 12-23 所示，加减计数器又称可逆计数器，既可以进行加计数又可以进行减计数，当进行加计数时就在计数器当前值的基础上加 1，当进行减计数时就在计数器当前值的基础上减 1。从 CV 端或 CV_BCD 端获得当前计数器的计数值。计数值大于 0 时，计数器 C9 接通，输出端 Q 为 1 状态，线圈 Q41.0 接通。当计数值为 0 时，计数器 C9 断开，输出端 Q 为 0 状态，线圈 Q41.0 断开。

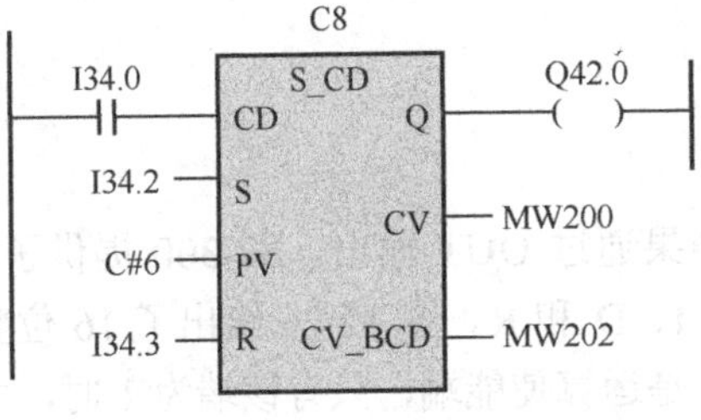

图 12-22　减计数器

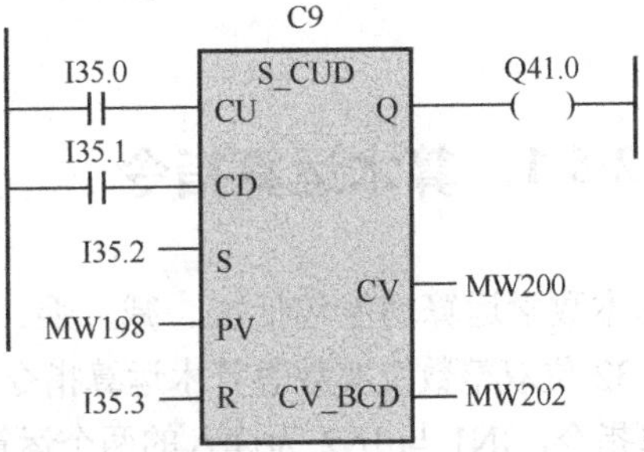

图 12-23　加减计数器

（1）设定值装入：在设置输入信号 S 的上升沿，即 I35.2 的触点由断开转为闭合时，将预置值 PV 指定存储器 MW198 中的值送入可逆计数器 C9。

（2）在加计数脉冲输入信号 I35.0 的上升沿，如果计数值小于 999，计数值加 1。当前计数值送入 MW200 或 MW202。

（3）在减计数脉冲输入信号 I35.1 的上升沿，如果计数值大于 0，计数值减 1。当前计数值送入 MW200 或 MW202。

（4）如果两个计数输入均为上升沿，两条指令均被执行，计数值保持不变。复位输入信号 I35.3 为 1 时，计数器复位，计数值被清 0。

（5）如果已设置计数器，并且 CU 或 CD 输入为 1，即使信号没有上升沿或下降沿的变化，计数器也会在下一个扫描周期进行相应的计数，两者均为 1，计数值不变。

4．计数器线圈

在梯形图中不仅用指令框表示计数器，还可以用与其功能相同的计数器线圈来表示。图 12-24 所示为加计数器 C1，图中 SC 为设置计数器线圈，CU 为加计数器线圈，R 为加计数器线圈复位。图 12-25 所示为减计数器 C2，图中 SC 为设置计数器线圈，CD 为减计数器线圈，R 为减计数器线圈复位。

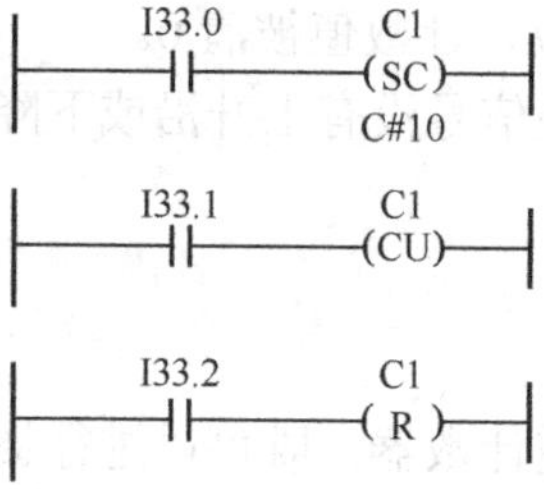

图 12-24　加计数器线圈

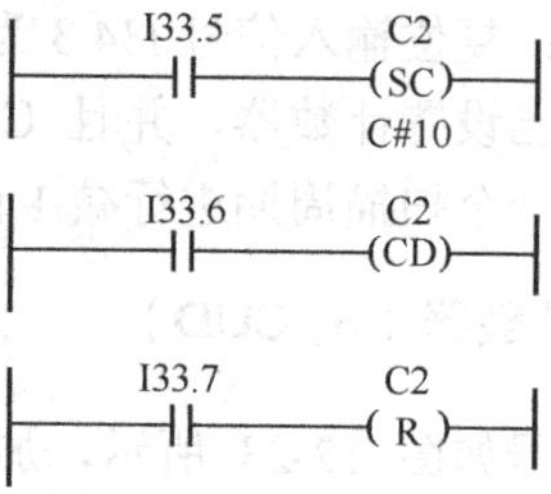

图 12-25　减计数器线圈

12.5　运算指令

12·5·1　算术运算指令

基本数学运算功能包括加、减、乘、除，运算结果通过 OUT 输出。S7-300 提供了 16 位整数、32 位双整数及实数等算术运算指令，分别记为 I、D 和 R。图 12-26 给出了 16 位整数算术运算指令，IN1 与 IN2 为读入的两个运算数据，EN 是运算使能端，只有该端为 1 时，才有运算结果。ENO 是运算状态端，如果结果超出了数据类型允许的范围，溢出位 OV=“Overflow”和 OS=“Stored Overflow”，ENO 被置位。算术运算结果存储在输出 OUT 的地址处。

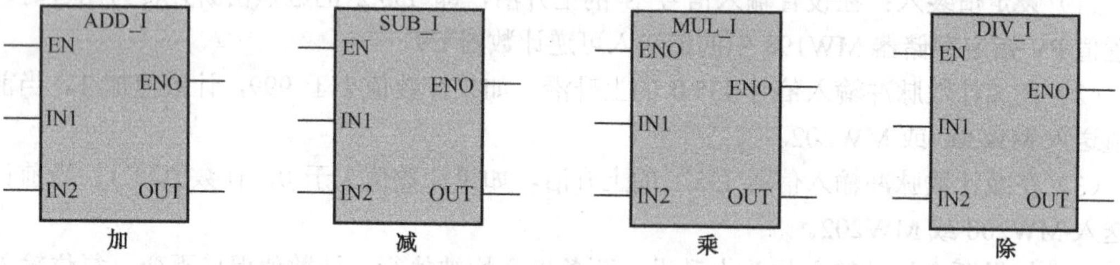

图 12-26　16 位整数运算

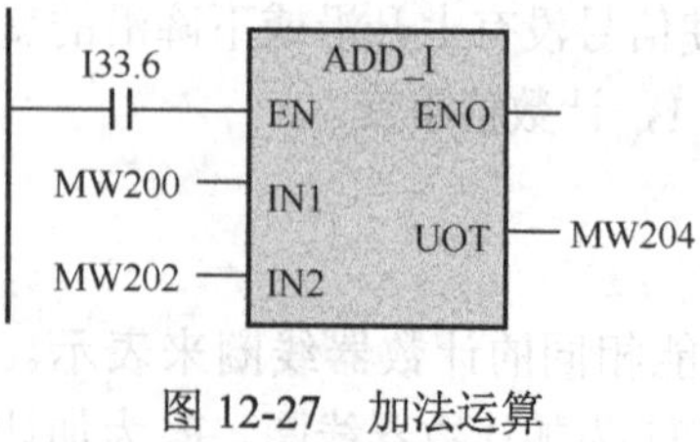

图 12-27　加法运算

图 12-27 所示是整数运算的一个简单例子，在 I33.6 常开触点闭合时，存储在位存储器 MW200、MW202 中的两个整数相加，其结果输出到 MW204 中。

除上述 16 位单整数外，还有双整数和实数的加、减、乘、除运算。双整数运算表示为 ADD_D（加）、SUB_D（减）、MUL_D（乘）、DIV_D（除）；实数运算表示为

ADD_R（加）、SUB_R（减）、MUL_R（乘）、DIV_R（除）。

12·5·2 比较指令

比较指令用于比较两个数的大小，相比较的两个数的数据类型必须相同，数据类型可以是整数、双整数和实数，分别记为 I、D 和 R。如果相比较的两个数 IN1 与 IN2，比较结果为真，则 RLO 为 1，否则 RLO 为 0。在梯形图中以串联方式使用指令框，相当于“与”运算；以并联方式使用指令框，相当于“或”运算，也就是说梯形图中的比较指令框可以看成一个常开触点，可以与其他触点串联或并联。当比较结果为真时，RLO 为 1，触点闭合。

图 12-28（a）～（f）所示是整数梯形图比较指令，依次表示 IN1 等于 IN2 比较，IN1 大于 IN2 比较，IN1 不小于 IN2 比较，IN1 小于 IN2 比较，IN1 不大于 IN2 比较，IN1 不等于 IN2 比较。双整数类型、实数类型的比较与整数相同，由于在数控机床中使用较少，没有给出指令框，可参阅相关资料。

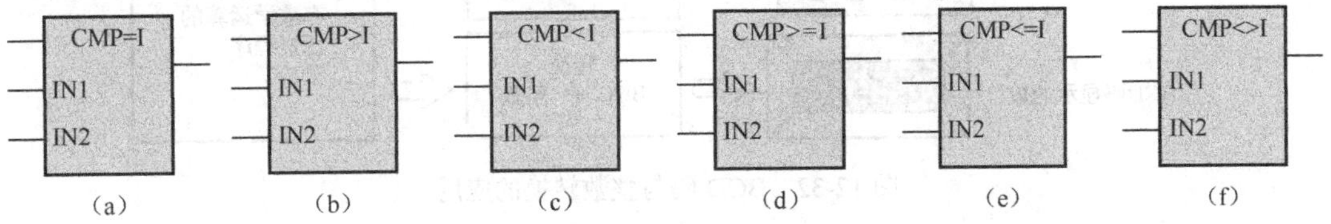

图 12-28 整数梯形图比较指令

图 12-29 所示是整数比较指令运用的一个简单例子，存储在位存储器 MW200、MW202 中的两个整数比较，如果 I33.6 常开触点闭合，且 IN1 等于 IN2，比较结果为真，RLO=1，Q41.1 为 1；若 IN1 不等于 IN2，比较结果为假，RLO=0，Q41.1 为 0。

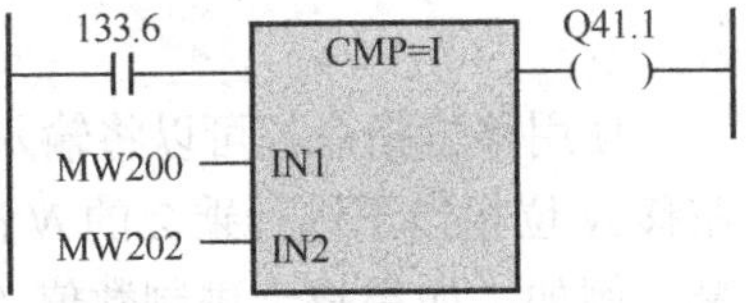

图 12-29 整数相等比较

12·5·3 整数与 BCD 码转换指令

数据转换指令用于数据类型的转换，将一个数据类型转换成另一种类型。由于在数控系统的 PLC 程序中常用到 BCD 码与整数的转换，这里也仅介绍 BCD 码与整数的相互转换。16 位格式的 BCD 码（3 位 BCD 码）的数值范围为-999～+999，32 位格式的 BCD 码（7 位 BCD 码）的数值范围为-9 999 999～+9 999 999。在图 12-30 中给出了常用 BCD 码与整数的转换指令，EN 为转换允许输入端，ENO 为使能输出端，IN 为被转换数的输入端，OUT 为转换结果的输出端。图 12-30（a）～（d）依次表示把 3 位 BCD 码转换为整数，把整数转换为 3 位 BCD 码，把 7 位 BCD 码转换为双整数，把双整数转换为 7 位 BCD 码。

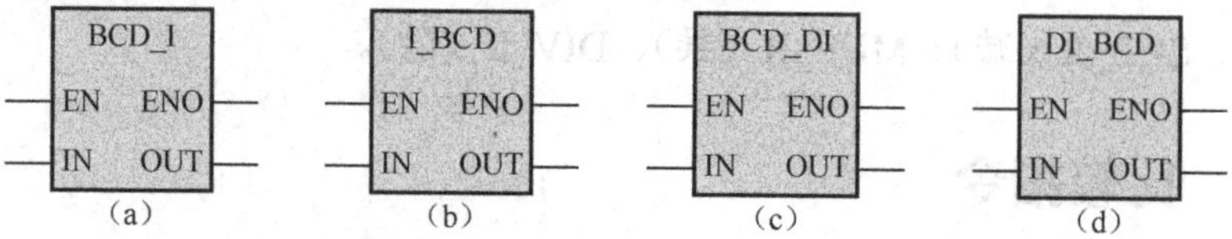

图 12-30 BCD 码与整数转换指令

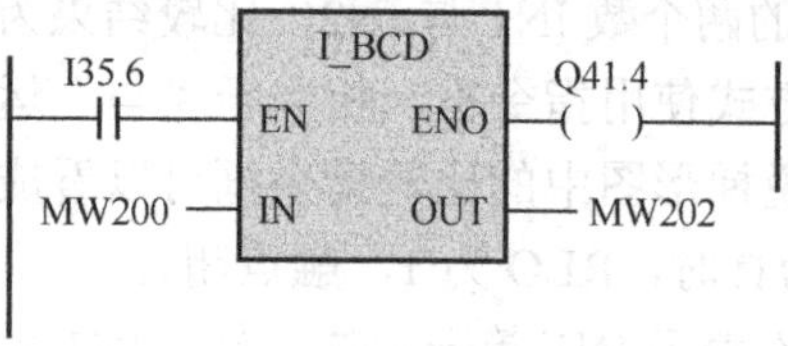

图 12-31 整数转换成 BCD 码

图 12-31 所示是把整数转换成 BCD 码的一个例子，如果 I35.6 为 1，MW200 中的整数转换为 BCD 码送到 MW202 中，一旦转换成功，Q41.4 的状态为 1。

一般来讲，编程输入的是 BCD 码，必须转化为整数才能应用 PLC 程序进行运算，运算的结果还需要转化为 BCD 码显示出来，如图 12-32 所示。

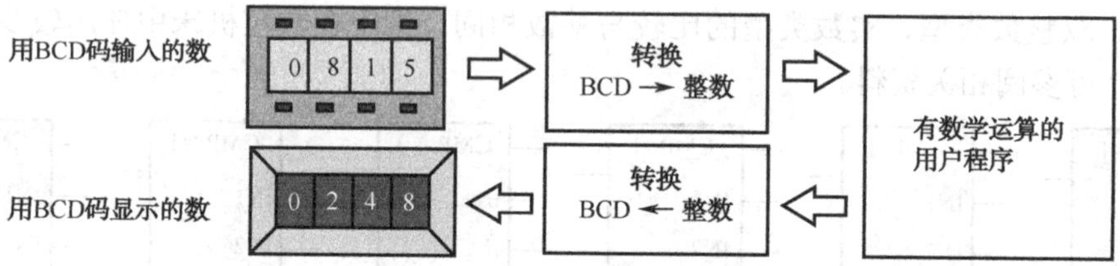

图 12-32 BCD 码与整数转换的应用

12·5·4 移位指令

使用移位指令，可以将输入 IN 端中的内容向左或向右逐位移动。将输入 IN 端中的内容左移 N 位相当于进行乘 2 的 N 次幂，将输入 IN 端中的内容右移 N 位相当于进行除 2 的 N 次幂。例如，如果将十进制数值“3”的等效二进制数左移 3 位，则累加器中的结果是十进制数“24”对应的二进制数。如果将十进制数值“16”的等效二进制数右移 2 位，则累加器中的结果是十进制数“4”对应的二进制数。执行移位指令所空出的位，无符号数用 0 填补，有符号数右移后空出的位用符号位填补（“0”代表“正”，“1”代表“负”）。表 12-8 给出了移位指令参数的定义。

表 12-8 移位指令参数

参 数	数据类型	存 储 区	说 明
EN	BOOL	I、Q、M、L、D	使能输入，允许移位
ENO	BOOL	I、Q、M、L、D	使能输出
IN	INT	I、Q、M、L、D	操作数的输入
N	WORD	I、Q、M、L、D	需要移位的位数
OUT	INT	I、Q、M、L、D	移位结果输出

图 12-33（a）～（e）中给出了常用移位指令，分别为双整数右移 SHR_DI、字左移 SHL_W、字右移 SHR_W、双字左移 SHL_DW、双字右移 SHR_DW。图 12-33（f）所示是 SHR_I 整数右移的一个例子，SHR_I 框被 I33.6 激活，把 MW200 中的整数装入，右移 4 位后，如图 12-34 所示，移位结果存入 MW202，同时 Q43.0 输出 1。

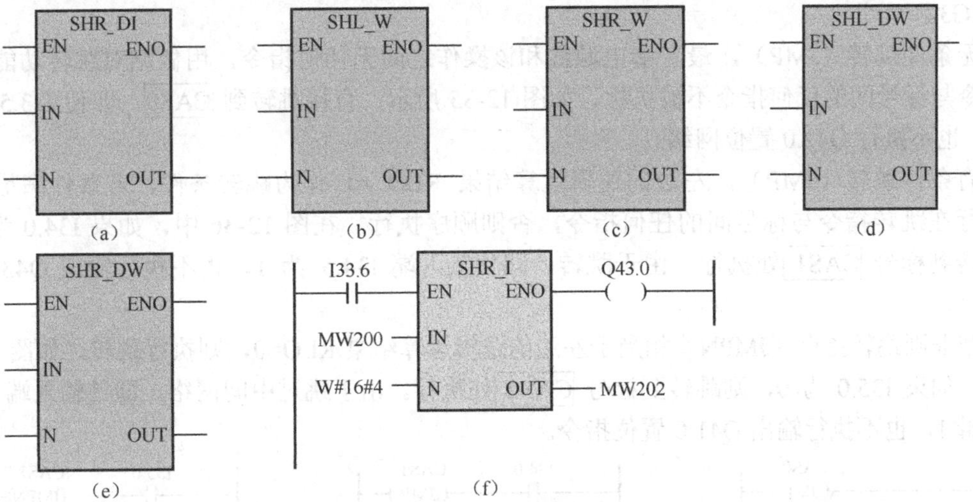

图 12-33　移位指令

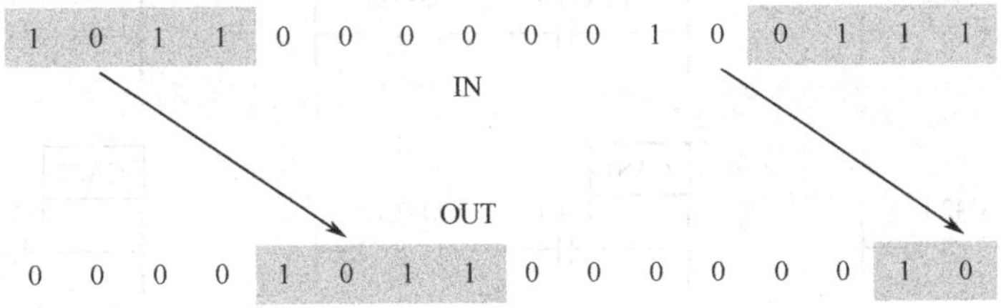

图 12-34　整数右移 4 位

12.6　逻辑控制和传送指令

12.6.1　逻辑控制指令

1. 常用跳转指令

逻辑控制指令可以用于所有逻辑块，如组织块 OB、功能块 FB 和功能 FC。逻辑控制指令包括：

（JMP）——无条件跳转或有条件跳转

（JMPN）——若非则跳转

逻辑控制指令的地址是一个标号，指明想使程序跳转到的目的地。一个标号最多由 4 个字符组成。第一个字符必须是字母表中的一个字母，其他字符可以是字母，也可以是数字，如 SEG3。

无条件跳转（JMP），最左端电源线和该操作之间无任何指令，用做绝对跳转功能，跳转指令与标号间的任何指令不被执行，如图 12-35 所示，直接跳转到 CAS0，即使 I33.5 为逻辑 1，也不执行 Q42.0 置位网络。

有条件跳转（JMP），左边的逻辑运算结果 RLO =1 作为跳转条件，若条件满足，则不执行在跳转指令与标号间的任何指令，否则顺序执行。在图 12-36 中，如果 I34.0 为 1，则跳转到标号 CAS1 处执行。由于跳转，即使输入端 I34.5 为 1，也不执行输出 Q43.0 置位指令。

若非则跳转指令（JMPN）相当于左边的逻辑运算结果 RLO=0，则执行跳转，如图 12-37 所示。如果 I35.0 为 0，则跳转到标号 CAS2 处执行。由于跳过中间网络，即使输入端 I35.5 为逻辑 1，也不执行输出 Q41.0 置位指令。

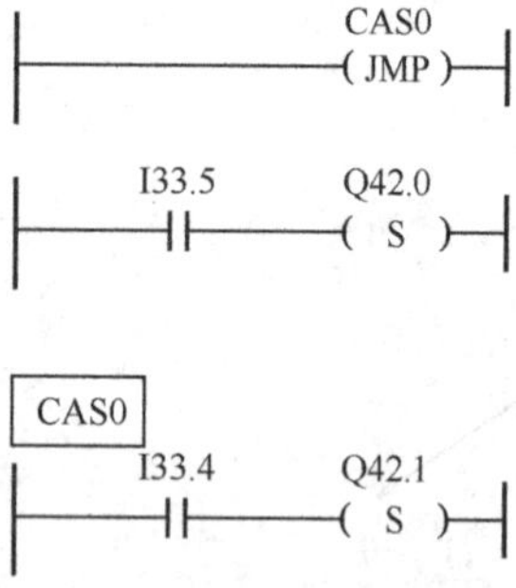

图 12-35　无条件跳转

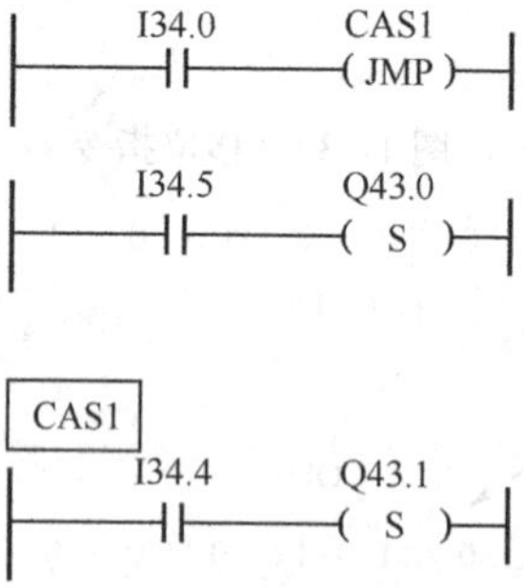

图 12-36　有条件跳转

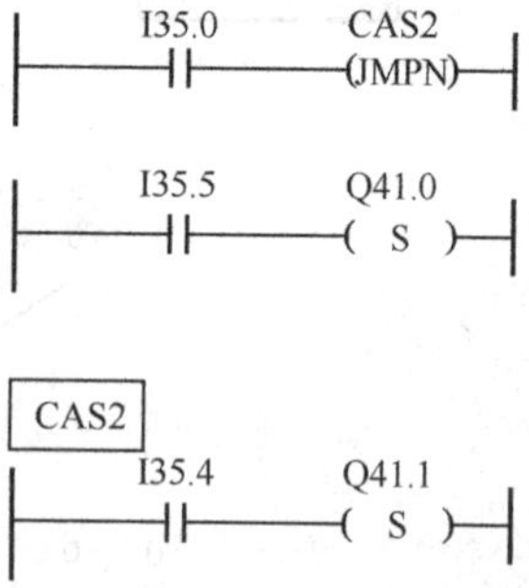

图 12-37　JMPN 条件跳转

2．根据逻辑运算 RLO 跳转

（1）JC：若 RLO=1，则跳转。

（2）JCN：若 RLO=0，则跳转。

（3）JCB：若 RLO=1，则连同 BR 一起跳转。

（4）JNB：若 RLO=0，则连同 BR 一起跳转。

3．根据状态位的信号状态跳转

（1）JBI：若 BR=1，则跳转。

（2）JNBI：若 BR=0，则跳转。

（3）JO：若 OV=1，则跳转。

（4）JOS：若 OV=0，则跳转。

4．根据零、非零/正、负状态跳转

（1）JZ：若零，则跳转。
（2）JN：若非零，则跳转。
（3）JP：若正，则跳转。
（4）JM：若负，则跳转。
（5）JPZ：若正或零，则跳转。
（6）JMZ：若负或零，则跳转。
（7）JUO：若无效数，则跳转。

5．逻辑块调用指令

逻辑块调用指令 CALL 用来调用已经编辑好的逻辑块，如功能块 FB、功能 FC、系统功能块 SFB 或系统功能 SFC 等。在梯形图中的 CALL 线圈可以调用功能 FC 或系统功能块 SFC，调用时不能传递参数。调用可以是无条件的，线圈直接与左边的电源线相连，如图 12-38 所示。也可以是有条件的，用左边的逻辑运算结果 RLO=1 作为调用条件，图 12-39 中以 I33.6 闭合作为调用 FC12 的条件。

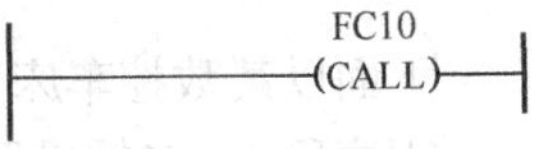

图 12-38　无条件调用

调用逻辑块时如果需要传递参数，可以用方框指令来调用块。如图 12-40 所示，方框中的 FB37 是被调用的功能块，DB65 是调用 FB37 时的背景数据块。

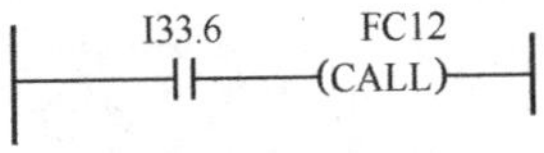

图 12-39　有条件调用

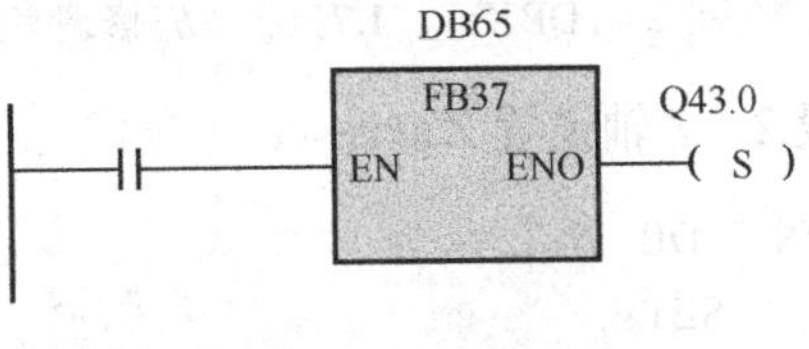

图 12-40　块的调用

6．逻辑块返回指令

返回指令 RET 在梯形图中也以线圈的形式出现，条件返回 RET 用于有条件地离开逻辑块，其条件由控制它左边的逻辑结果 RLO 提供，如图 12-41 所示；如果是无条件返回，则在块结束时并不需要使用 RET 指令就可返回调用它的块。

12·6·2　传送指令

传送指令用于将一个存储器中的内容写入另一个存储器，或给指定的变量赋值。如果使能输入端 EN 为 1，执行传送操作，则将输入 IN 指定的数据送入输出端 OUT 指定的地址，并使 ENO 为 1，ENO 与 EN 的逻辑状态相同。如果 EN 为 0，则不执行传送操作，并使 ENO 为 0。图 12-42 所示是传送指令的应用，I36.1 为 1，就把存储器 MW200 中的数据送到存储器 MW198 中，并使 ENO 置 1。

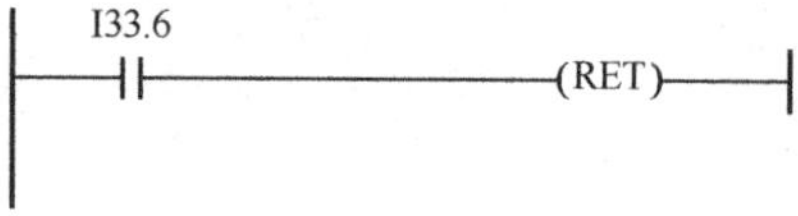

图 12-41　条件返回指令

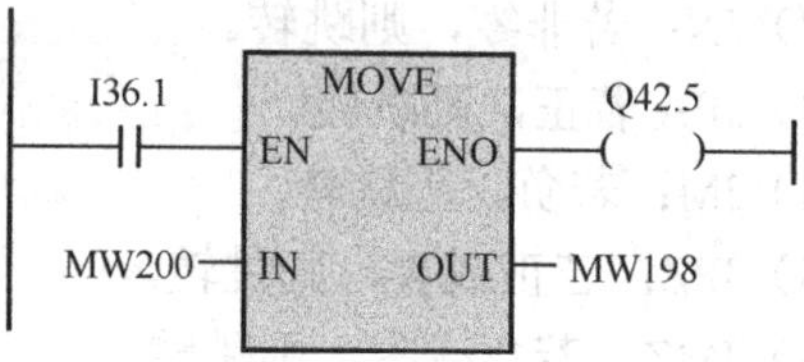

图 12-42　传送指令

12.7　NC 设置编程应用

下面以某数控车床 NC 启动初始化为例，说明 PLC 编程指令的应用。

程序段 1　*X* 轴设置 *X* axis set

```
OPN   DB    31
  SET
  =     DBX    1.5    // 位置测量系统 1
  =     DBX    1.7    // 修调有效
```

程序段 2　*Z* 轴设置 *Z* axis set

```
OPN   DB    32
  SET
  =     DBX    1.5    // 位置测量系统 1
  =     DBX    1.7    // 修调有效
```

程序段 3　主轴设置 Spindle axis set

```
OPN   DB    33
  SET
  =     DBX    1.5    // 位置测量系统 1
  =     DBX    1.7    // 修调有效
```

程序段 4　轴使能 Axis enable

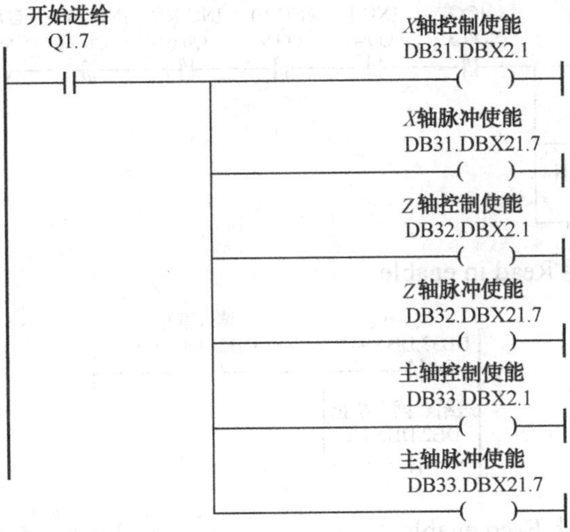

程序段 5　激活进给修调 Feed override active

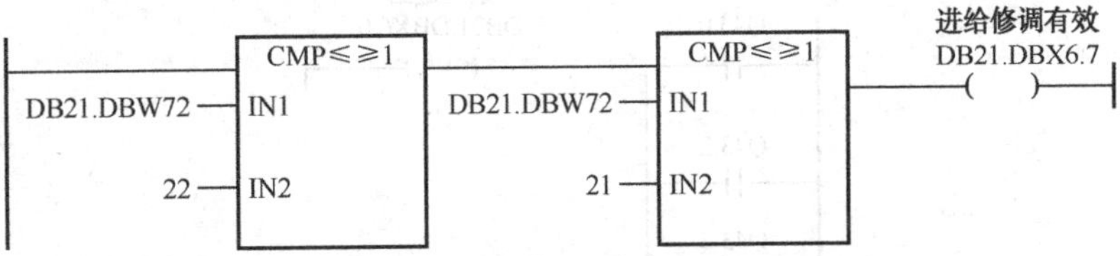

程序段 6　快速修调开关有效 Rapid override switch active

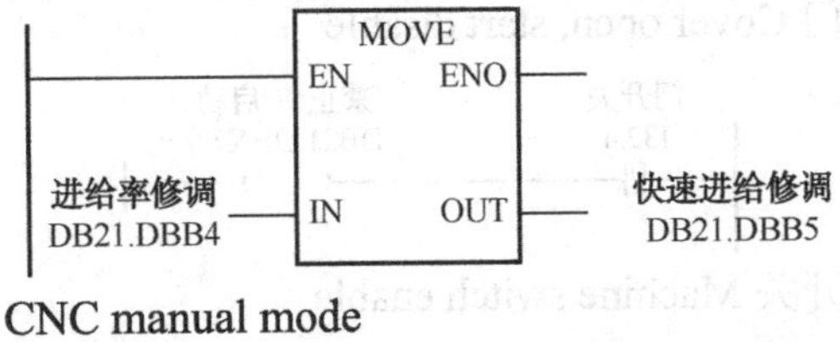

程序段 7　手动方式 CNC manual mode

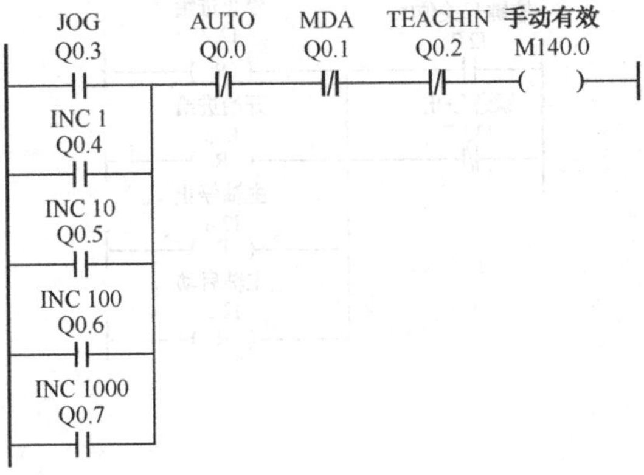

程序段 8　自动方式 CNC auto mode

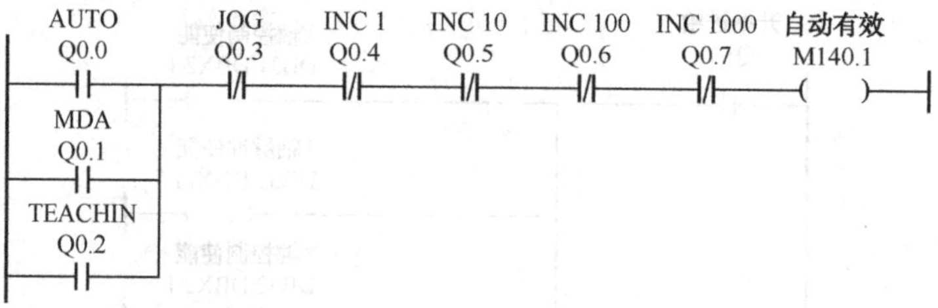

程序段 9　读入使能 Read in enable

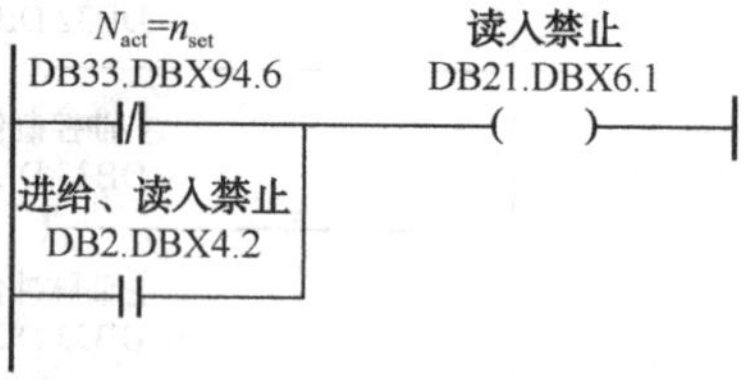

程序段 10　进给使能 Feed enable

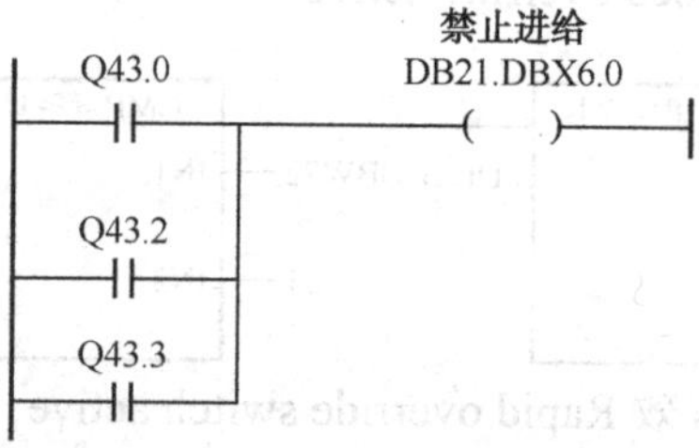

程序段 11　合上安全门 Cover open, start disable

程序段 12　机床使能开关 Machine switch enable

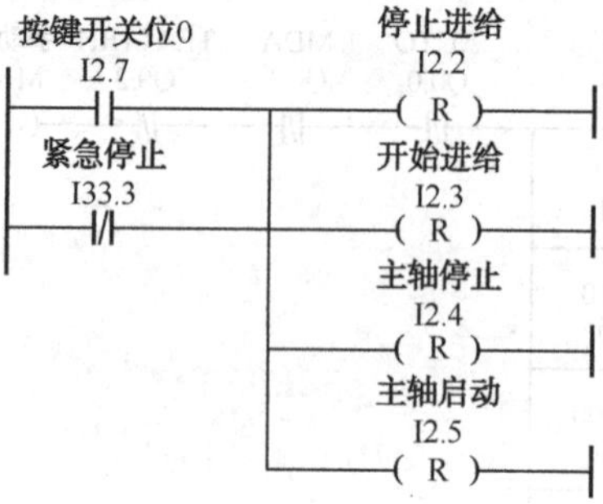

程序段 13　机床坐标系与工件坐标系转换 WCS/MCS control

12.8　常用语句指令表集

表 12-9 给出了 S7=300 常用语句表指令。

表 12-9　常用语句表指令

英文助记符	德文助记符	程序元素分类	说　明
+	+	整数算术运算指令	加上一个整数常数（16 位、32 位）
=	=	位逻辑指令	赋值
)	)	位逻辑指令	嵌套闭合
+AR1	+AR1	累加器指令	AR1 加累加器 1 至地址寄存器 1
+AR2	+AR2	累加器指令	AR2 加累加器 1 至地址寄存器 2
+D	+D	整数算术运算指令	作为双整数（32 位），将累加器 1 和累加器 2 中的内容相加
–D	–D	整数算术运算指令	作为双整数（32 位），将累加器 2 中的内容减去累加器 1 中的内容
*D	*D	整数算术运算指令	作为双整数（32 位），将累加器 1 和累加器 2 中的内容相乘
/D	/D	整数算术运算指令	作为双整数（32 位），将累加器 2 中的内容除以累加器 1 中的内容
? D	? D	比较指令	双整数(32 位)比较==、<>、>、<、>=、<=
+I	+I	整数算术运算指令	作为整数（16 位），将累加器 1 和累加器 2 中的内容相加
–I	–I	整数算术运算指令	作为整数（16 位），将累加器 2 中的内容减去累加器 1 中的内容
*I	*I	整数算术运算指令	作为整数（16 位），将累加器 1 和累加器 2 中的内容相乘
/I	/I	整数算术运算指令	作为整数（16 位），将累加器 2 中的内容除以累加器 1 中的内容
? I	? I	比较指令	整数（16 位）比较= =、<>、>、<、>=、<=
+R	+R	浮点算术运算指令	作为浮点数（32 位），将累加器 1 和累加器 2 中的内容相加
–R	–R	浮点算术运算指令	作为浮点数（32 位），将累加器 2 中的内容减去累加器 1 中的内容
*R	*R	浮点算术运算指令	作为浮点数（32 位），将累加器 1 和累加器 2 中的内容相乘

续表

英文助记符	德文助记符	程序元素分类	说　明
/R	/R	浮点算术运算指令	作为浮点数（32 位），将累加器 2 中的内容除以累加器 1 中的内容
? R	? R	比较指令	比较两个浮点数（32 位）==、<>、>、<、>=、<=
A	U	位逻辑指令	"与"
A(	U(	位逻辑指令	"与"操作嵌套开始
ABS	ABS	浮点算术运算指令	浮点数取绝对值（32 位）
ACOS	ACOS	浮点算术运算指令	浮点数反余弦运算（32 位）
AD	UD	字逻辑指令	双字"与"（32 位）
AN	UN	位逻辑指令	"与非"
AN(	UN(	位逻辑指令	"与非"操作嵌套开始
ASIN	ASIN	浮点算术运算指令	浮点数反正弦运算（32 位）
ATAN	ATAN	浮点算术运算指令	浮点数反正切运算（32 位）
AW	UW	字逻辑指令	字"与"（16 位）
BE	BE	程序控制指令	块结束
BEC	BEB	程序控制指令	条件块结束
BEU	BEA	程序控制指令	无条件块结束
BLD	BLD	程序控制指令	程序显示指令（空）
BTD	BTD	转换指令	BCD 转成整数（32 位）
BTI	BTI	转换指令	BCD 转成整数（16 位）
CAD	TAD	转换指令	交换累加器 1 中的字节顺序（32 位）
CALL	CALL	程序控制指令	块调用
CALL	CALL	程序控制指令	调用多背景块
CALL	CALL	程序控制指令	从库中调用块
CAR	TAR	装入/传送指令	交换地址寄存器 1 和地址寄存器 2 的内容
CAW	TAW	转换指令	交换累加器 1 中的字节顺序（16 位）
CC	CC	程序控制指令	条件调用
CD	ZR	计数器指令	减计数器
CDB	TDB	转换指令	交换共享数据块和背景数据块
CLR	CLR	位逻辑指令	RLO 清零（=0）
COS	COS	浮点算术运算指令	浮点数余弦运算（32 位）
CU	ZV	计数器指令	加计数器
DEC	DEC	累加器指令	减少累加器 1 低字的低字节

续表

英文助记符	德文助记符	程序元素分类	说　明
DTB	DTB	转换指令	双整数（32 位）转成 BCD
DTR	DTR	转换指令	双整数（32 位）转成浮点数（32 位）
ENT	ENT	累加器指令	进入累加器栈
EXP	EXP	浮点算术运算指令	浮点数指数运算（32 位）
FN	FN	位逻辑指令	脉冲下降沿
FP	FP	位逻辑指令	脉冲上升沿
FR	FR	计数器指令	使能计数器(任意)(任意,FR C 0~C 255)
FR	FR	定时器指令	使能定时器（任意）
INC	INC	累加器指令	增加累加器 1 低字的低字节
INVD	INVD	转换指令	对双整数求反码（32 位）
INVI	INVI	转换指令	对整数求反码（16 位）
ITB	ITB	转换指令	整数（16 位）转成 BCD
ITD	ITD	转换指令	整数（16 位）转成双整数（32 位）
JBI	SPBI	跳转指令	若 BR=1，则跳转
JC	SPB	跳转指令	若 RLO=1，则跳转
JCB	SPBB	跳转指令	若 RLO=1，且 BR=1，则跳转
JCN	SPBN	跳转指令	若 RLO=0，则跳转
JL	SPL	跳转指令	跳转到标号
JM	SPM	跳转指令	若负，则跳转
JMZ	SPMZ	跳转指令	若负或零，则跳转
JN	SPN	跳转指令	若非零，则跳转
JNB	SPBNB	跳转指令	若 RLO=0，且 BR=1，则跳转
JNBI	SPBIN	跳转指令	若 BR=0，则跳转
JO	SPO	跳转指令	若 OV =1，则跳转
JOS	SPS	跳转指令	若 OS =1，则跳转
JP	SPP	跳转指令	若正，则跳转
JPZ	SPPZ	跳转指令	若正或零，则跳转
JU	SPA	跳转指令	无条件跳转
JUO	SPU	跳转指令	若无效数，则跳转
JZ	SPZ	跳转指令	若零，则跳转
L	L	装入/传送指令	装入

续表

英文助记符	德文助记符	程序元素分类	说　明
L DBLG	L DBLG	装入/传送指令	将共享数据块的长度装入累加器 1 中
L DBNO	L DBNO	装入/传送指令	将共享数据块的块号装入累加器 1 中
L DILG	L DILG	装入/传送指令	将背景数据块的长度装入累加器 1 中
L DINO	L DINO	装入/传送指令	将背景数据块的块号装入累加器 1 中
L STW	L STW	装入/传送指令	将状态字装入累加器 1
L	L	定时器指令	将当前定时值作为整数装入累加器 1（当前定时值可以是 0～255 之间的一个数字，如 LT32）
L	L	计数器指令	将当前计数值装入累加器 1（当前计数值可以是 0～255 之间的一个数字，如 LC15）
LAR1	LAR1	装入/传送指令	将累加器 1 中的内容装入地址寄存器 1
LAR1 <D>	LAR1<D>	装入/传送指令	将两个双整数（32 位指针）装入地址寄存器 1
LAR1 AR2	LAR1 AR2	装入/传送指令	将地址寄存器 2 的内容装入地址寄存器 1
LAR2	LAR2	装入/传送指令	将累加器 2 中的内容装入地址寄存器 1
LAR2 <D>	LAR2 <D>	装入/传送指令	将两个双整数（32 位指针）装入地址寄存器 2
LC	LC	计数器指令	将当前计数值作为 BCD 码装入累加器 1（当前计数值可以是 0～255 之间的一个数字，如 LC C 15）
LC	LC	定时器指令	将当前定时值作为 BCD 码装入累加器 1（当前定时值可以是 0～255 之间的一个数字，如 LC T 32）
LEAVE	LEAVE	累加器指令	离开累加器栈
LN	LN	浮点算术运算指令	浮点数自然对数运算（32 位）
LOOP	LOOP	跳转指令	循环
MCR(	MCR(	程序控制指令	将 RLO 存入 MCR 堆栈，开始 MCR
)MCR	)MCR	程序控制指令	结束 MCR
MCRA	MCRA	程序控制指令	激活 MCR 区域
MCRD	MCRD	程序控制指令	去活 MCR 区域
MOD	MOD	整数算术运算指令	双整数形式的除法，其结果为余数（32 位）
NEGD	NEGD	转换指令	对双整数求补码（32 位）
NEGI	NEGI	转换指令	对整数求补码（16 位）
NEGR	NEGR	转换指令	对浮点数求反（32 位）
NOP 0	NOP 0	累加器指令	空指令
NOP 1	NOP 1	累加器指令	空指令
NOT	NOT	位逻辑指令	RLO 取反

续表

英文助记符	德文助记符	程序元素分类	说　明
O	O	位逻辑指令	“或”
O(	O(	位逻辑指令	“或”操作嵌套开始
OD	OD	字逻辑指令	双字“或”（32 位）
ON	ON	位逻辑指令	“或非”
ON(	ON(	位逻辑指令	“或非”操作嵌套开始
OPN	AUF	数据块调用指令	打开数据块
OW	OW	字逻辑指令	字“或”（16 位）
POP	POP	累加器指令	POP
POP	POP	累加器指令	带有两个累加器的 CPU
POP	POP	累加器指令	带有 4 个累加器的 CPU
PUSH	PUSH	累加器指令	带有两个累加器的 CPU
PUSH	PUSH	累加器指令	带有 4 个累加器的 CPU
R	R	位逻辑指令	复位
R	R	计数器指令	复位计数器（当前计数值可以是 0～255 之间的一个数字，如 R C 15）
R	R	定时器指令	复位定时器（当前定时值可以是 0～255 之间的一个数字，如 R T 32）
RLD	RLD	移位和循环移位指令	双字循环左移（32 位）
RLDA	RLDA	移位和循环移位指令	通过 CC1 累加器 1 循环左移（32 位）
RND	RND	转换指令	取整
RND–	RND–	转换指令	向下舍入为双整数
RND+	RND+	转换指令	向上舍入为双整数
RRD	RRD	移位和循环移位指令	双字循环右移（32 位）
RRDA	RRDA	移位和循环移位指令	通过 CC1 累加器 1 循环右移（32 位）
S	S	位逻辑指令	置位
S	S	计数器指令	置位计数器（当前计数值可以是 0～255 之间的一个数字，如 S C 15）
SAVE	SAVE	位逻辑指令	把 RLO 存入 BR 寄存器
SD	SE	定时器指令	延时接通定时器
SE	SV	定时器指令	延时脉冲定时器
SET	SET	位逻辑指令	置位
SF	SA	定时器指令	延时断开定时器

续表

英文助记符	德文助记符	程序元素分类	说　明
SIN	SIN	浮点算术运算指令	浮点数正弦运算（32 位）
SLD	SLD	移位和循环移位指令	双字左移（32 位）
SLW	SLW	移位和循环移位指令	字左移（16 位）
SP	SI	定时器指令	脉冲定时器
SQR	SQR	浮点算术运算指令	浮点数平方运算（32 位）
SQRT	SQRT	浮点算术运算指令	浮点数平方根运算（32 位）
SRD	SRD	移位和循环移位指令	双字右移（32 位）
SRW	SRW	移位和循环移位指令	字右移（16 位）
SS	SS	定时器指令	保持型延时接通定时器
SSD	SSD	移位和循环移位指令	移位有符号双整数（32 位）
SSI	SSI	移位和循环移位指令	移位有符号整数（16 位）
T	T	装入/传送指令	传送
T STW	T STW	装入/传送指令	将累加器 1 中的内容传送到状态字
TAK	TAK	累加器指令	累加器 1 与累加器 2 进行互换
TAN	TAN	浮点算术运算指令	浮点数正切运算（32 位）
TAR1	TAR1	装入/传送指令	将地址寄存器 1 中的内容传送到累加器 1
TAR1	TAR1	装入/传送指令	将地址寄存器 1 的内容传送到目的地（32 位指针）
TAR1	TAR1	装入/传送指令	将地址寄存器 1 的内容传送到地址寄存器 2
TAR2	TAR2	装入/传送指令	将地址寄存器 2 中的内容传送到累加器 1
TAR2	TAR2	装入/传送指令	将地址寄存器 2 的内容传送到目的地（32 位指针）
TRUNC	TRUNC	转换指令	截尾取整
UC	UC	程序控制指令	无条件调用
X	X	位逻辑指令	“异或”
X(	X(	位逻辑指令	“异或”操作嵌套开始
XN	XN	位逻辑指令	“异或非”
XN(	XN(	位逻辑指令	“异或非”操作嵌套开始
XOD	XOD	字逻辑指令	双字“异或”（32 位）
XOW	XOW	字逻辑指令	字“异或”（16 位）

第 13 章 SIMATIC 管理器

810D/840D 系统的 PLC 程序是用 STEP7 语言设计的，并在 SIMATIC 管理器中对 STEP7 进行编辑和调试，因此本章重点介绍利用 SIMATIC 管理器设计和调试 PLC 的方法，同时还介绍经常用到的 PLC 程序传输及仿真等。

13.1 概述

13.1.1 SIMATIC 管理器简介

SIMATIC 管理器用于集中管理 STEP7，是一个在线/离线编辑 S7 对象的图形化用户界面，这些对象包括项目、用户程序、程序块、硬件站和工具。利用 SIMATIC 管理器可以管理项目和库，调试编辑 PLC 程序，在线访问 PLC 等。SIMATIC 管理器在装有 Windows 操作系统的计算机上安装完成后，桌面上有一个“SIMATIC Manager”图标，可以像启动任何 Windows 应用程序一样启动 SIMATIC 管理器。在管理器上可以看到各种栏目和项目窗口，如图 13-1 所示。

- 标题栏：包含窗口标题、项目名称。
- 菜单栏：包含当前窗口的所有菜单。
- 工具栏：包含最常用的任务图标，这些图标带有浮动标注。
- 状态栏：显示当前状态和附加信息。
- 任务栏：任务条以按钮形式显示所有打开的应用和窗口，可以用鼠标右键定位在屏幕的任何一边。
- 项目窗口：项目窗口分成两个部分，左半部窗口显示项目的树状结构视图，即项目结构视图；右半部窗口以选中的显示方式，显示左半部窗口中打开的对象中所包含的各个对象，即项目对象视图。在左半部窗口点击“+”符号以显示项目的完整的树状结构。
- SIMATIC 管理器可以工作在离线方式和在线方式。

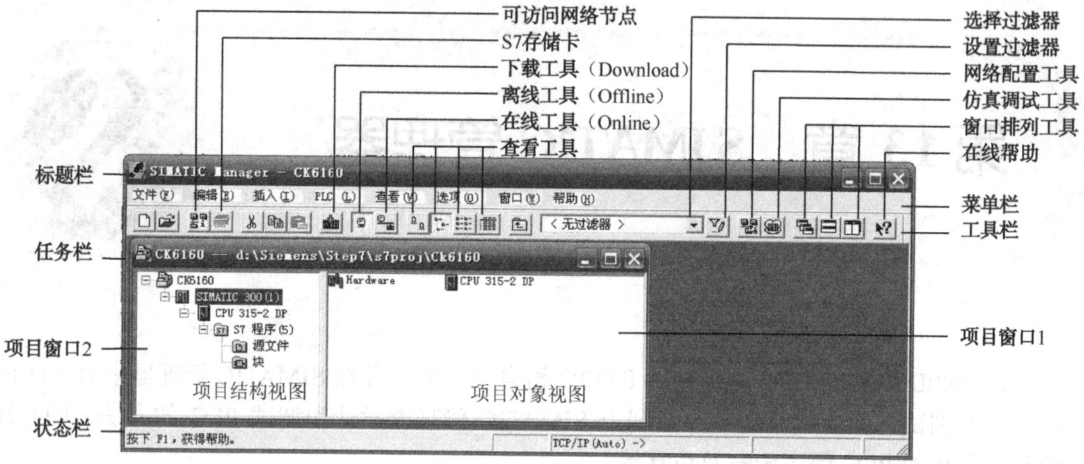

图 13-1　SIMATIC 管理器

13·1·2　项目结构

在 S7 项目中，数据以对象形式存储，项目中的对象按树状构成项目层次。

1．项目

项目是第 1 层，每个项目代表了自动化解决方案中的所有数据和程序的整体，它位于对象体系的最上层，如图 13-1 中的 CK6160 就是一个项目。

2．子网、站点（硬件组态）

第二层是子网、站点，SIMATIC 300 站用于存放硬件组态和模块参数等信息，站是组态硬件的起点，如图 13-1 中的 SIMATIC 300（1），包含全部硬件信息，也是 S7 程序的基础，软硬件都在此工作层下。

3．S7 程序

第三层与其他的上层对象类型有关，图 13-1 中的 S7 程序夹是编写程序的起点。所有 S7 系列的软件均存放在 S7 程序文件夹下，它包含程序块文件夹和源文件夹。如系统提供的 PLC 基本程序和用户设计的 PLC 程序都在 Blocks 文件夹下。

13·1·3　项目设计流程

STEP7 的项目设计流程如图 13-2 所示。在创建一个项目后，有两种路径进行设计，一是可按组态硬件部分先组态硬件，然后生成软件所需的“S7 Program”文件夹，再插入编程所需的对象，就可以编程生成 PLC 程序了；二是在没有硬件组态的情况下先生成软件，然后再去组态硬件，对于 PLC 程序编辑来说，并不需要先设置好硬件结构。

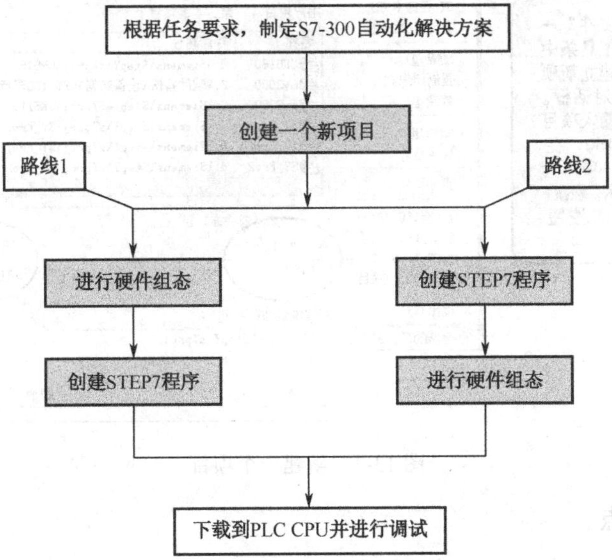

图 13-2　STEP7 的项目设计流程

13.2　机床 PLC 项目设计

13·2·1　创建一个项目

在 SIMATIC 管理器中创建一个机床 PLC 控制项目，可以在“文件”菜单中选择“新建”项目，输入项目名称，如机床型号 CK6160。新项目应生成在指定的路径下，如图 13-3 中的存储位置，也可通过“选项”菜单中的“自定义”子菜单设置路径。

13·2·2　硬件组态

硬件组态操作步骤包括插入一个站点、选择机架（导轨）和电源、选择 CPU 模块和接口模块、选择 I/O 模块等。在模块选择过程中，可定义修改模块的某些属性。一旦完成硬件组态，就可以将 S7 程序与 CPU 联系起来。

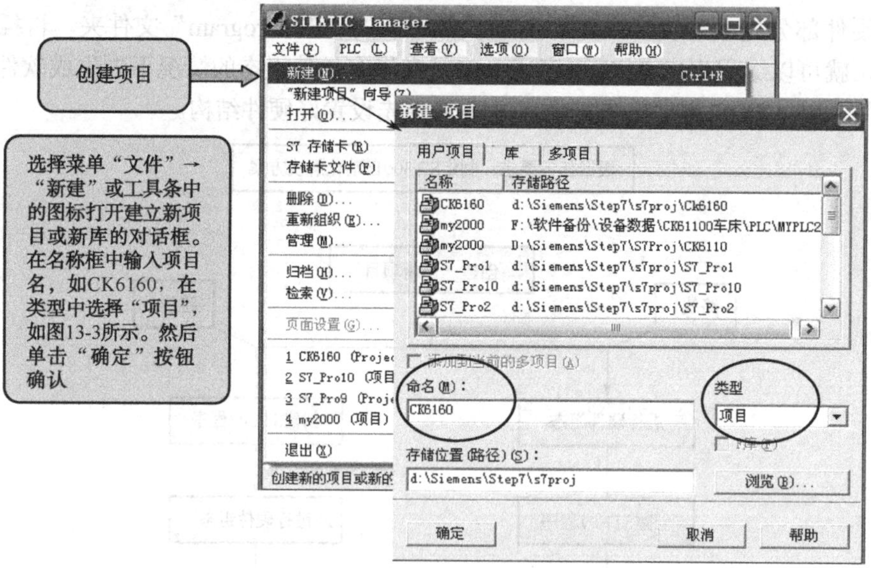

图 13-3　新建一个项目

1．插入一个站点

为了在一个项目中插入一个新的站，要将此项目打开，以便使该项目的窗口显示出来，并利用“插入”菜单中的“站点”命令来生成满足硬件需要的“站”，如图 13-4 所示。单击新站 SIMATIC 300（1），显示站中包含有对象“Hardware”（硬件）。打开对象“Hardware”（硬件），“Hardware Configuration”（硬件配置）窗口显示出来，就可进行下一步硬件组态了。

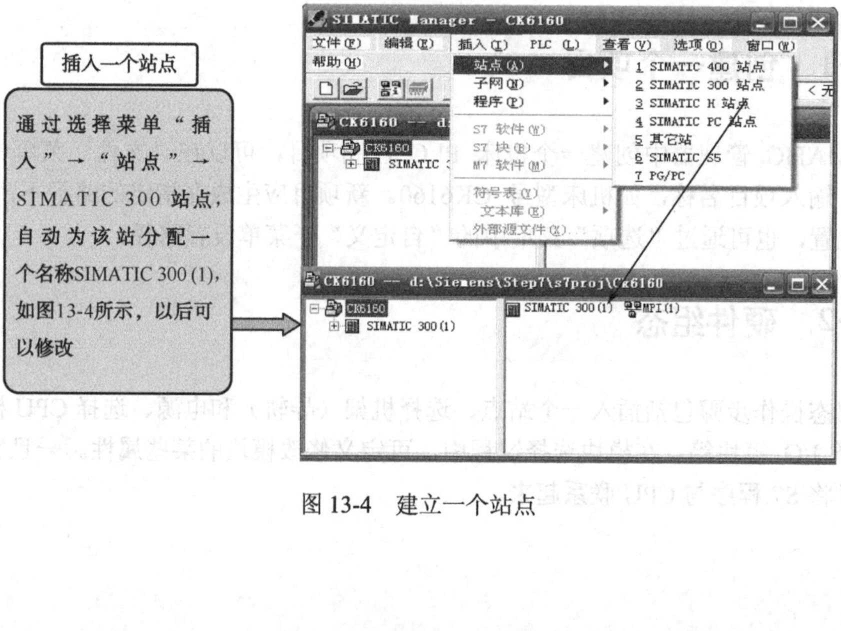

图 13-4　建立一个站点

2．选择机架和电源

首先从模块目录中选择一个机架插入空的窗口中，然后选择若干模块并将其安放到机架的对应插槽中。每个站至少要配置一个 CPU 模块的机架，第一个机架显示为“（0）UR”，如图 13-5 所示。接着就可以在机架的第 1 个槽中插入电源模块，如图 13-5 中的 PS 307 10A。电源模块、CPU 模块及接口模块在机架插槽中都有固定位置，一旦插错系统会给出提示。原则上，电源模块、CPU 模块、IM 接口模块依次插入 1 号槽、2 号槽和 3 号槽中，I/O 模块接着插入后面的插槽中。

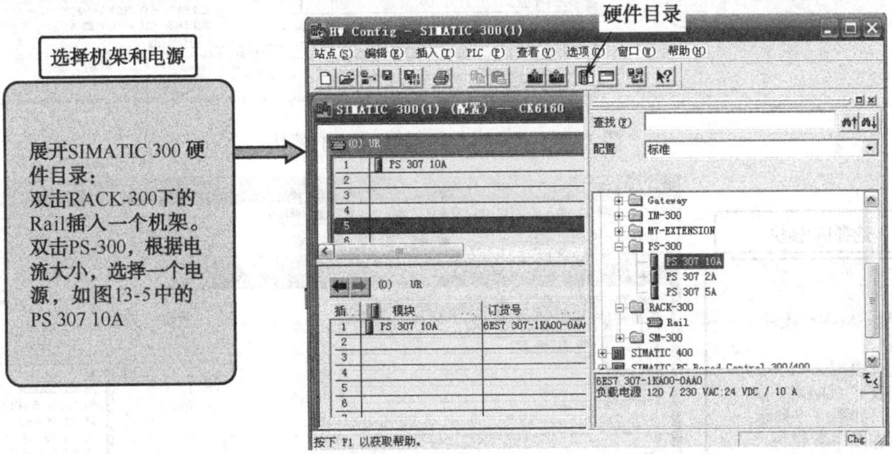

图 13-5　选择机架和电源

3．选择 CPU 模块和 IM 接口模块

CPU 模块插入机架的第 2 个槽中，选择的 CPU 模块要与实际的 CPU 模块一致,在图 13-6 中，选择了 810D/840D with PLC315-2AF03 模块。接口模块 IM 可根据需要选择，若不采用 EFP 单 I/O 模块，采用扩展机架时需要 IM361 接口模块。一般需要修改 CPU 模块的属性的两个数据：CPU 模块的 MPI 地址和数据波特率。

4．选择 I/O 模块

根据实际 I/O 模块进行配置。在 SM-300 硬件目录下的 I/O 模块包括模拟输入 AI-300、模拟输出 AO-300、数字输入 DI-300 和数字输出 DO-300 等。在选择模块时，要注意模块参数和属性，必要时进行修改，比如模拟输入模块的输入范围、数字输入模块的 I/O 地址等。专用模块在 FM-300 硬件目录下。在图 13-7 中，选择了两个 I/O 模块，分别是数值量输入模块 DI16xDC24V 和输出模块 DO16xDC24V/0.5A，插在机架 4～5 槽中。从地址栏中可以看到自动分配的 I、Q 地址。

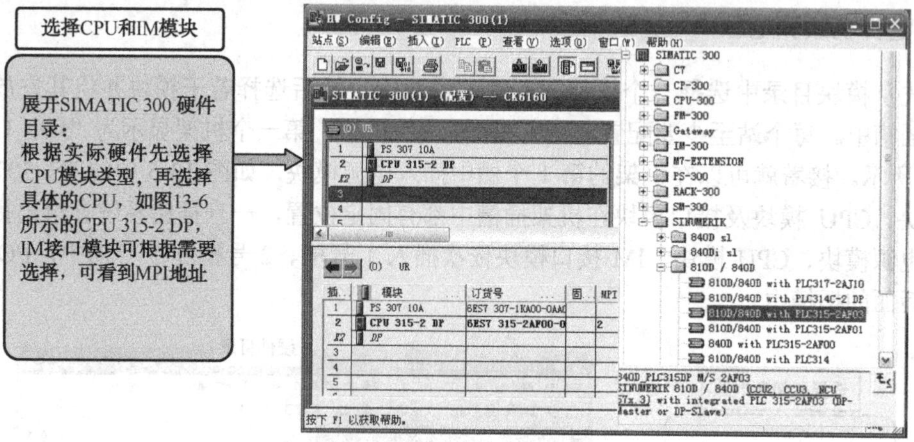

图 13-6　选择 CPU 模块和 IM 模块

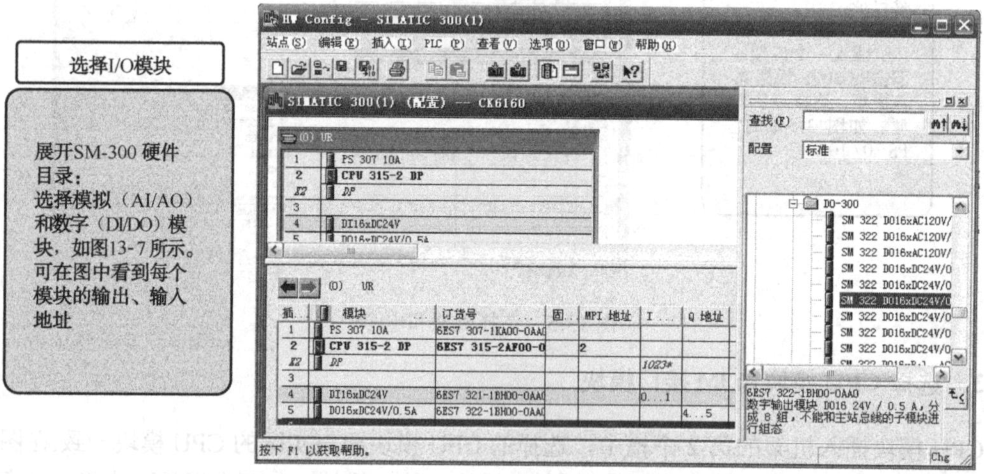

图 13-7　选择 I/O 模块

13.2.3　创建 STEP7 程序

完成硬件组态后，就可创建 STEP7 程序了。首先生成软件所需的“S7 程序”文件夹，再插入编程所需的对象（块）。

1. 创建 S7 程序

创建 S7 程序操作步骤如下：

（1）在“CK6160”项目下，选择菜单“插入”→“程序”→“S7 程序”，或单击鼠标右键，在弹出的快捷菜单中选择“插入新对象”→“S7 程序”。

（2）建立一个名为“S7 程序（1）”的新 S7 程序，从 SIMATIC 管理器中看到“CK6160”结构视图下有一个子目录“S7 程序（1）”，如图 13-8 所示。

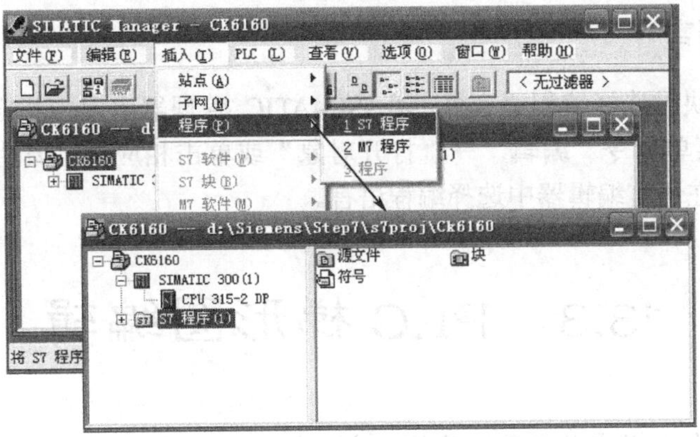

图 13-8　创建 S7 新程序

（3）“S7 程序（1）”文件夹中包含有块（Blocks）、源文件（Source Files）和符号（Symbols），可以用 SIMATIC 管理器编辑这些对象。

2．创建 S7 程序块

在“S7 程序（1）”的块(Blocks)对象中，以创建一个功能块 FC56 为例，说明创建 S7 程序的操作步骤：

（1）选择菜单“插入”→“S7 块”→“功能”或单击鼠标右键，在弹出的快捷菜单中选择“插入新对象”→“S7 块”→“功能”。

（2）在“名称”框中输入块号，如 FC56，并在“创建语言”框中输入需要使用的编程语言，如 LAD（梯形图），参见图 13-9 所示。

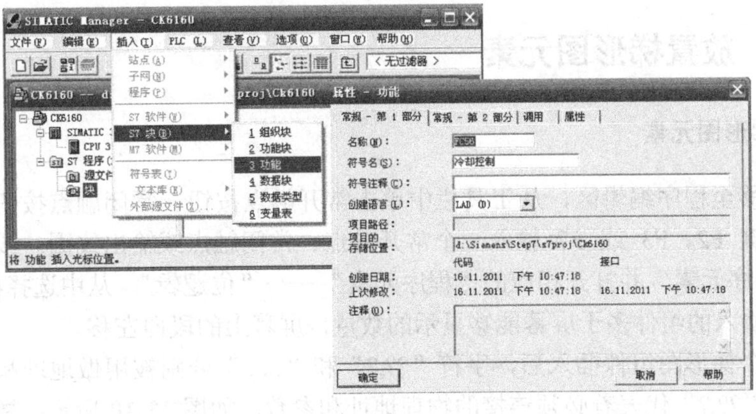

图 13-9　创建 S7 程序块

（3）如果需要，输入附加信息。

（4）检查所有输入，并单击“确定”按钮确认，产生一个新的空块 FC56。

3．选择编程语言

除在定义程序块时选择编程语言外，在 SIMATIC 管理器中双击相应的对象（块、源文件等），或者选择菜单命令“编辑”→“打开对象”或单击相应的工具栏按钮，都可以启动语言编辑器，然后在语言编辑器中选择编程语言。

13.3 PLC 梯形图编辑

下面以控制一台电机启动和停止为例，在功能 FC56 中说明梯形图的设计方法。假设 SB1 为电机启动按钮，其物理地址为 I32.0；SB2 为电机停止按钮，其物理地址为 I32.1；KM1 为电机启动接触器，其物理地址为 Q43.1；SB1、SB2、KM1 为符号地址。通过用鼠标单击段中的某个梯形图元素访问这个段。

13·3·1 标题和注释

在程序段中加入标题和注释是为了增强程序的可读性。

（1）选中“S7 程序（1）”层次中的对象“块（Bool）”，打开 FC56 功能程序块，进入语言编辑器，如图 13-10 所示。

（2）根据需要输入程序段标题、程序段注释，见图 13-10。

（3）在查看菜单中选择 LAD，进入梯形图编辑器。

13·3·2 放置梯形图元素

1．放置梯形图元素

（1）光标移至程序编辑区，从工具栏中单击常开触点按钮、常闭触点按钮或输出线圈按钮。或用功能键 F2、F3 或 F7 输入一个常开触点、常闭触点或输出线圈。或选择菜单命令“插入”→“程序元素”并打开相应的“程序元素”——“位逻辑”，从中选择梯形图组件。

（2）如果输入的组件多于屏幕能够显示的数量，屏幕上的段向左移。

（3）当一个梯形图组件插入后，字符“??.?”和“...”分别被用做地址和参数的标记字符。红色字符“??.?”代表着必须连接的物理地址和参数，如图 13-10 所示；黑色字符“...”代表着可以连接的地址和参数。

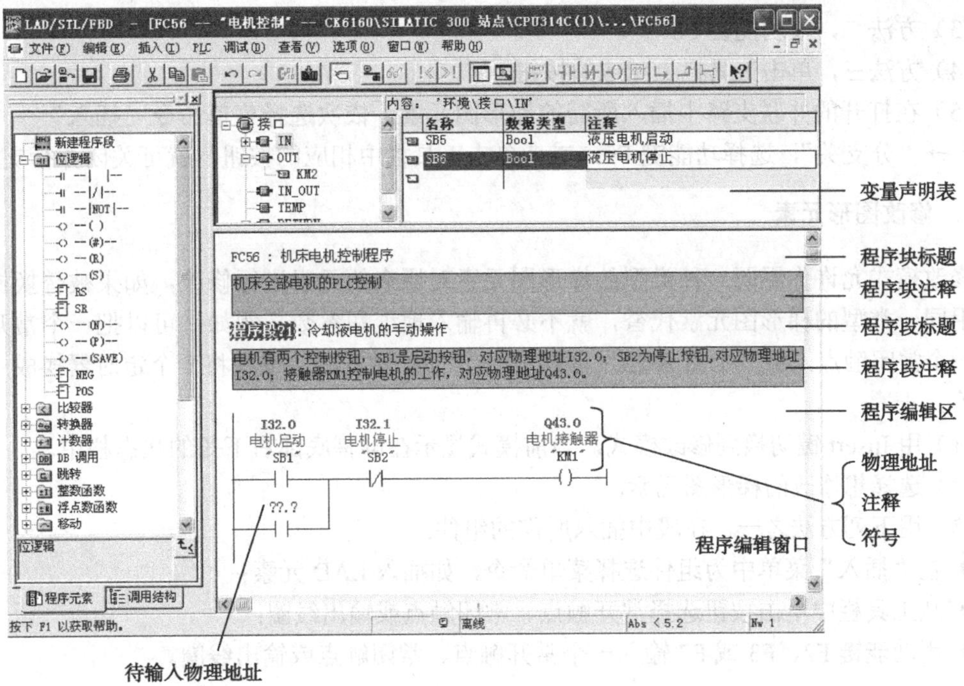

图 13-10　语言编辑器

2. 输入地址

用鼠标单击或用 Tab 键将光标位置放在“??.?”处，输入该图形元素的物理地址，如 I32.0、I32.1 等。

13·3·3　编辑程序段及修改梯形图元素

1. 插入梯形图程序段

要插入新段，选择菜单命令“插入”→“程序段”或单击工具栏中的相应按钮。新段将插在所选段的下面，段中只包含一个带线圈的支路。

2. 在梯形图段中生成并联支路

在梯形图的段中生成并联支路，可采用以下方法：

（1）选择在其前开启一个并联支路的元素。

（2）方法一，依次选择菜单命令“插入”→“LAD 元素”→“分支开”，即并联一个支路。

（3）方法二，按功能键 F8。

（4）方法三，单击工具栏上相应的按钮。

（5）在打开的并联支路中插入所需的梯形图元素，依次选择菜单命令“插入”→“LAD 元素”→“分支关”，选择功能键 F9，或者单击工具栏中相应的按钮，就可关闭并行支路。

3. 修改图形元素

修改模式允许你用同一种类型的梯形图元素对原来的元素进行修改，如果被替换梯形图元素用同一类型的梯形图元素代替，就不必再输入地址和参数。例如，可以把一个常开触点换成一个常闭触点，将一个 R/S 触发器换成一个 S/R 触发器，或者将一个定时器换成一个计数器等。

（1）用 Insert 键切换到修改模式，当前模式显示在屏幕底部右下角的状态栏中。

（2）选择想修改的梯形图元素。

（3）用下列方法之一，在段中插入所需的组件。

- 在“插入”菜单中为组件选择菜单命令，如插入 LAD 元素；
- 从工具栏中单击按钮选择常开触点、常闭触点或输出线圈；
- 用功能键 F2、F3 或 F7 输入一个常开触点、常闭触点或输出线圈。

13.3.4 符号表与变量表

1. 符号表

在“S7 程序（1）”层次中的对象“符号（Symbol）”就是符号表，利用符号编辑器编辑符号表，如图 13-11 所示，以便增强程序的可读性。打开符号编辑器有以下方法：

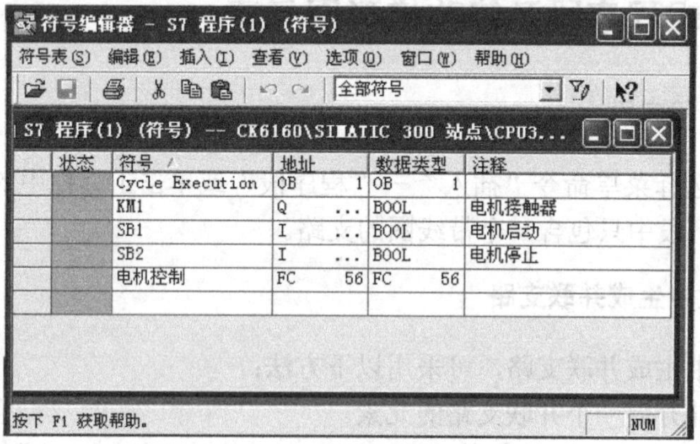

图 13-11 符号编辑器

（1）在“插入”菜单中选择“符号表”，弹出符号编辑器；

（2）双击“S7 程序(1)”层次下的对象“符号（Symbol）”，打开符号编辑器；

（3）在语言编辑器的“选项”菜单中选择“符号表”，打开符号编辑器；

（4）在语言编辑器中，按鼠标右键，选择“符号编辑”，打开符号编辑器。

在符号编辑器中，输入符号地址、物理地址、注释等，数据类型一般自动生成。在符号表中定义了符号地址后，在梯形图中就可以将物理地址转化为符号地址，例如，在符号表中定义了 I32.0 为 SB1，在程序中就可以用 SB1 代替 I32.0。注释是对地址功能的说明，进一步增强程序的可读性。符号表中所定义的地址及注释都可以在梯形图中显示出来，如图 13-10 所示。

在语言编辑器“选项”菜单中打开“显示方式”子项，从中选择要显示符号表中的那些内容。

2．变量表

1）变量表的作用

变量表通常用于变量较多程序的调试，因为使用变量表可以在同一个页面中，同时监测、修改和强制感兴趣的变量。变量表中的变量包括输入、输出、位存储器、定时器、计数器数据块及外设 I/O 等。变量表的功能有监视变量，修改变量，对外设赋值，强制变量，定义变量被监视或赋值的触发点和触发条件。

2）生成变量表方法

● 在 SIMATIC 管理器中，依次选择菜单命令“插入”→“S7 块”→“变量表”，生成新的变量表，可以在出现的对话框中给变量表取名，如图 13-12 中的“VAT_1”和“真空变量”就是变量表，生成的变量表在“块”文件夹下。

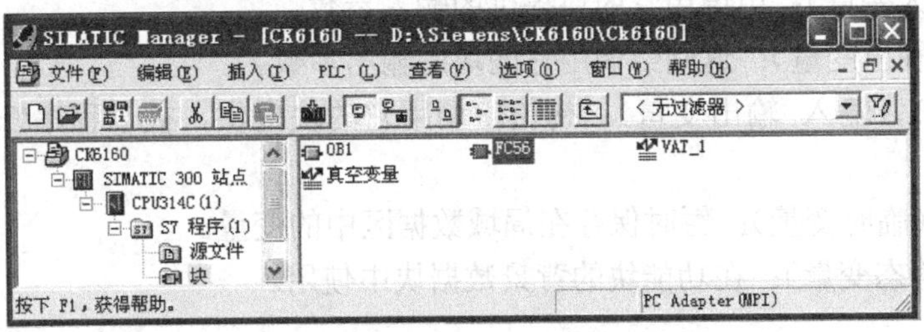

图 13-12　变量表

● 使计算机进入在线状态，选择“块”文件夹，或在菜单“PLC”的“显示可访问的节点”（Display Accessible Nodes）命令窗口中选择“块”文件夹，用菜单“PLC”中的“监视/修改变量”生成一个无名在线变量表。

● 在变量编辑器中，用菜单命令“表”→“新建”生成一个新的变量表。

3）在变量表中加入变量

双击变量表名就可打开变量表编辑器，如图 13-13 所示，可在表中添加变量。在输入变量时应将逻辑块中有关联的变量放在一起，便于监视和修改。在“符号”栏中输入符号表中定义过的符号，就可在“地址”栏中自动出现对应的地址，如在符号”栏中输入“SB1”，便在“地址”栏中自动出现对应的 I32.0。也可在“地址”栏中输入地址，在“符号”栏中自动出现对应的符号。可以从符号表中复制地址，粘贴到变量表中。

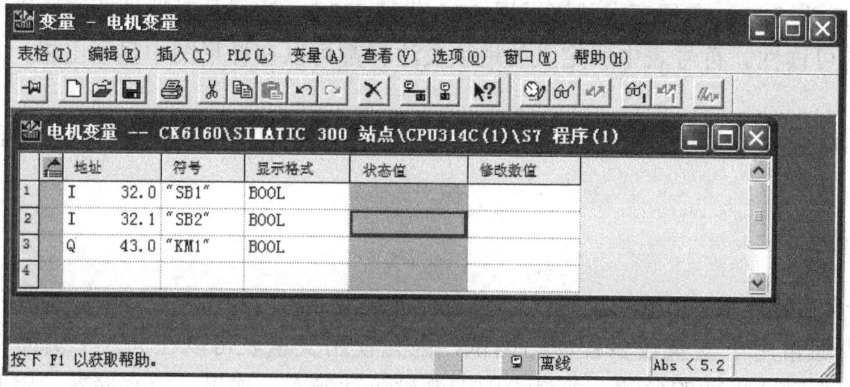

图 13-13　变量表编辑器

3．变量声明表

在语言编辑器的右上半部分是变量声明表，如图 13-10 所示，用户在变量声明表中声明本块中的专用变量，即局域变量，如变量 SB5 是块 FC56 中的局域变量，只在 FC56 块中有效。局域变量的类型有：

（1）IN（输入变量）：由调用它的块提供的输入参数。

（2）OUT（输出变量）：返回给调用它的块的输出参数。

（3）IN_OUT（输入_输出变量）：初值由调用它的块提供，被子程序修改后返回调用它的块。

（4）TEMP（临时变量）：暂时保存在局域数据区中的变量。

（5）TAT（静态变量）：在功能块的背景数据块中使用。

13.4　PLC 程序的上传与下载

PLC 程序的上传与下载用于 PLC 程序的编辑和调试，上传是指 PLC 组态由 810D/840D 系统传到计算机（PC）中，下载是指把 PLC 组态由计算机（PC）传到 810D/840D 系统中。

13·4·1　计算机与系统的连接

利用计算机上传与下载 PLC 程序，需要两个基本条件，一是建立 PC 与系统的通信连接；二是要在 PC 上安装 STEP7 软件包。

810D/840D 系统上的 PLC 程序调试是通过 MPI 多点接口的，而计算机不具备 MPI 接口，这就需要西门子专用 PG/PC 通信卡或 PC 适配器，如图 13-14 所示，把 PC 与系统连接起来。在图 13-15 中给出了各个 PG/PC 通信卡或适配器与计算机和系统之间的连接。

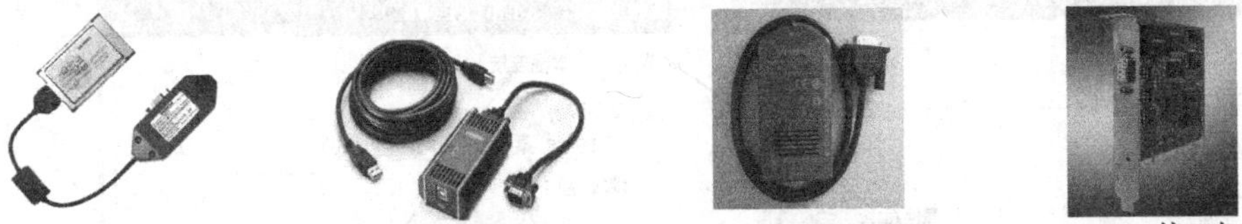

图 13-14　810D/840D 专用通信部件

810D/840D 集成了 S7-300 系列 CPU，其程序设计语言是 STEP7，因此只有通过 STEP7 软件，才能在系统上或计算机上查看或修改 PLC 程序。在带有硬盘的 PUC50 或 MMC103 的机床操作面板上，尽管可以安装 STEP7 软件进行诊断，但对于调试 PLC 程序还是通过 PC 更为方便，因此大多数数控机床提供商在系统上没有预安装 STEP7。

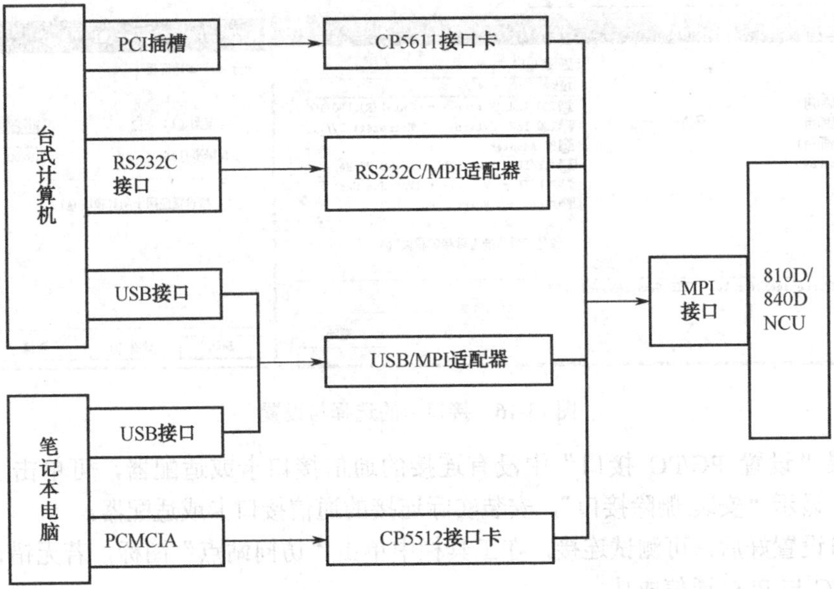

图 13-15　计算机与系统的连接

13.4.2 设置 PG/PC 接口

PG/PC 接口设置就是根据实际使用的通信接口卡或适配器，在接口菜单中进行选择和设置。设置步骤如下：

- 在“选项”菜单中选择“设置 PG/PC 接口”子项。
- 打开“设置 PG/PC 接口”子项，就可看到如图 13-16 所示的通信接口卡或适配器，若其中有定义的接口卡，可直接选取，再单击“属性”按钮，以便设置接口参数。

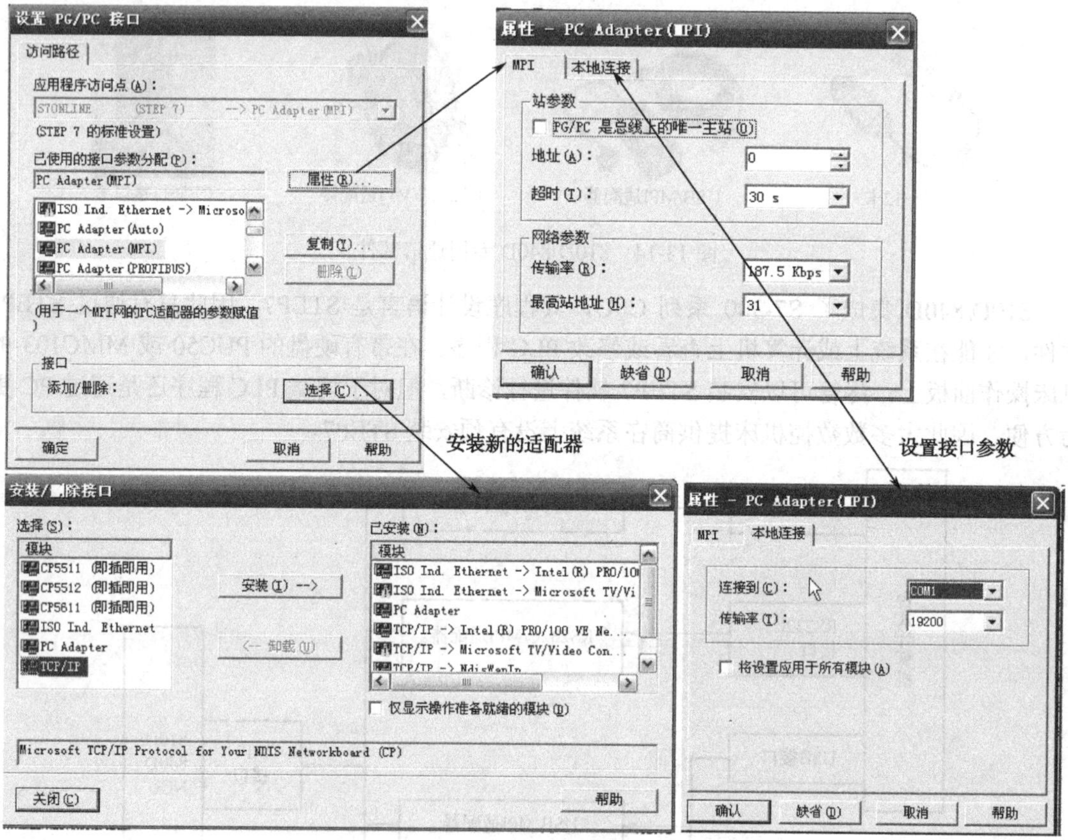

图 13-16 接口卡的选择与设置

- 如果“设置 PG/PC 接口”中没有连接的通信接口卡或适配器，可单击“选择”按钮，显示“安装/删除接口”，安装实际连接的通信接口卡或适配器。
- 接口设置好后，可测试连接，在工具栏中单击“访问站点”图标，若无错误提示，表示 PC 与 PLC 通信成功。

13·4·3 在线与离线状态

在系统与计算机建立硬件联系后，必须使计算机处于在线状态，才能进行 PLC 程序的上传与下载。

1. 在线状态

在 SIMATIC 管理器中，用菜单命令“查看”（View）中的“在线”（Online）打开项目的在线窗口，或使用工具栏中的图标“Online”，使 PC 处于在线状态，此时该窗口标题栏中的背景变为浅蓝色。在线窗口里显示 PLC 中的内容。

通过菜单命令“PLC”中的“显示可访问的节点”（Display Accessible Nodes）建立在线连接。

2. 离线状态

在 SIMATIC 管理器中，用菜单命令“查看”（View）中的“离线”（Offline），或使用工具栏中的图标“Offline”，使 PC 处于离线状态。离线窗口里显示计算机中的内容。“PLC”菜单中的某些内容只能在在线窗口中激活，而不能在离线窗口中使用。

13·4·4 PLC 程序的上传

上传就是把站点或程序从 PLC 上传至计算机，上传的块不包含任何用于参数、变量和标签的符号名称，也不包含任何注释，包括模块对话框中的注释。虽然所有系统数据会随整个程序一同上传，但系统只能继续处理属于“组态硬件”应用程序的系统数据。

1. 上传 810D/840D PLC 站点及项目

上传站点就是把 810D/840D PLC 的 CPU 的全部信息传到 PC 上，包括 MPI 地址、型号、名称等组态内容，同时上传项目程序中所有的程序块。管理器将在要保存组态的当前项目中创建新的工作站，新工作站的名称可以预设，并能在离线视图和在线视图中显示出来。

使 PC 处于在线状态，选择菜单命令“PLC ”中的 “将站点上传到 PG”子项，显示如图 13-17 所示的窗口，单击“视图”按钮，显示可访问的节点，从中选取 MPI 地址为 2 的项目，再单击“确定”按钮，就可把站点信息和项目程序中所有块传到 PC 中。

2. 上传 810D/840D PLC 中的块

（1）使 PC 处于在线状态。

（2）在在线窗口中选择块文件或在“块”文件夹中选择块。

（3）选择菜单命令“PLC”中的“上传到 PG”，如图 13-18 所示。如果“块”已存在，将提示是否覆盖。

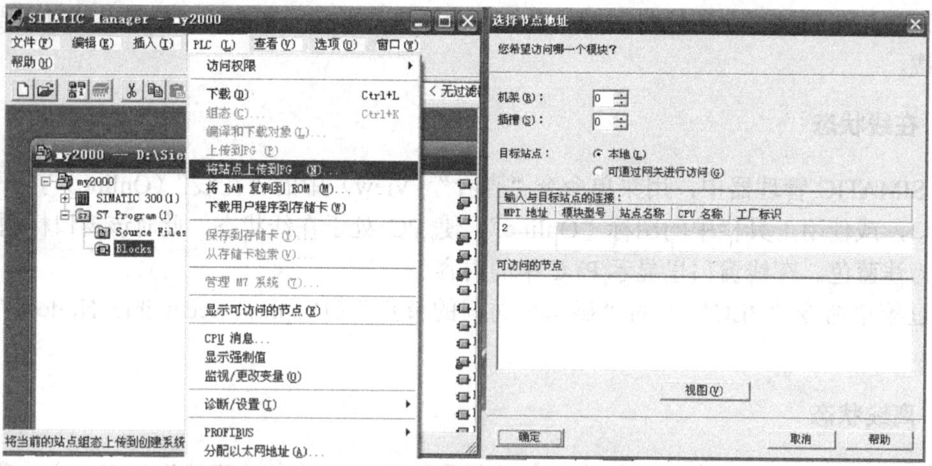

图 13-17　上传 810D/840D PLC 站点

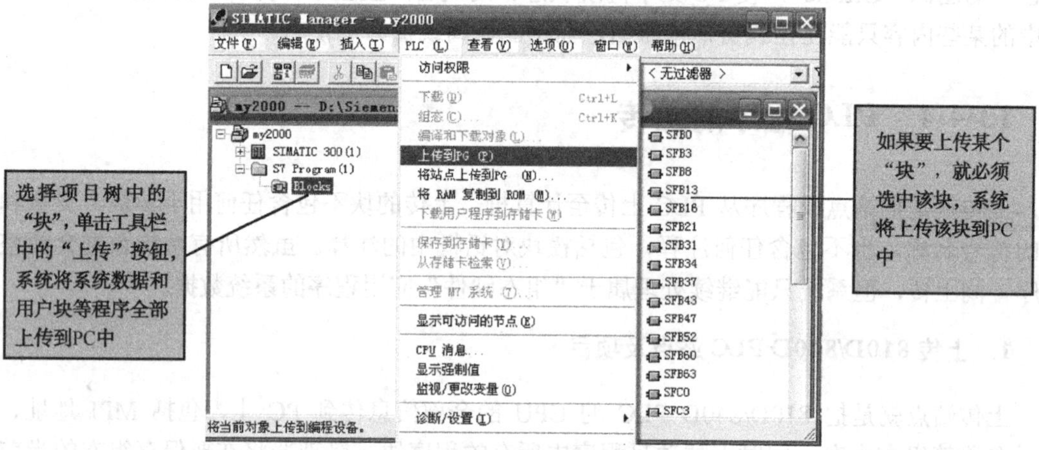

图 13-18　上传 810D/840D PLC 程序块

3. 上传 810D/840D PLC 中的块到 PC 另外的项目中

（1）在 SIMATIC 管理器中，通过单击工具栏中的按钮或选择菜单命令“PLC”中的“显示可访问的节点”，打开“可访问站”窗口。

（2）双击一个站。

（3）选择“块”文件夹或文件夹中单个的块。

（4）将所选的“块”文件夹复制到 S7 程序，或将所选块复制到另一个项目的离线窗口“块”文件夹中。

4．上传 810D/840D PLC 中的块到 PC 新项目中

（1）首先生成一个新项目。
（2）插入一个 S7 程序。
（3）使 PC 处于在线状态。
（4）打开在线窗口的 S7 程序并打开其中的“块”文件夹。
（5）在对话框中输入 810D/840D PLC 的 MPI 地址，就可从这个 810D/840D PLC 上传块。
（6）选择菜单命令“PLC”中的“上传到 PG”。
另外，可以利用在线窗口复制“块”文件夹或复制选中的块后将它们粘贴到离线窗口。

13·4·5　PLC 程序的下载

PLC 程序的下载就是把编辑好的 PLC 程序从 PC 下载到 810D/840D PLC 中。

1．下载到 810D/840D PLC 中的条件

（1）PC 和 PLC 的 CPU 之间必须完成通信连接，可在线访问 810D/840D 的 PLC。
（2）下载的程序已无误地编辑完成，且没有任何错误，不存在对机床的危险性。
（3）为将块下载给 PLC，在项目的对象属性对话框中，必须已经为“使用”条目选择了 STEP7。
（4）CPU 必须处于允许进行下载的工作模式(STOP 或 RUN-P)，在下载之前将 CPU 切换到 STOP 模式。810D/840D 的选择开关处于 2 位置，PS 灯亮。
（5）下载用户程序之前，最好使 PLC 复位，在 PLC 上没有任何“旧的”块。

2．下载站和整个程序到 810D/840D PLC 中

（1）在项目窗口选择要下载的对象（站），比如图 13-19 中的 SIMATIC 300(1)。
（2）通过选择菜单命令“PLC”中的“下载”（Download），将选中的对象下载到 PLC，系统将把保存的硬件组态和程序全部下载到 PLC 中。

3．下载整个程序到 810D/840D PLC 中

（1）在项目窗口选择要下载的 S7 用户程序，如图 13-19 中的 S7 Program(1)。
（2）通过选择菜单命令“PLC”中的“下载”，将选中的对象 S7 Program(1)下载到 PLC。

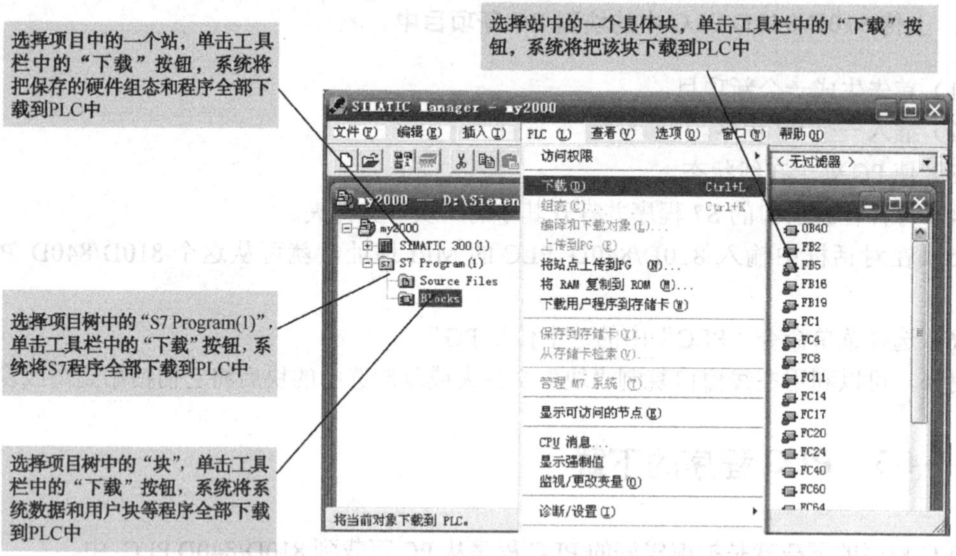

图 13-19　下载站、程序或块到 810D/840D PLC

4. 下载块文件夹或一个块到 PLC 中

参见图 13-19 说明，对 S7-300 PLC，CPU 装载存储器（RAM）或工作存储器中已有的块可以用新版本进行重写，原来的版本则被覆盖。一般先下载子程序块，再下载高一级程序块，否则 PLC 将进入 STOP 工作方式。

对 S7 块重新装入的步骤与下载相同，只是有一个提示出现，询问是否要覆盖原来的块。存在 EPROM 中的块不能被删除，但是一旦它被重新装入，原来的块就被声明无效了，替代它的块被装入 RAM 中。这就会在装载存储器或工作存储器中产生间隙，浪费存储空间，可能导致无法装入新的块，就应对存储器进行压缩了。

5. 利用拖放功能下载

（1）打开项目的一个离线窗口和一个在线窗口。

（2）在离线窗口选择要下载的对象并将它们拖到在线窗口，即下载到 PLC。

13.5　S7-PLCSIM 仿真

STEP7 工具 PLCSIM 是一款模拟 S7-300 CPU 的仿真软件，安装 PLCSIM 会自动地集成到 SIMATIC 管理器中，在菜单命令“选项”中找到“仿真模块”项，也可在工具栏中看到仿真图标，如图 13-20 所示。

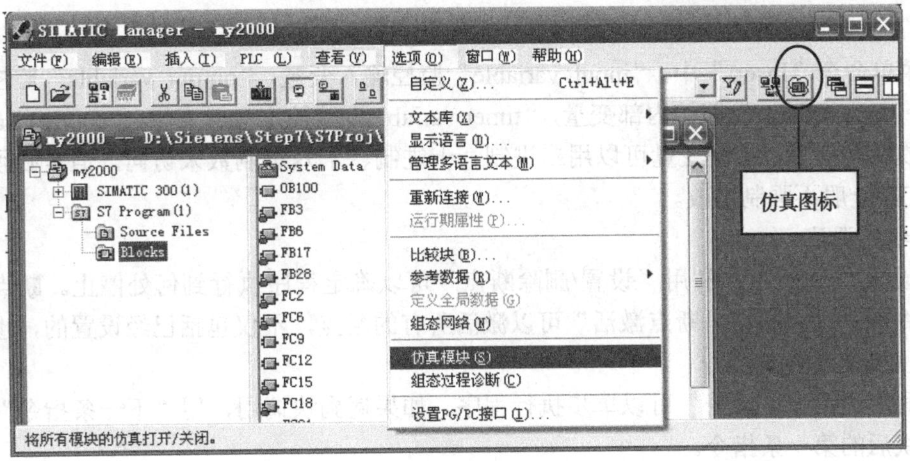

图 13-20　PLCSIM 集成到 SIMATIC 管理器中

13·5·1　PLCSIM 功能

1）模拟 PLC 的寄存器

可以模拟 512 个计时器（T0～T511）、131 072 位（二进制数）M 寄存器、131 072 位 I/O 寄存器、4 095 个数据块、2 048 个功能块（FBn）和功能（FCn）、本地数据堆栈 64KB、66 个系统功能块（SFB0～SFB65）、128 个系统功能（SFC0～SFB127）和 123 个组织块（OB0～OB122）。

2）硬件诊断

对于 CPU，还可以显示其操作方式，如图 13-21 所示。SF 表示系统报警；DP 表示总线或远程模块报警；DC 表示 CPU 有直流 24V 供给；RUN 表示系统在运行状态；STOP 表示系统在停止状态。

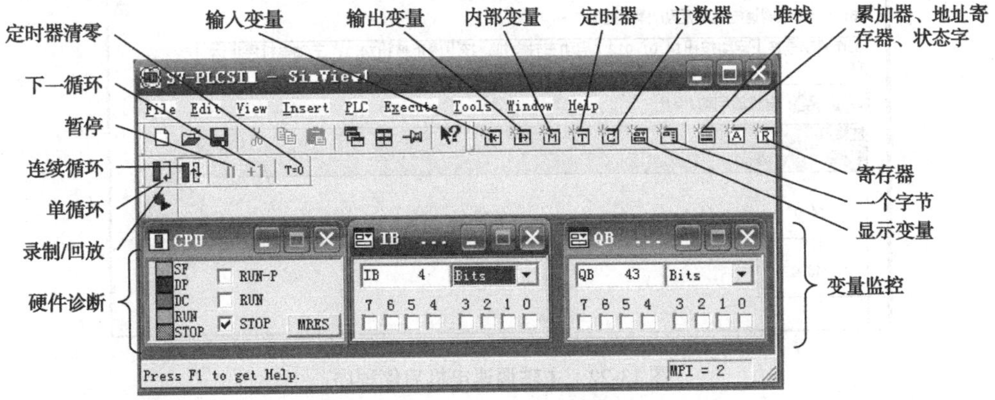

图 13-21　PLCSIM 界面

3）变量监控

在菜单命令“Insert”中，“input variable”监控输入变量，“output variable”监控输出变量，“memory variable”监控内部变量，“timer variable”监控定时器变量，“counter variable”监控计数器变量等。这些变量可以用二进制、十进制、十六进制数来访问，但是必须注意输出变量 QB 一般不强制修改。

4）程序调试

- 设置/删除断点：利用“设置/删除断点”可以确定程序执行到何处停止。断点处的指令不执行。利用“断点激活”可以激活所有的断点，不仅包括已经设置的，也包括那些要设置的。
- 利用“下一条指令”可以单步执行程序。如果遇到块调用，用“下一条指令”就跳到块后的第一条指令。

13.5.2 模拟仿真实现方法

1. 模拟仿真步骤

通过电机启停的具体例子，简要说明 S7-PLCSIM 软件的仿真功能。工作要求是按下启动按钮 I4.0，Q12.0 启动主轴电机，按下停止按钮 I4.1，主轴电机停止运行。使用 S7-PLCSIM 软件调试程序的步骤如下：

（1）首先用 SIMATIC 管理器对系统进行硬件组态，然后再用 STEP7 软件编程，编写的 PLC 程序如图 13-22 所示。

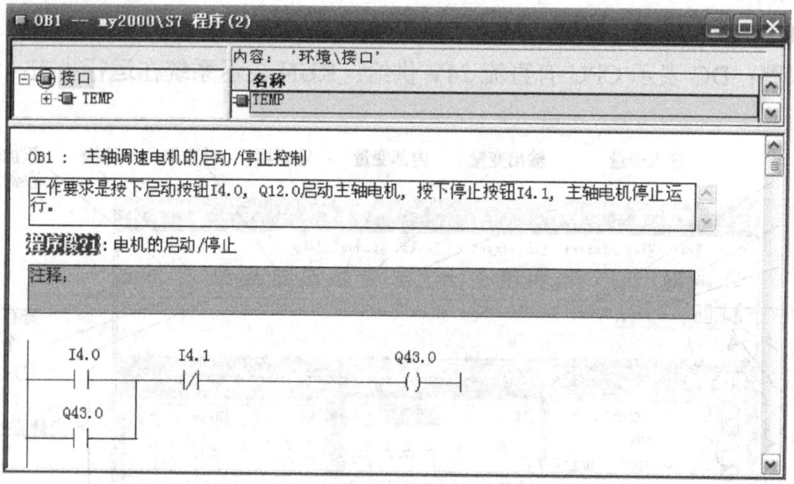

图 13-22 主轴调速电机启停程序

（2）在 SIMATIC 管理器菜单命令“选项”中选择“仿真模块”为 ON 状态，如图 13-20 所示，弹出仿真调试窗口，如图 13-21 所示。

（3）在 PLCSIM 软件中新建 PLC 文档。选择菜单命令“PLC”中的“Power on”打开仿真 PLC 的电源，选择仿真 PLC 的工作方式为 STOP 状态；再依次选择菜单命令“Execute”中的“Scan mode”（扫描方式）、“Single scan”（单次扫描）或“Continuous scan”（连续扫描）。

（4）用 SIMATIC 管理器菜单命令“PLC”中的“下载”，把要仿真的程序块下载到仿真 PLC 中。

（5）在 S7-PLCSIM 软件中，选择仿真 PLC 的工作方式为 RUN 状态，按下启动按钮 I4.0，线圈 Q43.0 接通，电机工作，如图 13-23 所示。按下 I4.1，线圈 Q43.0 断开，电机停止。仿真梯形图的各种情况如图 13-24 所示。

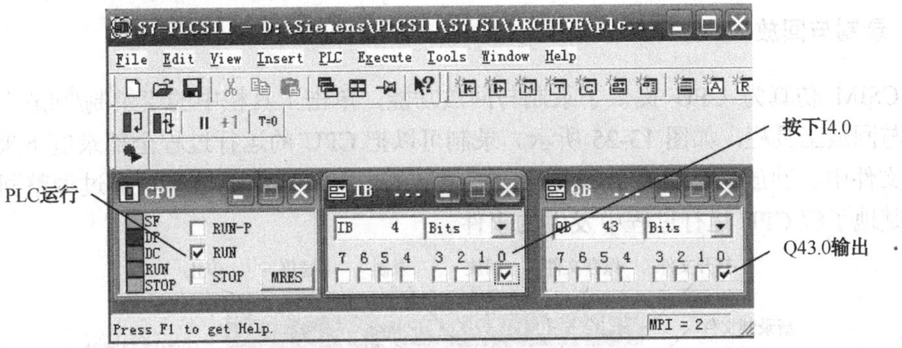

图 13-23 主轴调速电机仿真

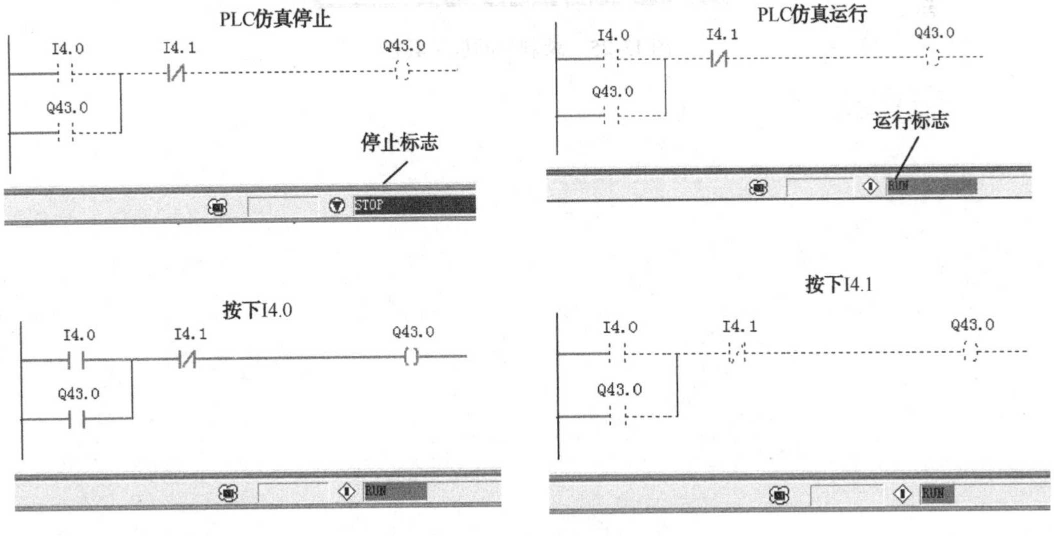

图 13-24 仿真运行的各种情况

（6）监视梯形图程序的运行情况，选择菜单命令“Debug”→“monitor”来监视。

（7）如果检测到程序出错，会调用相应错误组织块。S7-PLCSIM 软件支持硬件中断组织块 OB40～OB47 的仿真，支持时钟中断组织块 OB10～OB17 的仿真，支持扫描周期大于最大允许循环时间的中断组织块 OB80 的仿真。

（8）保存生成的 PLC 文档，以便下次仿真时直接调用设置。

2．工作方式的选择

PLCSIM 仿真为 CPU 提供了单一循环和连续循环两种工作方式，单一循环工作方式和连续循环工作方式可通过工具栏进行选择，参见图 13-21。单一循环方式下 CPU 执行一个扫面周期，可单击“下一扫描”执行下一个扫描周期。连续循环方式与一般 PLC 工作相同，自动周期性地循环执行程序。在任何方式下，只要单击“暂停”图标，就能使程序运行暂停。

3．录制与回放

PLCSIM 仿真为 CPU 提供了录制与回放功能，单击工具栏中的“录制/回放”图标，弹出录制与回放工具栏，如图 13-25 所示。录制可以把 CPU 的运行过程全部录制下来，并保存到一个文件中。回放就是打开录制文件，把录制的内容重新展现出来，通过调整回放速度，更能清楚地了解 CPU 运行过程中发生的事件。

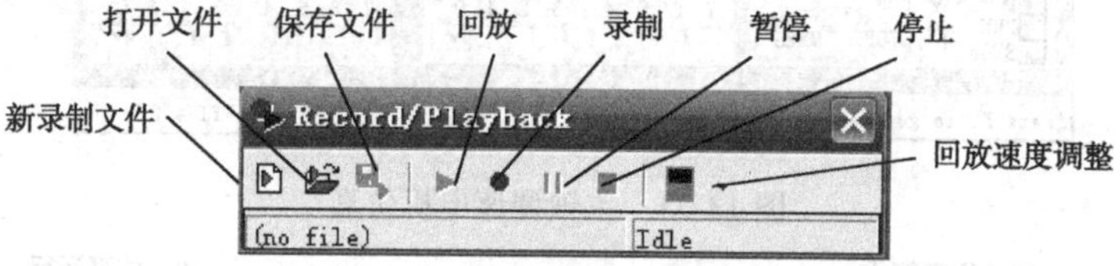

图 13-25　录制与回放工具栏

第 14 章　PLC 组成及其软硬件状态诊断

在数控机床中，除了数控系统对机床各轴进行连续控制外，还需要对机床的各个机械动作进行逻辑控制和状态监测，建立数控装置、操作部件及外部电气控制系统相互之间的信号联系，完成这些工作的就是 PLC（Programmable Logic Controller）。PLC 在线诊断能快速确定系统的工作状态，特别是当系统外电路发生故障时，常常通过 PLC 诊断寻找故障发生的原因。本章针对 810D/840D 系统 PLC 的特点，重点介绍 S7-300 系列 PLC 的构成及其诊断方法。

14.1　概述

14·1·1　S7-300 PLC 特点

810D/840D 系统内置 SIMATIC S7-300 系列 PLC 中央处理单元（CPU），但数字 I/O 信号模块需要外挂。S7-300 PLC 如图 14-1 所示，是一种中小型 PLC，在自动化控制领域，适用于中等性能的控制要求，满足中小规模的工业过程控制需要。采用模块化设计结构，各种性能的控制模块，如模块品种繁多的 CPU 模块、信号模块和功能模块等，可以非常好地满足和适应自动化控制任务。用户可以根据过程控制的具体情况，选择合适的控制模块，而且维修时更换模块也十分方便。简单实用的分布式结构和多界面网络能力，使得应用十分灵活，当控制任务增加时，可自由扩展。

SIMATIC S7-300 的 CPU 集成了过程控制功能，用于执行用户程序。CPU 的 RAM 存储容量可达 512KB，有 8 192 个存储位、512 个定时器和 512 个计数器，数字量通道最大为 65 536 点，模拟量通道最大为 4 096 点。0.6～0.1μs 高速的指令处理时间，为过程控制开辟了全新的应用领域。浮点数运算能力可以有效地解决复杂的算术运算。CPU 的智能化诊断系统，能连续监控系统的功能是否正常，记录错误和特殊系统事件（如超时、模块更换等）。带有看门狗中断、过程报警、时间日期中断和定时中断等功能。输入/输出模块具有智能功能，能对过程信号进行监测，判断模块所获取信号的正确性。

图 14-1　SIMATIC S7-300 PLC

SIMATIC S7-300 具有多种通信协议接口供选择，如 MPI 接口、PROFIBUS-DP、工业以太网接口和 PtP 串行通信接口等。MPI（多点接口）集成在 CPU 中，不需要附加任何硬件、软件和编程就可以建立一个多点接口网络，如果有用于连接分布式 I/O 的现场总线 PROFIBUS-DP 接口，就可建立一个 DP 网络。利用这些接口可以同时连接编程器、PC、人机界面系统及其他 SIMATIC 自动化控制系统。

SIMATIC S7-300 的编程软件 STEP7 功能强大，使用方便，有 350 多条指令，可利用 SIMATIC 管理器设计、编辑和调试机床 PLC 程序。

14.1.2　S7-300 PLC 组成

S7-300 PLC 由中央处理单元模块 CPU、电源模块 PS、I/O 模块 SM、功能模块 FM、通信处理器 CP、接口模块 IM 等组成，如图 14-2 所示。电源模块总在机架的最左边，为 PLC 的 CPU 模块和 I/O 模块提供 DC 24V 电源，常用的规格有 2A、5A、10A 三种。I/O 模块包括数字量输入模块 DI、数字量输出模块 DO、模拟量输入模块 AI 和模拟量输出模块 AO 等。功能模块主要用于对实时性和存储容量要求较高的控制任务，如计数器模块、快速/慢速定位模块、电子凸轮控制器模块等。通信模块用于 PLC 之间、PLC 与计算机或 PLC 与其他智能控制设备之间的通信，可以将 PLC 接入 PROFIBUS-DP、AS-i 和工业以太网，或用于实现点对点（PtP）通信，减轻 CPU 处理通信的负担，减少用户对通信的编程工作。接口模块用于多机架配置时连接主机架（CR）和扩展机架（ER），最多可扩展 3 个机架，每个机架最多可容纳 8 个 I/O 模块，共配置 32 个 I/O 模块。

S7-300 采用紧凑的、无槽位限制的模块结构，其安装方式有两种，水平安装和垂直安装，在数控机床上以水平安装方式居多。水平安装连接如图 14-3 所示，所有模块都安装在一个导轨上，电源模块总是安装在最左边，CPU 模块紧靠电源模块，I/O 信号模块、功能模块、通信处理器模块安装在 CPU 的右边，每个模块都有一个总线连接器，插在各模块的背后。电源模块通过电源连接器与 CPU 模块连接。S7-300 安装简单、维护方便，只需简单地将模块钩在 DIN 标准导轨上，各模块控制信号即通过总线连接器连在一起。数字量输入/输出模块正面有与模块地址对应的 LED，用来显示模块上各数字量输入/输出点信号的状态。更换模块只需松开安装螺钉，简单地拔下前接线连接器即可。

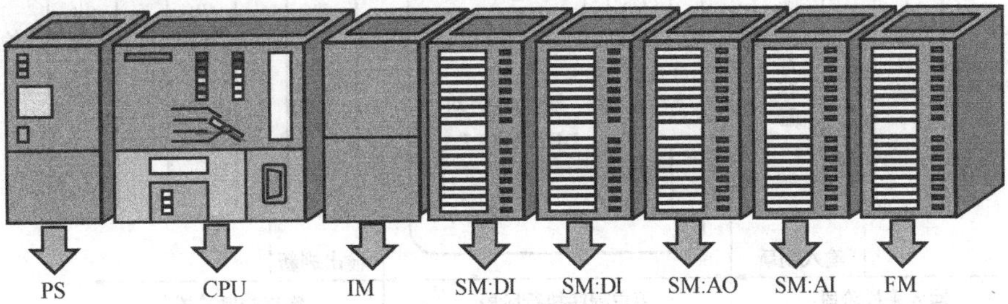

图 14-2　S7-300 PLC 的组成

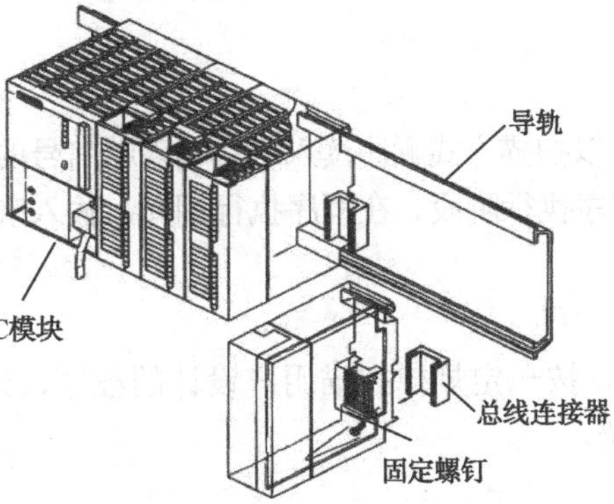

图 14-3　S7-300 PLC 的水平安装连接

14·1·3　PLC 工作过程

PLC 工作过程是通过控制软件和硬件完成的，控制软件包括操作系统和用户程序，硬件由逻辑控制电路、存储器、寄存器以及输入与输出器件等组成。操作系统用来管理 PLC 的启动、存储器和寄存器的刷新、用户程序的调研及系统中断和通信等。用户程序由用户设计生成，实现用户要求的过程控制自动化任务。在 PLC 存储器中，分配了一些功能不同的存储区域，用来存放输入和输出信号的状态，分别称为输入映像寄存器区（映像输入表）和输出映像寄存器（映像输出表）区。PLC 逻辑控制程序中的其他元件也有对应的映像寄存器区。PLC 启动完成后，不断地循环调用相当于主程序的组织块 OB1，再由 OB1 调用其他相当于子程序的逻辑程序块，完成机械的过程控制。简单地讲，PLC 的工作过程分为 3 个阶段，即输入采样阶段、用户程序执行阶段和输出控制阶段，如图 14-4 所示。

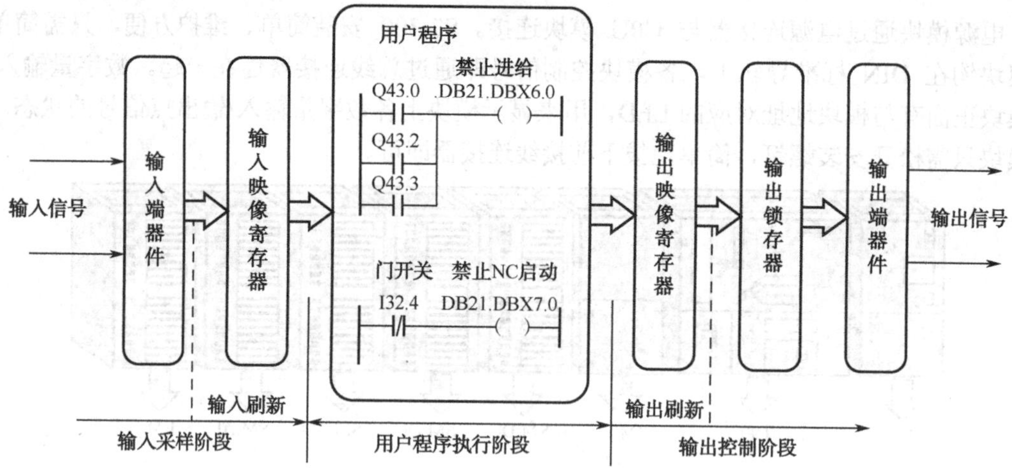

图 14-4 PLC 的工作过程

1. 输入采样阶段

PLC 在输入采样阶段，以扫描方式顺序读入所有输入端信号的当前状态，并将此状态存入输入映像寄存器，接着转入程序执行阶段。在程序执行期间，输入映像寄存器的内容也不会改变。

2. 用户程序执行阶段

PLC 在程序执行阶段，按一定规律扫描用户设计的程序，进行逻辑运算和数据处理，并把结果送到输出映像寄存器。

3. 输出控制阶段

在所有的指令执行完毕后，逻辑运算结果的输出状态存入输出映像寄存器中，通过输出刷新过程，把输出映像寄存器的状态转存到输出锁存电路，再驱动输出线圈，得到可编程序控制器的实际输出，通过输出端器件控制外部过程。

14.2 PS、CPU 及 IM 模块

14.2.1 电源模块 PS

PS307 电源模块如图 14-5 所示，为 S7-300 提供电源，将 120/230V 交流电压转变为所需要的 24V 直流工作电压，输出电流有 2A、5A、10A 三种。电源模块除给 CPU 模块供电外，

还要给 I/O 模块提供电源。在 810D/840D 系统 PLC 扩展机架上，电源模块紧靠左边的 IM361 接口模块，两者通过电源连接器连接。应注意电源接通前，选择开关的位置是否在 230V AC 处。电源指示灯状态说明见表 14-1。

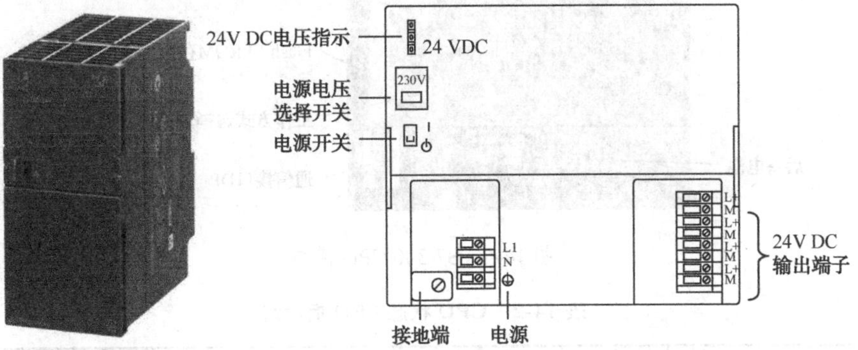

图 14-5 PS307 电源模块

表 14-1 电源模块指示灯状态

LED DC 24V	状 态	电源的反应
常亮	24V 正常	24V 正常
闪烁	输出电路过载： 到 130%（动态） 到 130%（静态）	电压急降，当不过载时，重建电压 到 130%电压降低，缩短设备寿命
不亮	输出短路	电压不输出，当短路消失时自动恢复
不亮	原端超压或欠压	过电压会造成损坏，欠电压自动关断

14·2·2 CPU 模块

S7-300 有 20 多种不同型号的 CPU 模块，分别适用于不同过程控制要求。常见的有通用型 S7-300、紧凑型 S7-300C、故障安全型 S7-300F、技术型 S7-300T 和宽温度型 SIPLUS-300。通用型 CPU 模块满足中小规模的性能要求，如图 14-6 所示；紧凑型 CPU 模块带集成数字量输入和输出；故障安全型 CPU 模块满足过程控制日益增加的安全需求；技术型 CPU 模块具有智能技术/运动控制功能；宽温度型 CPU 模块能在恶劣环境条件下工作。

CPU 模块封装在一个牢固紧凑的塑料机壳内，面板上安装有状态和故障 LED 指示灯、工作方式开关和通信接口。CPU 模块还装有后备电池、Flash EPROM 存储器卡，用于系统掉电后程序和数据的保护。LED 所表示的意义见表 14-2，工作方式选择开关（或钥匙开关）位置所代表的工作方式如图 14-7 所示。有关 810D/840D 数控系统 PLC 技术性能将在 14.5 节叙述。

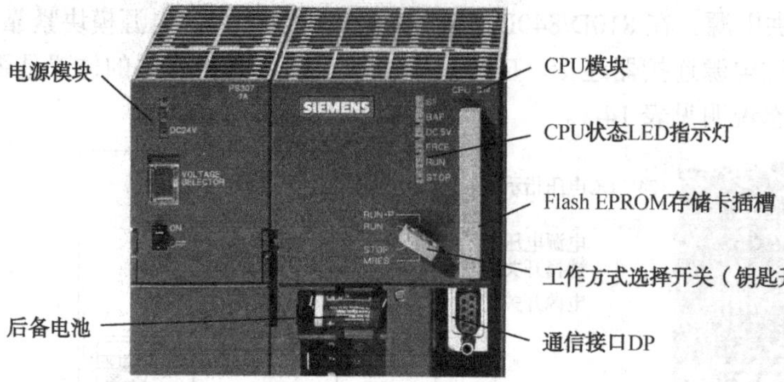

图 14-6　S7-300 CPU 模块

表 14-2　CPU 状态 LED 指示灯

指示灯名称	颜　色	说　明
SF	红色	系统错误、编程错误或硬件故障时亮
BATF	红色	电池故障：电池电压不足或没有电池时亮
DC5V	绿色	5V 电源电压指示，CPU 和 S7-300 总线 5V 电源正常时常亮
FRCE	黄色	当强制（至少一个 I/O 被强制）执行时变亮
RUN	绿色	PLC 运行（RUN 模式下）时常亮，当 CPU 启动时以 2Hz 频率闪烁，当 HOLD 时以 0.5Hz 频率闪烁
STOP	黄色	在 STOP、HOLD 模式下或重新启动时常亮，当要求存储器复位时慢速以 0.5Hz 频率闪烁，执行存储器复位时快速闪烁
BUSF	红色	总线错误，PROFIBUS-DP 接口硬件或软件故障时亮

RUN-P：运行—编程方式，在此方式下不仅CPU 执行程序，而且还可以编辑、修改程序；
RUN：运行方式，执行用户程序，在此方式下程序只能读，不能编辑修改；
STOP：停止方式，程序停止执行，可通过通信软件编辑修改程序，系统上电自动进入该方式；
MRES：存储器复位方式，清除存储器中的全部内容

图 14-7　CPU 模块工作方式选择开关

当存储器复位时，工作存储器、装载存储器和带保持的数据都被清除，全部存储位、定时器、计数器和数据块，包括保持功能的数据均被删除。然后执行硬件测试，初始化硬件和系统程序参数、系统参数模块参数等。如果存储器卡存在，用户程序就从存储器卡复制到工作存储器。当完全再启动时，过程映像和非保持数据被清除。当过程映像读入后，就开始新的一个循环。存储器复位和完全再启动操作过程如图 14-8 所示。存储卡被取出或插入时，CPU 会发出复位请求，STOP LED 会以 0.5Hz 的频率闪动。

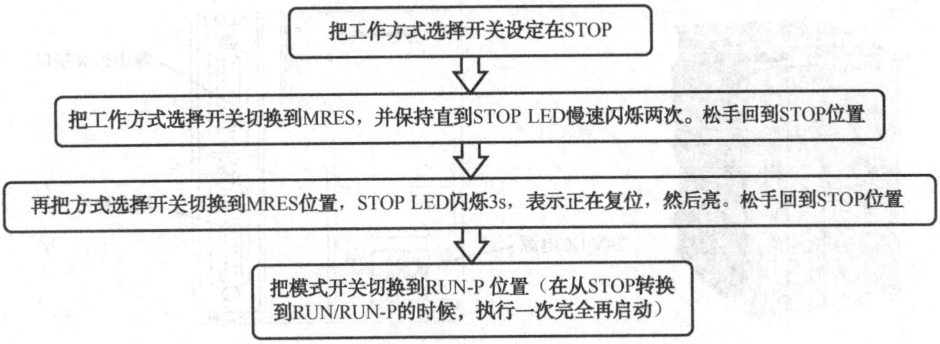

图 14-8　CPU 模块存储器复位与完全再启动操作

14·2·3　接口模块 IM

S7-300 接口模块用于主机架（CR）与 S7-300 扩展机架（ER）的连接，可配置 3 个扩展机架，每个机架最多可以插入 8 个模块，共可安装 32 个模块。常用的接口模块有 IM360、IM361、IM365。IM360 用于中央机架，IM361 用于扩展机架的连接，各相邻机架之间的电缆长度不应超过 10m。IM365 用于中央机架，连接 1 个扩展机架接口，机架上只能安装信号模块，接口模块间用 1m 固定电缆连接。

每个 IM361 需要一个 24V DC 的外部电源，给扩展机架上的所有模块供电，通过电源连接器连接 PS307 电源。中央机架上 5V DC 电源由 CPU 模块产生，扩展机架背板总线的 5V DC 电源由 IM361 产生。除限制机架上安装模块数量不能超过 8 个外，背板总线 5V DC 供电电流也受到一定限制，可查阅 S7-300 技术手册。IM360 与 IM361 的扩展连接如图 14-9 所示。由于 810D/840D 系统集成了 CPU 模块，因而数控机床上常用 IM361 接口模块连接扩展机架，接口模块 IM361 如图 14-10 所示。接口模块是自动组态的，无须进行地址分配。

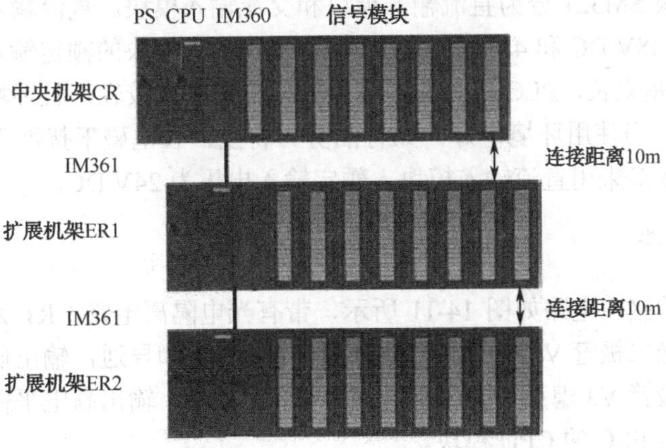

图 14-9　接口模块 IM360 与 IM361 的扩展连接

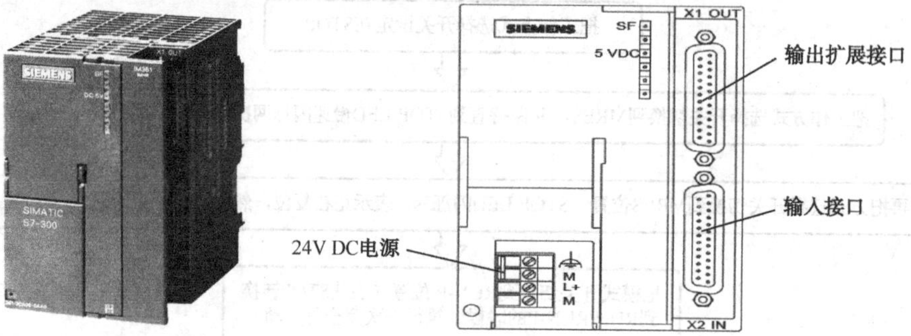

图 14-10　接口模块 IM361

14.3　数字量 I/O 模块

在数控机床 PLC 控制中，主要使用 S7-300 系列的数字量输入模块 SM321 和数字量输出模块 SM322，有时也用到既有数字量输入又有数字量输出的 I/O 模块 SM323。各模块地址由模块所在的位置决定，其初始地址由 810D/840D 系统给定。

14·3·1　数字量输入模块

数字量输入模块连接机床侧的开关信号，通过输入接口一方面检测外部的工作状态，如行程限位开关、光电开关、接近开关、接触器状态、机床操作控制信号等，向系统提供控制信号；另一方面将机床外部信号的电平转化为 PLC 内部的信号电平，起到数字电平匹配的作用。

数字量输入模块 SM321 分为直流输入模块和交流输入模块。直流输入模块的额定输入电压有 24V DC、24～48V DC 和 48～125V DC 等，交流输入模块的额定输入电压为 120～230V AC。如果信号线不是太长，PLC 所处的环境较好，电磁干扰较轻，且环境干净，应考虑优先选择直流输入模块。当使用环境不好，如有油雾、粉尘，且电磁干扰严重时，选用交流输入模块。一般数控机床多采用直流输入模块，额定输入电压为 24V DC。

1．直流输入模块

直流输入模块的接口电路如图 14-11 所示，带有光电隔离电路，R1 为输入限流电阻。外部触点接通时，发光二极管 V3 亮，光电耦合晶体管 V1 饱和导通，输出低电平信号；外部触点断开时，发光二极管 V3 熄灭，光电耦合晶体管 V1 截止，输出高电平信号。转换后的信号经背板总线接口传给 PLC 的 CPU 模块。

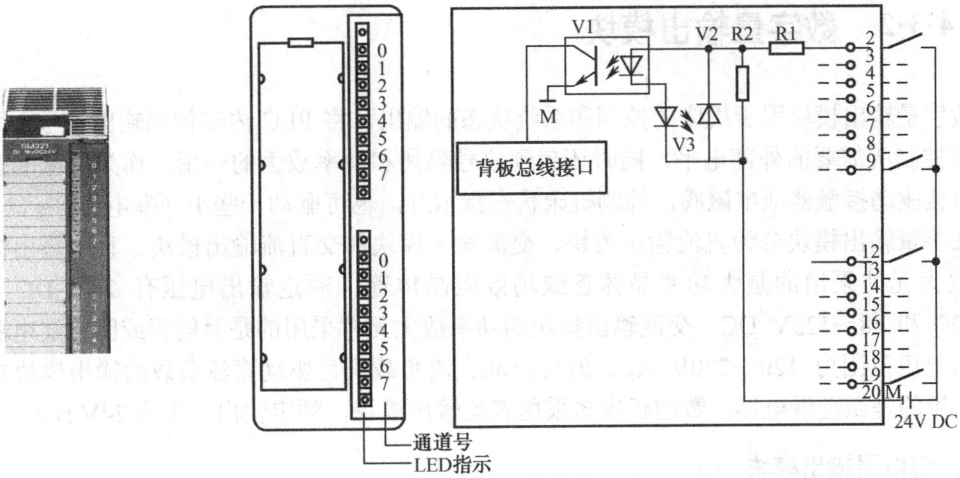

图 14-11 16 点直流输入模块 SM321 及其连接

由于直流输入模块的输入电路比较简单，因此对外部信号的响应快。采用 24V DC 安全电压供电，可直接与接近开关、光电开关、编码器等电子输入装置连接。在直流输入模块中，还有源输入电路模块和漏输入电路模块，它们是根据输入电流的方向划分的。源输入电路的电流方向是从模块信号输入端流出，从内部公共端 M 流入，适用于 NPN 型集电极开路输出的外部信号；漏输入电路的电流方向是从模块信号输入端输入，从内部公共端 M 输出，适用于 PNP 型集电极开路输出的外部信号。

2．交流输入模块

交流输入模块的接口电路如图 14-12 所示，与直流模块不同的是增加了桥式整流电路 V3 和隔直流电容 C1。桥式整流电路 V3 的作用把交流转换为直流，驱动光电耦合晶体管 V1 工作，电容 C1 用于隔离输入信号中的直流成分。

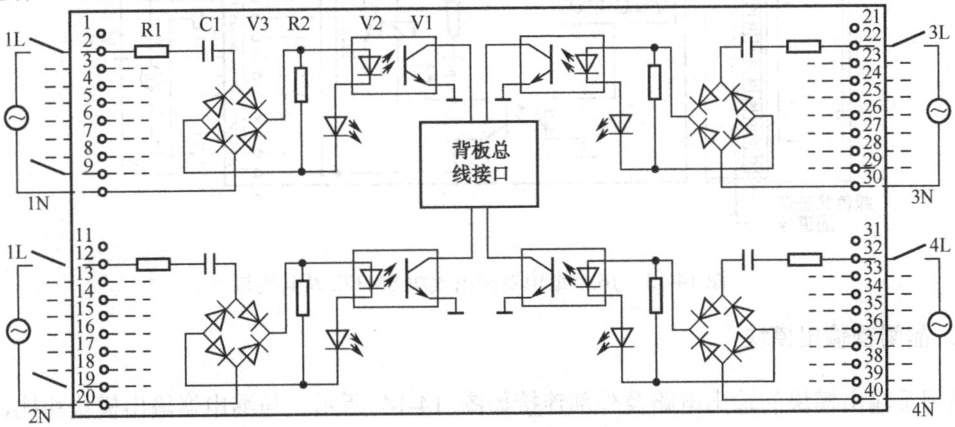

图 14-12 32 点交流输入模块 SM321 及其连接

14.3.2 数字量输出模块

数字量输出模块用于机床的控制和系统状态的输出，将 PLC 内部控制输出信号电平转换为过程控制所需要的外部电平，同时还起到信号隔离和功率放大的作用。作为机床的控制信号可直接驱动接触器或电磁阀，控制机床状态指示灯，也可驱动一些小功率电机。

数字量输出模块分为直流输出模块、交流输出模块和交直流输出模块。直流输出模块的功率放大元件采用的是大功率晶体管或场效应晶体管，额定输出电压有 24V DC、24～48V DC 和 48～125V DC。交流输出模块的功率放大元件采用的是晶闸管或固态继电器，额定输出电压范围为 120～230V AC。既可驱动交流负载又可驱动直流负载的输出模块功率元件，采用的是微型继电器。数控机床多采用直流输出模块，额定输出电压为 24V DC。

1. 继电器输出模块

图 14-13 所示是继电器 I/O 输出模块的输出电路和外部连接，通过背板总线接口、光电耦合器及控制模块中对应的微型继电器 J1，带动外部负载工作。当系统指令信号为高电平“1”时，光电耦合晶体管 V1 饱和导通，内部微型继电器 J1 线圈通电动作，其常开触点闭合。当系统指令信号为低电平“0”时，光电耦合晶体管 V1 截止，内部微型继电器 J1 线圈失电断开，其常开触点断开。

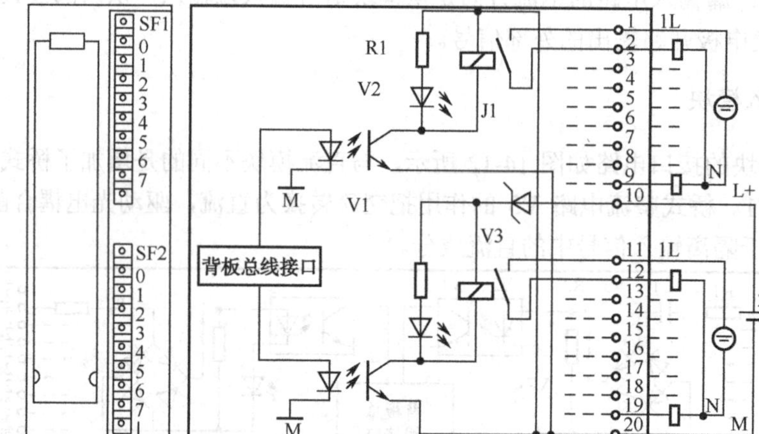

图 14-13 16 点继电器输出模块 SM322 及其连接

2. 晶闸管输出模块

晶闸管输出模块的输出电路及外部连接如图 14-14 所示，与继电器输出模块相比，主要区别是用双向晶闸管 V2 取代了微型继电器 J1，提高了输出的响应速度。当系统指令信号为高电平“1”时，模块中对应的光电耦合器 V1 导通，双向晶闸管接通，控制外部接触器或其他电气部件工作；当系统指令信号为低电平“0”时，模块中对应光电耦合器 V1 截止，双向晶闸管断开。图中的 RC 电路用来抑制晶闸管的关断过压和外部的浪涌电压。如果因负载电流过小晶闸管不能导通，可以在负载两端并联电阻。

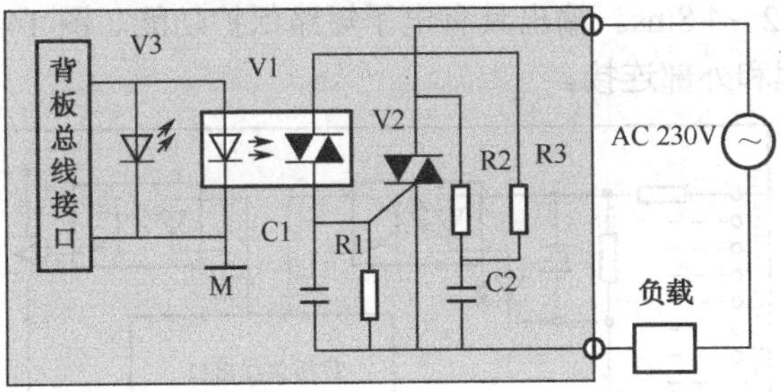

图 14-14　晶闸管输出模块 SM322 的输出电路及外部连接

3．晶体管输出模块

图 14-15 所示是晶体管输出模块的输出电路，常用于驱动直流负载。功率输出元件 A1 在图中用带有三角形的小方框表示。输出信号经光电耦合晶体管送给功率驱动元件，光电耦合晶体管饱和导通和截止，控制着功率驱动电路，相当于继电器触点的接通和断开。

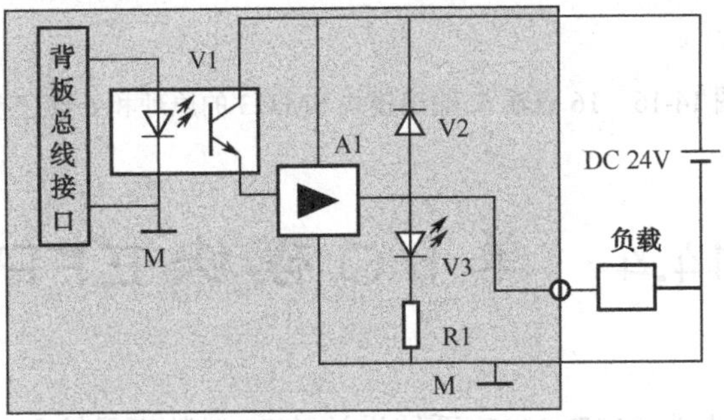

图 14-15　晶体管输出模块 SM322 的输出电路

继电器输出模块的负载电压范围宽，导通压降小，承受瞬时过压和过流能力强，但动作速度慢，寿命短。晶闸管输出模块只能用于交流负载，晶体管或场效应管输出模块只能用于直流负载，两者都是无触点开关输出，因此具有响应速度快、工作寿命长的特点，但过载能力差。如果系统输出信号的变化不是很频繁，建议优先选用继电器型输出模块。

14·3·3　数字量输入/输出模块

SM323 数字量输入/输出模块是在一块模板上同时具有数字量输入点和数字量输出点。

SM323 有两种类型，一种是 8 点输入和 8 点输出模块，输入点和输出点均有一个公共端；另一种是 16 点输入和 16 点输出模块，其中每 8 点 1 组。SM323 模块的额定负载电压为 24V DC，输入电流为 7mA，最大输出电流为 0.5A，每组总输出电流为 4A。输入电压“1”信号电平为 11～30V，“0”信号电平为-3～+5V，I/O 通过光耦与背板总线隔离。在额定输入电压下，输入延迟为 1.2～4.8ms。输出具有电子短路保护功能。图 14-16 给出了 SM323 数字量输入/输出模块的原理和外部连接。

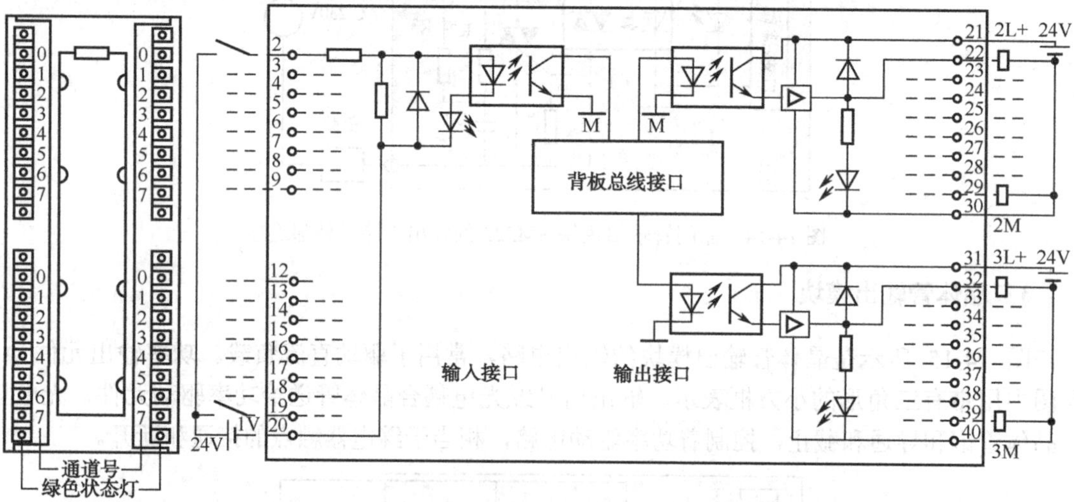

图 14-16　16 点输入/输出模块 SM323 的原理和外部连接

14.4　单 I/O 模块 EFP

单 I/O 模块 EFP 是专为 810D/840D 系统设计的 PLC 数字量输入与输出模块，如图 14-17 所示，其上有两个输入接口和 1 个输出接口，共有 64 路数字量输入和 32 路数字量输出。每路输出的额定负载电流为 0.5A，同时系数为 75%。模块上另外两个接口用于连接 810D/840D 系统和扩展 EFP 模块，最多可扩展 3 个 EFP 模块，扩展不需要另配接口模块。每个 I/O 接口都必须使用端子排转换器，以便使连接电缆可靠地在控制系统和机床之间建立信号连接，如图 14-18 所示。EFP 模块采用两路 24V DC 电源，使负载电源和逻辑电源隔离，I/O 信号的输入/输出均采取了光电隔离措施，进一步提高系统的可靠性。表 14-3 给出了 EFP 的主要技术参数，供检查时参考。

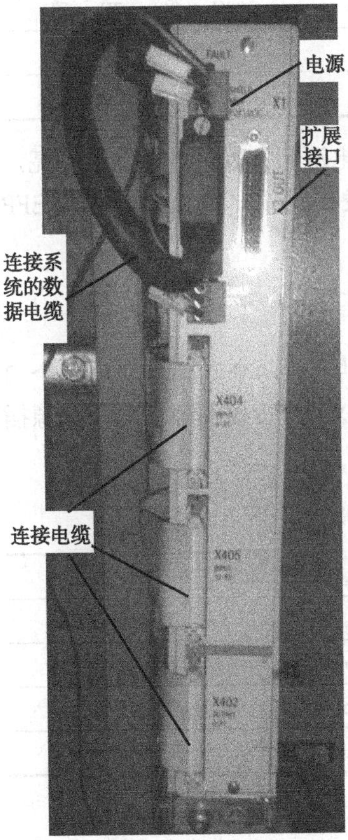

图 14-17　单 I/O 模块 EFP

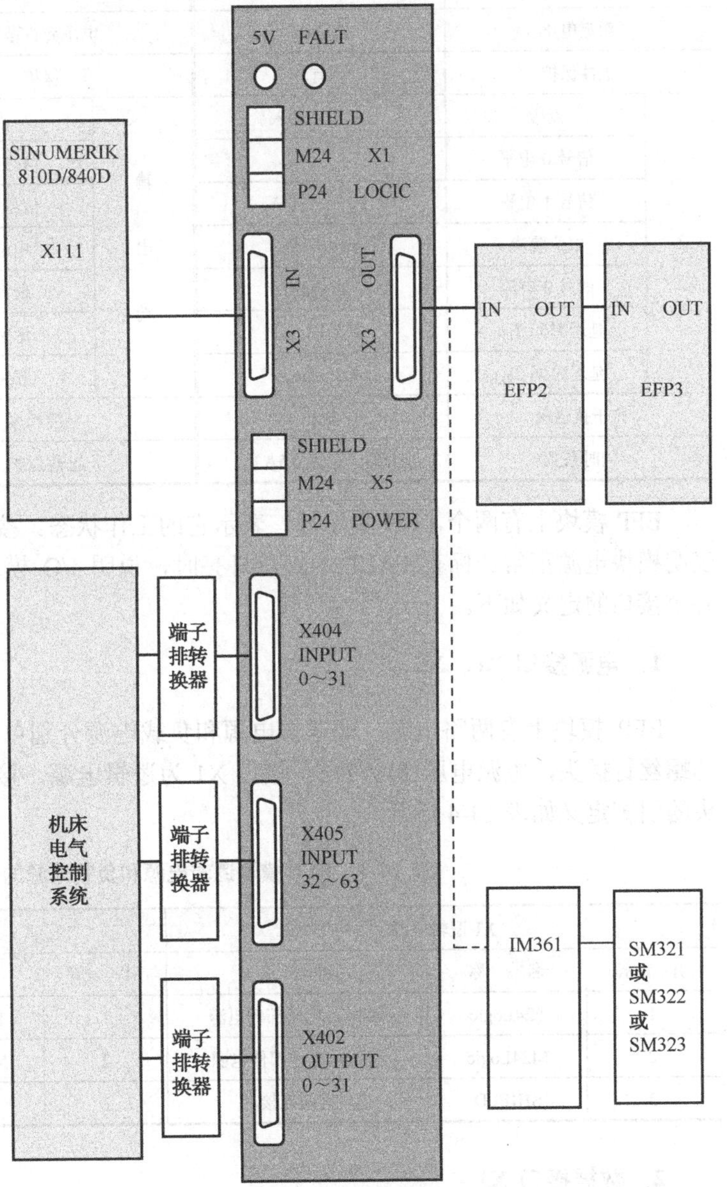

图 14-18　单 I/O 模块 EFP

表 14-3　单 I/O 模块 EFP 技术参数

<table>
<tr><th colspan="2">名　称</th><th>参　数</th><th colspan="2">名　称</th><th>参　数</th></tr>
<tr><td colspan="2">额定电压</td><td>24V DC</td><td colspan="2">电压允许范围</td><td>18.5～30.2V DC</td></tr>
<tr><td colspan="2">极性保护</td><td>有</td><td colspan="2">保护</td><td>逻辑部件：1A/250V</td></tr>
<tr><td rowspan="7">输入端</td><td>点数</td><td>64 数字输入</td><td rowspan="7">输出端</td><td>点数</td><td>32 数字输出</td></tr>
<tr><td>信号 0 电平</td><td>−3～+5V</td><td>信号 0 电平</td><td>断开</td></tr>
<tr><td>信号 1 电平</td><td>+15～+30V</td><td>信号 1 电平</td><td>电源电压 V_{power}−0.5V</td></tr>
<tr><td>电位隔离</td><td>光电隔离</td><td>电位隔离</td><td>光电隔离</td></tr>
<tr><td>信号 0 电流</td><td>−9～1mA</td><td>最大电流</td><td>0.6A</td></tr>
<tr><td>延迟时间 T_{PHL}</td><td>0.5～3ms</td><td>短路保护</td><td>有</td></tr>
<tr><td>延迟时间 T_{PLH}</td><td>0.5～3ms</td><td>开关频率</td><td>100Hz（阻）、2Hz（感）</td></tr>
<tr><td colspan="2">抗干扰强度</td><td>2kV</td><td colspan="2">电缆长度</td><td>最大：3m</td></tr>
<tr><td colspan="2">同时系数</td><td>75%（每点 0.5A）</td><td colspan="2">过热保护</td><td>模块专用断路器</td></tr>
</table>

EFP 模块上有两个 LED 指示灯，表示它的工作状态。接通电源后，绿色 5V 指示灯亮，表明模块电源正常。标有 FALT 的红色灯亮时，说明 I/O 模块发生故障。单一 I/O 模块 EFP 各个接口的定义如下。

1. 电源接口 X1、X5

EFP 模块上有两路电源，即逻辑电源和负载电源分别单独供电，两个电源均使用一个 3 芯螺丝钉插头，电源电压 24V DC。接口 X1 为逻辑电源，接口 X5 为负载电源。两个电源插头的引脚定义如表 14-4 所示。

表 14-4　EFP 模块逻辑电源和负载电源的引脚定义

X1 逻辑电源			X5 负载电源		
引　脚	名　称	用　途	引　脚	名　称	用　途
1	P24Logic	+24V，电子部件电源	1	P24Power	+24V，外部负载电源
2	M24Logic	接地，电子部件电源	2	M24Power	接地，外部负载电源
3	SHIELD	屏蔽连接	3	SHIELD	屏蔽连接

2. 数据接口 X3

数据接口用于连接 810D/840D 或扩展模块，X3 IN 为模块输入接口，接到系统 X111 接口上。当作为 I/O 扩展模块时，与前 EFP 模块的输出接口 X3 OUT 相连。

X3 OUT 扩展 I/O 模块接口，与下一个 EFP 模块的 X3 IN 相连，或连接 S7-300 接口模块 IM361 的扩展机架。

3．数字输入接口 X405、X404

X404 和 X405 为数字输入接口，机床的工作状态和操作控制信号通过输入接口传给系统。每个接口可连接 32 路数字输入信号，共 64 路数字输入。接口 X404 对应输入信号 0～31，接口 X405 对应输入信号 32～63。系统规定数字输入信号的 PLC 地址为：

((通道号* 32) +0) ～ ((通道号* 32) +7)

例如，第 1 通道，64 路数字输入信号的地址就是 I32～I39。

4．数字输出信号 X402

X402 数字输出信号接口共有 32 路数字输出，对应 0～31 数字输出信号。机床的控制信号来自这个接口。系统规定数字输出信号的 PLC 地址为：

((通道号* 32) +8) ～ ((通道号* 32) +11)

例如，第 1 通道，32 路数字输出信号的地址就是 Q40～Q43。

EFP 输入/输出接口模块配置专用端子排转换器，可方便地与机床电气部件连接。端子排转换器有带 LED 和不带 LED 两种，为了能清楚地观察到输入和输出信号的状态，便于调试和维修，建议选用带 LED 指示的端子排转换器，当 PLC 的信号状态为 1 时，LED 就会点亮。

EFP 模块的前面板上有一个等电势连接头，要求用一根低阻抗的电缆连接到接地排上，电缆的截面积不小于 $10mm^2$，连接电缆尽可能短，以消除外部干扰信号。

14.5　数控 PLC 及其作用

14·5·1　数控 PLC 的特点

810D/840D 系统仅集成了 PLC 中央处理单元模块，即 CPU 模块，但数字 I/O 信号模块必须外挂。一般 810D 系统多采用单 I/O 模块 EFP 就能满足要求，如数控车床的控制。当控制点数较多，单 I/O 模块不能满足要求时，如加工中心的控制，就必须采用 S7-300 系列模块，如电源模块 PS、接口模块 IM 和 I/O 模块 SM 等，这些模块依次安装在一条导轨上，如图 14-19 所示。在 810D/840D 数控系统中，使用较多的是 CPU314 和 CPU315，810D 系统多采用 CPU314，而 840D 系统多采用 CPU315。840D 接口信号信息量略大于 810D，表明 840D 的控制功能强于 810D，表 14-5 给出了系统集成 PLC 的主要技术特点。

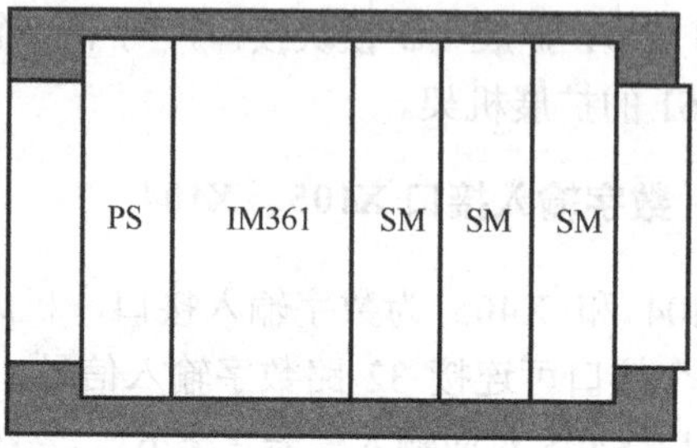

图 14-19　数控机床 PLC 的组成

表 14-5　810D/840D 集成 PLC 的主要技术特点

序　号	特　征	CPU314	CPU315-2DP	CPU315-2DP Master/Slave
1	用户和基本程序存储器容量	Min:64KB Max:128KB	Min:64KB Max:288KB	Min:64KB Max:288KB
2	位存储器	2 048	2 048	2 048/4 096
3	定时器	128 （T0～T127）	128 （T0～T127）	128 （T0～T127）
4	计数器	64 （C0～C63）	64 （C0～C63）	64 （C0～C63）
5	时钟存储器	8	8	8
6	组织数据块 OB	1，10，20，35，40，80～82，85，87，100，120～122	1，10，20，35，40，80～82，85，87，100，120～122	1，10，20，35，40，8～082，85，87，100，120～122
7	功能 FC	1～127	1～127	0～255
8	功能块 FB	1～127	1～127	0～255
9	数据块 DB	1～127	1～127	1～399
10	最大数据块长度	16K	16K	16K
11	FC、FB 的长度	16K	24K	24K
12	数字输入/输出信号	768	1 024	1 024
13	模拟信号	64	64	64
14	可扩展 I/O 模块	24	24	24
15	PROFIBUS 2DP	无	有	有
16	多点接口（MPI）	1	1	1
17	I/O 起始地址	Byte 32	Byte 0 （需要配置）	Byte 0（需要配置）

810D/840D 系统集成的 PLC 与一般 PLC 原理基本相同，不同之处是在数控系统内置 PLC 中，增加了信息交换数据区，这个数据区称为内部数据接口。由图 14-20 可以看出，PLC 与数控系统控制核 NCK 之间，PLC 与操作面板之间，就是通过内部数据接口交换控制信息的，其中 PLC 与 NCK 之间的信息交换是核心。PLC 与机床操作面板之间的信息交换是通过功能接口进行的。PLC 与机床电气部件之间的信息交换是通过 I/O 模块进行的。

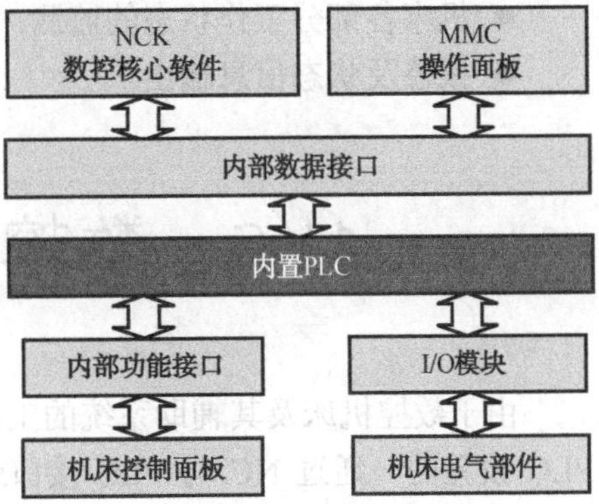

图 14-20 机床内置 PLC 信息交换图

在软件方面，810D/840D 数控系统在出厂时，为用户提供了基本 PLC 程序块和一个 PLC 开发平台。数控机床制造商利用西门子公司提供的 STEP7 开发工具，在机床 PLC 开发平台的基础上，根据机床的控制功能特点，可方便地设计机床 PLC 应用程序，不同的数控机床，PLC 应用程序不同。PLC 应用程序又称 PLC 用户程序，它是整个数控机床调试的基础，只有在 PLC 应用程序设计完成后，才能进行机床的调试工作。

14.5.2 数控 PLC 的作用

数控系统与 PLC 相结合，并通过信号接口进行信息交换，才能完成各种控制动作。数字 I/O 接口模块是系统与机床电气之间联系的桥梁，用于机床控制信号或状态信号的输入/输出。系统控制信号经由 I/O 模块控制机床的外部开关动作，动作的结果或其他外部开关量信息，又通过 I/O 模块输入到系统 PLC 中。PLC 在数控机床控制中的主要作用为：

- 机床操作面板和机床控制面板操作功能的控制；
- 坐标轴/主轴使能；
- 坐标轴返参考点控制；
- 坐标轴/主轴运动的手动控制，如主轴定向、正、反转及换挡的手动控制；
- 手持单元的控制；
- 刀库管理及换刀控制；
- 机床冷却系统控制；
- 机床润滑系统控制；
- 机床液压系统控制；
- 工件夹紧松开、工作台的交换控制；
- 机床排屑装置的控制；

- 机床安全保护；
- 与 NCK 的信息交换；
- 机床各部分工作状态的监测；
- 报警及状态信息输出。

14.6 数控系统 PLC 状态诊断

由于数控机床及其辅助系统的工作都与 PLC 控制有关，而且数控系统的某些功能也是由 PLC 设置的，通过 NC 与 PLC 接口或机床与 PLC 的接口可以监测到信号的状态，因此掌握 PLC 状态诊断方法对数控机床调试与维修十分重要。当机床发生故障时，如果与 PLC 接口信号有关，首先应根据故障现象检查 PLC 的状态。例如，某台数控车床硬限位开关故障，就应根据电气图纸找出该限位开关对应的 PLC 输入接口，再利用系统的诊断功能，检查 PLC 对应接口的状态，就可知道故障发生在系统内部还是在限位开关上。熟练掌握 PLC 接口信号诊断技术，对于快速定位故障和排除故障，都是一种行之有效的快捷方法。

在“诊断”操作区域中或“启动”操作区域中，按“PLC”软键，就进入 PLC 状态检查界面，显示操作数及其对应的状态和格式（类型），如图 14-21 所示。

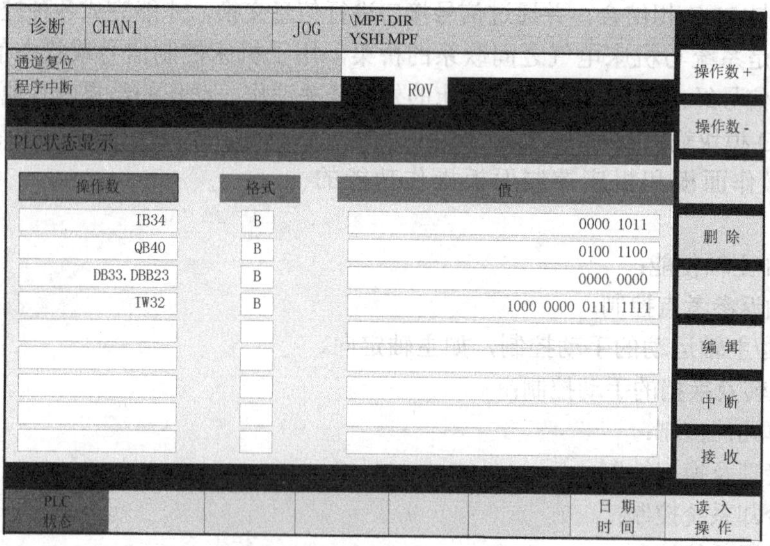

图 14-21 系统 PLC 状态诊断

PLC 的诊断功能可以显示多种接口信号状态，主要包括：

（1）机床控制面板信号；

（2）机床外部开关输入信号；

（3）驱动控制使能信号；

（4）报警处理信号；

（5）NCK 与 PLC 数据接口信号（DB 数据块）；

（6）位存储器、定时器、计数器状态。

在进行 PLC 接口信号状态检查时，把要检查的信号称为操作数，只要在“操作数”一栏中输入操作数，按操作面板上的输入确认键，就可在“值”栏中显示该操作数的状态。例如，要检查 IB34 的信号状态，可在“操作数”栏中输入 IB34，按操作面板上的输入确认键，立即在“值”的一栏中显示输入信号 IB34 的各位状态“0000 1011”。以什么数据类型显示，取决于“格式”栏中的选择，例如 IB34 以二进制数的形式显示，就应在“格式”一栏中输入 B（二进制数格式）。操作数的值除用二进制数形式显示外，还可以用十六进制数或十进制数形式显示。表 14-6 给出了 PLC 状态诊断常用操作数。

表 14-6　PLC 状态诊断常用操作数

接　口	操作类型	范　围	操　作　数	格　式	例　子
外部接口信号	输入信号	0～127	输入位 IBx.x	B H D	IB34.0
			输入字节 IBx		IB34
			输入字 IWx		IW34
			输入双字 IDx		ID34
	输出信号	0～127	输出位 QBx.x	B H D	QB41.2
			输出字节 QBx		QB41
			输出字 QWx		QW41
			输出双字 QDx		QD41
内部数据接口信号	位存储信号	0～255	存储位 MBx.x	B H D	MB60.6
			存储字节 MBx		MB60
			存储字 MWx		MW60
			存储双字 MDx		MD60
	定时器	0～127	定时器 Tx	B H D	T20
	计数器	0～63	计数器 Cx	B H D	C15
	数据块	0～255	数据块 DBx	B H D	DB31
			数据位 DBXx.x		DB31.DBX2.5
			数据字节 DBBx		DB31.DBB22
			数据字 DBWx		DB31.DBW190

14.7 PLC 系统硬件诊断

S7-300 有非常强大的故障诊断功能，使用 STEP 软件在 SIMATIC 管理器中，可以获得 PLC 硬件诊断故障信息和程序错误信息，使用户能快速定位故障。

利用 SIMATIC 管理器可以对 PLC 系统硬件及工作状态进行诊断，在线诊断项目如图 14-22 所示，其诊断过程如图 14-23 所示。

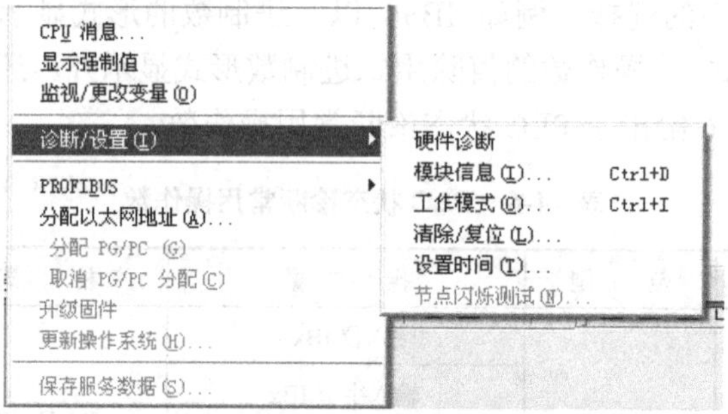

图 14-22 在线诊断项目

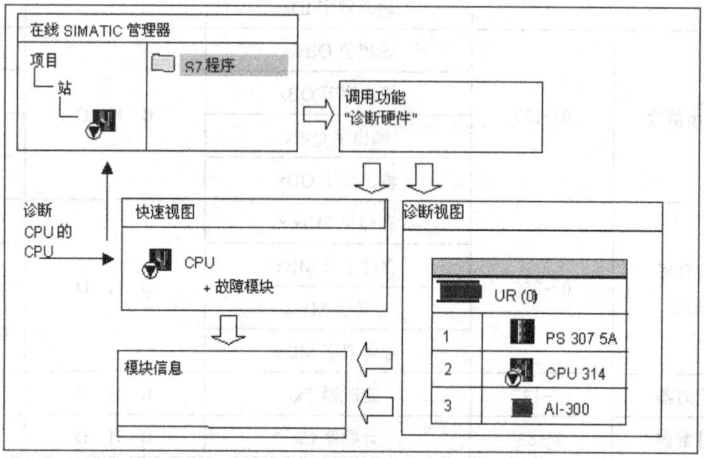

图 14-23 系统硬件诊断过程

- 在管理器中，使计算机处于在线状态。
- 选择菜单命令“PLC”→“诊断/设置”→“模块信息”，显示该站中 CPU 的模块信息。
- 选择菜单命令“PLC”→“诊断/设置”→“硬件诊断”，显示该站中 CPU 和故障模块的“快速视图”。

● 按 F1 键，获得故障的帮助信息。

1．在线状态诊断

在具有组态表在线视图的硬件配置窗口和在线项目窗口中，显示的诊断符号信息详见表 14-7 所示。诊断符号便于检测故障，根据模块符号，就知道系统所处的状态、有无诊断信息。如果没有出现故障，那么所显示的模块类型符号上不带附加的诊断符号；如果模块有诊断信息，那么除显示模块符号外，还显示诊断符号，或以较低的对比度显示模块符号。

表 14-7　系统诊断符号

类　别	符　号	意　义	说　明
模块诊断符号		预设定和实际组态之间不匹配	已组态的模块不存在或插入了一个不同类型的模块
		模块出现故障	诊断中断、I/O 访问错误或检测到错误 LED
		不能进行诊断	没有在线连接，或 CPU 没有将诊断信息返回模块（如电源或子模块）
工作模式诊断符号		启动	
		停止	
		停止	在多值计算操作中，由另一个 CPU 的 STOP 模式触发
		运行	
		保持	
		强制与运行	该模块上的变量是强制的，即该模块的用户程序中的变量分配有固定值，这些值不能由程序修改。强制符号还可与其他符号组合出现（在此，与运行模式的符号组合）

2．CPU 模块信息

在线连接成功后，确定要检查诊断的站，选择菜单命令“PLC”→“诊断/设置”→“模块信息”，便显示站中 CPU 模块信息，如图 14-24 所示。在“诊断缓冲区”标签页中，显示出 CPU 中按时间顺序发生的事件一览表。

3．硬件诊断

硬件诊断也要在建立在线连接成功后才能进行，确定要检查诊断的站，选择菜单命令“PLC”→“诊断/设置”→“硬件诊断”，便显示站中的故障模块，如在图 14-25 中，双击故障模块，显示出模块 AI12x12Bit 故障信息。

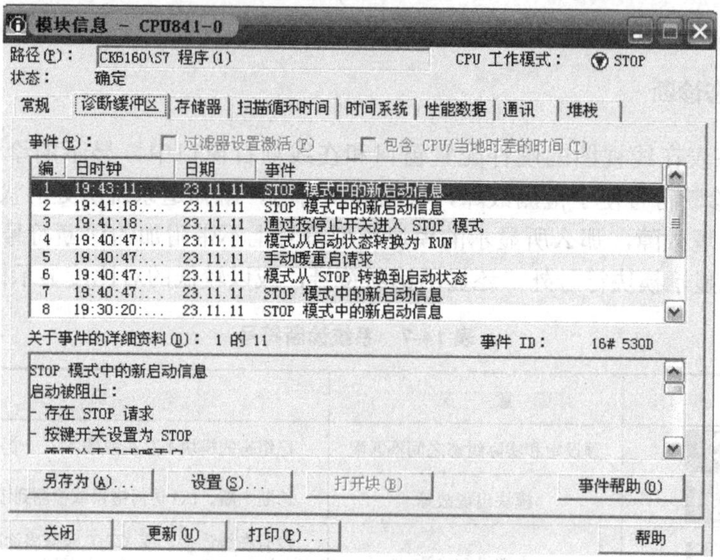

图 14-24 CPU 模块诊断信息

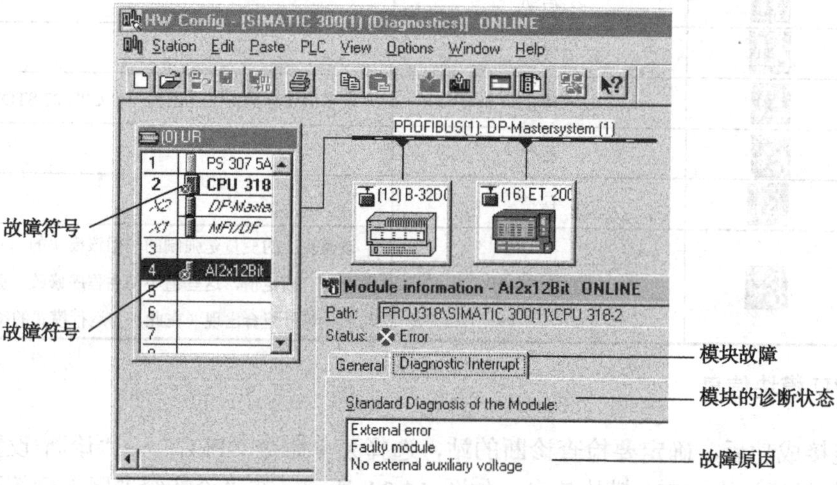

图 14-25 AI 模块诊断信息

14.8 PLC 程序在线诊断

利用 STEP7 在线监测 PLC 控制程序的运行，需要把 STEP7 软件装在 PC 上，通过专用电缆或适配器连到 CCU 或 NCU 模块的 X122 接口。运行 STEP7，首先设置通信接口的属性，再建立 PC 与系统的连接，STEP7 会自动寻找 PLC 模块和它的 MPI 地址。在线连接完成后，把 PLC 程序上传到 PC，选择在线监控，就可以在屏幕上看到 PLC 的运行动态。

14·8·1　PLC 程序在线故障诊断

PLC 程序在线诊断常用的有两种方法，一是利用语言（LAD/STL/FBD）编辑器在线监控 PLC 程序的运行及信号变化；二是利用变量表在线监视输入（I）、输出（Q）、位存储器、定时器（T）和计数器（Z）等变量状态。

1．PLC 故障报警诊断

机床制造商在机床出厂时提供了有关报警信息，这些报警信息大部分都是对一种错误状态的报警指示，但对一些综合报警，利用 PLC 在线监控功能，观察用户 PLC 程序中信号的通/断，就可以很方便地检查出故障发生的原因。

2．通过控制顺序诊断故障

由于能在线监控 PLC 运行状态，触点信号的通与断一目了然地显示出来，这样就能很清楚地看到各个开关的动作顺序。这些动作顺序是否与实际情况相符，比较正常和故障时的状态，就可以发现疑点，诊断出故障发生的原因，进一步确定故障部位。

3．根据控制对象的工作原理诊断故障

PLC 用户控制程序是根据对象的控制工作原理设计的，通过对 PLC 控制逻辑的分析，结合在线监测逻辑关系的执行结果，很容易找出故障产生的因果关系。

14·8·2　PLC 程序在线诊断方法

1．建立在线连接

在 SIMATIC 管理器中打开一个工程项目和 S7 程序，就可以建立计算机与 PLC 之间的连接。建立连接的方法有：

（1）在 SIMATIC 管理器中，依次选择菜单命令“查看”→“在线”，或在工具栏中单击对应图标建立连接。

（2）在语言编辑器中，依次选择菜单命令“PLC”→“与已组态 CPU 建立连接”，或在工具栏中单击对应图标建立连接。

2. 打开要监视的程序块

在程序“块”文件夹下，选择要监视的程序块，用鼠标单击该模块进入语言编辑器，在“查看”命令菜单中选择“LAD”，梯形图立即显示在编辑窗口中。一些受口令保护的程序块不能进行在线监视。

3. 在线监视

在语言编辑器中，依次选择菜单命令“调试”→“监视”，或在工具栏中单击类似“眼镜”的图标，使程序进入在线监视状态，梯形图中的图形元素及线路，其通/断状态用不同的颜色标注。在语言编辑器里不仅可以看到变量的状态，还可以看到程序的执行情况。以梯形图为例，绿色表示电路接通，虚线表示电路断开，每个网络执行的结果和状态变化一目了然，如图14-26所示。利用在线程序监视功能，可方便地诊断出外部输入与输出信号的变化情况。

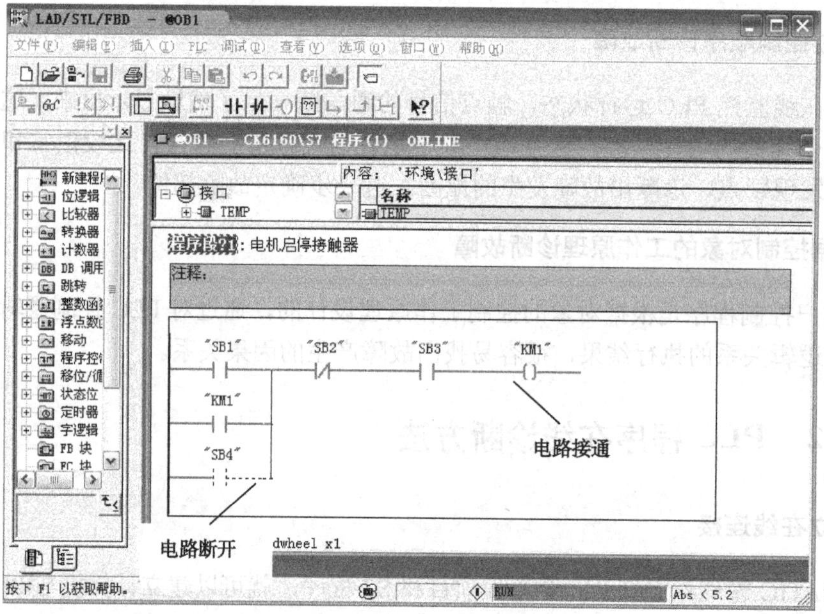

图14-26 梯形图在线诊断

14.8.3 利用交叉表查找变量

要查找某一个变量在程序中的使用情况，对其进行诊断，最方便的办法就是在交叉表中快速地进行查找。现以查找输入变量I33为例，说明其查找步骤。

1. 打开和设置交叉表

在管理器中或在语言编辑器中，依次选择命令菜单“选项”→“参考数据”→“过滤器”，便启动交叉表过滤器，如图 14-27 所示。选中“输入（I）”复选框，并在地址位输入“33”，单击“确定”按钮确认。

2. 选择交叉参考

再依次选择命令菜单“选项”→“参考数据”→“显示”，便显示用户自定义窗口，如图 14-28 所示。选择“交叉参考（R）”，然后单击“确定”按钮，弹出交叉参考编辑窗口，如图 14-29 所示，可以看出 IB33 输入信号在 FC 各程序块的使用情况。如果某位前带有“+”符号，单击后展开，可以看到某位在程序块的使用情况，如 I33.0 在功能 FC41 第 5 段中使用。

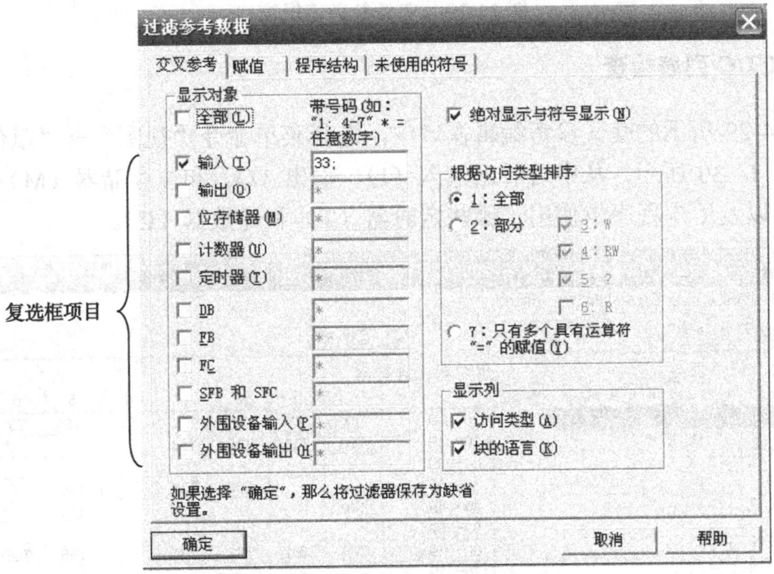

图 14-27　交叉表过滤器设置

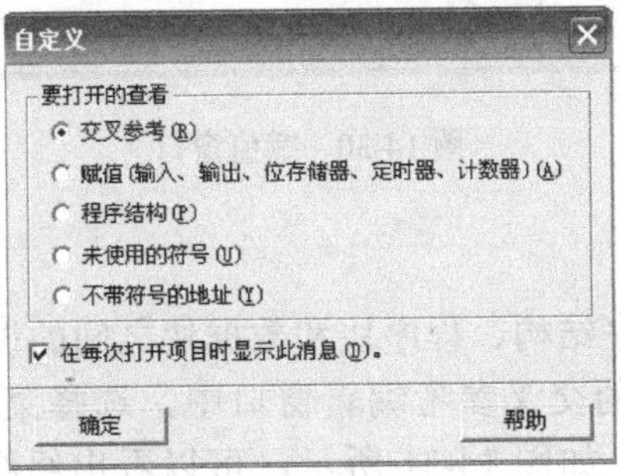

图 14-28　用户自定义窗口

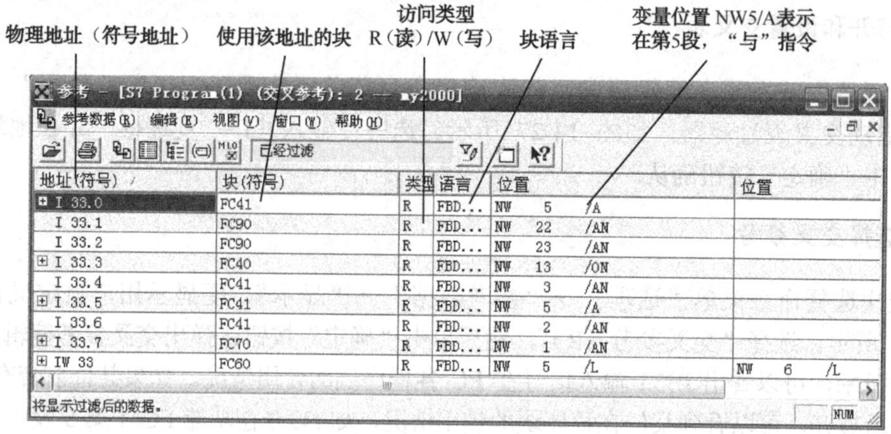

图 14-29 交叉参考编辑窗口

3. I/Q/M/T/C 列表检查

在如图 14-29 所示的交叉参考编辑窗口中，选择菜单命令“视图”→“赋值”，便弹出赋值窗口，如图 14-30 所示，从中可看出输入（I）、输出（Q）和位存储器（M）在存储区域中的使用情况，以及用户程序中使用了哪些定时器（T）和计数器（C）。

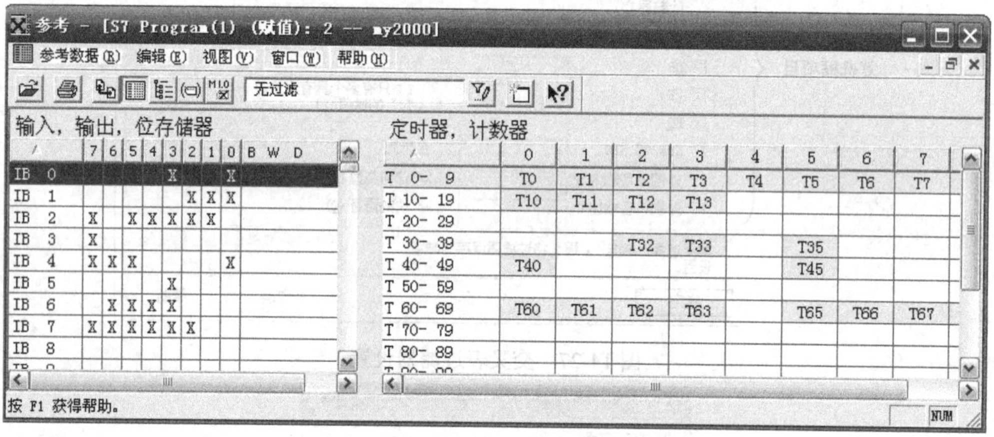

图 14-30 赋值窗口

4. 查看程序结构

了解他人编写的用户程序结构、程序块和数据块之间的调用关系，对于维修来说是非常重要的。在图 14-29 所示的交叉参考编辑窗口中，选择菜单命令“视图”→“程序结构”，便弹出程序结构窗口，如图 14-31 所示，可以看出组织块 OB1 调用了功能 FC2 和 FC14 等。

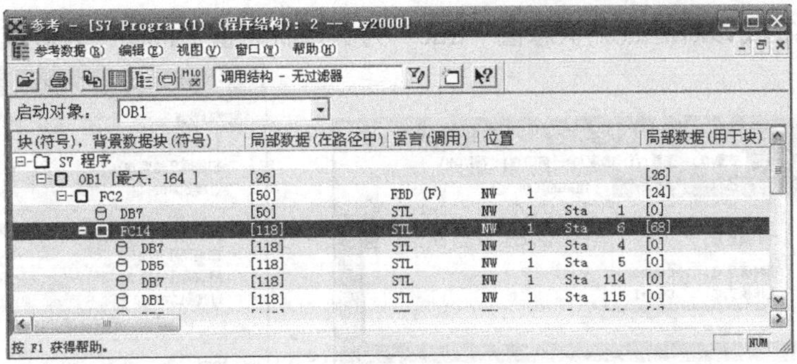

图 14-31　程序结构窗口

14·8·4　在线监控变量

程序调试及功能性故障诊断的另一个方法就是利用变量表。在变量表中生成新的变量或打开已经存在的变量表，然后建立与 CPU 的连接，就可以监视变量的状态了。

1. 建立计算机与 CPU 之间的连接

为了监视和修改在当前变量表 VAT_1 中的变量，必须建立与要监视 CPU 的连接。在如图 14-32 所示的变量编辑器中，建立连接的方法有以下几种：

（1）依次选择菜单命令“PLC”→“连接到”→“组态的 CPU”，用于建立被激活的变量表与 CPU 之间的在线连接。

（2）依次选择菜单命令“PLC”→“连接到”→“直接 CPU”，用于建立被激活的变量表与 CPU 之间的在线连接，直接连接的 CPU 是指在计算机与 CPU 之间用编程电缆连接，需要在“Accessible Nodes”窗口中标记为“Directly”。

（3）依次选择菜单命令“PLC”→“连接到”→“可访问的 CPU”，用于建立被激活的变量表与可选择的 CPU 之间的在线连接。

依次选择菜单命令“PLC”→“断开连接”，断开变量表与 CPU 之间的连接。

2. 选择变量触发方式

选择菜单命令“变量”→“触发器”，打开如图 14-33 所示的对话框。在程序运行过程中，选择某一特定点，即触发点，来监视或修改变量，此时变量表中被监视变量的数值就是该触发点的值。

3. 监视变量

在变量编辑器中，选择菜单命令“变量”→“监视”，或在工具栏中单击“监视变量”图标，就可在变量表中“状态值”一栏里显示变量的状态值。如图 14-34 所示给出了变量表与梯形图变量的在线诊断对照。状态值“true”为真，状态值“false”为假或无变化。

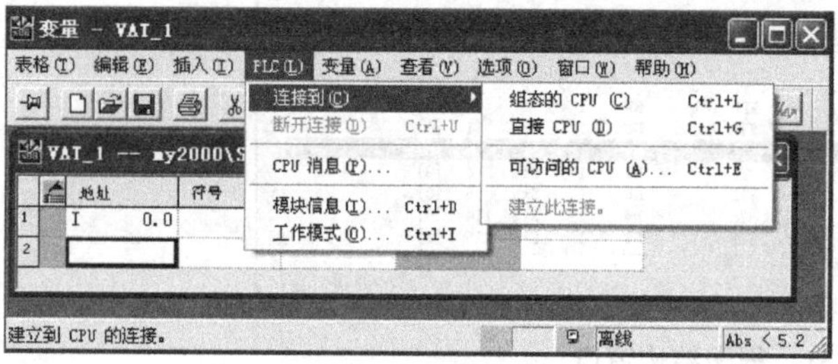

图 14-32　建立与 CPU 的连接

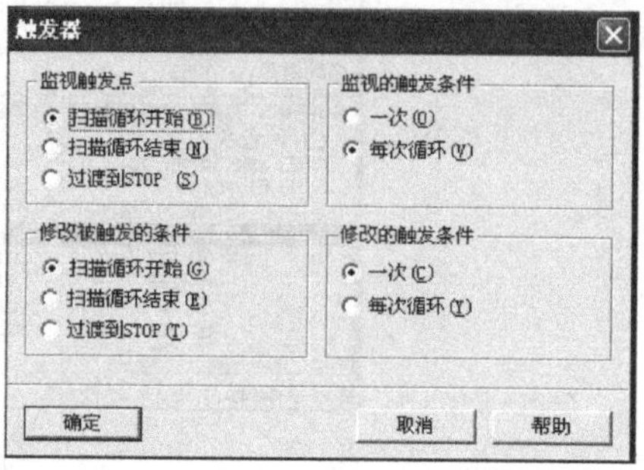

图 14-33　变量触发选择器

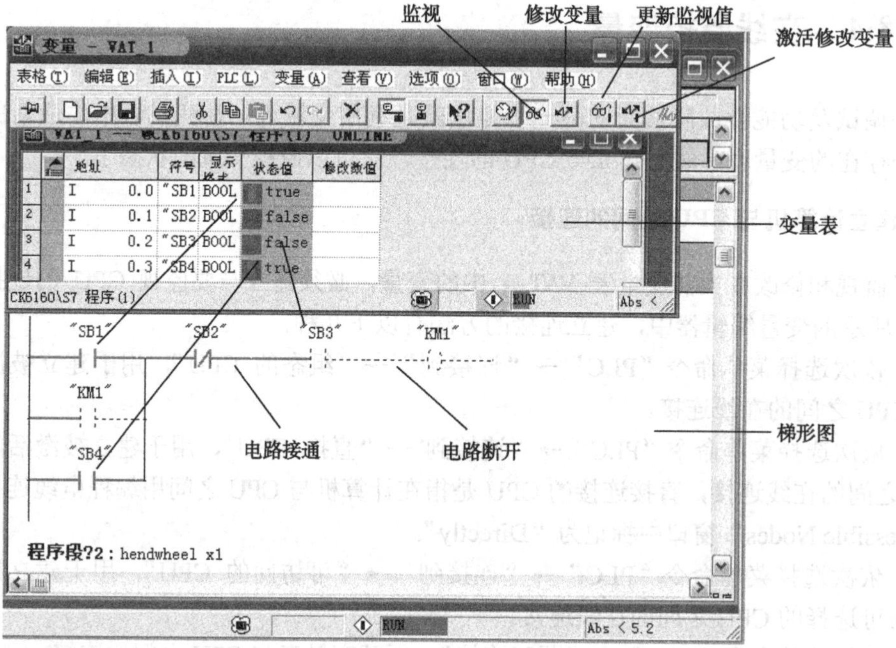

图 14-34　变量表在线诊断

如果依次选择菜单命令“变量”→“更新监视值”，或在工具栏中单击“更新监视值”图标，即可刷新变量一次。

4. 修改变量

在变量编辑器中，依次选择菜单命令“变量”→“修改”，或在工具栏中单击“修改变量”图标，就可在变量表“修改数值”一栏中输入新的变量值。如果数据类型是 BOOL 的变量，输入 0 或 1 后自动变为“false”或“true”。修改的变量被激活后才有效，激活的方法是依次选择菜单命令“变量”→“激活修改”，或在工具栏中单击“激活修改变量”图标，将修改值立即送入 CPU。利用“监视”测试功能检查修改值是否被传递到相应变量。值得注意的是，在执行修改前，要确认不会导致人身伤害和设备损坏。

14·8·5　PLC 强制启动

PLC 的强制功能可以快速地对输入信号和输出信号进行诊断，以确定 PLC 故障是发生在 PLC 内部还是外部。一旦 PLC 强启动有效，在 PLC 重新启动时，其输入的强制值不会发生变化，变量的值将与程序执行无关。强制后 NCU 上的 PFO 指示灯点亮，提示 PLC 的 CPU 被强制。从管理器语言编辑器或变量表编辑器中，单击“显示强制值”都可进入强制功能。现以语言编辑器为例进行说明。

1. 打开强制变量数值窗口

在语言编辑器中，依次选择菜单命令“PLC”→“显示强制数值”，显示强制数值窗口，如图 14-35 所示。

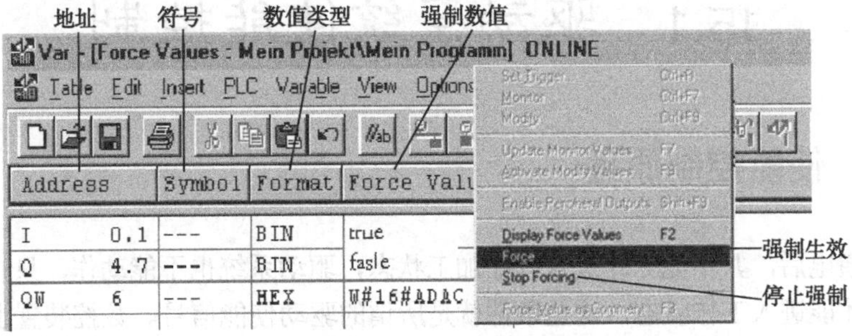

图 14-35　显示强制数值窗口

2. 输入强制数值

在显示强制数值窗口里，以电机启停为例，如在“Address”（地址）栏里输入 0.1 地址，在“Force Value”（强制数值）栏里输入 true（真），如图 14-35 所示，目的是强制电机停止。

3. 强制数值生效

在显示强制数值窗口里，依次选择菜单命令“Variable”（变量）→“Force”（强制），使强制数值生效，结果使电机强制停止。

4. 取消强制功能

一般在退出程序时，要取消强制功能。在显示强制数值窗口里，依次选择菜单命令“Variable”（变量）→“Stop Forcing”（停止强制），便取消了强制功能，变量数值由程序控制。

第 15 章　机床典型 PLC 控制

数控机床 PLC 控制是机床功能设计的主要任务之一，熟悉一些 PLC 控制示例，掌握 PLC 控制过程，对于数控机床的调试与维修是十分重要的。数控机床典型 PLC 控制一般包括使能控制、主轴控制、急停及限位控制、刀架控制、冷却控制、润滑控制及液压控制等。

15.1　驱动系统使能控制

15·1·1　使能控制原理

数控系统通电后，并不能立即进入程序加工状态，驱动系统也不能动作，只有满足了某些条件，驱动系统才能进入工作状态，这些条件就是所谓的驱动使能信号。数控装置上电启动过程结束，且驱动系统接到使能信号并生效后，数控机床进入准备状态，就可以对机床进行操作了。

在 810D/840D 控制系统中，驱动系统使能信号分为电源模块的使能信号、各轴驱动模块的使能信号，以及数据接口信号中为每个轴分配的使能信号。一般情况下，系统在通电时给出脉冲使能信号，使电源模块和驱动模块的控制回路工作，待系统启动完成后，再进行控制使能，使系统处于准备状态。根据使能信号的控制方式，通常划分为外部使能和内部使能。

1．外部使能

外部使能由 PLC 通过外部电路进行控制，如电源模块的使能信号和驱动模块的使能信号。系统在通电工作时，外部使能信号组成了使能工作链，图 15-1 所示就是电源模块的控制使能时序。电源模块使能控制端子的不同情况，确定了驱动系统的不同状态，即自由状态、工作状态和制动状态。

为了说明外部使能过程，结合图 15-1～图 15-3 进行说明，图 15-2 所示是外部使能 PLC 控制逻辑，图 15-3 所示是 PLC 输出使能控制。

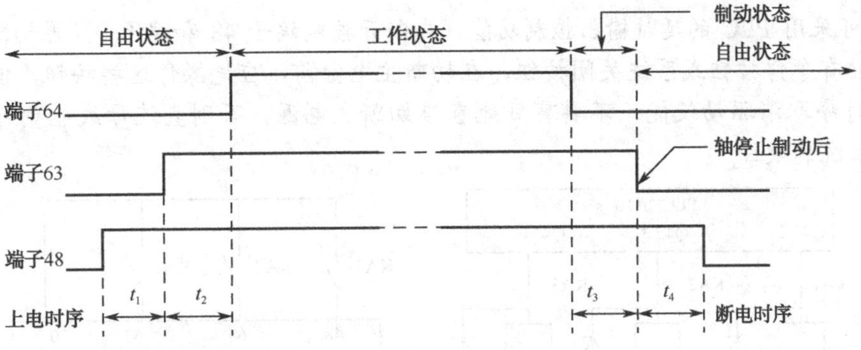

图 15-1　电源模块的控制使能时序

1）上电过程

系统上电过程中，在无急停信号 I33.3 的情况下，Q42.6 为 1，通过继电器 KA3 接通电源模块电源控制端子 48，如图 15-3 所示，直流母线开始充电，经过 T20 定时器延时 t_1 后，Q41.2 输出 1，通过继电器 KA1 接通脉冲使能端子 63，驱动模块的控制回路开始工作。再经过 T21 定时器延时 t_2 后，Q42.3 输出 1，由继电器 KA2 自动接通控制使能端子 64，驱动模块的调节路开始工作。控制使能接通后，驱动系统进入工作状态，可以执行轴的运动指令。定时器 T20 由电源控制信号 Q42.6 启动，定时器 T21 由脉冲使能信号 Q41.2 启动，定时时间设置应大于 50ms，如 100ms。

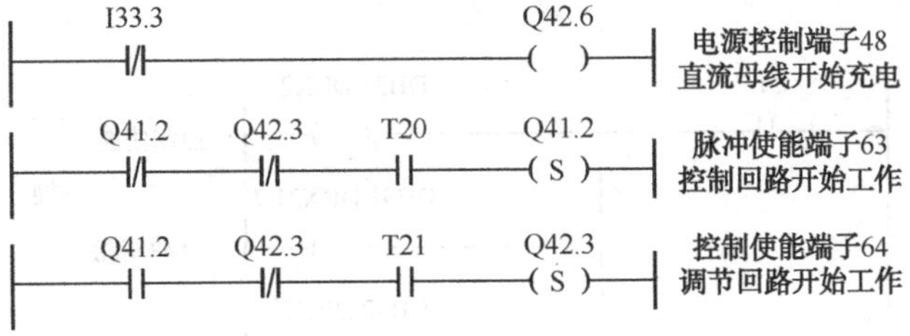

图 15-2　外部使能 PLC 控制逻辑

2）断电过程

系统断电时，其控制逻辑与通电时序相反，首先断开控制使能端子 64，取消外部使能信号，这时所有轴的速度设定值降为零，驱动系统立即进入制动状态，主轴和进给轴会迅速制动，并以最大的加速度停止，延迟一定的时间 t_3 后，取消内部控制使能。当系统检测到所有轴均已停止后，就断开脉冲使能端子 63，关断脉冲控制回路，再经过一定时间 t_4 的延时，断开电源控制端子 48，使直流母线进入放电状态。如果在轴没有完全进入静止状态时就断开端子 63 和 48，取消脉冲使能信号，轴以自由运动的形式停车，就达不到理想的制动效果。直流母线完全放电大约需要几分钟，在安装或断开直流母线时，一定确认直流母线是否完全放电。

注意： 驱动系统要求在直流母线放电后才能断开进线电源，否则可能造成驱动系统的硬件故障，因此在机床断电时，必须做到在切断三相电源之前至少 50ms，断开电源模块控制端子 48。可采用 PLC 的延时输出控制功能，先断开控制端子 48 和端子 9，再切断主电源。数控机床配有急停按钮或系统关闭按钮，在切断主电源前，应先操作这些按钮，使系统自动按规定的时序取消驱动使能。不要盲目地直接切断主电源，否则直流母线能量可能无法释放，损坏系统的硬件。

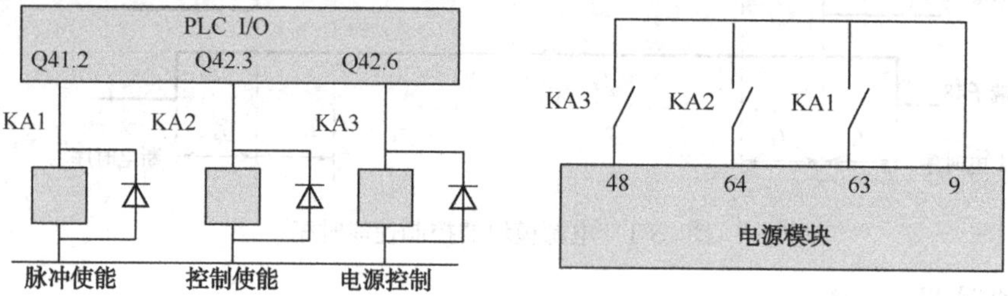

图 15-3　PLC 输出使能控制

2. 内部使能

内部使能信号由 PLC 程序产生，对应系统数据接口进行置位。系统内部使能控制逻辑，由操作人员通过机床控制面板上的使能按钮控制。如图 15-4 所示，Q1.7 为机床控制面板上的进给使能键，所对应的 LED 输出地址，当按进给启动使能键后，Q1.7 为 1，LED 点亮，完成进给轴和主轴内部脉冲使能和控制使能。全部使能完成后，各个端子及数据接口的状态如图 15-5 所示。

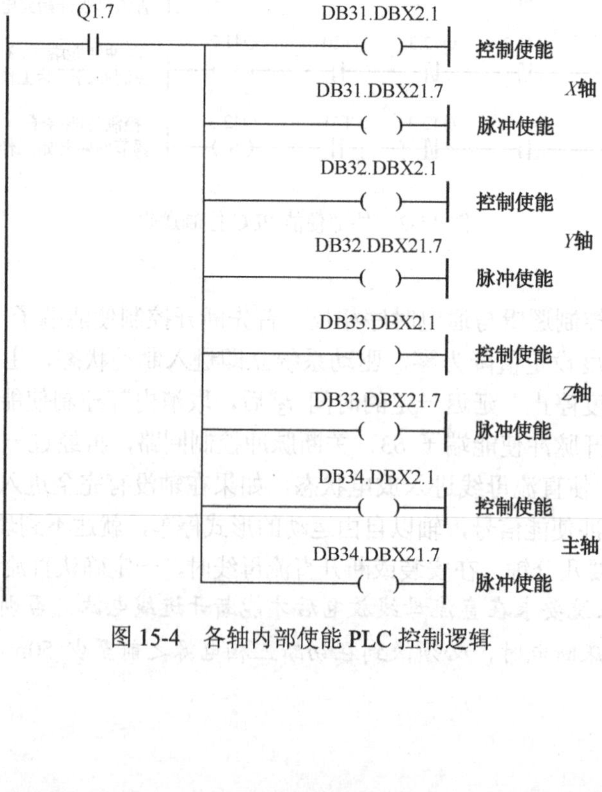

图 15-4　各轴内部使能 PLC 控制逻辑

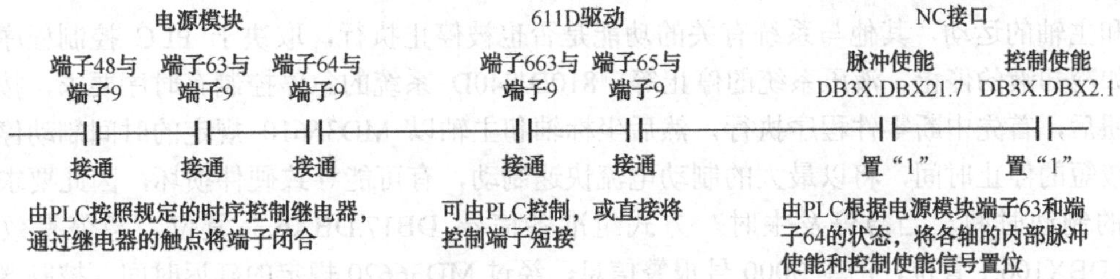

图 15-5　各模块使能后的状态

15·1·2　驱动使能常见故障

系统通电启动后，进给轴/主轴如果不能运动，首先应该检查系统的使能信号是否存在故障，再做进一步分析判断。常见伺服驱动系统的使能故障，在系统外部表现为线路连接断路或接触不良，而在系统内部则表现为 PLC 用户程序出现了错误，系统的脉冲使能信号或控制使能信号没有生效。表 15-1 列出了驱动使能常见故障。

表 15-1　驱动使能常见故障

序　号	现　象	原　因	检查及处理
1	电源模块没准备 绿色 LED 亮	电源模块没有使能信号	电源控制端子：48 与 9 检查脉冲使能信号端子：63 与 9 检查控制使能信号端子：64 与 9 根据检查的情况，维修使能控制电路
2	驱动模块没准备	驱动模块缺少使能信号	检查驱动模块使能端子：663 与 9 检查信号连接，维修控制电路
3	进给轴/主轴不能移动	在外部使能正常的情况下，进给轴没有内部使能信号	检查进给使能 I/O 信号：I2.3 或 Q1.7 进给使能禁止 I/O 信号：I2.2 或 Q1.6 检查主轴使能 I/O 信号：I2.5 或 Q2.1 主轴使能禁止 I/O 信号：I2.4 或 Q2.0 脉冲使能信号：DB31～61.DBX21.7 控制使能信号：DB31～61.DBX2.1 根据 PLC 程序，检查信号的逻辑条件

15.2　急停控制

急停用于数控机床安全控制，是数控机床必不可少的安全保护功能。在 810D/840D 控制系统中，急停指令是通过 PLC 传给 NC 的，一旦 NC 接收到紧急停止的指令，就自动中断坐标轴和主轴的运动，其他与系统有关的功能是否也被停止执行，取决于 PLC 控制程序的设计，如冷却液的停止、液压系统的停止等。810D/840D 系统的急停控制有时序要求，按下急停按钮后，首先中断零件程序执行，然后坐标轴和主轴以 MD36610 规定的时间制动停止。设置较短的停止时间，将以最大的制动电流快速制动，有可能导致硬件损坏，因此要求设置合适的制动时间。当急停发生时，方式组准备信号 DB17.DBX6.3 复位，急停有效信号 DB10.DBX106.1 置位，产生 3000 号报警信息，经过 MD36620 规定的延迟时间，控制器使能被取消。

图 15-6 所示为急停信号复位的时序关系，接口信号 DB10.DBX56.1 是急停信号，DB10. DBX56.2 是急停应答信号、DB10.DBX106.1 是急停有效信号，DB21.DBX7.7 是系统复位信号。急停应答信号在 1 位置时没有起作用；复位信号在位置 2 时没有起作用；只有在位置 3，急停应答和复位有效时，急停信号才能被复位。

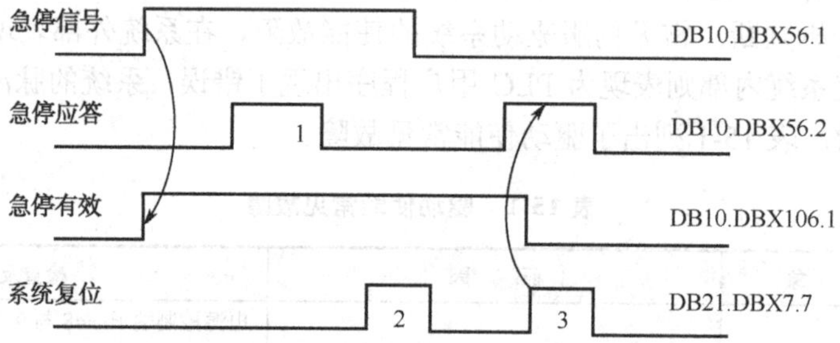

图 15-6 急停信号复位的时序关系

由于数控机床控制功能的差异，机床制造商根据机床的具体要求设计急停功能。有些机床制造商要求在机床紧急停止时切断全部控制电源，如数控系统、驱动系统和其他机床控制单元的电源；也有些只需要停止驱动系统的使能和切断部分控制电源。设计数控机床急停功能时，应尽量考虑所有运动部件，使之都应与急停信号相关，且在执行紧急停止时，这些运动部件应在最短的时间内停止，才能达到急停的目的。一些系统对急停顺序有要求，并不是按下急停按钮就立即切断电源，特别是不会切断主电源，否则由于运动部件缺少制动电源而可能进入自由状态，反而造成进入停止的时间延长，达不到紧急停止的效果。数控机床的直接断电不符合 611D 驱动系统的断电时序，还会导致驱动系统的硬件故障。

在图 15-7 中给出了数控机床的急停 PLC 控制逻辑，急停按钮 I33.3 通过 PLC 向数控系统发出急停信号，经数控系统或 PLC 用户程序处理后，通过 Q46.1 控制其他运动部件按照一定的顺序停止，图中 I3.7 是复位信号。

系统急停常见的故障是急停无效，按下急停按钮后，机床不执行急停动作，这在机床工作中是很危险的。产生这种故障的原因无非有两种情况，一是急停按钮损坏，二是急停线路有短路现象，需要根据实际情况排除故障。

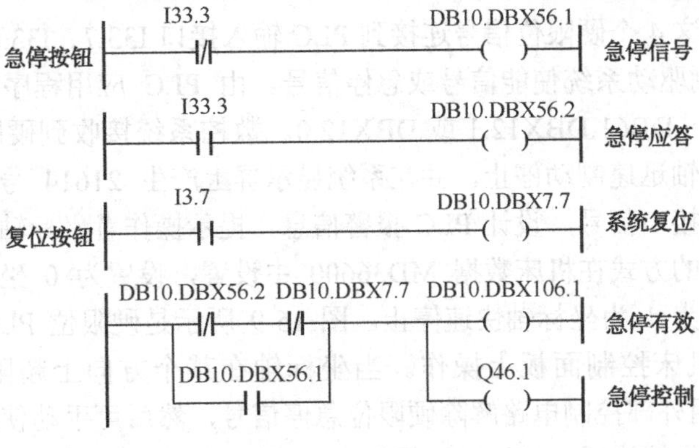

图 15-7　数控机床的急停 PLC 控制逻辑

注意：

- 在控制电路设计上，急停按钮必须采用常闭触点连接方式，这样无论是按下急停按键还是线路断线，急停信号都能正确地传输到系统的 PLC 接口，使数控系统及时对紧急情况做出处理。
- 数控机床设置的急停按钮如果不止一个，则所有急停按钮信号应串联在一起，任何一个按钮按下，都将产生急停动作。

15.3　机床的限位

数控机床的限位分为硬件限位、软件限位和工作区域限制，都属于机床的安全功能，限制进给坐标轴在规定的范围内运动，避免机械事故的发生。

数控机床的硬件限位简称硬限位，通过外部硬件连接实现，是数控机床的外部安全保护措施，也是坐标轴最后的安全保护屏障。在数控机床工作中，由于坐标轴以何种速度碰到硬限位开关是不确定的，硬限位生效后，坐标轴不能立即停止，而是在制动情况下移动一段距离，此距离的长短与坐标轴的运动速度有关，运动速度越高，制动距离越长，这就要求硬限位挡块的长度必须大于减速制动所需要的距离，否则应限制坐标轴的运动速度，或者根据设置的最大速度、最小的制动时间来设计硬限位挡块的长度。

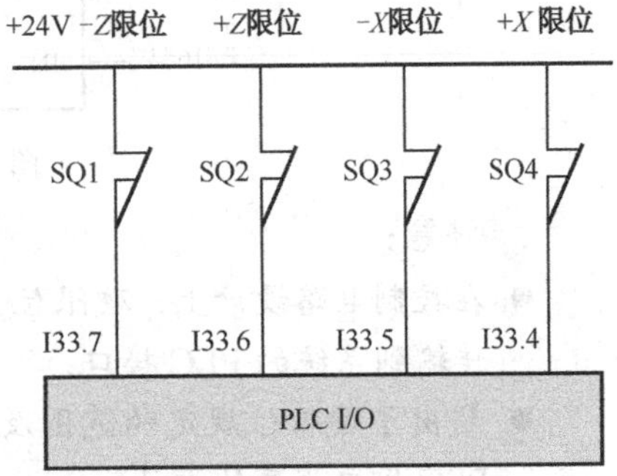

图 15-8　硬限位控制电路

图 15-8 所示是某数控车床的硬限位控制电路，在两坐标轴的正、负方向上都安装有硬限位挡块 SQ1、

SQ2、SQ3 和 SQ4，这 4 个硬限位信号连接到 PLC 输入接口 I33.7、I33.6、I33.5 和 I33.4，经 PLC 程序处理后控制驱动系统使能信号或急停信号。由 PLC 应用程序将信号传送到数控系统的信号接口 DB31～DB61.DBX12.1 或 DBX12.0。数控系统接收到硬限位信号后，控制坐标轴迅速制动停止，并在系统显示屏上产生 21614 号“超硬限位”报警信息。用户还可以利用接口信号，设计 PLC 报警信息，提示操作者坐标轴在哪个方向碰到了硬限位挡块。制动停止的方式在机床数据 MD36600 中设置，设置为 0 坐标轴以给定的最大加速度减速停止，设置为 1 为坐标轴快速停止。图 15-9 所示是硬限位 PLC 控制逻辑，I5.3 为解限位信号，可在机床控制面板上操作。当坐标轴在某个方向上超限位时，按下此键使 Q42.3 输出为 1，利用外部控制电路解除硬限位急停信号，然后可手动使超限位坐标轴向相反方向移动，离开硬限位挡块后，超硬限位报警自动解除。

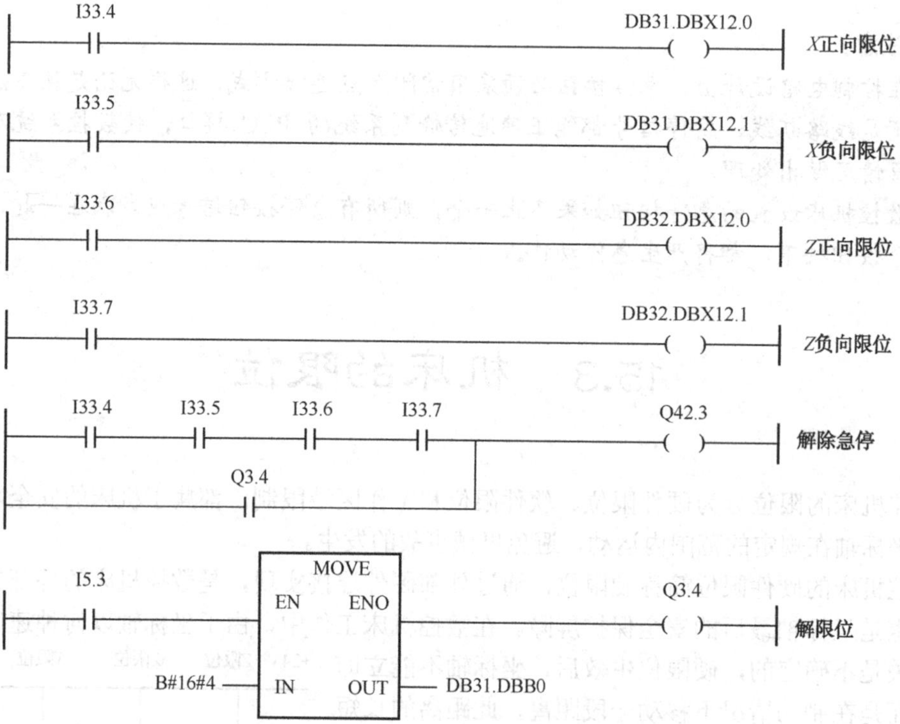

图 15-9　硬限位 PLC 控制逻辑

注意：

- 在控制电路设计上，硬限位开关必须采用常闭触点连接方式，使限位信号都能正确地传输到系统的 PLC 接口。
- 超出了硬限位规定的范围及时切断驱动系统的使能信号，是否与急停相关，取决于 PLC 用户程序的设计。

15.4　转塔刀架控制

转塔刀架多用于数控车床，从 4 工位到 12 工位有很多种，图 15-10 所示就是 12 工位转塔刀架，常用的是 6 工位和 8 工位。按转塔刀架的控制方式分类，有电动刀架、液压刀架和伺服刀架等。目前数控车床采用电动刀架较多，现以电动刀架为例说明其工作过程。

图 15-10　12 工位转塔刀架

15·4·1　转塔刀架的工作原理

图 15-11 所示为某电动刀架的控制结构示意图，从图中可以看出，电气控制部件由电机、制动电磁铁、预分度电磁铁、分度开关、锁紧开关、编码器和温度开关等组成。

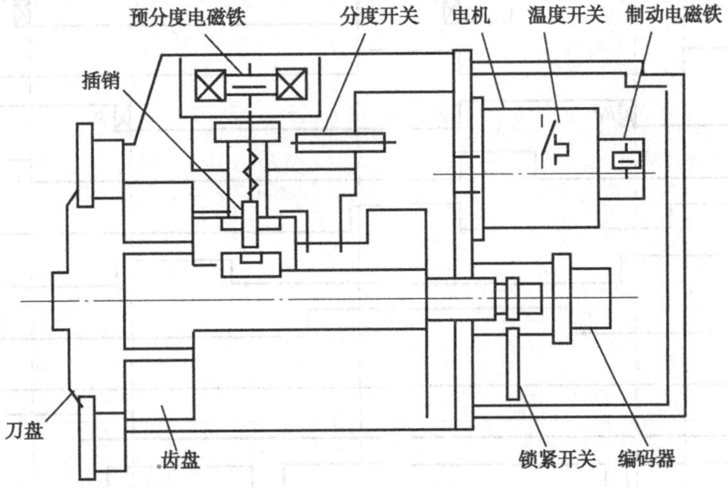

图 15-11　电动刀架的控制结构示意图

图 15-12 给出了转塔刀架换刀过程，各部分的动作都有严格的时序关系。图 15-13 所示是某电动转塔刀架换刀时序，前一部分是从刀位 1 换到刀位 2，后一部分是从刀位 2 换到刀位 8。从刀位 1 换到刀位 2，当 PLC 应用程序接收到数控系统发出的换刀指令后，首先根据当前的刀具位置确定就近旋转到指令刀具的方向，刀架制动松开，启动电机按判定的正方向转动，同时检测刀位编码器发出的实际刀位信号和选通信号。当选通信号由 1 变为 0 时，即

在选通脉冲下降沿，PLC 程序控制预分度电磁铁通电动作，这时 PLC 程序监控分度开关的上升沿，直到分度插销插入机械停止槽。分度开关的上升沿出现，电机立即停止转动，经延时后控制电机向相反的方向转动。这时刀架转塔进入锁紧过程，一旦锁紧开关由 0 变为 1，即锁紧开关信号的上升沿出现，电机停止转动，经延时转塔制动，预分度电磁铁断电释放。

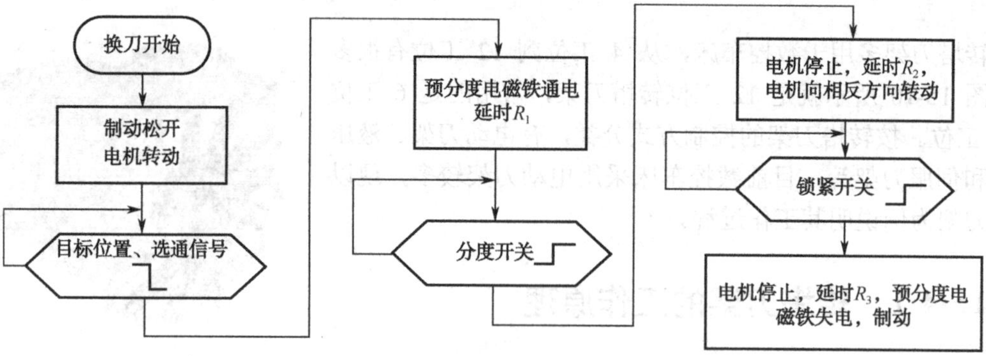

图 15-12　转塔刀架换刀流程图

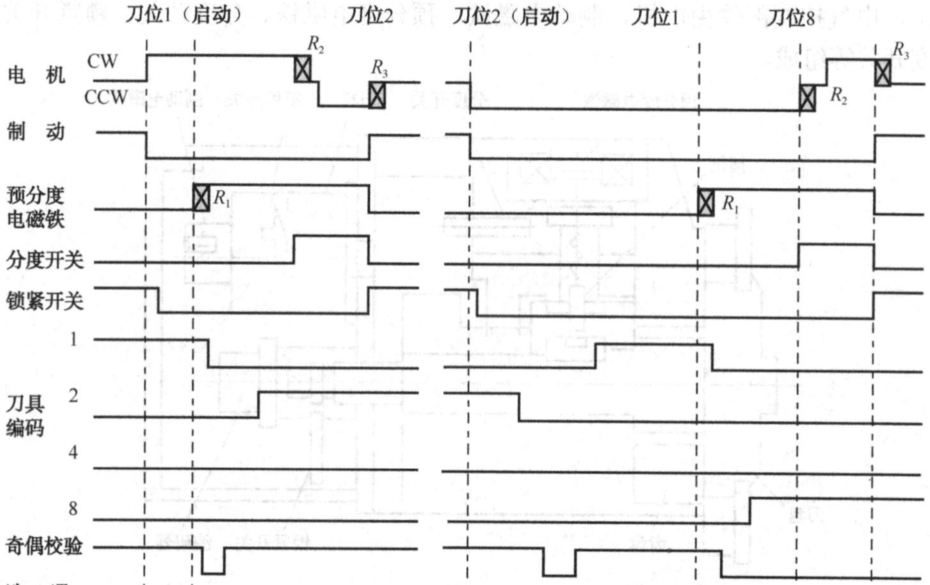

图 15-13　某电动转塔刀架换刀时序

有一些转塔刀架时序有所不同，先进行的是指令刀位与实际刀位比较，当指令刀位与实际刀位相符，且选通信号的上升沿出现时，PLC 程序控制电磁铁动作。当分度开关信号下降沿出现时，控制电机向相反的方向旋转，进入刀架锁紧过程。

注意：

- 延时时间常数 R_1、R_2、R_3 影响着整个换刀过程，特别是 R_1 和 R_2，如果电磁铁吸合或刀架电机反向的时间不能保证控制时序的要求，可能导致刀架不能锁紧。
- 影响时间常数的因素有 PLC 的扫描周期、继电器或接触器动作的滞后时间，在实际设计刀架控制电路时，应尽量减少控制回路中的滞后环节。
- 一般转塔刀架制造商根据其特性，给出了这两个时间的参考值，表 15-2 所示就是某电动转塔刀架的 R_1、R_2、R_3 最大时间值，供设计 PLC 程序时参考。

表 15-2　转塔刀架延时参数

转塔刀架规格		120	160	200	250
R_1（ms）		40	40	50	50
R_2（ms）		50	50	50	50
R_3（ms）	快速			60	
	标准	40	40	70	80
	慢速	40	40	80	90
	非常慢		40		90

15·4·2　转塔刀架的程序控制

数控系统对转塔刀架的控制是通过 PLC 程序完成的，数控系统把换刀指令送到系统信号接口，PLC 应用程序从接口信号中读取指令刀位号，在 PLC 程序的控制下进行换刀。系统在接到换刀指令后，PLC 应用程序首先是对指令刀位号进行判别，看指令刀位号是否超出了规定范围，一旦超出就立即报警。第二步是判断刀架电机是否需要转动，如果转动还要判别出转动的方向。第三步是进行刀具位置判别，当前位置的刀位号与指令刀位号相符时，电机停止选刀。第四步是进行刀架定位锁紧。为了用 PLC 程序说明换刀过程，现把某电动转塔刀架的输入控制信号和状态输出信号一并列出，如表 15-3 所示。

表 15-3　转塔刀架的控制信号

序号	控制信号名称		PLC　地址	特　　性	序号	控制信号名称		PLC 地址	特　　性
1	电机	正转	Q43.1	380V 50Hz	7	刀位编码	2^3	I34.3	10～30V
		反转	Q43.2	380V 50Hz			2^2	I34.2	
2	制动电磁铁		Q43.3	24V DC			2^1	I34.1	
3	预分度电磁铁		Q43.4	24V DC			2^0	I34.0	
4	电机保护		I34.7	250V 1.5A	8	选通信号		I34.4	10～30V
5	预分度开关信号		I34.6	10～30V	9	校验信号		I35.1	10～30V
6	锁紧开关信号		I34.5	10～30V					

1．刀位号的读取与判别

刀具位置的读取包括指令刀位号和实际刀位号的读取。加工程序中的指令刀位号由数控系统自动送入数据接口 DB21.DBW118，PLC 应用程序利用传输指令从接口信号中读取指令刀位号，送到位存储器 MW184 中；从表 15-3 中可以看出，实际刀位号位置输入到 IB34，经过与 B#16#F 的与运算，屏蔽掉高 4 位，就可得到刀具的实际位置，存入 MW180 位存储器中，如图 15-14 所示。

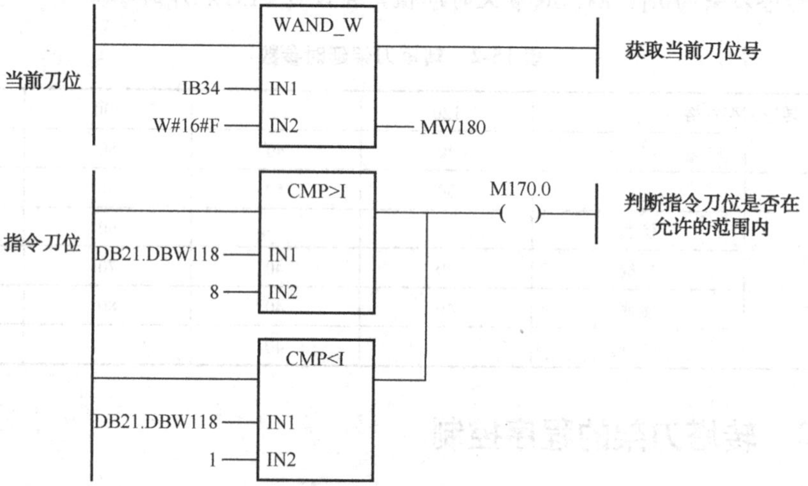

图 15-14　指令刀号错误判断

刀位号的判别是指给定的指令刀位号要符合转塔刀架的刀位数量。若超出了规定范围，说明编制的零件加工程序有误，则发出报警信息。图 15-14 给出了 8 工位转塔刀架的判断程序，当给出的指令刀位号大于 8 或小于 1 时，通过 M170.0 产生报警信息。

2．刀架电机正转和反转的识别

大多数转塔刀架都带有刀位编码器，可以双向就近自动换刀。换刀方向的判别方法很多，这里介绍一种利用刀位差进行判别的方法。所谓刀位差就是指令刀位号与当前刀位号之差，即

$$D_{差}=D_{指令}-D_{当前}$$

当 $D=0$ 时，不换刀；

当 $D_{差}>0$ 且 $D_{差}\leqslant 4$ 或 $D_{差}<0$ 且 $D_{差}\leqslant -4$ 时，刀架正向就近换刀；

当 $D_{差}>0$ 且 $D_{差}>4$ 或 $D_{差}<0$ 且 $D_{差}>-4$ 时，刀架反向就近换刀。

当前刀位号在 MW180 中，经过运算的刀位号差存在 MW182 中。根据上述的判别方法，设计的 PLC 梯形图如图 15-15 所示，判断刀架电机转动的方向，结果存在 M170.1 中。当 M170.1 置 1 时；刀架电机正转换刀；为 0 时，刀架电机反转换刀。

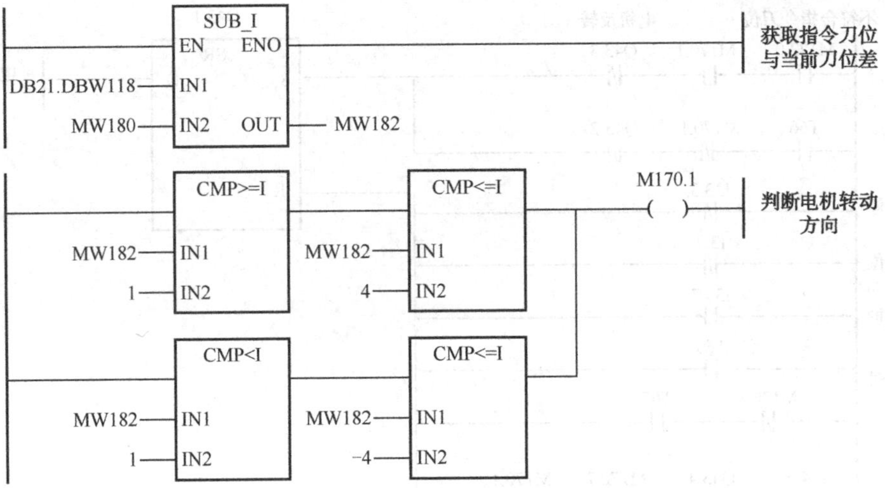

图 15-15　刀架转动方向的确定

3．刀架电机的控制

在判别出刀架正反转后，就可以设计电机的控制了。事实上电机的控制仅有 M170.1 信号的条件是不够的，还要受许多条件的约束，同时还要有时间的监控。图 15-16 给出了刀架电机正转换刀控制的原理图，电机反转与正转的区别在于 M170.1 的状态相反，还利用了 Q43.2 的常闭触点，其他与图 15-16 所示相同。图中 M172.0 是自动换刀的条件，即在自动方式下，当前刀具位置不符合指令位置，M172.0 置 1，如果当前刀具位置就是指令刀具位置，那么就不需要换刀了。Q43.2 控制电机反转，M170.7 是自动换刀过程的条件。T66 是保持型接通延时定时器，定时时间参见表 15-2 中的 R_2；T67 也是保持型接通延时定时器，用于 SR 触发器的可靠复位；T69 是接通延时定时器，用于换刀监控。

M172.0、M170.1 与 Q43.3 的常闭触点组成正转换刀条件。T66 与 M170.1、Q43.2 常闭触点组成反转换刀时的反向转动锁紧条件，电机停止后，经 T66 延时再进行正转。紧急停止信号 I33.3，系统复位信号 I3.7，电机过热信号 I34.7 都能使换刀过程中止。若在 T69 规定的时间内未完成换刀，电机也将停止。

4．刀位判别

电机在带动刀塔转动的过程中，要进行刀具位置的判别，PLC 控制程序如图 15-17 所示，MW184 中存放的是指令刀位号，MW180 中存放的是当前位置的刀位号，DB21.DBX61.0 是刀具变化的标志。在自动换刀过程中，无论是正转换刀还是反转换刀，只要当前刀位号等于指令刀位号，满足刀位符合的条件，M170.5 就置 1。

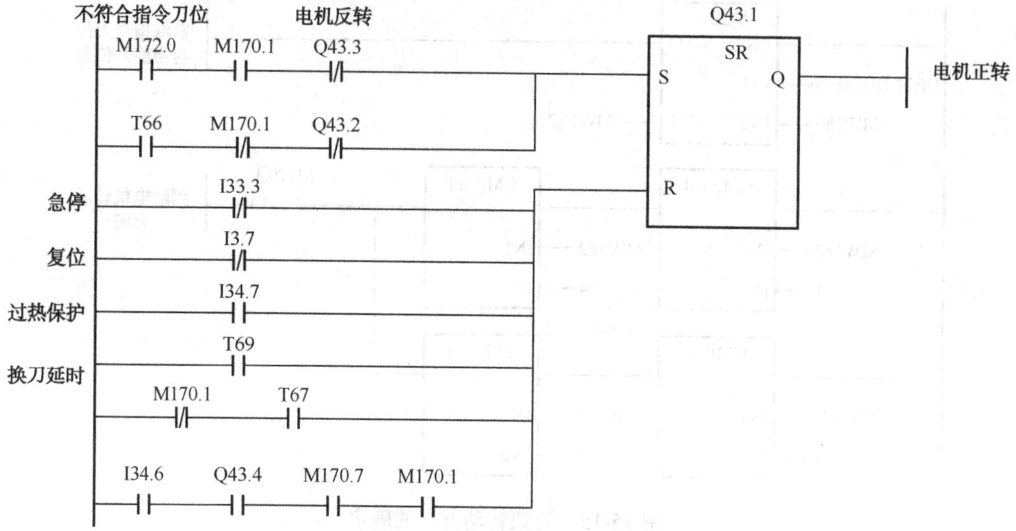

图 15-16　刀架电机正转换刀控制的原理图

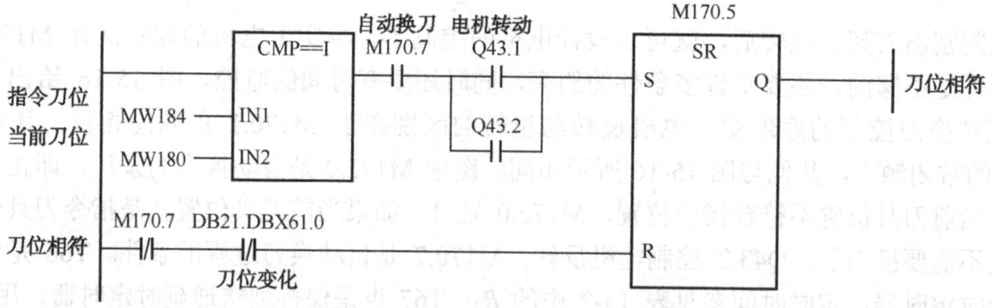

图 15-17　刀具位置判别

5．预分度电磁铁和制动电磁铁的控制

预分度电磁铁用 Q43.4 控制，PLC 程序如图 15-18 所示。在启动刀架电机后，预分度电磁铁的动作与定时器 T65 有关，T65 是保持型接通延时定时器，设置的定时时间参见表 15-2 中的 R_1。它检测选通脉冲信号，在选通信号由 1 到 0 的下降沿时，定时器开始工作，定时时间到输出为 1，即 Q43.4 为 1，预分度电磁铁得电吸合。

T68 也是保持型接通延时定时器，定时时间参见表 15-2 中的 R_3，当锁紧开关信号由 0 变为 1 时，开始工作，预分度电磁铁失电断开时被复位。

制动电磁铁的控制比较简单，由 Q43.3 控制。电机启动换刀时，制动松开，当电机换刀停止，或者是预分度电磁铁吸合，且预分度开关信号、锁紧信号都为 1，即出现故障时，刀架制动生效，如图 15-19 所示。

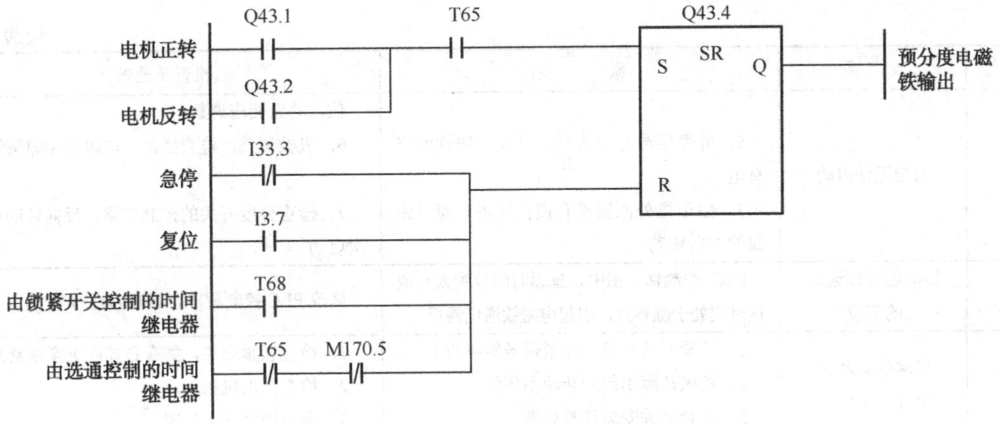

图 15-18　预分度电磁铁的控制

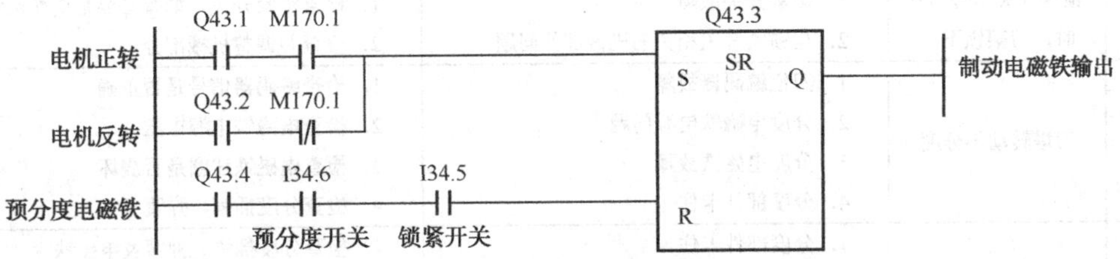

图 15-19　制动电磁铁的控制

注意：在换刀过程中要用到读入禁止接口信号 DB21.DB×6.1。换刀时此信号为 1，NC 进入读入禁止状态，NC 程序暂停执行；换刀结束此信号变为 0，NC 程序继续执行。

15.4.3　转塔刀架的维修

电动刀架常见故障见表 15-4。

表 15-4　电动刀架常见故障

序 号	现　象	原　因	检查及处理
1	刀架无法启动	1．电机电源没有接通	1．检查电机电源
		2．没有刀架驱动信号输出	2．通过系统诊断 I/O，查看是否有控制信号输出，根据 PLC 梯形图分析其原因
		3．刀架控制回路中的空气开关或接触器故障	3．维修或更换空气开关、接触器
		4．电机故障，如烧坏、卡死、电源缺相等	4．维修、调整或更换电机
		5．刀架内部传动部件或分度部件卡住	5．卸下电机，判断刀架内部传动部件是否卡

续表

序号	现象	原因	检查及处理
1	刀架无法启动	6．分度信号总是为 1，分度电磁铁始终有电 7．由于意外原因没有锁住转塔，而以错误的方向转动	住，并做相应调整 6．机械调整，检查插销、电磁铁和弹簧等 7．检查分度开关的控制电路，反向转动或再次启动
2	转动超过预选定的刀位	PLC 控制梯形图中，延迟时间设置太长或该时间处于临界点，引起电磁铁通电滞后	修改 PLC 控制程序，调整延迟时间
3	锁紧接近开关信号为 1 时，刀架锁不住	1．锁紧开关故障，锁紧信号始终为 1 2．机械故障引起的转动不到位 3．锁紧开关安装调整问题 4．锁紧延时时间太长	1．检查锁紧开关，如有必要则更换锁紧开关 2．检查内部机械 3．调整锁紧开关位置 4．降低延时时间
4	锁紧开关信号为 0 时，刀架锁不住	1．锁紧开关故障 2．与锁紧开关相关的机械部件问题	1．检查锁紧开关，如有必要则更换锁紧开关 2．检查并调整机械部分
5	刀塔转动不分度	1．刀位编码器故障 2．分度电磁铁电源问题 3．分度电磁铁故障 4．分度部件卡住	1．检查编码器信号是否正确 2．检查电磁铁电源电压 3．检查电磁铁线圈是否烧坏 4．检查分度插销、弹簧
6	刀位不正确	1．分度部件卡住 2．刀位编码器故障 3．电磁铁激励延时时间太长	1．检查分度插销、弹簧及电磁铁 2．检查编码器信号是否正确 3．按规定减少延时时间
7	刀塔转动不平稳，转动时表现为跳动	偏重力矩超过许可值	减少偏重
8	电机过热	1．电机缺相 2．机械部件有卡住现象	1．检查电机电源 2．检查机械部件

15.5 主轴控制

主轴的控制相对于坐标轴要复杂得多，坐标轴的运动一般不需要进行过多 PLC 程序设计，根据自动或手动指令由数控系统控制，PLC 用户程序只需完成坐标轴的使能和选择即可。主轴的正反转、定位及换挡控制，都需要设计 PLC 控制程序。810D/840D 数控系统的主轴控制方式有速度控制方式、摆动控制方式、定位控制方式及同步控制方式，通过接口信号 DB31～DB61.DBX84.4～DBX84.7 选择并激活。这 4 种控制方式可以利用系统的控制指令进行转换，如图 15-20 所示。在大多数数控机床中，特别是数控车床，常用的是速度控制方式、摆动控制方式和定位控制方式。

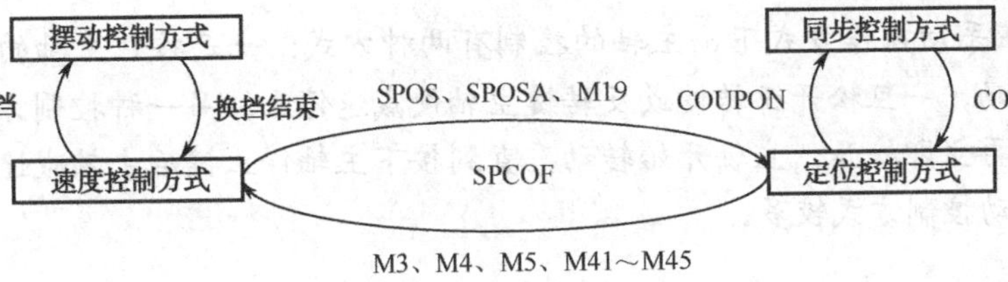

图 15-20　主轴控制方式之间的转换

15·5·1　主轴速度控制

速度控制方式是最重要的一种主轴控制方式，数控机床的切削加工用的就是速度控制方式，用编程指令 M3、M4、M5 或 SPCOF 激活主轴的速度控制方式，接口信号 DB31.DBX84.7 置位。在进给轴/主轴的接口信号 DB33.DBB86 中，可以看到 M 指令代码的状态。当用 M3 激活时，系统自动使主轴正向旋转；当用 M4 激活时，系统自动使主轴反向旋转；当用 M5 激活时，系统自动使主轴停止。在主轴速度控制方式下，主轴的转速由 S 指令确定，比如 S1500 表示 1 500r/min。主轴的正转、反转和停止可通过零件加工程序控制，也可以通过手动控制。通过加工程序控制时，系统自动处理主轴控制指令信息，驱动主轴转动，不需要设计 PLC 控制程序。

图 15-21 所示是手动控制主轴转动的正转 PLC 控制程序。I7.5 是主轴正转启动键信号。Q2.1 是主轴启动使能信号，对应于主轴的使能键。Q5.7 表示主轴反转信号，是正转的互锁信号。满足启动条件时，M150.0 置位，传送到主轴正向转动接口信号 DB33.DBX4.7，主轴开始转动。I7.6 是主轴停止信号，Q2.0 是主轴的使能禁止信号，当满足主轴停止条件时，M150.0 复位，主轴减速停止。为了能够调节主轴的转速，使主轴转速倍率修调信号生效，利用正反转的启动信号，把主轴接口信号 DB33.DBX4.5 置位。

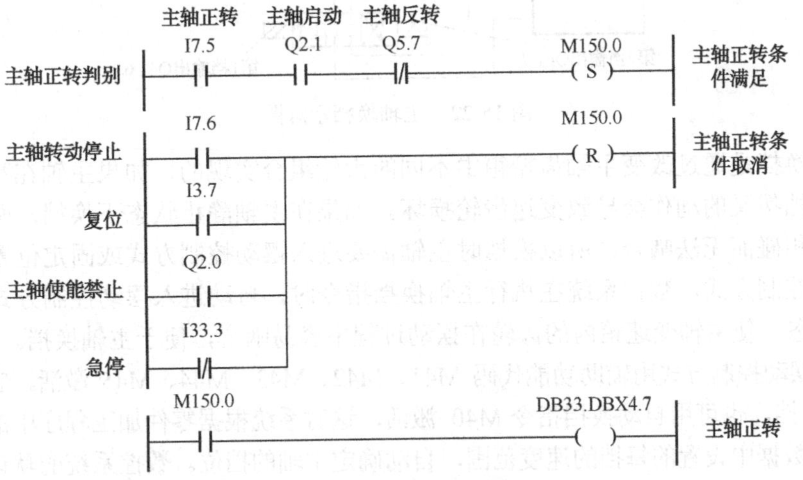

图 15-21　主轴的手动正转控制

注意： 在手动操作方式下，主轴的控制有两种方式：一是按住主轴的正转键或反转键，主轴开始转动，一旦松开正转键或反转键主轴便减速停止；另一种控制方式是按一下正转键或反转键，再立即松开，主轴开始转动，直到按下主轴停止键后主轴减速停止。数控机床采用后者的手动控制方式较多。

15·5·2 主轴的换挡控制

主轴换挡的目的是为了主轴工作在低转速时，仍能获得较大的功率，提供足够的切削动力。主轴的换挡操作可以在摆动控制方式下进行，也可以在固定位置方式下进行，取决于机床数据 MD35010 设置。810D/840D 数控系统规定了最多 5 个挡位级别，每个挡位的最高速度和最低速度可通过机床数据设置。实际应用中相邻两个挡位的最高速度和最低速度一般设置成相互重叠，比如第 1 挡的最高速度与第 2 挡的最低速度重叠，避免出现主轴转速死区。图 15-22 所示是两个挡位的主轴换挡示意图。

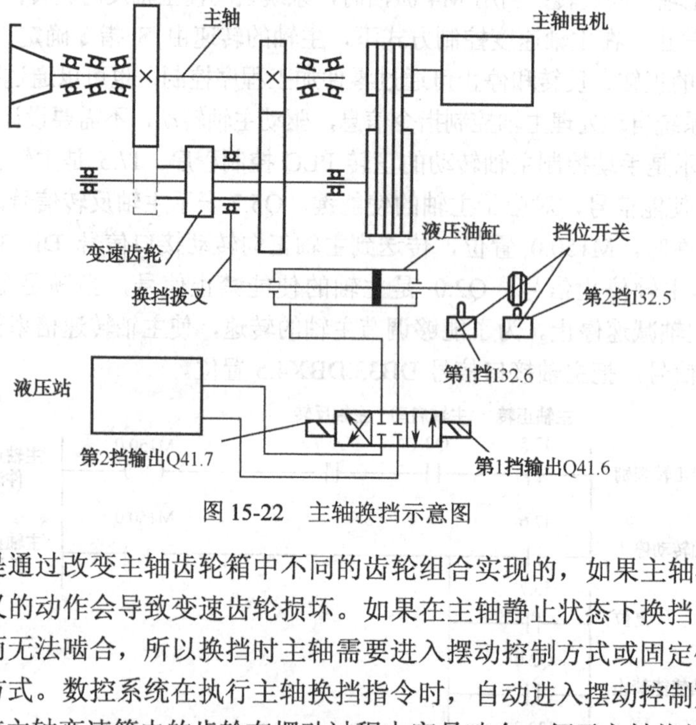

图 15-22 主轴换挡示意图

主轴的换挡是通过改变主轴齿轮箱中不同的齿轮组合实现的，如果主轴在高速转动过程中换挡，换挡拨叉的动作会导致变速齿轮损坏。如果在主轴静止状态下换挡，两个变速齿轮的端面可能相碰而无法啮合，所以换挡时主轴需要进入摆动控制方式或固定位置方式，一般都采用摆动控制方式。数控系统在执行主轴换挡指令时，自动进入摆动控制方式，主轴电机处于摆动状态，使主轴变速箱内的齿轮在摆动过程中容易啮合，便于主轴换挡。

主轴的摆动控制方式用辅助功能代码 M41、M42、M43、M44、M45 激活，它们对应于主轴的第 1～5 挡，也可用自动换挡指令 M40 激活，这时系统根据零件加工程序中的主轴速度指令 S 和机床数据中设置的每挡的速度范围，自动确定主轴的挡位。数控系统的默认设置是自动换挡，但目前大多数数控机床都采用 M41、M42、M43、M44、M45 指令进行强制换挡。

1．换挡时序

实际上主轴的换挡过程有一定的时序要求，在设计 PLC 控制程序时，必须遵守主轴的换挡时序。对于不同的数控系统，主轴的换挡时序略有差异，但换挡的过程和步骤基本相同。对于同种数控系统而言，无论机床有几个挡位，每次换挡过程的控制时序都是完全相同的。图 15-23 较详细地说明了主轴换挡的各个信号之间的相互时序关系。

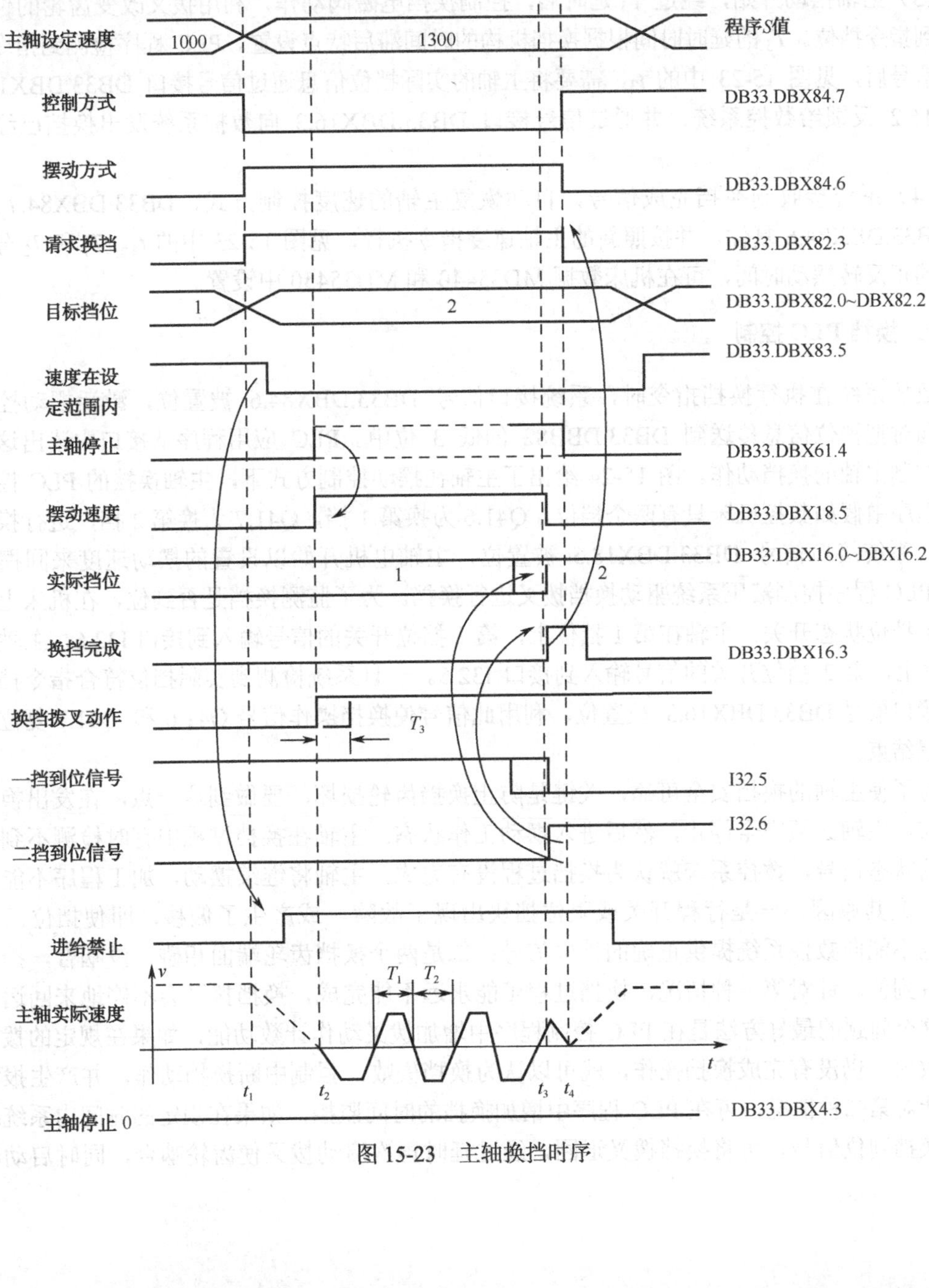

图 15-23　主轴换挡时序

（1）数控系统在接到零件程序中的换挡指令后，主轴首先减速到零，然后主轴由速度控制方式自动转为摆动控制方式，DB33.DBX84.6 被置位，同时通过信号接口 DB33.DBX82.3 发出换挡请求，指令挡位信号送到接口 DB33.DBX82.0～DBX82.2 中，见图 15-23 中的时间 t_1。

（2）PLC 程序在接到换挡请求信号后，检测主轴是否停止（DB33.DBX61.4）。当确认主轴停止后，通过接口信号 DB33.DBX18.5 启动主轴摆动，见图 15-23 中的时间 t_2。

（3）主轴摆动开始，经过 T_3 延时后，控制换挡电磁阀动作，利用拨叉改变齿轮的位置，以达到指令挡位。T_3 的延时时间根据换挡机构的时间滞后特点设置。PLC 程序检测到指令挡位到位信号后，见图 15-23 中的 t_3，需要将主轴的实际挡位信息通过信号接口 DB33.DBX16.0～DBX16.2 反馈给数控系统，并通过信号接口 DB33.DBX16.3 向数控系统发出换挡已经完成信号。

（4）系统接收到换挡完成信号，自动恢复主轴的速度控制方式，DB33.DBX84.7 置位 1，DB33.DBX84.6 复位，并按照新的主轴速度指令执行，见图 15-23 中的 t_4。T_1 和 T_2 分别是主轴的正反转摆动时间，可在机床数据 MD35440 和 MD35450 中设置。

2．换挡 PLC 控制

数控系统在执行换挡指令时，系统接口信号 DB33.DBX84.6 被置位，激活摆动控制方式，同时把挡位信息传送到 DB33.DBB82 的低 3 位中。PLC 应用程序从接口中读出这些信息，控制主轴的换挡动作。图 15-24 给出了主轴在摆动控制方式下，主轴换挡的 PLC 控制程序。程序中假如数控机床只有两个挡位，Q41.6 为换第 1 挡，Q41.7 为换第 2 挡，进行换挡操作时，系统接口信号 DB33.DBX18.5 被置位，主轴电机开始以设置的摆动速度来回摆动，同时 PLC 程序控制液压系统驱动换挡拨叉进行换挡。为了监测换挡是否到位，在机床上安装有两个挡位状态开关，主轴在第 1 挡位上，第 1 挡位开关的信号输入到接口 I32.6，主轴在第 2 挡位上，第 2 挡位开关的信号输入到接口 I32.5。一旦系统检测到实际挡位符合指令挡位，系统接口信号 DB33.DBX16.3 被置位，利用此信号使换挡操作信号 Q41.6 和 Q41.7 复位，换挡过程结束。

为了使主轴的换挡安全可靠，关键是防止换挡齿轮损坏，要做到这一点，在发出换挡动作之前，主轴必须完全停止，然后进入摆动工作状态。主轴在换挡过程中有时检测不到挡位到位的状态信号，数控系统就认为换挡过程没有完成，主轴将继续摆动，加工程序不能往下执行。究其原因，一是行程开关或限位挡块出现了故障，或产生了偏移，即使挡位已经到位，也不能向数控系统提供正确的挡位信号；二是两个换挡齿轮端面相碰，没啮合，挡位的确没有到位。针对第一种情况，换挡过程可能永远不能完成，换挡拨叉会不停地来回运动，解决这个问题的最好方法是在 PLC 控制程序中增加拨叉动作计数功能，如果在规定的拨叉动作次数内，仍没有完成换挡操作，就可以认为换挡失败，强制中断换挡动作，并产生报警信息。针对第二种情况，可在 PLC 程序中增加换挡的时间监控，如果在规定的时间内系统接收不到换挡到位信号，可将换挡拨叉退回，经过延时再次启动拨叉使齿轮啮合，同时启动时间的监控，如果数控系统仍然得不到换挡到位信号，重复上述动作，直到最终得到换挡到位信号。一般说来，只要换挡部件没有问题，经过几个换挡动作，是可以完成主轴换挡操作的。

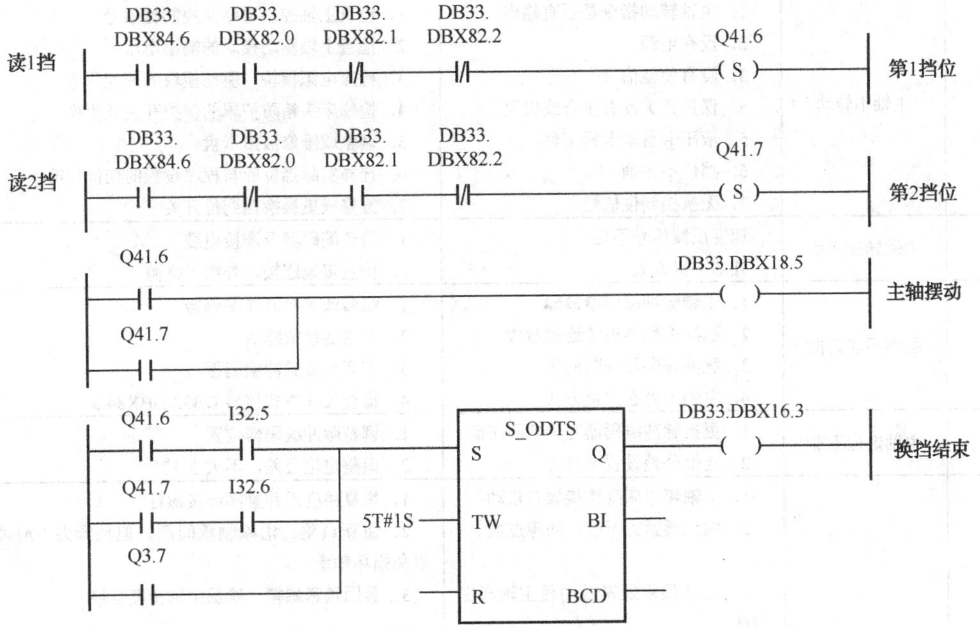

图 15-24　主轴的换挡控制

15·5·3　主轴常见故障

主轴的常见故障见表 15-5，包括电气故障和机械故障。

表 15-5　主轴常见电气与机械故障

序号	现　象	原　因	检查及处理
1	主轴不能换挡	1. 换挡信号无输出 2. 液压系统压力不足 3. 挡位开关故障 4. 换挡液压阀故障 5. 换挡油缸卡住 6. 电磁阀线圈烧坏 7. 换挡油缸拨叉脱落 8. 换挡油缸窜油或内泄 9. 换挡到位开关失灵 10. 电源电压太低	1. 检查换挡信号控制线路和 PLC 换挡输出信号 2. 检查工作压力，若低于工作压力应进行调整 3. 检查挡位开关是否松动，线路是否有问题 4. 检修液压阀并清洗，或更换液压阀 5. 调整或研磨油缸，必要时更换 6. 更换控制线圈 7. 修复或调整 8. 更换密封圈 9. 更换新开关 10. 检查电源电压，做必要的调整

续表

序号	现　象	原　因	检查及处理
2	主轴不转动	1. 主轴转动指令是否有输出 2. 没有电源 3. 没有使能信号 4. 保护开关没有压合或失灵 5. 液压卡盘未卡紧工件 6. 挡位不正确 7. 无换挡到位信号	1. 检查主轴控制电路及控制键信号 2. 检查主轴驱动模块的输出电压 3. 检查电源模块、驱动模块的使能信号 4. 检修床头箱防护罩的保护开关或更换 5. 调整或维修液压卡盘 6. 选择实际挡位应与程序设置的挡位相符 7. 维修或更换换挡到位开关
3	主轴转速不稳	速度反馈信号不良 外部干扰太大	1. 检查编码器及连接电缆 2. 检查接地连接、外部干扰源
4	主轴不能定位	1. 主轴脉冲编码器故障 2. 脉冲编码器电缆连接故障 3. 脉冲编码器安装问题 4. 主轴不处在定位方式	1. 维修或更换脉冲编码器 2. 检查连接故障点 3. 重新安装脉冲编码器 4. 检查工作方式信号 DB33.DBX84.5
5	主轴定位不准	1. 更换脉冲编码器时位置不正确 2. 定位公差设置不合适	1. 调整脉冲编码器位置 2. 调整定位公差，不大于 17°
6	切削振动大	1. 主轴箱和床身连接螺钉松动 2. 轴承预紧力不够、间隙过大 3. 轴承预紧螺帽松动使主轴产生窜动 4. 轴承拉毛或损坏 5. 主轴与箱体精度超差 6. 转塔刀架运动部件松动或压力不够而未卡紧 7. 其他因素	1. 恢复精度后并紧固连接螺钉 2. 重新调整，消除轴承间隙。但预紧力不应过大，以免损坏轴承 3. 紧固预紧螺帽，确保主轴精度合格 4. 更换轴承 5. 维修主轴或维修箱体使其配合精度和位置精度达到精度要求 6. 调整维修 7. 检查刀具或切削工艺问题
7	主轴箱噪声大	1. 主轴部件动平衡不好 2. 齿轮有严重损伤 3. 齿轮啮合间隙大 4. 轴承拉毛或损坏 5. 传动皮带尺寸长短不一致或皮带松弛，受力不均 6. 齿轮精度低 7. 主轴箱润滑不良	1. 重做动平衡 2. 维修齿面损伤处 3. 调整或更换齿轮 4. 更换轴承 5. 调整或更换皮带，不能新旧混用 6. 更换齿轮 7. 调整润滑油量，保持主轴箱的清洁度
8	齿轮和轴承损坏	1. 换挡压力过大，齿轮受冲击产生破损 2. 换挡机构损坏或固定销脱落 3. 轴承预紧力过大或无润滑	1. 按液压原理图，调整到适当压力和流量 2. 修复或更换零件 3. 重新调整预紧力，并使之充分润滑
9	主轴发热	1. 主轴轴承预紧力过大 2. 轴承研伤或损坏 3. 润滑油脏或有杂质	1. 调整预紧力 2. 更换新轴承 3. 清洗主轴箱，更换润滑油

15.6　刀具冷却控制

15·6·1　刀具冷却控制原理

金属切削机床都配置了刀具液体冷却系统，用于切削刀具的冷却。有些数控机床为了特殊零件加工的需要，还配备了压缩空气冷却系统。由于液体冷却系统应用较广，这里主要介绍液体冷却的电气原理，气体冷却与此相似，只是执行部件不同而已。液体冷却执行部件是冷却泵，而气体冷却执行部件是电磁阀。刀具冷却系统一般由冷却液存储箱、冷却泵、过滤器、电磁阀和冷却管路组成。刀具冷却可以通过机床控制面板上的操作键启动或停止冷却泵；也可以在自动方式下，通过辅助功能 M 启动或停止冷却泵。在数控机床的规定标准中，辅助功能 M07 为第 2 冷却启动，M08 为第 1 冷却启动，M09 为冷却停止。

数控机床上的刀具冷却控制比较简单，仅需控制冷却泵的启动和停止即可，PLC 应用程序根据来自机床控制面板上的冷却启动或停止命令，或者是零件程序中的辅助功能 M07、M08、M09，启动或停止冷却泵。图 15-25 所示是一个典型的刀具冷却 PLC 控制程序，既可以手动控制也可以自动控制。手动启动或停止冷却泵，操作者按下机床控制面板上的按键 I7.4 后，SR 触发器 M143.2 置 1，SR 触发器 M143.0 置 1，I7.4 对应的指示灯 Q5.4 点亮，用 Q43.4 直接驱动接触器，启动冷却泵。再按一下 I7.4，SR 触发器 M143.2 翻转复位，SR 触发器 M143.0 翻转复位，I7.4 对应的指示灯 Q5.4 灭，Q43.4 输出 0，接触器断开，冷却泵停止。

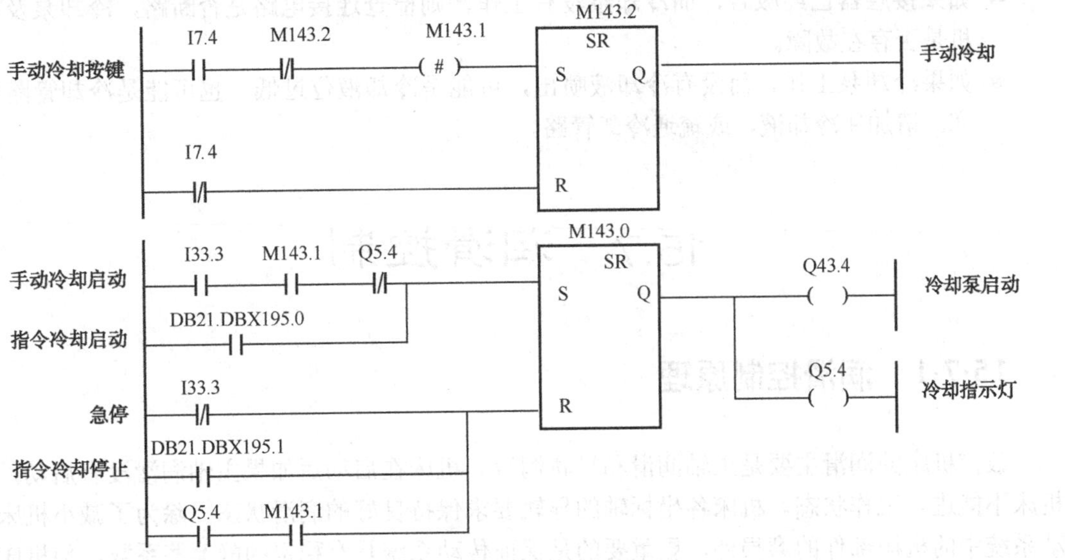

图 15-25　刀具冷却控制原理

零件程序中的冷却泵启动和停止是通过系统接口信号实现的。当数控系统执行 M08 指令时，就把该指令信息送到系统接口 DB21.DBX195.0，PLC 应用程序从该接口读出信息启动冷却泵，开启冷却液。当数控系统执行 M09 指令时，就把该指令信息送到系统接口 DB21.DBX195.1，PLC 应用程序从该接口读出信息停止冷却泵，关闭冷却液。图中 I33.3 是急停信号。

当然通过 PLC 程序还可以对刀具冷却系统进行监控，主要监控冷却系统的继电器或接触器是否吸合，冷却泵电机是否过载以及冷却液的液位是否太低等。把冷却系统工作状态和冷却液的液位，通过 I/O 模块的数字接口，输入到数控系统中，一旦发现冷却系统出现异常，就产生报警信息，操作人员就能很快知道故障产生的原因。

15.6.2 刀具冷却系统常见故障

当操作人员通过手动操作，或者是通过零件程序发出冷却液开启指令后，发现冷却液并没有喷出，说明冷却系统存在故障，应从以下几个方面入手检查：

- 检查机床控制面板上的 Q5.4 LED 是否点亮，或接口信号 DB21.195.0 是否为 1，从而判断是否执行了冷却指令。
- 检查 PLC 应用程序控制的数字输出 Q43.4 是否为 1。若该信号为 1 而对应的接口没有 24V DC 输出，应进一步检查数字 I/O 模块及外部电源。
- 如果输出是 24V DC，再检查由其驱动的接触器是否吸合，若没有吸合，检查连接线路或端子，并判断接触器是否存在故障。
- 如果接触器已经吸合，而冷却泵没有工作，则检查连接电路是否断路，冷却泵及电机是否存在故障。
- 如果冷却泵工作，而没有冷却液喷出，可能是冷却液位过低，也可能是冷却管路堵塞。请加注冷却液，或疏通冷却管路。

15.7 润滑控制

15.7.1 润滑控制原理

数控机床的润滑主要是主轴润滑和导轨润滑。机床在启动后如果主轴润滑没有启动，则机床不能进入工作状态。机床各坐标轴的导轨要求保持良好的润滑状态，除为了减小机床传动系统中的机械部件的磨损外，更重要的是保证传动系统具有稳定的静摩擦系数，使机床保持较好的加工精度。常用的导轨润滑有两种模式，按时间间隔润滑和按距离润滑。按时间间隔润滑就是以设定的时间间隔同时对所有的坐标轴进行润滑。这种润滑的优点是系统结构简单，便于控制，缺点是浪费润滑剂。按距离润滑就是按照坐标轴移动的距离进行润滑，只有当某个坐标轴设定的润滑距离达到后，才能对该轴进行润滑。这种润滑的优点是节省润滑剂，缺点是润滑系统的结构相对比较复杂。数控机床常见的两种通过分油器进行润滑的结构如图 15-26 所示。

1. 按时间间隔润滑

采用时间间隔润滑模式的润滑系统，需要设置润滑的时间间隔和每次润滑的时间，利用 PLC 程序的定时器功能很容易实现。在 PLC 用户程序中设置两个定时器，一个用于启动润滑泵的时间间隔，另一个用于关闭润滑泵的时间间隔，两个定时器相互复位。

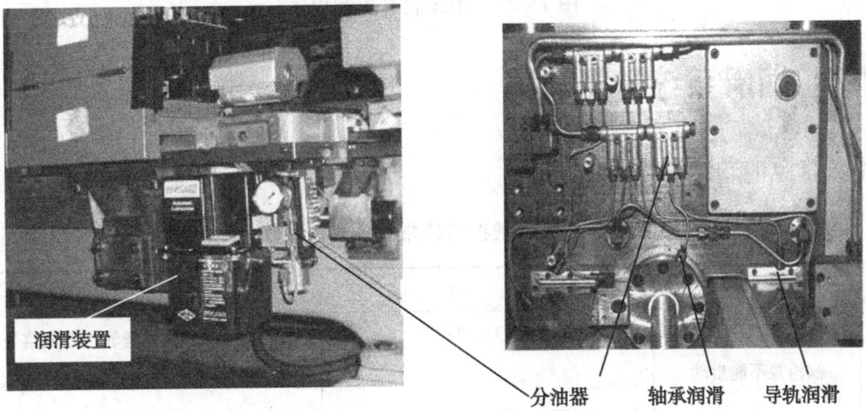

图 15-26　润滑系统

2. 按距离润滑

采用距离润滑模式的润滑系统，需设定每个轴的润滑距离及每次润滑的时间。这种润滑方式需要安装若干个电磁阀，润滑泵启动后，通过不同的电磁阀将润滑油输送到各个坐标轴导轨上。图 15-27 所示就是采用距离润滑模式的 PLC 控制程序，但不能实现逐轴润滑，因为 *X* 轴和 *Z* 轴的润滑脉冲接口信号 DB31.DBX76.0 和 DB32.DBX76.0 并联使用。如果用润滑脉冲接口信号 DB31.DBX76.0 和 DB32.DBX76.0 分别控制电磁阀，可实现每个坐标轴的单独润滑。数控系统电源开或控制器复位后，润滑脉冲接口信号为 0，一旦坐标轴移动一段距离，达到机床数据 MD33050 设置的距离，由 NCK 使润滑脉冲翻转，DB31.DBX76.0 或 DB32.DBX76.0 变为 1，润滑泵启动。润滑脉冲的 0 到 1 或者是 1 到 0 的变化，都说明坐标轴再次移动了这段距离。T40 为扩展脉冲定时器，延迟时间为 10s，也就是说润滑泵启动后，经过 10s 的润滑时间，润滑泵停止。图中 I35.1 是润滑油位开关，当油位满足要求时为 1。

I7.2 是机床控制面板上的手动润滑按键，通过操作此键可实现手动对导轨润滑。润滑泵启动后机床控制面板上的 Q5.2 所对应的 LED 点亮。

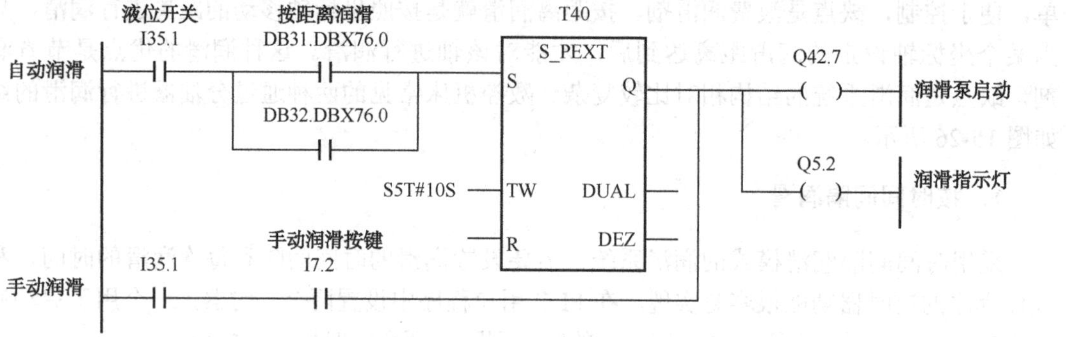

图 15-27　距离润滑控制程序

15·7·2　润滑系统常见故障

数控机床常见的润滑故障见表 15-6。

表 15-6　数控机床常见的润滑故障

序　号	现　象	原　因	检查及处理
1	润滑泵不能启动	1．控制接触器没有吸合 2．润滑泵电机故障	1．检查 PLC 润滑输出控制信号，检修或更换接触器，检修连接线路、空气开关等 2．检修或更换润滑泵电机
2	导轨润滑不良	1．电气控制故障 2．电磁阀故障 3．分油器堵塞 4．油管破裂或渗漏 5．油路是否堵塞 6．设置的自动润滑时间太短 7．设置的润滑距离太长 8．润滑油液面较低	1．检查电磁阀控制线路及控制电压 2．修复或更换电磁阀 3．疏通或更换损坏的定量分油器 4．维修或更换油管 5．清除污物，使油路畅通 6．增加润滑时间 7．修改机床数据 MD33050 8．向润滑油箱加注润滑油
3	滚珠丝母润滑不良	1．分油器是否分油 2．油管是否堵塞	1．检查定量分油器 2．清除污物，使油路畅通

15.8　液压系统的控制

15.8.1　液压控制原理

数控机床的液压系统主要用于主轴的换挡、工件的夹紧、自动换刀装置、静压导轨、回转工作台及液压尾座的控制等，它在数控机床控制中有着十分重要的作用，仅次于电气控制系统。机床液压系统控制方式很多，所采用的液压元件差异也很大，现以某数控铣床的液压控制系统为例，进行简要说明。

图 15-28 所示是带有立卧两主轴数控铣床液压系统，它主要控制主轴的换挡、锥柄刀具的夹紧和主轴的夹紧。控制主轴换挡的是一个三位四通换向电磁阀和两个可调单向节流阀，控制锥柄刀具夹紧和松开的是一个两位四通换向电磁阀，控制主轴夹紧的也是一个两位四通换向电磁阀。810D/840D 系统没有针对液压控制的专用接口信号，但可以利用其 PLC 应用程序完成液压控制功能，图 15-29 所示就是该数控铣床锥柄刀具夹紧控制设计的 PLC 程序。

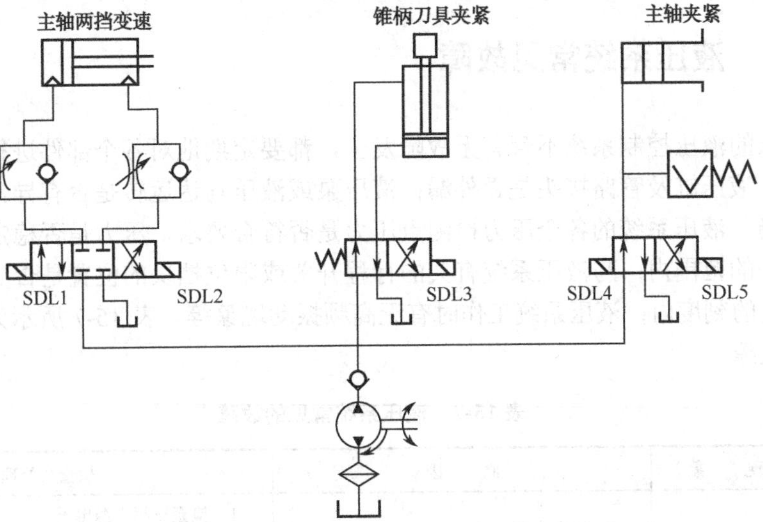

图 15-28　双主轴数控铣床液压系统

锥柄刀具的夹紧是在手动方式下进行的，且进给坐标轴和主轴都必须处于停止状态，使存储器位状态 M101.0 置 1。I35.6 是锥柄夹紧自锁按钮信号，按此按钮，I35.6 接通并保持，位状态 M101.1 置 1，I/O 输出信号 Q43.5 为 1，利用 Q43.5 驱动中间继电器，控制两位四通换向电磁阀 SDL3，使锥柄刀具夹紧。当再按一下夹紧按钮时，I35.6 断开并保持，位状态

M101.1 翻转一次，使 M101.2 置 0，Q43.5 置 0，锥柄刀具松开。

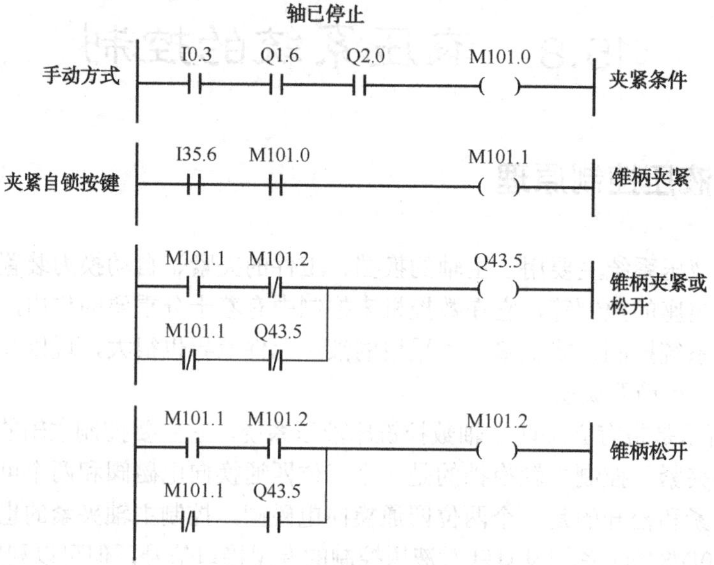

图 15-29　锥柄刀人夹紧控制

15·8·2　液压系统常见故障

数控机床的液压控制系统不管有无故障发生，都要定期地对各个部件进行检查。定期检查各液压阀、液压缸及管路接头是否外漏；液压泵或液压马达运转是否有异常噪声；液压缸运动是否平稳；液压系统的各个压力检测点压力是否符合要求，压力是否稳定；液压油的温度是否在允许的范围内；与液压系统有关的行程开关或限位挡块的位置是否变动；油箱的油量是否在规定的刻度内；液压系统工作时有无高频振动现象等。表 15-7 所示为数控机床液压系统常见的故障。

表 15-7　液压系统常见的故障

序　号	现　象	原　因	检查及处理
1	液压泵不启动	1．没有电源 2．控制线路故障 3．液压泵故障	1．检查三相电源电压 2．检查与液压泵有关的开关、接触器、线路连接等 3．维修液压泵
2	液压阀不动作	1．电磁线圈烧坏 2．没有控制电源 3．没有控制信号	1．更换控制线圈 2．检查液压阀电源电压 3．检查液压阀 PLC 控制输出信号

续表

序号	现象	原因	检查及处理
3	油泵不供油或流量不足	1．压力调节螺钉过松，压力调节弹簧过松 2．流量调节螺钉调节不正确 3．油泵转速太低 4．油泵转速方向接反 5．油的黏度过高 6．油箱内油量不足，吸油管露出油面而进空气 7．吸油管堵塞 8．进油口漏气 9．叶片在转子槽内卡死 10．油泵电机故障或电源故障	1．将压力调节螺钉按顺时针方向转动，当弹簧被压缩时，再调节工作压力 2．按逆时针方向转动油量调节螺钉 3．检查电机是否缺相 4．改变电源连接，调整电机转动方向 5．采用规定牌号的油 6．把油加到规定油位，将滤油器埋入油面以下 7．清除堵塞物 8．维修或更换密封件 9．拆开油泵维修，清除毛刺，重新装配 10．维修电机，检查电源线路
4	油泵有异常噪声或压力下降	1．油箱内油量不足，吸油管露出油面 2．吸油管处吸入空气 3．进油口滤油器容量不足 4．滤油器局部堵塞 5．电机连接同轴度差 6．定子和叶片严重磨损，轴承和轴损坏 7．泵与其他机械件产生共振	1．按规定油量加油 2．找出泄漏部位，如管接头、密封圈损坏处，结合面不平或松动处，更换维修 3．更换滤油器，进油容量应是油泵最大排量的 2 倍以上 4．清洗滤油器 5．连接不同轴是产生噪声的主要原因，连接处同轴度应控制在 0.05mm 之内 6．更换零件 7．更换缓冲胶垫
5	油泵发热，油温过高	1．油泵工作压力超载 2．油泵吸油管和系统回油管靠得太近 3．油箱油量不足 4．由于摩擦阻力引起的机械损失或泄漏引起的油量损失	1．按规定的额定压力工作 2．调整油管，使工作后的油不直接进入油泵 3．按规定加油 4．检查机械零件是否有故障，更换零件和密封圈
6	系统压力低，运动部件产生爬行	系统有泄漏	检查各漏油部位是否内泄，就是从高压腔到低压腔的泄漏。检查各部管件和接头的泄漏，维修或更换

参 考 文 献

[1] 陈先锋，等编著．SIEMENS 数控技术应用工程师——SINUMERIK 840D/810D 数控系统功能应用与维修调整教程．北京：人民邮电出版社，2010．
[2] 刘希金，等编．机床数控系统故障检测及维修．北京：兵器工业出版社，1995．
[3] 王爱玲主编．现代数控原理及控制系统．北京：国防工业出版社，2002．
[4] 龚中华，等编．数控机床维修技术与典型实例．北京：人民邮电出版社，2006．
[5] 孙汉卿，等编．数控机床维修技术．北京：机械工业出版社，2000．
[6] 牛志斌编著．数控机床故障诊断与维修技巧．北京：机械工业出版社，2005．
[7] 吴明友编．加工中心（SIEMENS）考工实训教程．北京：化学工业出版社，2006．
[8] 张光耀主编．数控设备故障诊断与维修实用教程．北京：电子工业出版社，2005．
[9] 王爱玲主编．数控机床故障诊断与维修．北京：机械工业出版社，2006．
[10] 余仲裕主编．数控机床维修．北京：机械工业出版社，2001．
[11] 廖常初主编．S7-300/400 PLC 应用技术．北京：机械工业出版社，2005．
[12] 徐衡，等编著．数控机床故障诊断与维修．北京：化学工业出版社，2005．
[13] 王刚编著．数控机床调试、使用与维护．北京：化学工业出版社，2006．
[14] 中国机械工程学会设备维修分会编．机床数控系统故障检测及维修．北京：机械工业出版社，2002．
[15] 数控机床数控系统维修技术与实例编委会编．数控机床数控系统维修技术与实例．北京：机械工业出版社，2002．
[16] SIEMENS．SINUMERIK 840D/810D/FM-NC 操作指南．
[17] SIEMENS．SINUMERIK 840D/840Di/810D/FM-NC 诊断指南．
[18] SIEMENS．SINUMERIK 840D/840Di/810D/FM-NC 编程指南．
[19] SIEMENS．SINUMERIK 840D/840Di/810D/ SIMODRIVE 611D 调整表．
[20] SIEMENS．SINUMERIK 840D/840Di/810D 操作部件．
[21] SIEMENS．SINUMERIK 840D/840Di/810D/FM-NC Description of Functions, Basic Machine．

[22] SIEMENS．SINUMERIK 840D/840Di/810D(CCU2)/FM-NC Description of Functions, Extended Functions.
[23] SIEMENS．SINUMERIK 810D Installation and Start-Up Guide.
[24] SIEMENS．SINUMERIK 840D/SIMODRIVE 611D Installation and Start-Up Guide.
[25] SIEMENS．SINUMERIK 810D Manual Configuring (HW)．
[26] SIEMENS．SINUMERIK 840D NCU 561.2-573.2 配置.
[27] SIEMENS．SINUMERIK 840D/810D 简明调试指南.
[28] SIEMENS．SIMATIC S7-300 和 S7-400 梯形逻辑（LAD）编程参考手册.

反侵权盗版声明